ENCYCLOPÉDIE DES TRAVAUX PUBLICS

PHYSIQUE

Tous les exemplaires du premier volume de la Physique de M. Gariel devront être revêtus de la signature de l'auteur.

ENCYCLOPÉDIE
DES
TRAVAUX PUBLICS
Fondée par M.-C. LECHALAS, Inspr génl des Ponts et Chaussées

PHYSIQUE

PAR

C.-M. GARIEL

INGÉNIEUR EN CHEF DES PONTS ET CHAUSSÉES
PROFESSEUR DE PHYSIQUE A LA FACULTÉ DE MÉDECINE
ET A L'ÉCOLE NATIONALE DES PONTS ET CHAUSSÉES

TOME PREMIER

PROPRIÉTÉS GÉNÉRALES DES CORPS
CHALEUR
OPTIQUE (Première partie)

PARIS
LIBRAIRIE POLYTECHNIQUE
BAUDRY ET Cie, LIBRAIRES-ÉDITEURS
15, RUE DES SAINTS-PÈRES
MÊME MAISON A LIÈGE

1887

Une table des matières est placée au commencement de chaque volume, et un index alphabétique général à la fin du second.

CHAPITRE PREMIER

PROPRIÉTÉS GÉNÉRALES DES CORPS

§ 1. *Premières notions.* — § 2. *Les unités en physique.* — § 3. *Propriétés des solides et des liquides.* — § 4. *Propriétés des gaz.* — § 5. *Actions moléculaires.*

§ 1

PREMIÈRES NOTIONS

Propriétés des corps : générales, particulières. Étendue, impénétrabilité, divisibilité, attraction. Molécules, pores. Poids spécifique, densité.

1. Propriétés des corps. — L'existence des corps nous est révélée par les sensations que nous éprouvons et dont nous supposons la cause *objective*, extérieure à nous (bien qu'il existe certainement, mais moins fréquemment dans l'état de santé, des sensations dont la cause est *subjective*). Ces sensations sont très variées et peuvent, suivant les conditions, exister séparément ou simultanément ; cette diversité conduit à admettre des différences nombreuses entre les corps que ces sensations nous font connaître.

La cause de la sensation, c'est directement le corps lui-même ; on a admis, et cela n'a aucun inconvénient tant que l'on n'attribue pas un sens littéral à ce qui n'est qu'une manière de s'exprimer, on a admis que chaque sensation a une cause spéciale, différente du corps auquel elle est seulement superposée : cette cause est ce que l'on appelle suivant les cas une propriété du corps, un agent physique.

Nous déformons une lame d'acier et nous éprouvons une résistance qui met en évidence la tendance de cette lame à reprendre sa forme primitive ; la lame est *élastique*, voilà le fait; on dit alors que l'acier possède une propriété spéciale, l'*élasticité*, que cette propriété est mise en jeu quand on déforme la lame et que c'est elle qui donne naissance à la résistance que nous sentons.

Un corps a été approché d'un foyer ardent, nous le touchons et nous éprouvons une sensation spéciale que nous exprimons en disant que le corps est chaud : mais on dit aussi que l'action du foyer a développé dans ce corps, a fourni au corps un agent spécial, la *chaleur*, et c'est cet agent qui serait la cause de la sensation.

Chaque corps posséderait ainsi un certain nombre de propriétés, contiendrait un certain nombre d'agents physiques, qui expliqueraient la manière dont il agit sur nos sens. Mais alors on peut concevoir que ces corps soient privés de ces propriétés, qu'on leur retire les agents qui leur ont été fournis : ce qui resterait du corps c'est ce que l'on a appelé la *matière*.

La matière ne serait donc pas autre chose que le support des propriétés et des agents qui agissant sur nos sens font naître des sensations.

Il est à peine besoin de faire remarquer que c'est là une abstraction qui peut être commode, mais qui ne répond à rien de précis, de certain.

2. Étendue, impénétrabilité. — On a admis que la matière doit être étendue et impénétrable :

Elle est *étendue*, c'est-à-dire qu'une quantité donnée de matière occupe une certaine partie de l'espace ;

Elle est *impénétrable*, c'est-à-dire qu'elle occupe cette partie de l'espace à l'exclusion de toute autre quantité de matière.

Ce sont là des idées *a priori* sur lesquelles il est inutile d'insister : la première exigerait une définition préalable de l'espace ; la seconde paraît en contradiction avec nombre de faits et ne peut être admise qu'à la condition d'admettre en même temps certaines restrictions que nous indiquerons plus loin.

Ce sont là, si l'on veut, deux qualités, deux propriétés qui appartenant à la matière se retrouveraient dans tous les corps, qui seraient *générales*; de plus, on admet *a priori* que la matière ne saurait exister si elle ne les possédait pas ; ce sont des propriétés *nécessaires.*

2. Inertie, divisibilité, hypothèse moléculaire. — Les autres propriétés que l'on a attribuées aux corps sont générales ou particulières : les générales appartiennent à tous les corps sans exception, les particulières appartiennent à certains d'entre eux seulement.

Les propriétés générales dont nous avons à parler sont la divisibilité, l'inertie et l'attraction ou gravitation. On ne voit pas pourquoi elles ne sont pas regardées comme essentielles à l'existence de la matière, aussi bien que les propriétés dites nécessaires : on ne les considère pas cependant comme indispensables et on les désigne sous le nom de propriétés générales *contingentes.*

Nous ne dirons rien de l'*inertie*; la question est traitée complètement dans le Traité de mécanique et nous n'avons rien à y ajouter.

La *divisibilité* est la propriété que présentent tous les corps de se laisser réduire en fragments, il n'est pas nécessaire d'insister pour montrer qu'elle est générale et nous aurons d'ailleurs à y revenir pour quelques cas particuliers.

Mais cette divisibilité est elle indéfinie ou bien a-t-elle une limite ; existe t-il une dimension des fragments matériels telle qu'il soit impossible d'obtenir une nouvelle fragmentation?

La division effective a été poussée très loin, comme nous aurons l'occasion de le dire, mais il existe des limites de petitesse qui n'ont pas été ou ne paraissent pas avoir été dépassées, non pas peut-être qu'elles ne puissent pas l'être, mais parce que nos moyens d'action et d'investigation sont probablement insuffisants.

Nous n'avons pas le droit d'étendre au-delà des limites des expériences le résultat de ces expériences ; d'autre part, le raisonnement *seul* ne peut rien apprendre sur des faits matériels. Il est donc impossible de décider si, oui ou non, la matière est indéfiniment divisible.

Mais, en cherchant à expliquer les lois qui président aux combinaisons chimiques, la loi des proportions définies et celle des proportions multiples, on est conduit à une hypothèse qui s'accorde bien avec les phénomènes physiques et qui consiste à admettre que la divisibilité a une limite et que, réduite à un certain degré de division, la matière ne peut plus être réduite en parties plus petites, du moins, pour les corps composés, sans changer leur composition chimique. Ces particules insécables sont appelées *atomes* ou *molécules*, le premier terme s'appliquant aux corps simples, le second aux corps composés; mais cette distinction n'a guère d'intérêt en physique et l'on emploie généralement le mot de molécules.

4. — Mais cette hypothèse ne suffit pas pour l'explication des propriétés des corps et il faut la compléter. On admet que, dans la matière, ces molécules ne sont pas en contact et qu'elles sont séparées par des intervalles qu'on appelle des *pores*; l'observation ne fournit aucune notion sur la grandeur des molécules et des pores, qui, par leur petitesse, échappent aux recherches directes. Par des considérations théoriques, basées sur des hypothèses qui paraissent plausibles, on est cependant parvenu à avoir une idée de l'ordre de leur grandeur.

On a admis d'autre part qu'il existait entre ces molécules des forces attractives et répulsives dont les grandeurs respectives varient suivant les circonstances et qui tantôt établissent des liaisons plus ou moins énergiques entre les molécules voisines, tantôt les laissent absolument indépendantes les unes des autres et tantôt même produisent entre elles une répulsion.

On est plutôt porté à admettre aujourd'hui que les effets que l'on cherchait à expliquer par cette hypothèse sont dus à des mouvements de molécules : il est inutile d'insister sur cette hypothèse.

Ajoutons encore que de nombreuses observations ne permettant pas de conserver aux corps l'impénétrabilité, cette propriété regardée comme nécessaire est généralement attribuée aux molécules, de telle sorte que l'on admet que deux molécules ne peuvent occuper en même temps la même place dans l'espace.

Nous indiquerons plus loin les raisons qui ont fait admettre ces hypothèses touchant la constitution de la matière.

5. Attraction. — L'attraction est une importante propriété de la matière, en vertu de laquelle deux corps de dimensions quelconques s'attirent, ou tout au moins les effets produits sont les mêmes que si les corps s'attiraient.

Les forces qui prennent naissance par suite de cette attraction obéissent au principe général de mécanique de l'action et de la réaction.

Cette question est plutôt du domaine de la mécanique que du domaine propre de la physique; aussi passerons-nous rapidement et signalerons-nous seulement les faits et les données qui nous seront nécessaires par la suite.

Newton, se basant sur les lois de Kepler, a montré que les mouvements des planètes peuvent être expliqués en admettant qu'il existe entre elles et le soleil des forces dirigées suivant la ligne des centres, proportionnelles aux produits des masses et inversement proportionnelles aux carrés des distances.

Une hypothèse analogue suffit pour expliquer les mouvements des satellites autour des planètes et pour rendre compte des perturbations que les planètes éprouvent par l'action des autres planètes.

Newton a montré, d'autre part, que la chute des corps peut être expliquée par une force émanée de la terre et dont la cause peut être considérée comme la même que celle qui agit sur la lune pour produire le mouvement dont elle est animée.

Maskelyne montra (1778) que non seulement le globe terrestre dans son entier exerce une attraction sur les corps, mais qu'une partie du globe, une montagne, produit une attraction analogue sur les corps voisins.

Enfin, Cavendish vérifia qu'une sphère de plomb de 147 livres produit également une attraction sensible sur un corps placé à distance.

L'attraction est donc une propriété qui appartient à une quantité quelconque de matière, quelle que soit sa grandeur; on peut donc l'étendre aux molécules mêmes et admettre qu'entre deux molécules situées à distance tout se passe comme s'il existait des forces attractives dirigées suivant la droite qui joint ces molécules, proportionnelles aux produits des masses et inversement proportionnelles aux carrés des distances qui les séparent.

L'attraction d'un corps sur un autre corps n'est donc pas une action simple; c'est la résultante de toutes les forces attractives élémentaires émanées de toutes les molécules du premier corps et appliquées à toutes les molécules du second.

6. — L'étude de l'attraction des corps dépend essentiellement de la mécanique et nous n'en retiendrons que les résultats suivants.

L'attraction exercée par une couche sphérique homogène sur un point extérieur est la même que si toute la masse de la couche était réunie en son centre. L'effet est analogue pour une sphère homogène ou pour une sphère composée de couches sphériques homogènes.

L'attraction exercée par la terre est donc la même que si la masse de la terre était concentrée en son centre.

L'attraction exercée par la terre sur un corps est ce qu'on appelle le *poids* du corps : ce *poids* est appliqué en un point appelé *centre de gravité* et qui occupe dans le corps une position invariable quelle que soit la situation prise par le corps.

Le poids d'un corps dépend de la distance à laquelle il est placé du centre de la terre.

Lorsqu'un corps est abandonné à lui-même, il tombe suivant une direction passant par le centre de la terre et qui est la *verticale* du point considéré. La direction de la verticale est donnée également par le *fil à plomb*.

La chute du corps se fait suivant un mouvement uniformément varié. L'accélération de ce mouvement est la même pour tous les corps, en un même point du globe, puisque les poids sont proportionnels aux masses des corps: cette accélération est désignée souvent sous le nom d'*intensité de la pesanteur*.

elle est variable suivant la distance du point considéré au centre de la terre ; elle est à Paris de 9^m8088 par seconde.

Un corps suspendu par un point autre que son centre de gravité et dérangé de sa position d'équilibre oscille ; si les oscillations sont petites la durée des oscillations est indépendante de leur grandeur. Cet appareil constitue le *pendule*.

Ajoutons enfin que la mécanique étudie d'une manière générale l'équilibre des corps pesants.

7. Poids spécifique, densité. — Considérons un corps, et pour diverses parties évaluons le rapport du poids P au volume V (plus exactement le rapport des nombres qui mesurent ces quantités). Suivant que ce rapport est constant ou non, on dit que le corps est *homogène* ou *hétérogène*.

Si le corps est homogène, ce rapport est un élément caractéristique : il est égal au poids de l'unité de volume, on l'appelle le *poids spécifique* π. Il varie naturellement avec les unités choisies pour les poids et pour les volumes.

Considérons deux corps homogènes A et B et soient P_A et P_B les poids de volumes égaux de ces deux corps : le rapport $\frac{P_B}{P_A} = D_{BA}$, indépendant du volume choisi, est ce qu'on appelle la *densité* de B par rapport à A ; on dit aussi *densité relative*.

On aurait pu prendre les volumes égaux à l'unité, les poids eussent été alors les poids spécifiques π_A et π_B, et l'on a également $D = \frac{\pi_B}{\pi_A}$

Pour un volume V quelconque du corps B, on a

$$P_B = V\pi_B$$

ou à cause de la précédente relation

$$P_B = VD_{BA}\pi_A.$$

Le poids d'un corps est égal au produit de son volume par sa densité prise par rapport à un autre corps et par le poids spécifique de ce dernier corps.

8. — On peut prendre les densités par rapport à un corps quelconque ; mais, généralement, on est convenu de prendre l'eau pour terme de comparaison pour les corps solides et liquides, et l'air comme terme de comparaison pour les gaz; le rapport est alors absolument la *densité du corps*. Nous aurons plus tard à revenir sur cette indication pour la compléter.

Il est d'ailleurs facile, à l'aide de ces densités, de trouver la densité d'un corps par rapport à un autre corps quelconque.

Soient, par exemple, trois corps A, B, C, soient π_A, π_B et π_C leurs poids spécifiques : on a, par définition

$$D_{BA} = \frac{\pi_B}{\pi_A} \qquad D_{CA} = \frac{\pi_C}{\pi_A} \qquad D_{CB} = \frac{\pi_C}{\pi_B}$$

mais on a identiquement

$$D_{CB} = \frac{\pi_C}{\pi_A} \cdot \frac{\pi_A}{\pi_B}$$

et par suite

$$D_{CB} = \frac{D_{CA}}{D_{BA}}.$$

S'il s'agit de solides, par exemple, et si A représente l'eau, on voit que la densité relative de C par rapport à B est le quotient de la densité de C par la densité de B.

Si l'on voulait avoir la densité d'un solide ou d'un liquide par rapport à un gaz B, on aurait en appelant A l'eau et A' l'air :

$$D_{CB} = \frac{\pi_C}{\pi_B} = \frac{\pi_C}{\pi_A} \cdot \frac{\pi_A}{\pi_{A'}} \cdot \frac{\pi_{A'}}{\pi_B} = \frac{D_{CA}}{D_{BA'}} D_{AA'} = \frac{D_{CA}}{D_{BA'} . D_{A'A}}$$

ce qui exige qu'on ait la densité $D_{AA'}$ de l'eau par rapport à l'air ou celle $D_{A'A}$ de l'air par rapport à l'eau.

9. — La recherche des densités est simple, en principe ; elle consiste à mesurer les poids d'un certain volume du corps et du même volume du terme de comparaison.

On y arrive pour les liquides à l'aide d'un flacon ayant un volume bien déterminé et que l'on pèse vide, puis rempli du liquide et rempli d'eau. Les différences donnent le poids du liquide et le poids de l'eau qui, remplissant le flacon, ont le même volume ; leur rapport donne la densité.

On opère d'une manière analogue pour les gaz en employant

un ballon que l'on pèse vide, puis plein de gaz, puis plein d'air. Mais ici des précautions spéciales doivent être prises pour la pression.

Pour un solide on agit un peu différemment : d'une part on pèse le corps ; puis on pèse ensemble un flacon rempli d'eau et le corps placé à côté d'abord, et ensuite le flacon dans lequel on a placé le corps et qui a chassé un volume d'eau égal à son volume ; la différence donne le poids du volume d'eau. Le quotient des deux poids donne la densité cherchée.

Dans ces divers cas, il y a à tenir compte des conditions de température ; nous y reviendrons ultérieurement.

Il existe d'ailleurs d'autres méthodes que nous indiquerons après avoir signalé les propriétés des liquides.

10. Propriétés particulières. — Les propriétés particulières sont la dureté, l'élasticité, la ténacité, la couleur, l'odeur, etc. Ce sont elles qui jointes aux propriétés chimiques permettent de différencier les corps ; quelques-unes seulement peuvent être étudiées maintenant d'une manière utile, d'autres seront étudiées dans les divers chapitres suivants. Il en est même sur lesquelles nous n'aurons rien de spécial à signaler.

11. Etats des corps. — Il n'existe aucune relation forcée, absolue, entre les diverses propriétés des corps, et, d'une manière générale, la connaissance de quelques unes d'entre elles pour un corps ne permet pas de prévoir ce que seront les autres. Cependant il est un groupe de propriétés, celles qui se rattachent aux actions mécaniques en général qui, moins que les autres, semblent indépendantes ; l'ensemble de ces propriétés caractérise ce que l'on appelle les divers *états* des corps dont nous allons indiquer les caractères différentiels.

Les corps à *l'état solide* possèdent une forme et un volume déterminés et résistent plus ou moins énergiquement aux actions mécaniques qui auraient pour effet de changer l'une ou l'autre.

Les corps à *l'état liquide* n'ont pas une forme déterminée, celle-ci change sans le moindre effort ; mais, par contre, leur volume est à peu près invariable ou du moins ne change que très peu sous l'influence des actions mécaniques auxquelles on les soumet.

Enfin les corps à l'*état gazeux* n'ont ni forme, ni volume déterminés; leur forme se modifie sous l'influence de faibles efforts et sous de faibles actions mécaniques, leur volume change notablement; forme et volume peuvent même changer sans actions extérieures.

Les corps à l'état liquide et les corps à l'état gazeux, qui n'ont pas de forme déterminée, sont quelquefois désignés sous le nom de *corps fluides*; mais les liquides sont des fluides incompressibles (ou du moins très peu compressibles), les gaz sont des fluides compressibles. Ajoutons que ces derniers sont en outre *expansibles*, c'est-à-dire qu'ils se répandent spontanément dans l'espace où on les place et le remplissent, quelque grande que soit sa capacité.

12. — Ajoutons que, entre ces états nettement tranchés, on distingue tous les intermédiaires possibles; qu'il y a aussi des corps qui sont à l'état pâteux, intermédiaire entre les liquides et les solides; on peut même concevoir un état qui serait intermédiaire entre l'état liquide et l'état gazeux. En réalité, il existe une gradation continue entre l'état solide et l'état gazeux.

Ces états ne sont pas d'ailleurs caractéristiques d'un corps déterminé; un corps, par exemple, n'est pas solide absolument, il est seulement solide dans certaines conditions où on l'observe. Nous connaissons beaucoup de corps qui sont susceptibles de prendre successivement les trois états, et, comme nous le dirons en traitant la question des changements d'état, il est probable que tous les corps peuvent exister sous ces diverses formes.

Ajoutons que rien ne prouve que les corps ne peuvent se présenter que sous ces trois états : il peut en exister d'autres qui diffèrent de ceux que nous avons indiqués autant que ceux-ci diffèrent entre eux. Certaines expériences de M. Crookes pourraient faire admettre un quatrième état, l'état *radiant*, qui succéderait à l'état gazeux.

§ II

LES UNITÉS EN PHYSIQUE

But de la physique. Lois physiques. Des mesures en physique. Des unités. Mesure de l'espace, de la masse et du temps : vernier, vis micrométrique, balance, pendule.

13. Lois physiques. — Les phénomènes physiques sont caractérisés par des effets qui, lorsqu'ils sont de même nature, sont de grandeur, d'intensité différentes et que l'on peut comparer entre eux. Les variations que l'on observe sont liées aux changements de grandeur ou d'intensité des causes ou des conditions desquelles dépendent les effets considérés.

Il doit exister entre les variations des causes ou des conditions et celles d'un effet déterminé des relations qui permettent de prévoir la nature et la grandeur de cet effet lorsque toutes les conditions du phénomène sont connues : l'énoncé de cette relation constitue une *loi physique* et la détermination précise de ces lois dans tous les cas est le but principal de la physique. Nous pouvons concevoir que l'on traduise cette relation en une formule algébrique dont il s'agit de trouver la forme et dont il faut déterminer, s'il y a lieu, les coefficients numériques.

Pour y arriver, il faut faire une série d'observations ou d'expériences, comparer dans les divers cas les grandeurs de même nature ; ces déterminations se traduiront par des valeurs numériques qui serviront de base aux recherches, aux tâtonnements, ayant pour but d'arriver à trouver l'énoncé de la loi, la forme de la fonction qui la représente.

14. Unités de mesure : système d'unités absolues. — A la comparaison directe des grandeurs prises deux à deux de toutes les façons possibles, il est préférable de substituer la *mesure* de chacune d'elles, c'est-à-dire la comparaison de chacune d'elles à une grandeur de même nature prise arbitrairement comme terme de comparaison ; le nombre qui exprime le résultat de cette comparaison est à proprement parler la mesure de cette grandeur.

Connaissant les mesures de deux grandeurs, on peut avoir immédiatement le résultat qu'aurait donné la comparaison directe de ces grandeurs : on démontre, en effet, d'une manière absolument générale que deux grandeurs quelconques sont dans le même rapport que les nombres qui les mesurent (1).

Le terme de comparaison général que l'on adopte, l'unité que l'on choisit peut être prise arbitrairement, comme nous l'avons dit. Il peut y avoir ainsi autant d'unités distinctes, indépendantes, qu'il y a de grandeurs de nature différente ; mais il est facile de reconnaître qu'il y a avantage à établir entre les diverses unités certaines relations qui simplifient les formules dont on a à faire usage. C'est ce qu'il est aisé de comprendre, par exemple, dans le cas élémentaire suivant :

On démontre, en géométrie, que le rapport des surfaces de deux rectangles est égal au produit du rapport des bases par le rapport des hauteurs : soient S et S' les surfaces de deux rectangles dont les bases et les hauteurs sont respectivement B, H, B', H', on a donc :

$$\frac{S}{S'} = \frac{B}{B'} \times \frac{H}{H'}$$

Prenons pour unité de longueur la quantité λ et pour unité de surface le carré construit sur α comme côté, soit Σ sa surface ; on aura en appliquant la formule précédente au rectangle S comparé à ce carré :

$$\frac{S}{\Sigma} = \frac{B}{\alpha} \cdot \frac{H}{\alpha}$$

(1) Soient A et B deux grandeurs, a et b les nombres qui les mesurent lorsque α est la grandeur prise comme terme de comparaison. On a, par définition :

$$a = \frac{A}{\alpha}, \quad b = \frac{B}{\alpha}$$

et par suite, évidemment :

$$\frac{A}{B} = \frac{a}{b}$$

$\frac{S}{\Sigma}$ est la *mesure* de la surface S ; nous désignerons ce nombre par s. Cherchons à introduire les nombres b et h qui mesurent la base et la hauteur et qui sont égaux respectivement à $\frac{B}{\lambda}$ et $\frac{H}{\lambda}$.

Pour cela nous écrirons l'équation précédente ainsi qu'il suit :

$$\frac{S}{\Sigma}=\frac{B}{\lambda}\cdot\frac{\lambda}{\alpha}\times\frac{H}{\lambda}\cdot\frac{\lambda}{\alpha}$$

d'où

$$s=\left(\frac{\lambda}{\alpha}\right)^2 b.h.$$

On aurait donc l'énoncé suivant :

Le nombre qui mesure la surface d'un rectangle est égal au produit du nombre qui mesure la base par le nombre qui mesure la hauteur et par le carré du nombre qui exprime le rapport de l'unité de longueur au côté du carré pris comme unité de surface.

Il est clair que la formule et l'énoncé se simplifient si, comme on le fait d'habitude, on prend $\alpha=\lambda$, c'est-à-dire si on fait correspondre l'unité de surface à l'unité de longueur. Il vient alors :

$$s=bh$$

Le nombre qui mesure la surface d'un rectangle est égal au produit du nombre qui mesure la base par le nombre qui mesure la hauteur.

En géométrie, en mécanique, en physique, les grandeurs que l'on étudie ne sont pas indépendantes les unes des autres ; elles sont, au contraire, liées par des relations que l'on peut traduire par des équations algébriques, celles-ci permettent de passer à des relations numériques en faisant choix d'unités comme dans le cas précédent ; si les unités sont prises au hasard les formules numériques contiennent des coefficients qui ne dépendent pas des données de la question, mais seulement des unités adoptées. En choisissant convenablement ces unités, on peut arriver à rendre égal à 1 ce coefficient parasite, c'est-à-dire à le faire disparaître de l'équation numérique.

Un système dans lequel les diverses unités ont été prises de manière à faire disparaître les coefficients parasites des formules numériques constitue ce que l'on appelle un système d'*unités absolues*. C'est un système de ce genre qui est adopté généralement pour les données géométriques où l'unité de surface et l'unité de volume sont les carrés et les cubes construits sur l'unité de longueur ; de même en trigonométrie l'unité d'angle est l'angle dont l'arc décrit avec l'unité de longueur pour rayon est égal à cette même unité de longueur.

Ces unités absolues s'introduisent progressivement en mécanique et en physique, comme nous aurons l'occasion de le dire.

15. Unités principales, unités dérivées. — Il résulte de ce que nous venons de dire que les unités diverses sont liées les unes aux autres ; on peut donc considérer qu'il y en a qui sont *dérivées* d'autres unités et l'on arrive à des unités qui sont *indépendantes* ; le choix de ces dernières est d'ailleurs arbitraire.

Combien y a-t-il d'unités indépendantes, primitives ? quelles sont-elles ? Sans vouloir discuter ici les raisons qui ont conduit à les adopter, nous nous bornerons à dire que l'on a admis trois unités fondamentales : l'unité de longueur, l'unité de temps, l'unité de masse. A la suite du Congrès international des Électriciens en 1881, les physiciens se sont entendus et sont convenus de faire usage des unités définies ainsi qu'il suit :

Unité de longueur. — L'unité de longueur est le centimètre ; c'est la centième partie du mètre qui est lui-même la dix-millionième partie du quart du méridien terrestre (en réalité, le mètre est la longueur d'une règle déposée aux Archives à Paris et adoptée dans diverses contrées, et qui ne représente pas absolument la dix-millionième partie du quart du méridien terrestre comme on avait cherché à le réaliser).

Unité de temps. — L'unité de temps est la seconde : c'est la 86400e partie du jour solaire moyen.

Unité de masse. — L'unité de masse est la masse de 1cmc d'eau distillée à la température du maximum de densité (ou plus exactement c'est la millième partie de l'étalon en platine déposé aux Archives et qui ne représente pas absolument la masse du décimètre cube d'eau distillée à la température du maximum de densité, comme on avait cherché à le réaliser). Il n'y a pas de nom particulier pour cette unité, ce qui est un inconvénient : on la désigne par l'expression de *gramme-masse*.

10. Dimensions des unités. — Les unités dérivées étant reliées aux unités fondamentales, tout changement apporté à celles-ci doit entraîner un changement correspondant dans les premières, si l'on veut que les relations numériques ne soient pas modifiées. Les équations qui doivent exister entre les unités pour que cette condition soit satisfaite déterminent ce que l'on appelle les *dimensions* des unités dérivées.

Prenons un exemple emprunté à la géométrie pour faire comprendre cette idée.

Soit un rectangle de base b, de hauteur h et de surface s, les unités étant λ pour les longueurs et Σ pour les surfaces : on a

$$s = bh$$

Si les unités changent et deviennent λ' et Σ', la base, la hauteur et la surface seront mesurées par les nombres b', h', s'.

On a nécessairement

$$\lambda b = \lambda' b', \qquad \lambda h = \lambda' h', \qquad \Sigma s = \Sigma' s'$$

Eliminons s, b et h et il vient :

$$s' \frac{\Sigma'}{\Sigma} = b'h' \left(\frac{\lambda'}{\lambda}\right)^2.$$

et si l'on veut que cette équation conserve la forme simple

$$s' = b'h'$$

il faut que les unités satisfassent à la relation

$$\frac{\Sigma'}{\Sigma} = \left(\frac{\lambda'}{\lambda}\right)^2$$

relation dans laquelle entrent le rapport $\frac{\Sigma'}{\Sigma} = [S]$ des unités de surface et $\frac{\lambda'}{\lambda} = [L]$ rapport des unités de longueur.

On doit donc, pour satisfaire à la condition imposée avoir :

$$[S] = [L^2]$$

équation qui caractérise les dimensions de l'unité de surface.

Les équations de géométrie, de physique, de mécanique qui doivent subsister indépendamment des unités choisies doivent être homogènes lorsque l'on remplace les diverses grandeurs qui y entrent par leurs dimensions en fonction des unités fondamentales.

17. Unités dérivées. — Nous n'avons point à nous occuper des unités dérivées que fournit l'étude des phénomènes physiques et dont nous parlerons par la suite, et nous voulons seulement donner quelques indications sous les principales unités dérivées géométriques et mécaniques.

L'unité de surface et l'unité de volume sont respectivement le centimètre carré et le centimètre cube ; leurs dimensions sont $[L^2]$ et $[L^3]$.

L'unité de vitesse est la vitesse d'un corps qui parcourt d'un mouvement uniforme 1^{cm} en 1^{s} ; ses dimensions sont $[L T^{-1}]$. L'unité d'accélération est l'accélération d'un mouvement uniformément varié dont la vitesse s'accroît de 1^{cm} en 1^{s} ; ses dimensions sont $[L T^{-2}]$.

Ces unités n'ont pas reçu de noms particuliers.

L'unité de force est la force qui, appliquée à l'unité de masse, lui communique l'unité d'accélération ; elle a reçu le nom de *dyne* ; ses dimensions sont $[M L T^{-2}]$. Il est nécessaire de rattacher cette unité à l'unité de poids généralement employée : on y arrive en remarquant que le poids p d'un corps appliqué à sa masse $\frac{p}{g}$ lui communique une accélération g, le poids de l'unité de masse qui lui communique cette accélération vaut donc g unités de force et l'unité de force est égale au poids de l'unité de masse divisé par g (g, évalué en centimètres) ; l'unité de force st donc $\frac{1 \text{ gr.}}{g}$, soit en moyenne $\frac{1 \text{ gr.}}{981}$, ou approximativement 1 milligramme.

L'unité de travail ou *erg* est le travail correspondant à l'action d'une force de 1 dyne dont le point d'application parcourt

1^{cm} dans sa direction ; ses dimensions sont $[ML^2T^{-2}]$.

18. Détermination des lois. — Il peut arriver que par des considérations théoriques, ou pour toute autre raison, on connaisse la forme de l'équation qui représente la loi cherchée : Si x représente la mesure de l'effet, y, z, u, les mesures des causes ou conditions et a, b, c, des coefficients constants au nombre de k, on connaît la forme de la fonction :

$$x = f(y, z, u \ldots\ldots a, b, c \ldots\ldots)$$

(qui pourrait d'ailleurs n'être pas résolue par rapport à x).

Pour déterminer les coefficients, il suffit de faire k observations et expériences ; soient x_1, y_1, z_1, $u_1 \ldots$; x_2, y_2, z_2, $u_2 \ldots$; x_k, y_k, z_k, $u_k \ldots$, les valeurs correspondantes : ces valeurs doivent satisfaire à l'équation donnée ; on a donc les k équations :

$$x_1 = f(y_1, z_1, u_1 \ldots\ldots a, b, c \ldots\ldots)$$
$$x_2 = f(y_2, z_2, u_2 \ldots\ldots a, b, c \ldots\ldots)$$

$$x_k = f(y_k, z_k, u_k \ldots\ldots a, b, c \ldots\ldots)$$

qui permettent de calculer les k coefficients constants, et de préciser absolument la fonction cherchée.

En réalité, il convient de faire un plus grand nombre d'expériences, de manière à avoir des équations de condition qui serviront de vérification.

La question est beaucoup moins simple lorsque l'on ne connaît pas à l'avance la loi ou la forme de la fonction qui représente la loi. Dans ce cas, on dispose en tableaux les valeurs numériques obtenues et l'inspection des nombres ainsi groupés permet quelquefois de saisir des relations simples.

Lorsqu'il n'y a que deux quantités variables, on peut représenter avantageusement la loi par une courbe en coordonnées rectilignes ou en coordonnées polaires ; chaque observation fournit un point de la courbe défini par deux coordonnées et peut être figurée symboliquement par ce point. La courbe est assujettie à passer par tous les points ainsi figurés ; s'ils sont assez nombreux, la forme de la courbe se reconnaît aisément et donne une indication sur la forme de la fonction. On peut alors essayer de déterminer complètement celle-ci. Seulement, il conviendra d'avoir de nombreuses équations de vérification.

S'il y a trois variables, l'équation peut être considérée comme représentant une surface que l'on peut chercher à déterminer en étudiant la nature de certaines courbes tracées à sa surface, principalement des courbes parallèles aux plans coordonnés.

Lorsque l'on ne peut employer ces procédés, l'indétermination est complète et c'est seulement par des tâtonnements que l'on peut arriver au résultat cherché.

Il importe de remarquer que le résultat ne peut jamais être considéré comme certain, une fonction inconnue n'étant pas déterminée par la connaissance d'un nombre fini de valeurs des variables, une courbe n'étant pas déterminée par la connaissance d'un nombre fini de points. Cependant si les points sont assez rapprochés, on peut accepter la courbe continue qui les joint ; mais il serait imprudent de vouloir utiliser cette courbe prolongée au-delà des valeurs qui correspondent aux limites de l'expérience, à moins que ce ne soit pour des points très rapprochés de ces limites. En un mot, on peut *interpoler*, l'extrapolation est dangereuse.

19. Des erreurs d'observation. — En réalité, la question est moins simple que nous ne venons de l'indiquer, parce que les nombres fournis par l'observation et par l'expérience ne sont pas ceux qui correspondraient aux véritables valeurs. Les défauts de construction des appareils, la limite de sensibilité de nos sens qui sont utilisés pour l'appréciation des grandeurs à mesurer ne permettent pas d'affirmer que le nombre obtenu représente la véritable valeur de l'effet observé : en un mot, en général, ces déterminations sont affectées d'erreur. Il peut bien arriver que, quelquefois, nous appréciions la véritable valeur, mais rien ne nous avertit que cette valeur est exempte d'erreur et nous ne savons pas s'il conviendrait d'y attacher une importance spéciale.

La seule chose que l'on peut savoir dans les expériences bien conduites, c'est que l'erreur dont peut être affectée une valeur x dans les cas les plus défavorables ne dépasse pas une certaine quantité α ; de telle sorte que si l'observation conduit à la valeur x_1, nous savons que la véritable valeur est certainement comprise entre $x_1 - \alpha$ et $x_1 + \alpha$.

On se rend compte aisément de l'influence de ces erreurs, par exemple, dans le cas de deux variables. Soient x_1, y_1 (fig. 1), deux valeurs correspondantes de ces variables : si elles étaient exactes, la courbe représentative devrait passer par le point M qui aurait x_1 et y_1 pour coordonnées. En réalité, cette observation nous apprend seulement que la courbe doit passer à l'intérieur du rectangle qui est limité par les droites $x = x_1 - \alpha$ et $x = x_1 + \alpha$, d'une part ; $y = y_1 - \beta$ et $y = y_1 + \beta$, d'autre part.

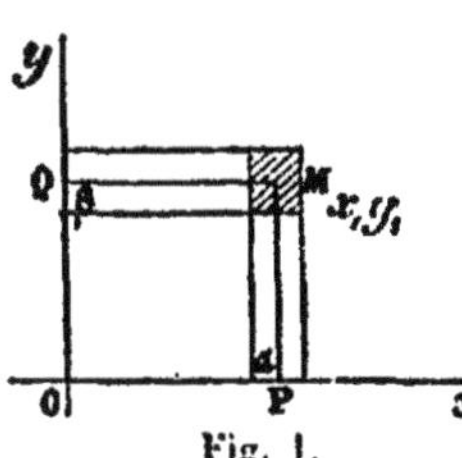

Fig. 1.

Cette remarque montre évidemment l'intérêt qui s'attache à diminuer la valeur maxima des erreurs, car l'indétermination sera d'autant moindre que ce rectangle sera plus petit. On comprend aisément que si l'on fait un grand nombre d'observations, les erreurs auront lieu tantôt dans un sens et tantôt dans l'autre, et que de la considération de l'ensemble il pourra résulter une certaine compensation. C'est ce qu'indique d'ailleurs le calcul des probabilités qui, par la méthode des moindres carrés, permet de déterminer les valeurs des coefficients numériques avec la moindre erreur probable.

Si, d'autre part, on porte sur un plan (dans le cas de deux variables) tous les points figuratifs correspondant aux diverses expériences, on les verra se répartir sur une zône d'une faible largeur, et, s'ils sont assez nombreux, on distinguera une zône plus étroite, où les points seront plus resserrés ; c'est dans cette partie que devra passer la courbe (au moins si la méthode et les appareils employés ne comportent pas d'erreur systématique).

20. Mesure des longueurs. Vernier. — Nous verrons dans les chapitres suivants la description des méthodes et des appareils employés pour la mesure des principales grandeurs étudiées en physique ; nous avons seulement quelques mots à dire des mesures qui correspondent aux unités principales ; nous passerons rapidement, car les questions relatives à ces mesures ne se rattachent pas réellement à la physique, mais à la géométrie ou à la mécanique.

Au point de vue des grandeurs géométriques, la mesure des longueurs intervient presque seule directement. Pour l'effectuer, on se sert en général d'une règle graduée qu'on applique contre la ligne à mesurer et qui donne à simple vue la mesure cherchée avec une approximation qui est représentée par la va-

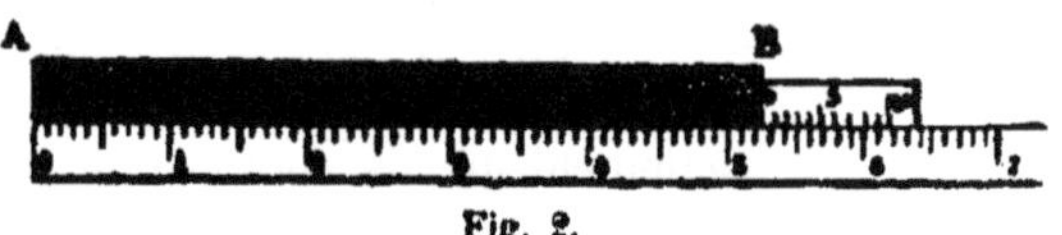

Fig. 2.

leur de l'une des divisions. Si l'on veut avoir une plus grande approximation sans augmenter le nombre des divisions de la règle, on se sert du *vernier* (fig. 2).

Le vernier est une petite réglette qui glisse le long de la règle, de manière que son extrémité vienne s'appuyer sur l'extrémité B de l'objet à mesurer. Si d est la grandeur des divisions de la règle et qu'on veuille une approximation égale à $\frac{d}{n}$, cette réglette a une longueur $(n-1)\,d$; elle est divisée en n parties égales δ, et l'on a :

$$(n-1)\,d = n\delta$$

et par suite

$$d - \delta = \frac{d}{n}$$

Lorsqu'un trait du vernier est en face d'un trait de la règle on dit qu'il y a *coïncidence* ; si le zéro du vernier est en coïncidence, il y a naturellement coïncidence aussi pour le trait n du vernier ; mais les nombres n et $n-1$ étant premiers entre eux, il ne saurait y avoir de coïncidences intermédiaires.

Si à partir de cette position on fait glisser le vernier, on reconnaît que :

Tant que le déplacement est $< \frac{d}{n}$ (distance $d - \delta$ qui séparait le trait 1 du vernier du trait voisin de la règle), les traits

0 et 1 du vernier sont dans une même division de la règle ; ce fait ne se reproduit pas dans l'étendue du vernier ; il n'y a nulle part de coïncidence ;

Lorsque le déplacement est égal à $\frac{d}{n}$, il y a coïncidence pour le trait 1 du vernier ; il n'y a pas d'autre coïncidence dans l'étendue du vernier et il n'y a pas deux traits du vernier dans une même division de la règle ;

. . . .

Lorsque le déplacement est égal à $k\frac{d}{n}$, il y a coïncidence pour le trait k du vernier, etc. ;

Lorsque le déplacement est compris entre $k\frac{d}{n}$ et $(k+1)\frac{d}{n}$, les traits k et $k+1$ du vernier sont compris dans une même division de la règle, etc.

De ces remarques on déduit le mode d'emploi du vernier :

Quand l'extrémité d'une longueur a mesurer ne se termine pas en face d'une division de la règle, pour déterminer la distance entre cette extrémité et la division précédente de la règle, on applique le vernier contre l'extrémité de l'objet ; s'il y a coïncidence à la division k, la distance cherchée est égale à $k\frac{d}{n}$; s'il n'y a pas coïncidence, il y a deux traits k et $k+1$ du vernier compris dans une même division de la règle et la distance cherchée est comprise entre $k\frac{d}{n}$ et $(k+1)\frac{d}{n}$. Dans tous les cas, la longueur est bien mesurée avec une approximation égale à $\frac{d}{n}$.

En théorie l'approximation obtenue pourrait croître indéfiniment en augmentant la valeur de n : dans la pratique à cause de la largeur des traits qui enlève toute certitude à la lecture, l'approximation est assez limitée et ne peut guère dépasser $0^{mm},05$.

Le vernier est aussi appliqué à la mesure des angles ; il permet d'apprécier avec une grande exactitude les longueurs des arcs qui servent à mesurer les angles. Son emploi repose sur des remarques analogues à celles que nous venons de faire.

21. Vis micrométrique. — On sait que lorsqu'une vis se meut dans un écrou les déplacements parallèles à l'axe sont proportionnels aux déplacements angulaires ; il en est de même du déplacement linéaire de l'écrou, si celui-ci ne peut que se mouvoir parallèlement à l'axe, qui est proportionnel au déplacement angulaire de la vis, si celle-ci ne peut que tourner autour de son axe.

Cette propriété permet d'effectuer des mesures de longueur avec une très-grande exactitude.

On voit, en effet, que si l'on a une vis dont le pas h soit petit, 1mm par exemple, et très régulier, et si l'on peut faire tourner la vis d'une faible fraction de tour, $\frac{1}{n}$, la pointe de la vis avancera seulement de $\frac{h}{n}$. C'est là le principe de tous les appareils qui sont basés sur la *vis micrométrique*. Pour apprécier facilement les petites fractions de tours, la vis est munie d'une tête constituée par un disque d'un grand diamètre tournant devant un un index fixe ; le disque est divisé en un grand nombre de parties égales, 100, 500, 1000 même, et chaque fois qu'il se déplace d'une division devant l'index la vis avance de $\frac{1}{100}, \frac{1}{500}, \frac{1}{1000}$ de pas.

Dans le sphéromètre (fig. 3) destiné à mesurer les petites épaisseurs et, comme conséquence, les rayons des sphères, l'écrou est fixe, porté par trois pieds reposant sur un plan par trois pointes mousses. La vis tourne et en même temps s'élève ou s'abaisse.

Fig. 3.

La machine à diviser sert à mesurer des longueurs et à les diviser en parties égales. Elle comprend essentiellement une vis pouvant tourner sans avancer et un écrou ne pouvant qu'avancer sans tourner. A l'écrou est relié un chariot sur lequel on fixe un microscope muni d'un réticule à l'aide duquel on pointe successivement les extrémités de la ligne à mesurer dont la longueur est donnée par le déplacement de l'écrou. On remplace le microscope par un appareil portant un burin ou une pointe de diamant pour le cas où l'on veut tracer des divisions.

22. Détermination des poids et des masses ; balance. — La détermination de la masse d'un corps revient à celle de son poids, puisque, g étant l'accélération au point considéré, on a toujours $m = \frac{p}{g}$. La balance est l'instrument qui sert ordinairement à la mesure des poids, c'est-à-dire à leur comparaison avec des poids marqués, poids étalons dont la valeur a été préalablement déterminée.

La balance est constituée essentiellement par un système oscillant autour d'un axe fixe et portant de part et d'autre de cet axe des plateaux librement suspendus (fig. 4). Elle doit satisfaire

Fig. 4.

à cette condition qu'elle reprenne toujours la même position lorsque des poids égaux sont placés dans les deux plateaux ;

on dit alors qu'elle est *juste*. Lorsqu'elle possède cette propriété, il est aisé de s'en servir; on met le corps à peser dans un plateau et l'on met dans l'autre des poids marqués en quantité suffisante pour ramener la balance à sa position caractéristique; la somme des poids marqués mesure le poids du corps.

Pour qu'on puisse effectivement se servir de la balance, il faut en outre qu'elle satisfasse aux conditions suivantes:

Elle doit être *stable*, c'est-à-dire que, écartée de sa position d'équilibre, elle doit tendre à y revenir; dans le cas contraire, elle est *folle* et son emploi n'est pas pratique.

Elle doit être *sensible*, c'est-à-dire que pour une différence donnée (qui varie avec l'usage auquel elle est destinée) elle doit s'écarter d'une quantité appréciable de sa position d'équilibre caractéristique; dans le cas contraire, elle est *paresseuse* et les pesées peuvent être affectées d'erreurs notables.

Il importe de remarquer que la balance doit prendre sa position d'équilibre caractéristique quand les plateaux sont vides. Pour qu'elle soit stable dans ce cas, il faut et il suffit, on le démontre en mécanique, que son centre de gravité soit au-dessous du point de suspension; si cette condition est réalisée alors, elle le sera à plus forte raison lorsqu'on effectuera une pesée, car l'addition de poids dans les plateaux a pour effet d'abaisser le centre de gravité.

Nous allons étudier simultanément les conditions de sensibilité et de justesse.

Considérons (fig. 5) la position d'équilibre caractéristique de la balance, celle qu'elle prend par conséquent quand elle est vide. Soient O la projection de l'axe fixe, A et B les points d'attache des plateaux; soit enfin G le centre de gravité du système; l'équilibre existant, ce point est sur la verticale du point O.

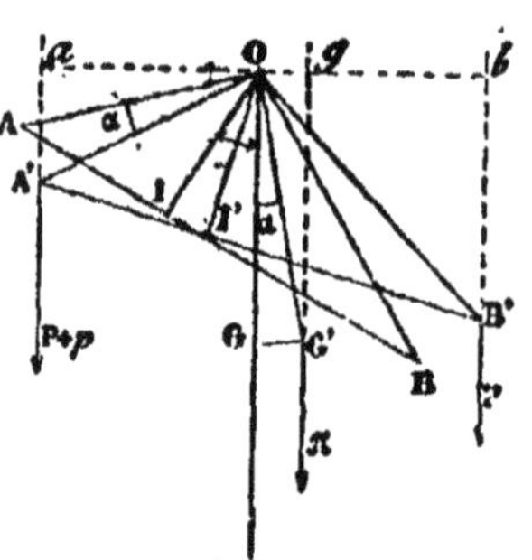

Fig. 5.

Pour définir la position de ces points, joignons AB et abaissons OI perpendiculairement sur AB; appelons l, l' et h respectivement les longueurs AI, IB et OI.

Désignons enfin par d la longueur OG et par φ l'angle IOG.

Mettons dans les plateaux suspendus en A et B des poids $P+p$ et P que nous pourrons considérer comme appliqués en A et B ; la balance s'inclinera, tournera d'un angle α et prendra la position OA'B' ; le centre de gravité G auquel est appliqué le poids π de l'appareil viendra en G', l'angle GOG' étant également α. Puisqu'il y a équilibre, égalons à zéro la somme algébrique des moments :

$$(P+p).Oa - \pi.Og - P.Ob = 0$$
$$(P+p)[l\cos(\varphi-\alpha)+h\sin(\varphi-\alpha)] - \pi d\sin\alpha - P[l'\cos(\varphi-\alpha)-h\sin(\varphi-\alpha)] = 0$$

d'où l'on tire ;

$$\operatorname{tg}\alpha = \frac{P[(l-l')\cos\varphi + 2h\sin\varphi] + p(l\cos\varphi + h\sin\varphi)}{(2P+p)h\cos\varphi + \sin\varphi[P(l-l')+pl] + \pi d}$$

Pour que la balance soit juste, il faut que lorsque p est nul, $tg\,\alpha$ soit égale à zéro, quelle que soit la valeur donnée à P ; cette condition exige que l'on ait :

$$(l-l')\cos\varphi + 2h\sin\varphi = 0 \quad \text{ou} \quad l\cos\varphi + h\sin\varphi = l'\cos\varphi - h\sin\varphi$$

ce qui veut dire que, au moment où la balance vide est en équilibre, les distances horizontales des points de suspension des plateaux A et B à la verticale qui passe par le point fixe O doivent être égales.

Si nous admettons, comme on le fait ordinairement, que, à ce moment, la ligne AB doit être horizontale, ce qui entraîne $\varphi=0$, l'équation qui donne la valeur de α dans le cas de la balance juste est

$$\operatorname{tg}\alpha = \frac{pl}{\pi d + (2P+p)h}.$$

Si l'on veut que la sensibilité soit indépendante de la charge $2P+p$, il faut que h soit nul ; les trois points A, B, C sont alors en ligne droite et les longueurs l et l' deviennent les *bras de levier* de la balance.

On a alors :

$$\operatorname{tg}\alpha = \frac{pl}{\pi d}$$

On ne peut guère faire varier l sans modifier en même temps la valeur π, de telle sorte que, pour une valeur donnée p de la surcharge, $tg\alpha$ varie en raison inverse de d qu'il faut prendre aussi petit que possible, sans cependant l'annuler, ce qui détruirait la stabilité.

Une balance (fig. 4) est constituée essentiellement par un *fléau*, pièce allongée et découpée qui doit être rigide et légère, portant un prisme en acier qui la traverse et qui repose par une arête tranchante sur un plan résistant d'agate ou d'acier ; à ses extrémités sont suspendus des plateaux : en son milieu, il porte une longue aiguille qui se dirige vers la partie inférieure où sa pointe se déplace sur un arc gradué, ce qui permet de reconnaître aisément la position que prend la balance vide, position à laquelle on doit la ramener à chaque opération. Au-dessus du fléau, au milieu, se trouve une tige filetée sur laquelle peut monter et descendre un écrou, ce qui permet de déplacer le centre de gravité de l'appareil d'une petite quantité dans l'un ou l'autre sens.

En général, on ne peut compter sur la justesse d'une balance ; on peut cependant obtenir des pesées exactes en utilisant la méthode des *doubles pesées* de Borda. On met d'un côté A le corps à peser X et on lui fait équilibre par une tare placée dans l'autre plateau B, sable, grenaille de plomb, etc.; on enlève le corps et, sans toucher à la tare, on rétablit l'équilibre en mettant des poids marqués P dans le plateau A. Il est évident que P représente le poids cherché.

22. Mesure du temps. — La mesure du temps s'effectue à l'aide de compteurs spéciaux, horloges ou chronomètres ; ils sont constitués, d'une manière générale, par un mécanisme d'horlogerie mis en mouvement par l'action d'un poids ou d'un ressort. Ce mouvement est régularisé, uniformisé, par ce que l'une des roues du moteur est reliée à un pendule ou balancier par l'intermédiaire d'un mécanisme appelé *échappement* qui ne laisse la roue avancer que d'une dent à chaque battement du pendule.

Le pendule sous l'influence de la pesanteur exécute des oscillations qui sont de même durée, *isochrones*, lorsque leur amplitude est petite; les balanciers sont des pièces qui oscillent sous l'influence des ressorts élastiques dans des conditions telles que les oscillations sont également isochrones. Dans l'un et l'autre cas, le corps oscillant subit régulièrement une petite impulsion du moteur, de matière à continuer le mouvement.

Le rouage est relié à un compteur qui, en somme, à l'aide de deux aiguilles mobiles sur un cadran, permet de déterminer le nombre de battements exécutés. La comparaison de ces horloges ou chronomètres et des observations astronomiques permet de s'assurer si ces oscillations toutes égales entre elles ont bien la durée de 1 seconde, c'est-à-dire si l'appareil en exécute 86400 en un jour sidéral moyen.

Les compteurs de temps, les horloges astronomiques notamment, produisent un bruit à chaque battement, ce qui permet d'évaluer le temps par l'oreille; on peut même, avec de l'habitude, apprécier des fractions de seconde: on arrive ainsi à mesurer $\frac{1}{5}$ de seconde.

Lorsque l'on veut pousser l'approximation plus loin, on a recours à la méthode d'enregistrement; un style touche par sa pointe la surface enfumée d'un cylindre auquel on communique un mouvement de rotation uniforme; le style se déplace parallèlement à l'axe de manière à décrire une hélice; par l'intermédiaire de l'électricité, ou quelquefois d'un tambour à air, il est relié à l'appareil dont il faut enregistrer les mouvements. A chacun de ceux-ci, le style trace un crochet qui se distingue aisément sur le trait continu de l'hélice. Si l'on connaît la vitesse de rotation du cylindre, en mesurant les distances entre les crochets successifs, on peut déduire les temps correspondants. Plus commodément et plus exactement, on emploie un second stylet placé à côté du premier et qui, en relation avec un pendule, trace un crochet à chaque seconde: la comparaison des espaces compris entre ces crochets et ceux fournis par le premier stylet conduit à l'appréciation du temps.

Ces indications seraient inexactes si le cylindre ne tournait pas uniformément: on obvie à cet inconvénient par l'emploi des diapasons dont nous parlerons ultérieurement.

§ III

PROPRIÉTÉS DES SOLIDES ET DES LIQUIDES

Solides : Elasticité ; ténacité ; malléabilité ; dureté ; usure ; divisibilité. Liquides : hydrostatique, étude mécanique de l'équilibre des liquides ; compressibilité ; fluidité ; viscosité.

24. Corps solides. Elasticité, ténacité, malléabilité, ductilité. — Etudions d'abord les propriétés particulières qui caractérisent plus ou moins complètement les trois états des corps, en nous occupant spécialement de celles qui sont en rapport avec les actions mécaniques. Nous commencerons par les corps solides.

Une action mécanique transmise à un corps solide produit des effets qui tantôt se manifestent sur l'ensemble du corps et tantôt restent localisés au point où l'action s'est exercée (indépendamment des r ouvements).

Les effets généraux sont des déformations et des changements de volume : il peut arriver que les uns et les autres soient passagers et cessent lorsque cesse l'action qui les a produits ; il peut arriver au contraire que les déformations et les changements de volume subsistent en totalité ou en partie. Dans le second cas, on a dépassé la *limite d'élasticité*; dans le premier la limite d'élasticité n'a pas été atteinte.

On appelle absolument *corps élastiques* ceux pour lesquels la limite d'élasticité est fort éloignée, de telle sorte que les déformations et les changements de volume que l'on peut produire sans qu'ils deviennent permanents soient assez considérables. Si les déformations restent permanentes, alors même qu'elles sont minimes, le corps n'est pas élastique : il est *cassant* si ces faibles déformations qui subsistent sont accompagnées d'une fragmentation, il est *mou* s'il se produit une déformation sans fragmentation.

En réalité, il n'y a pas de corps qui soit absolument élastique et on peut toujours exercer une action assez énergique pour atteindre et dépasser la limite d'élasticité; il n'y a pas non plus de corps absolument mou ou cassant, et on peut exercer une action assez faible pour que la déformation produite ne subsiste pas lorsque l'on cesse l'action.

Les questions relatives à l'élasticité dépendent de la mécanique; nous n'avons pas à y insister ici et nous nous bornerons à quelques rapides indications.

Lorsqu'on soumet des corps à des tractions croissantes, ils finissent par se rompre; on dit qu'un corps possède une ténacité d'autant plus grande que, à dimensions égales, il a fallu une force plus grande pour provoquer cette rupture.

Sous l'influence du marteau ou du laminoir, les corps se réduisent plus ou moins facilement en lames, en feuilles minces; on désigne sous le nom de *malléabilité* la propriété de subir cette déformation.

Enfin, la *ductilité* est la propriété que possèdent certains corps de se laisser étirer à la filière; cette propriété dépend dans une certaine mesure de la malléabilité qui permet la déformation et de la ténacité que le fil doit posséder pour résister à la traction qu'il subit pendant son passage à la filière.

Seule, la ténacité a été étudiée avec soin et l'on a déterminé pour un certain nombre de corps la traction par unité de section nécessaire pour amener la rupture. On a déterminé également la force nécessaire pour produire l'écrasement; on n'a pas donné de nom particulier à la propriété correspondante.

25. Variations de volumes et de dimensions. — Il est nécessaire d'insister sur les changements de volume ou de dimensions subis par les corps sous l'influence des actions mécaniques.

Une masse déterminée d'un corps ne conserve pas toujours le même volume; mais tantôt, comme il arrive pour les solides et les liquides, les variations sont faibles et peuvent être négligées dans une première approximation, tantôt au contraire elles sont notables, ainsi qu'on l'observe pour les gaz.

Si on laisse de côté les variations électriques qui agissent au moins sur certains corps pour faire changer le volume, mais en tout cas de quantités très minimes, deux actions seulement interviennent : les actions mécaniques (pressions, tractions, etc.) et la chaleur.

Si donc V est le volume d'un corps soumis à la pression P et à la température t, on conçoit qu'il existe entre ces quantités une relation que l'on peut mettre sous l'une des formes.

$$V = f(P, t) \quad \text{ou} \quad F(V, P, t) = 0$$

Il est important de connaître la forme de cette relation ; on y est arrivé en étudiant les variations de V par exemple lorsque chacune des autres variables change seule. On peut concevoir aisément la méthode générale employée en se basant sur les remarques suivantes.

Considérant les quantités V, P et t comme les trois coordonnées d'un point, rapportées à trois plans se coupant dans l'espace, l'équation $F(V, P, t) = 0$ représente une surface qui caractérise la loi cherchée et dont chaque point représente symboliquement un état du corps considéré. La question revient à déterminer la forme de cette surface ; or celle-ci sera connue si l'on connaît la nature de ses sections par deux séries de plans parallèles, par exemple par deux séries de plans parallèles respectivement à deux plans coordonnés et dont on aurait aisément les projections sur ces plans.

On pourra ainsi connaître en vraie grandeur les sections faites par des plans parallèles aux VP, en donnant à t des valeurs constantes : puis les sections faites par des plans parallèles aux Vt, en donnant à P des valeurs constantes. Cela revient à étudier : 1° La relation qui existe entre la pression et le volume à température constante ; 2° la relation qui existe entre le volume et la température à pression constante.

La connaissance de ces deux séries de courbes détermine absolument la surface, permet d'écrire son équation. Il en résulte qu'on en pourra déduire la nature de toutes autres sections planes, et notamment celle des sections parallèles aux Pt ; ce qui revient à déterminer la relation qui existe entre la pression et la température à volume constant. Si l'on peut, d'autre part, déterminer expérimentalement cette relation, on aura une vérification, car ces deux modes de détermination devront donner le même résultat.

La recherche expérimentale des relations correspondant à V et à P constants sera indiquée dans le chapitre de la chaleur. Nous nous occuperons seulement ici de la relation entre V et P à température constante.

26. — L'étude des changements de volume des solides, comme celle des changements de forme, fait partie de la mécanique et de la résistance des matériaux : aussi nous bornerons-nous à donner ici quelques formules dont la connaissance est utile en physique.

Au point de vue des applications, il faut déterminer non seulement les variations de volume dans des conditions données, mais aussi les variations des dimensions.

Considérons un solide de volume V, soumis en tous ses points à une pression par unité de surface π et prenant sous cette influence un volume V'; la *compressibilité* est le rapport $\frac{V-V'}{V}$. Elle est proportionnelle à la pression, au moins tant que π n'atteint pas de trop grandes valeurs. En désignant par E, *coefficient d'élasticité*, un nombre déterminé pour une substance donnée à la température à laquelle on opère, on a :

$$\frac{V-V'}{V}=\frac{\pi}{E} \quad \text{ou} \quad V'=V\left(1-\frac{\pi}{E}\right).$$

S'il s'agit d'une tige fixée à une extrémité et soumise à une force qui agit seulement dans le sens de la longueur (*traction* ou *compression*), on a :

$$V'=V\left(1\mp\frac{1}{3}\frac{\pi}{E}\right),$$

le signe — correspondant au cas où l'on exerce une compression et le signe + à celui où l'on agit par traction.

Enfin si, dans les mêmes conditions, on appelle L et L' la longueur initiale et la longueur finale, on a :

$$L'=L\left(1\mp\frac{\pi}{E}\right)$$

Si P est la force totale et S la section, on a $\pi=\frac{P}{S}$ et il vient

$$L' = L\left(1 \mp \frac{P}{ES}\right).$$

Dans le cas d'une verge cylindrique de rayon r fixée à une extrémité et soumise à l'autre extrémité à l'action d'un couple dont Fl est le moment, il y a *torsion*; et *l'angle de torsion* ω dont tourne le bras de levier du couple est donné par la formule

$$\omega = \frac{1}{T} \cdot \frac{LFl}{r^4}.$$

T est constant pour une même substance à une température déterminée; on le désigne sous le nom de *coefficient de torsion*.

27. Dureté. — L'action mécanique exercée par un corps sur un autre corps peut se trouver localisée absolument aux points où l'action s'est produite; l'effet est surtout manifeste si le corps qui presse est terminé en pointe ou présente des parties aiguës, tranchantes et principalement si ces parties se déplacent, frottent sur l'autre corps. On dit que le corps qui présente ces déformations locales, sortes de sillons tracés par la pointe, est *rayé* par l'autre corps : c'est à ce genre de déformation que s'applique le mot *dureté*. La dureté est, à proprement parler, la mesure de la résistance que présente un corps à se laisser rayer.

On a pu établir une liste des corps d'après leur ordre de dureté; voici les principaux :

Diamant, corindon, topaze, quartz, acier trempé, fer, platine, cuivre, argent, or, antimoine, étain, plomb.

La question de dureté se complique s'il s'agit d'un corps cristallisé; car la facilité à se rayer varie avec la face du cristal que l'on considère, et même, pour certains corps, avec la direction suivant laquelle on agit sur une face déterminée.

La dureté est un caractère qui présente un certain intérêt en chimie et en minéralogie pour distinguer divers corps.

Il importe de remarquer que la *trempe*, qui consiste à refroidir brusquement un corps porté à une température plus ou moins élevée, amène des changements dans les propriétés précédentes; les corps deviennent plus durs et généralement plus cassants. Il en est de même de l'*écrouissage* qui consiste dans une action mécanique énergique comme le martelage, le laminage, le passage à la filière.

Le *recuit* consiste en un refroidissement lent après échauffement préalable. Il produit un effet inverse de la trempe et de l'écrouissage.

Lorsque deux corps frottent l'un contre l'autre ou qu'un corps pulvérulent frotte contre un corps moins dur, il se produit un effet particulier, l'*usure*, effet important par ses applications qui sont nombreuses.

L'usure est, en somme, le résultat d'un grand nombre de rayures qui, produites dans diverses directions, ont enlevé une couche de matière. Elle est liée, pour les corps homogènes, à l'ordre de dureté, au moins dans une certaine mesure ; elle dépend aussi de la forme des parties frottantes. C'est ainsi qu'un diamant qui n'est pas rayé par un autre diamant est usé par l'*égrisée* qui n'est autre chose que du diamant réduit en poudre.

Dans le cas de corps hétérogènes, les résultats sont moins simples à prévoir : c'est ainsi que la pierre ponce qui est rayée par le verre use celui-ci, que le fer qui raye le grès est usé par celui-ci, etc.

Le polissage des corps est toujours le résultat de l'usure obtenue par des corps réduits en poudres de plus en plus fines.

28. Divisibilité. — Nous avons dit que la matière est divisible et que, dans un grand nombre de cas, la division a été poussée très loin sans cependant avoir atteint l'ordre de grandeur des molécules. Nous nous bornerons à citer quelques exemples.

Les lames de verre que l'on obtient en soufflant le verre ont une épaisseur de 1 micron environ (1μ) [1].

Cette valeur représente également le diamètre du verre filé qu'on obtient en étirant des tubes de verre amenés à l'état

(1) Pour les objets microscopiques on fait généralement usage d'une unité spéciale, le millième de millimètre ($0^{mm},001$), à laquelle on donne le nom de *micron* et qu'on représente par la lettre μ.

pâteux, tubes qui, malgré leur ténuité, conservent leur vide intérieur.

Wollaston a pu obtenir des fils de platine dont le diamètre était seulement de 0μ,8 : on aura une idée plus nette de leur ténuité par ce fait que, malgré le poids spécifique considérable du platine, 1,000 mètres de ce fil ne pèseraient que 0gr,07.

Les feuilles d'or obtenues par le battage ont une épaisseur qui peut ne pas dépasser 0μ,1.

D'après Haüy, on peut obtenir par le clivage des feuilles de mica dont l'épaisseur soit seulement de 0μ,043.

Enfin en étirant et laminant un cylindre d'argent doré, on peut obtenir des rubans étroits et très peu épais où l'argent est recouvert d'une couche d'or dont l'épaisseur est seulement de 0μ,004.

Cette question de la divisibilité des corps ne présente pas seulement un intérêt théorique ; il est à remarquer en effet que la division d'un corps en fragments augmente la surface et par conséquent doit faciliter toutes les actions qui dépendent de la surface, comme la plupart des actions chimiques, la dissolution, l'absorption des gaz, etc. Des mesures directes ont d'ailleurs mis le fait en évidence.

Il est facile de se rendre compte de l'augmentation de la surface : supposons qu'un corps déterminé se subdivise en n fragments semblables et égaux entre eux. Soient V le volume du corps et v le volume d'un fragment, on a :

$$nv = V$$

Si nous appelons l, L, s, S les arêtes et les surfaces homologues, on sait que l'on a :

$$\frac{v}{V} = \frac{l^3}{L^3}, \qquad \frac{s}{S} = \frac{l^2}{L^2}$$

D'où

$$s = S\sqrt[3]{\frac{v^2}{V^2}}$$

Mais si Σ est la somme des surfaces des fragments, on a

$$\Sigma = ns$$

par suite

$$\Sigma = nS\sqrt[3]{\frac{1}{n^2}} = S\sqrt[3]{n}$$

La surface totale croît donc avec le nombre des fragments.

29. Corps liquides. Indication sommaire des données de l'hydrostatique. — Les liquides n'ayant pas de forme déterminée, il n'y a pas lieu de rechercher les conditions mécaniques dans lesquelles se produisent les déformations, pas plus qu'on ne saurait alors parler d'élasticité, les liquides n'ayant jamais aucune tendance à reprendre leur forme primitive.

Mais, sous l'influence des actions mécaniques, les liquides peuvent éprouver des changements de volume, des compressions : ils sont compressibles, mais ils le sont fort peu, si bien que pour une première étude on peut les regarder comme incompressibles. C'est cette condition que nous admettons d'abord et nous reviendrons ultérieurement sur la compressibilité.

L'étude des conditions d'équilibre des liquides appartient à la mécanique dont elle forme un chapitre spécial, l'*hydrostatique*, de même qu'un autre chapitre, l'*hydrodynamique* se rapporte à l'étude des mouvements des liquides. Nous n'avons donc pas à insister et nous nous bornerons à indiquer rapidement les résultats principaux dont la connaissance nous sera nécessaire.

Bien qu'il soit possible de concevoir des liquides qui seraient soustraits à l'action de la pesanteur, en réalité les liquides que nous étudions, comme tous les corps, sont pesants, c'est-à-dire que tout se passe à ce point de vue comme si chacune de leurs molécules était soumise à une force attractive émanant du centre de la terre.

Considérons une paroi solide en contact avec un liquide et supposons qu'un élément $d\omega$ soit rendu mobile ; pour le maintenir à la position qu'il occupe, pour s'opposer à l'écoulement du liquide, il faut appliquer à cet élément une force dp. On appelle *pression au point considéré* ou *pression par unité de surface* en ce point le rapport $\frac{d\omega}{dp}$.

Cette pression est normale à l'élément considéré.

Si nous considérons un liquide en équilibre, nous pouvons définir la pression en un point pris au sein de la masse liquide ; sans rien changer aux conditions d'équilibre, on a le droit de supposer qu'une partie du liquide est solidifiée, ce qui revient à établir des liaisons entre diverses parties d'un système en équilibre. On peut, par exemple, définir la partie solidifiée de manière que la surface qui la limite passe par le point considéré, et alors la pression en ce point est définie comme précédemment. La valeur obtenue ainsi est ce que l'on appelle encore la *pression au point considéré* dans la masse liquide : elle est indépendante de la direction de l'élément considéré.

20. — On démontre d'une manière générale en mécanique que lorsqu'un liquide est soumis à l'action de forces quelconques, la pression varie en général d'un point à l'autre. Le lieu des points pour lesquels la pression conserve la même valeur est ce que l'on appelle une *surface de niveau* : une surface de niveau est, en chaque point, normale à la force qui agit en ce point (ou à la résultante des forces s'il y en a plusieurs).

Les liquides étant soumis en réalité à l'action de forces attractives émanées du centre de la terre, les surfaces de niveau sont des surfaces sphériques ayant ce même centre.

Lorsqu'un liquide a une surface libre, cette surface ou ne subit aucune action, ou, plus généralement, subit l'action de l'atmosphère. Sauf des cas exceptionnels, la surface libre se trouve être une surface d'égale pression, c'est donc une surface de niveau, une surface sphérique pour les liquides pesants.

La différence de pression entre deux éléments de même étendue situés sur des surfaces de niveau différentes est égale au poids d'un cylindre de liquide ayant cet élément pour base et pour hauteur la distance normale des deux surfaces de niveau.

Ces diverses conclusions sont applicables à une masse de liquide de forme absolument quelconque, pourvu qu'il y ait continuité, c'est-à-dire pourvu que l'on puisse aller d'un point quelconque à un autre point également quelconque sans quitter le liquide considéré.

Lorsque l'on réunit plusieurs liquides non miscibles dans un même vase, ils se séparent par ordre de densité, les plus denses étant les plus rapprochés du centre de la terre ; les surfaces de séparation sont des surfaces de niveau.

Ces divers résultats se simplifient lorsque l'on considère une masse liquide de peu d'étendue : alors les actions de la pesanteur aux divers points de la masse peuvent être regardées comme parallèles et les surfaces de niveau peuvent être confondues avec des plans horizontaux.

Si l'on appelle p_0 et p les pressions sur des éléments $d\omega$ placés au sein d'un liquide dont le poids spécifique est δ, et si h est la distance verticale de ces points, on a

$$p - p_0 = d\omega . h . \delta .$$

On se sert plus souvent des pressions par unité de surface $\pi = \frac{p}{d\omega}$ et $\pi_0 = \frac{p_0}{d\omega}$ et l'équation devient

$$\pi - \pi_0 = h\delta .$$

En réalité cette formule n'est pas rigoureusement exacte, parce que, à cause de la compressibilité du liquide, le poids spécifique n'est pas le même aux diverses hauteurs.

Cette formule montre que si l'on fait varier la pression π en un point elle variera partout de la même quantité. C'est là ce qui constitue le *principe de Pascal* ou *principe d'égalité de transmission des pressions.*

21. Poussée dans les liquides. — Lorsqu'un corps est plongé dans un liquide, il éprouve une pression en chacun de ses points : on démontre que toutes ces pressions élémentaires ont une résultante, verticale, dirigée de bas en haut, appliquée au centre de gravité du volume du corps et égale au poids du volume de liquide déplacé. Cette résultante a reçu le nom de *poussée.*

Un corps plongé dans un liquide est donc soumis à deux forces verticales, son poids et la poussée qu'il subit de la part du liquide. Les conditions d'équilibre ou de mouvement dépendent des grandeurs de ces forces et de leurs positions relatives.

Le corps abandonné sans vitesse au sein du liquide restera immobile, descendra ou montera, suivant que la poussée sera égale, inférieure ou supérieure au poids.

Lorsqu'un corps s'élevant dans un liquide arrive à la surface libre et qu'il la dépasse la poussée diminue jusqu'à zéro. Si le mouvement ascendant résultait de ce que la poussée était supérieure au poids, pour une certaine position du corps, en partie émergé, la poussée sera égale au poids et, après des oscillations dues à la vitesse acquise, le corps restera en équilibre : on dit alors qu'il est *flottant.*

L'évaluation de la poussée que subit un corps que l'on plonge dans un liquide est utilisée dans un certain nombre de cas pour mesurer le volume de ce corps.

On désigne sous le nom de Principe d'Archimède le théorème qui indique l'effet résultant de l'existence de la poussée sur un corps plongé dans un liquide moins dense : le corps semble perdre une partie de son poids égale au poids du volume de liquide déplacé.

32. Compressibilité. — Les liquides soumis à une pression extérieure agissant sur toute leur masse se compriment, mais faiblement. Aussi faut-il prendre quelques précautions pour mettre le fait en évidence ; si l'on se borne à placer un liquide dans un vase dans lequel on exerce une pression, le vase subit également une variation de volume et l'on n'observe que la résultante de ces deux actions sans que, en général, il soit possible de faire la part de chacune.

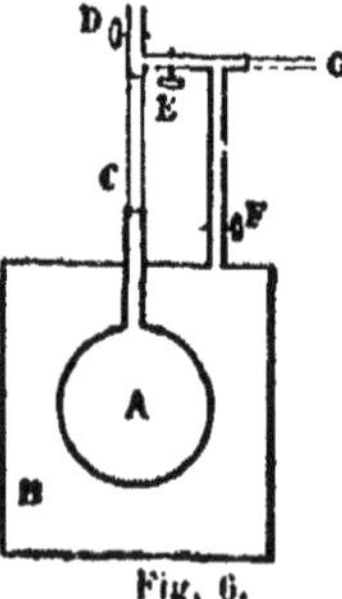

Fig. 6.

Parmi les expériences qui ont été faites avec précision on peut signaler celles de Regnault, puis de M. Grassi.

Un vase sphérique en métal A (fig. 6) préalablement jaugé porte un tube de verre gradué C; il est rempli du liquide que l'on veut étudier et est placé dans un réservoir en fer rempli d'eau B. Le tube de verre traverse la paroi de ce réservoir et à l'aide de robinets D, E peut soit s'ouvrir à l'atmosphère, soit être mis en communication avec un appareil G contenant de l'air comprimé. Ce même appareil peut d'ailleurs être relié également avec le réservoir de telle sorte que l'on peut, à volonté exercer ou non une pression sur le liquide en expérience, d'une part, et d'autre part exercer ou non une pression extérieure sur le verre qui contient le liquide.

On pourrait être tenté de croire que si l'on fait agir la pression à l'intérieur et à l'extérieur du vase, la capacité de celui-ci ne doit pas changer; mais, en réalité, il n'en est pas ainsi et on démontre que la variation de capacité du vase dans ce cas est la même que la variation de volume que subirait une masse pleine du même corps remplissant cette capacité. Il faut donc pouvoir calculer cette variation : voici comment on réalise l'expérience :

Le niveau du liquide dans le tube ayant été noté avec soin, on met l'intérieur de ce tube en communication avec l'atmosphère ; puis on comprime l'eau du réservoir et par suite on comprime le vase de dehors en dedans. Son volume se réduit, le niveau du liquide s'élève ; la variation observée fait connaître la compression du vase et l'on en peut déduire le coefficient d'élasticité de sa substance.

On fait alors agir la pression à l'intérieur de ce vase sans cesser de maintenir la pression extérieure : le niveau du liquide s'abaisse et on note la variation de volume correspondante. On peut calculer la variation de capacité du vase puisque l'on connaît son coefficient d'élasticité : on en déduit la compression vraie du liquide.

Enfin on conserve la pression intérieure et l'on supprime la pression extérieure : le niveau s'abaisse encore. On peut calculer de même la variation de volume du vase et en déduire la compression du liquide ; on a donc une vérification, car la valeur obtenue doit être de même que dans le cas précédent.

33. — Si l'on considère un liquide de volume V soumis à l'action d'une pression π par unité de surface, ce liquide éprouve une diminution v de volume. La variation de volume est évidemment proportionnelle au volume primitif : on peut donc toujours poser

$$v = \chi V \pi \qquad \text{ou} \qquad V' = V(1 - \chi\pi)$$

V' étant le volume final.

Si on admet que la variation de volume est aussi proportionnelle à la pression, le coefficient χ donné par la relation

$$\chi = \frac{v}{V\pi} = \frac{V - V'}{V\pi}$$

est constant, c'est la variation de volume de l'unité de volume du liquide considéré pour une variation de pression égale à l'unité. C'est ce que l'on a appelé le *coefficient de compressibilité* à la température de l'expérience.

L'expérience montre que, à la même température, χ n'est pas constant, qu'il varie avec la pression au moins pour certains corps. Dans ce cas on pourrait écrire, A et B étant des constantes :

$$V' = V(1 - A\pi - B\pi^2)$$

et

$$\chi = \frac{V - V'}{V\pi} = A + B\pi$$

Peut-être même faudrait-il prendre un plus grand nombre de termes.

Pour l'eau, au moins jusqu'à 10 atmosphères, le coefficient de compressibilité semble constant et égal à 0,000047.

24. Viscosité. — En réalité, les liquides ne possèdent pas la fluidité absolue que nous avons supposée et ils présentent toujours une certaine *viscosité* qui correspond à un effet analogue à celui qui résulterait de ce que les molécules ne sont pas absolument libres, mais exercent les unes sur les autres une certaine attraction. C'est ce qu'indique la forme globulaire que prend le mercure projeté sur un plan horizontal, et aussi ce fait qu'une baguette de verre plongée dans l'eau ou dans l'huile entraîne une gouttelette de liquide, etc.

On peut, dans une certaine mesure au moins évaluer la viscosité d'un liquide par l'expérience de **Taylor** : une plaque de verre, par exemple, est reliée au plateau d'une balance par un fil qui s'attache à son centre, elle est équilibrée par une tare placée dans l'autre plateau. On pose cette plaque à la surface d'un liquide et on ajoute des poids de l'autre côté progressivement : on observe que le plateau soulevé entraîne une certaine épaisseur de liquide limitée latéralement par une surface courbe. Lorsque le poids ajouté a atteint une valeur suffisante, une rupture se produit à la section minima, une partie du liquide restant adhérente au plateau.

La viscosité des liquides est un obstacle au déplacement des corps qui se meuvent à leur intérieur ; elle contribue à expliquer le ralentissement de la chute des corps de très petites dimensions dans les liquides ; elle permet d'autre part le déplacement des poissons, des nageurs, etc. qui ne pourraient avancer dans un milieu absolument fluide n'offrant aucun point d'appui, aucune résistance.

25. Tension superficielle. — L'existence de la viscosité tend à faire admettre que les molécules d'un liquide ne sont pas absolument indépendantes les unes des autres et que, du moins, entre des molécules voisines, il existe certaines liaisons d'ailleurs mal définies. Dans ces conditions, on conçoit que les molécules situées dans le voisinage de la surface du liquide ne sont pas dans les mêmes conditions que celles qui se trouvent au sein même de la masse, car celles-ci sont soumises à des actions absolument symétriques, ce qui n'existe pas pour celles-là. Aussi peut-on s'attendre à ce que les couches superficielles des liquides jouissent de propriétés spéciales ; c'est en effet ce que l'on reconnaît, car on observe des faits analogues à ceux qui se produiraient si cette surface était formée d'une mince membrane élastique. On appelle *tension superficielle* la force attractive que l'on peut supposer exister entre les points de cette surface pris deux à deux et, qui explique que cette surface se comporte dans certains cas comme une membrane solide.

De nombreuses expériences montrent l'existence de cette tension superficielle que l on a même mesurée ; nous signalerons seulement les suivantes :

La forme sphérique que prend une masse liquide placée au sein d'un liquide de même densité; cette forme est celle de l'équilibre d'un liquide enfermé dans une poche élastique.

On saupoudre de grès la surface d'un bain de mercure et on y enfonce une baguette de verre bien propre ; celle-ci entraîne avec elle le sable, absolument comme si ce sable était fixé sur une membrane élastique que la baguette entraînerait. Si on relève la baguette, le sable reparaît et vient de nouveau s'étaler à la surface.

Sur un cadre en fil de fer on dépose un liquide formé par un mélange d'eau de savon et de glycérine qui donne naissance à une lame mince continue ; on place sur cette lame un fil de coton noué en anneau et qui prend une forme quelconque. Mais si l'on crève le liquide à l'intérieur de l'anneau, celui-ci se tend immédiatement et prend la forme circulaire qui correspond bien à l'action d'une membrane élastique extérieure produisant la même tension en tous les points.

36. Mesure des volumes et des densités. — Sans nous arrêter aux phénomènes qui se manifestent dans les liquides en mouvement et que l'on étudie dans l'*hydrodynamique*, non plus qu'aux applications nombreuses qui ont été faites des propriétés signalées dans l'hydrostatique, nous indiquerons seulement que la valeur de la poussée a été utilisée pour la mesure des volumes et des densités.

La poussée subie par un corps plongé étant égale au poids du volume de liquide déplacé est représentée par $V\pi$, V étant le volume du corps et π le poids spécifique du liquide.

La poussée se mesure aisément parce qu'elle est égale à la perte apparente de poids que subit le corps au moment où on le plonge ; cette mesure se fait aisément à l'aide de la *balance hydrostatique* : celle-ci (fig. 7) est une balance dont on peut, à l'aide d'une crémaillère, soulever le fléau et son support. Le corps dont on veut déterminer le volume est attaché par un fil fin sous l'un des plateaux : on lui fait équilibre à l'aide d'une tare placée de l'autre côté. On amène sous le corps un vase plein d'un liquide dont π est le poids spécifique et l'on fait descendre le corps ; l'équilibre est rompu ; pour le rétablir on ajoute des poids marqués P dans le plateau auquel est fixé le corps : ces poids représentent la perte apparente de poids ; on a donc $P = V\pi$, d'où l'on déduit V. Si le liquide employé est de l'eau, on a approximativement, d'une manière générale, $\pi = 1$ et il vient $P = V$, c'est-à-dire que le volume du corps est représenté par un nombre de centimètres cubes égal au nombre de grammes indiqué par P. Il faut faire une correction eu égard à la poussée de l'air et à la température, si l'on veut une grande exactitude.

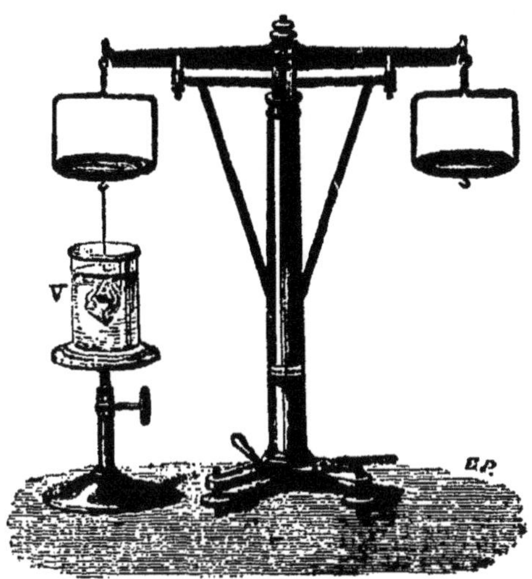

Fig. 7.

Supposons qu'on ait déterminé le poids du corps P_1, on aura $P_1 = V\Delta$, Δ étant le poids spécifique du corps. Si D est la densité de ce corps, on sait que l'on a

$$D = \frac{\Delta}{\pi}$$

ce qui donne immédiatement pour la densité D :

$$D = \frac{P_1}{P}$$

Pour opérer rapidement, voici la marche à suivre :

On met dans un plateau A des poids marqués dont la somme dépasse le poids du corps et l'on établit l'équilibre par une tare placée dans le plateau B. On attache le corps sous le plateau A ; l'équilibre est rompu : pour le rétablir, sans changer la tare, il faut enlever des poids marqués : leur somme représente le poids P_1 du corps. On introduit le corps dans l'eau ; pour rétablir l'équilibre qui a été rompu, il faut ajouter des poids en A ; leur somme représente P, la perte apparente de poids.

Il importe de remarquer que le poids P et P_1 sont ainsi obtenus par double pesée.

Si, d'une façon analogue, on plonge un corps quelconque successivement dans un liquide de poids spécifique π_1 et dans l'eau de poids spécifique π et si P_1 et P sont les pertes apparentes de poids, on a

$$P_1 = V\pi_1 \qquad \text{et} \qquad P = V\pi$$

V étant le volume du corps plongé ; si D est la densité du liquide, on a :

$$D = \frac{\pi_1}{\pi} \qquad \text{et, par suite} \qquad D = \frac{P_1}{P}$$

on voit que le volume du corps n'intervient pas.

37. Aréomètres. — Les *aréomètres* sont des appareils qui servent à mesurer la densité des corps en s'appuyant sur la condition d'équilibre des corps flottants ; ils se composent d'un flotteur en verre ou en métal, lesté à sa partie inférieure et portant à sa partie supérieure une tige fine terminée par un plateau et portant un trait nommé *point d'affleurement*.

Soit P le poids de l'appareil, V son volume jusqu'au point d'affleurement ; on le plonge dans un liquide de poids spécifique π_1 et pour faire enfoncer l'appareil jusqu'en ce point il faut ajouter un poids p_1. On a alors

$$P + p_1 = V\pi_1$$

On fait la même opération pour l'eau ; soit p le poids qu'il y a dans le plateau lors de l'affleurement, on a :

$$P + p = V\pi$$

et, par suite,

$$D = \frac{\pi_1}{\pi} = \frac{P + p_1}{P + p}$$

L'appareil qui sert ainsi pour les liquides est en verre, c'est l'*aréomètre de Fahrenheit* (fig. 8).

L'aréomètre de Nicholson (fig. 9) sert principalement pour les solides ; il porte à la partie inférieure une petite corbeille. On met des poids marqués dans le plateau supérieur et on amène l'affleurement lorsqu'on le plonge dans un vase rempli d'eau ; on ajoute le corps, il faut enlever un poids P_1 pour maintenir l'affleurement ; P_1 représente le poids du corps. On met celui-ci dans la corbeille inférieure, l'affleurement n'existe plus ; on le rétablit en ajoutant un poids P dans le plateau

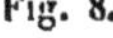

Fig. 8.

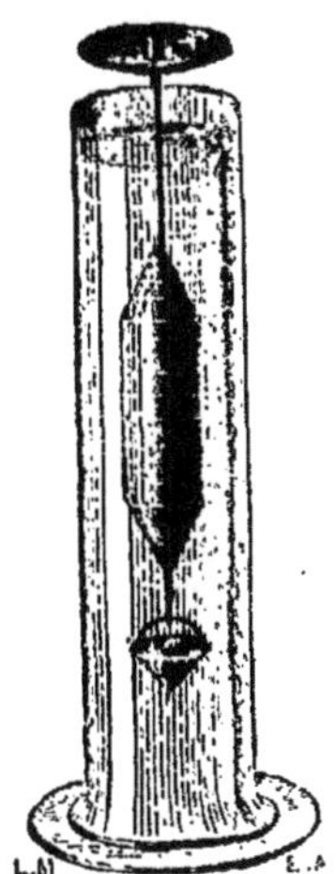

Fig. 9.

supérieur ; P représente la perte apparente de poids dans l'eau et l'on a comme précédemment $D = \frac{P_1}{P}$.

On désigne sous les noms d'*aréomètre à poids constant* (par opposition aux précédents qui sont des *aréomètres à volume constant*) des appareils présentant une forme analogue (fig. 10 et 11) ; mais la tige supérieure, plus longue, porte une graduation ; le mode de graduation est en général arbitraire et déterminé par une convention connue ; on plonge l'appareil dans un liquide et on note la division à laquelle l'affleurement a lieu : le nombre ainsi obtenu indique le nombre de degrés que possède le liquide pour l'échelle employée et cette indication suffit dans certaines applications industrielles (Aréomètres Baumé (fig. 10 et 11), Cartier).

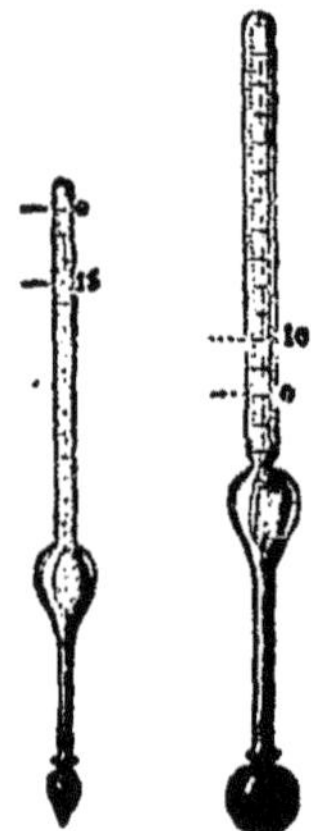

Fig. 10. Fig. 11.

Dans quelques cas (alcoomètre de Gay-Lussac) l'échelle est telle que le degré obtenu indique le *titre* du mélange d'eau et d'alcool dans lequel l'appareil est plongé (le titre est le rapport, exprimé en centièmes, entre le volume de l'alcool absolu contenu dans le mélange et le volume du mélange). La graduation est faite par comparaison.

§ IV

PROPRIÉTÉS DES GAZ

Pression dans les gaz pesants ; pression atmosphérique : baromètre. — Compressibilité des corps gazeux, loi de Mariotte ; vapeurs saturantes.

38. Corps gazeux. Pression dans les gaz. — Les gaz présentant, comme les liquides, le caractère de fluidité, on peut prévoir que certaines propriétés doivent être communes. C'est ce qui arrive, en effet, et on démontre en mécanique que dans un gaz pesant en équilibre il y a des surfaces de niveau jouissant absolument des mêmes propriétés que celles que nous avons indiquées et sur lesquelles il est inutile de revenir.

Mais, d'autre part, il y a quelques différences qui se rapportent à la diversité des propriétés.

D'une part, le faible poids spécifique des gaz fait que la variation de pression que l'on observe le long d'une même verticale est beaucoup plus faible que celle qui existe pour les liquides, si bien que, s'il ne s'agit que de masses de peu d'étendue, on peut sans erreur sensible admettre que la pression reste la même en tous les points.

Mais, par contre, si l'on veut tenir compte de ces variations de pression sur une certaine hauteur, il n'est plus possible d'admettre comme nous l'avons fait pour les liquides que ces variations de pression sont proportionnelles aux distances verticales ; ceci n'est vrai que si le fluide conserve en tous les points le même poids spécifique, que si, par conséquent, il n'est pas compressible ; or si on peut, approximativement au moins, admettre que les liquides, sont incompressibles, il est absolument impossible d'admettre cette approximation pour les gaz.

Pour les gaz comme pour les liquides, on peut admettre que les variations de pression se transmettent intégralement dans toute la masse ; mais tandis que pour les liquides on conçoit qu'ils puissent cesser d'être pesants et que, alors, ils n'exerceront aucune pression, les gaz, même supposés non pesants, exerceraient toujours une certaine pression à cause de leur expansibilité.

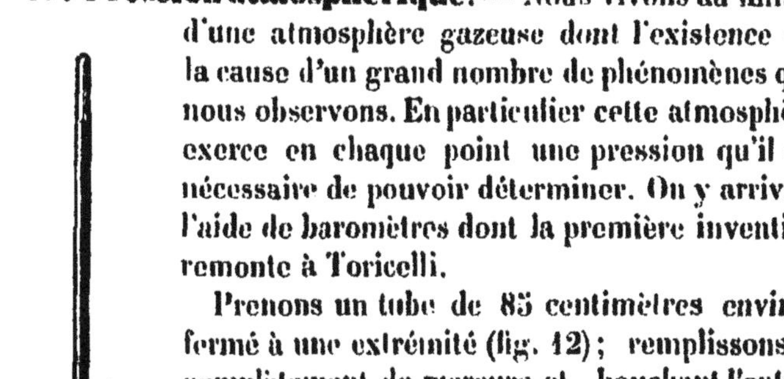

29. Pression atmosphérique. — Nous vivons au milieu d'une atmosphère gazeuse dont l'existence est la cause d'un grand nombre de phénomènes que nous observons. En particulier cette atmosphère exerce en chaque point une pression qu'il est nécessaire de pouvoir déterminer. On y arrive à l'aide de baromètres dont la première invention remonte à Toricelli.

Fig. 12.

Prenons un tube de 85 centimètres environ fermé à une extrémité (fig. 12) ; remplissons-le complètement de mercure et, bouchant l'extrémité ouverte avec le doigt, retournons-le sur une cuvette à mercure. Lorsque nous retirerons le doigt, nous observerons que le mercure n'occupe plus la totalité de la hauteur du tube ; il présente une surface supérieure libre au-dessus de laquelle est la *chambre barométrique*, espace qui, par la construction même de l'appareil, est vide d'air et de matière pondérable à l'exception toutefois des vapeurs de mercure que l'expérience montre être en proportion extrêmement minime.

Cet appareil permet d'évaluer, de mesurer la pression barométrique ; sur la surface de niveau que représente la surface libre du mercure XY dans la cuvette, la pression par unité de surface doit être la même en tous les points. Extérieurement au baromètre, cette pression est due à l'action de l'atmosphère ; intérieurement, elle est déterminée par la colonne de mercure soulevée et comme la pression est nulle ou sensiblement dans la chambre barométrique, la pression extérieure est mesurée par la hauteur de la colonne mercurielle.

On sait que l'explication que nous venons de donner de ce phénomène a été rejetée tout d'abord, et que l'on faisait intervenir une action mal définie : l'horreur de la nature pour le vide. Mais Pascal a montré l'inanité des objections, en vérifiant que, conformément à ce que supposait l'explication de la pression atmosphérique, la colonne mercurielle soulevée diminuait lorsque l'on élevait l'appareil dans l'atmosphère (Expérience du Puy-de-Dôme) ; il est inutile d'insister.

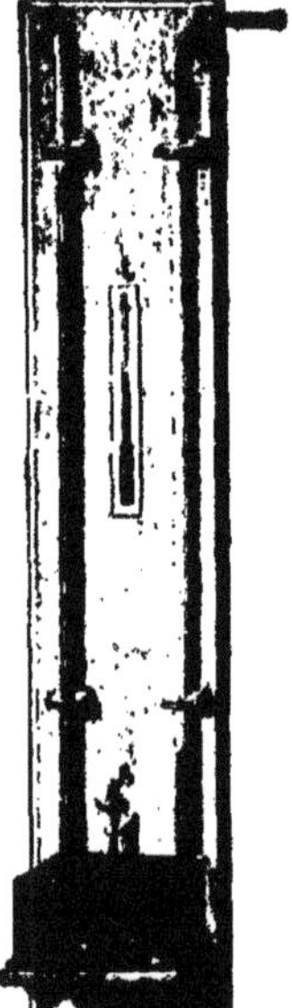

Fig. 13.

40. Baromètres. — La connaissance de la pression atmosphérique est utile dans un grand nombre de cas : on appelle *baromètres* les appareils qui servent à la déterminer. Un certain nombre d'entre eux reposent sur l'expérience de Toricelli.

Le *baromètre normal de Regnault* (fig. 13) est la réalisation de cette expérience dans des conditions permettant d'obtenir une grande exactitude : le tube barométrique a un diamètre d'environ 35 mm. pour éviter la correction de la capillarité ; il plonge par sa partie inférieure dans une cuvette en fonte. Le tube a été préalablement nettoyé avec soin ; le mercure, après le remplissage, est porté à l'ébullition afin de chasser l'air qui pourrait être adhérent aux parois.

La lecture de la hauteur se fait à distance à l'aide d'un *cathétomètre*, appareil consistant en une règle verticale divisée le long de laquelle glisse une lunette. Une vis à deux pointes *a* est amenée au contact du mercure de la cuvette par son extrémité inférieure ; on vise à l'aide du cathétomètre la pointe supérieure, puis le niveau du mercure dans le tube. En ajoutant à la hauteur trouvé ainsi celle de la vis, on a la hauteur barométrique cherchée. Un thermomètre *t* placé dans le voisinage donne la température, ce qui permet de faire les corrections que nous indiquerons plus tard.

En général un autre tube ouvert par la partie supérieure plonge dans la même cuvette ; il peut être relié à des enceintes où la pression est inférieure à la pression atmosphérique, le mercure s'y élève alors et la différence des hauteurs dans les deux tubes donne la valeur de la pression en colonne de mercure. Pour éviter les inconvénients qui pourraient résulter pour le baromètre de l'agitation brusque du mercure provenant des mouvements dans ce tube, la cuvette est divisée en deux parties par une cloison qui s'élève à mi-hauteur. Quand on veut faire une lecture, on ajoute du mercure de manière que son niveau s'élève au-dessus de la cloison : un robinet par lequel peut se faire l'écoulement du mercure, permet de faire ultérieurement baisser son niveau.

Cet appareil ne se prête évidemment pas au transport ; parmi les baromètres transportables, le plus employé est celui de Fortin pour les baromètres à mercure.

La cuvette présente, d'une manière générale, la forme cylindrique (fig. 14) ; la partie supérieure D est en verre ; le fond inférieur est constitué par une peau de chamois S que l'on peut faire monter ou descendre à l'aide d'une vis V qui traverse un double fond métallique.

Le tube en verre, de 5 mm. de diamètre environ et terminé en pointe, pénètre dans la cuvette à laquelle il est relié par une peau de chamois. Il est entouré dans toute sa hauteur par un étui métallique fixé invariablement à la cuvette. Deux fenêtres opposées sont pratiquées dans cet étui vers la partie supérieure pour permettre de voir le niveau du mercure dans le tube : une bague métallique mobile C (fig. 15) permet de déterminer aisément la position de ce niveau par rapport à une échelle tracée sur l'étui et dont le zéro correspond à l'extrémité d'une pointe d'ivoire P (fig. 3) fixée au fond supérieur de la cuvette.

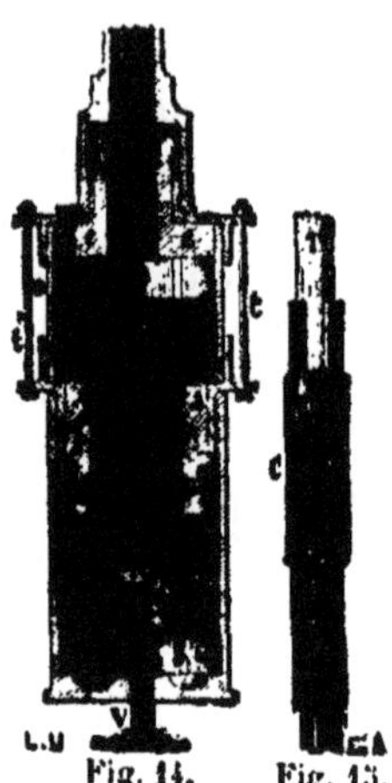

Fig. 14. Fig. 15.

Lorsque l'on veut transporter le baromètre, on fait monter la vis inférieure de manière à remplir de mercure la cuvette, puis le tube entier ; on évite ainsi tout ballotement de ce liquide et, par suite, toute rentrée de l'air et tout choc capable de briser le tube.

Pour mettre l'appareil en observation, on le suspend *verticalement* soit en le fixant à l'aide d'un anneau qui existe à la partie supérieure, soit en le fixant à un trépied par une suspension à la Cardan. On abaisse alors le mercure de manière à amener son niveau à affleurer la pointe d'ivoire ; l'observation du niveau supérieur donne la hauteur barométrique à laquelle il faut faire subir des corrections relatives l'une à la température, l'autre à la capillarité.

Il existe d'autres formes de baromètres à mercure, tels que les baromètres à siphon parmi lesquels on peut citer le baromètre transportable de Gay-Lusac ; mais ils sont peu employés maintenant.

41. — On fait le plus souvent usage maintenant des baromètres métalliques pour les observations hors du laboratoire. Le principe général est le suivant :

Considérons une capacité limitée par une enveloppe élastique déformable et subissant des pressions intérieurement et extérieurement : sous l'influence de ces pressions et des forces élastiques développées dans la paroi, celle-ci prendra une forme déterminée d'équilibre, forme qui se modifiera si l'une des pressions restant constante, l'autre vient à changer. La déformation est liée à la variation de pression et celle-ci peut être déterminée si l'on connait celle-là. Dans les baromètres métalliques, le vide est fait à l'intérieur de l'appareil, c'est donc la pression extérieure, la pression atmosphérique qui, par ses variations, entraîne les changements de forme ; mais ceux-ci étant très faibles, il faut des dispositions spéciales pour les mettre en évidence et les mesurer.

Fig. 16.

Dans le *baromètre de Bourdon* (fig. 16), l'appareil est constitué par un tube à section elliptique aplatie, contourné suivant une circonférence : les variations de pression entraînent un changement de forme de la section, et celui-ci s'accompagne de modification dans la courbure de l'ensemble. Le tube est fixé par son milieu *b* : les extrémités libres, fermées nécessairement puisque le tube est vide, s'éloignent ou se rapprochent. Ce changement de distance est transmis à une aiguille, qui se meut sur un cadran, par un système amplificateur de leviers ou de roues d'engrenage *r*, *p*.

Dans le *baromètre de Vidi* la capacité vide est un tambour à paroi latérale rigide dont les bases sont formées par une lame métallique mince, présentant des stries concentriques qui lui donnent une certaine souplesse. Ces bases se déforment plus ou moins et c'est leur déplacement qui, amplifié, est transmis à une aiguille.

Ces appareils portatifs, peu susceptibles, se prêtent aisément en outre à l'enregistrement continu de la pression : il suffit de munir l'aiguille d'un style qui appuie sur un cylindre tournant uniformément et qui y laisse une courbe dont on repère les points par rapport à des lignes de comparaison préalablement tracées.

12. — La pression barométrique, en un point du globe,

varie constamment et sa valeur est liée à l'état général de l'atmosphère ; mais ces variations s'écartent peu d'une valeur moyenne qui est ce que l'on appelle la pression barométrique au point considéré. Cette pression varie nécessairement avec l'altitude du lieu et peut même servir à mesurer cette dernière, ainsi que nous l'indiquerons ultérieurement.

Les variations locales ne sont pas sans intérêt ; comparées à celles qui se manifestent en d'autres points du globe, elles permettent de prévoir avec une certaine probabilité le temps, les orages. La météorologie fournit à cet égard d'intéressantes données.

42. Compressibilité des corps gazeux. — Loi de Mariotte. — Nous étudierons la question d'abord pour les gaz, puis pour les vapeurs.

La relation qui existe entre le volume et la pression d'un gaz à température constante a été indiquée vers la même époque (1610) par l'abbé Mariotte en France et par Boyle en Angleterre. La loi de Mariotte peut s'énoncer ainsi :

A température constante, les volumes d'une même masse de gaz sont en raison inverse des pressions..

Si V et V' sont les volumes correspondant aux pressions P et P' cette loi s'exprime par l'équation.

$$\frac{V}{V'} = \frac{P'}{P}.$$

Si l'on a fait choix d'unités de volume et de pression et que ces lettres représentent les nombres qui mesurent les volumes et les pressions, cette relation peut s'écrire encore sous l'une des formes suivantes :

$$VP = V'P' \qquad \text{ou} \qquad \frac{VP}{V'P'} = 1.$$

La deuxième forme est particulièrement commode dans les applications.

Nous indiquerons une méthode qui permet de vérifier approximativement cette loi dans tous les cas :

Soit ABC (fig. 17) un tube recourbé à branches assez longues, mais inégales. La petite branche est fermée à son extrémité A, elle est divisée en parties d'égale capacité. La grande branche est ouverte et est terminée par une partie évasée B qui permet d'y introduire aisément du mercure.

La courbure qui est placée à la partie inférieure présente un ajutage C muni d'un robinet.

On verse dans le tube une certaine quantité de mercure, de manière à emprisonner de l'air dans la branche fermée. En ajoutant du mercure par la grande branche ou en en faisant couler par le robinet, on arrive à ce que les surfaces dans les deux branches soient sur un même plan horizontal, ce que l'on reconnaît, par exemple, à l'aide d'un cathétomètre. Soit V_0 le volume du gaz, qui est alors à une pression égale à la pression atmosphérique extérieure donnée par un baromètre et que nous appellerons H_0.

Fig. 17.

Si l'on introduit du mercure, ou si l'on en fait écouler, le volume changera, il deviendra V par exemple. Appelons h la différence des deux niveaux a, b mesurée au cathétomètre, comptée positivement ou négativement suivant que le niveau dans la grande branche sera supérieur ou inférieur au niveau dans la branche fermée. La pression du gaz sera alors H_0+h et l'on vérifiera que dans tous les cas, on a la relation :

$$V_0H_0 = V(H_0+h).$$

Cet appareil permet ainsi d'étudier la loi aussi bien pour le cas où, h étant positif, le gaz a une pression supérieure à celle de l'atmosphère que pour le cas où, h étant négatif, sa pression est inférieure à celle de l'atmosphère.

Les changements brusques de volume des gaz étant toujours accompagnés de variations de température, il ne faut faire les lectures qu'après un certain temps.

Il est à peine nécessaire de faire remarquer que cette méthode ne se prête pas à des mesures très précises et qu'elle ne permet pas de faire varier la pression dans des limites très étendues.

44. — Si la loi de Mariotte était générale, il en résulterait que des gaz quelconques qui auraient des volumes égaux à une même pression se réduiraient de la même quantité quelque grande que fût la pression à laquelle ils seraient soumis ultérieurement. Or, dans des expériences faites dans ces conditions, Pouillet d'une part et Despretz d'autre part, avaient reconnu que cette condition n'est pas satisfaite. La loi de Mariotte n'est donc pas générale, elle ne s'applique pas à tous les gaz ; il y avait même lieu de se demander alors s'il en était auxquels elle s'appliquât rigoureusement. Des expériences de vérification furent faites par Dulong et Arago d'abord, par Regnault ensuite. Nous allons exposer les méthodes employées et les résultats obtenus.

L'appareil de Dulong et Arago comprenait essentiellement un tube fermé CD (fig. 18) dans lequel était emmagasiné le gaz sur lequel on opérait, communiquant par sa partie inférieure avec un tube ouvert AB servant de manomètre à air libre et permettant de mesurer la pression ; sur le trajet du tube de communication se trouvait un réservoir E rempli de mercure et muni d'une pompe F à l'aide de laquelle le liquide était refoulé à la fois dans les deux tubes.

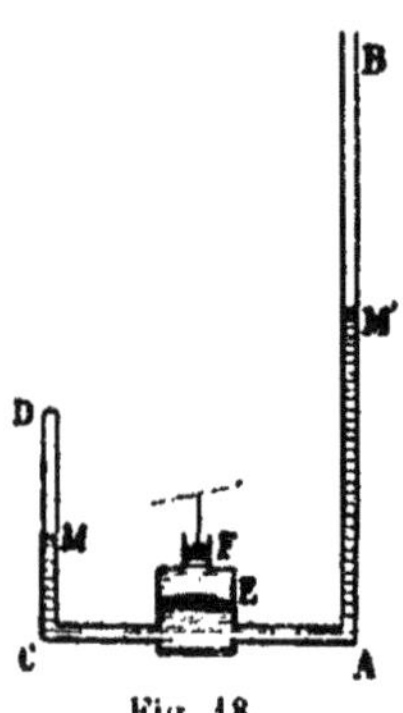

Fig. 18.

Des précautions spéciales avaient dû être prises à cause des pressions considérables qui se manifestaient dans le tube fermé et tendaient à l'arracher de son support, et à cause de la grande élévation du manomètre à air libre, car on pouvait craindre que les tubes inférieurs ne fussent écrasés sous le poids des tubes supérieurs. On avait également adopté des dispositions particulières pour mesurer avec précision, d'une part, le volume des gaz dont la température était maintenue constante à l'aide d'un courant d'eau et, d'autre part, la différence des niveaux MM' du mercure, différence qui ajoutée à la hauteur barométrique au moment de l'expérience donnait la pression du gaz.

La marche d'une expérience se conçoit aisément : le tube

fermé était rempli de gaz au début et l'on mesurait le volume de ce gaz V_0 et la pression P_0 qu'il supportait. On refoulait alors du mercure à l'aide de la pompe : le niveau du liquide s'élevait dans les deux tubes, moins rapidement dans le tube fermé que dans le tube ouvert. On arrêtait le refoulement et l'on notait le volume V_1 du gaz et la pression correspondante P_1. Puis l'on continuait de la même façon à déterminer des valeurs correspondantes V_2, P_2 ; V_3, P_3, etc.; jusqu'à ce que le mercure atteignît l'extrémité du tube ouvert, ce qui correspondait à une pression de 27 atmosphères.

Connaissant le volume et la pression au début V_0 et P_0, et les diverses pressions successives P_1, P_2, P_3....., etc., la loi de Mariotte supposée vraie permettait de calculer les volumes v_1, v_2, v_3, etc. que devait prendre le gaz ; ces valeurs qui représentaient les *volumes calculés* n'étaient pas égales à celles des *volumes observés* V_1, V_2, V_3.... comme cela aurait dû être.

Dulong et Arago pensèrent que ces différences qui, d'ailleurs, étaient petites, étaient dues à des erreurs d'expérience et ils conclurent de leurs recherches que l'air suit exactement la loi de Mariotte.

45. — Les expériences de Dulong et Arago n'étaient pas à l'abri de la critique ; outre quelques imperfections de détail auxquelles il eût été facile de remédier, elles présentaient un défaut grave, un vice de méthode. L'évaluation du volume du gaz s'effectuait toujours dans les mêmes conditions, l'erreur possible avait donc toujours la même grandeur en valeur absolue ; mais comme la quantité à mesurer diminuait constamment, l'erreur relative allait en croissant et devenait 27 fois plus grande à la fin de l'expérience qu'au début. C'était précisément, par conséquent, pour les hautes pressions, pour celles où l'exactitude de la loi pouvait être soumise à l'épreuve la plus sérieuse, que les nombres obtenus présentaient le moins de certitude. Il n'était donc pas possible d'adopter comme certaines les conclusions de Dulong et Arago. Les expériences devaient être reprises dans des conditions plus favorables : Regnault s'en chargea.

L'appareil de Regnault (fig. 19) comporte comme celui de

Dulong un réservoir à mercure E avec une pompe foulante F, un tube ouvert AB servant de manomètre et un tube CD dans lequel s'effectuait la compression. Mais les deux tubes étaient d'un même côté du réservoir dont ils étaient séparés par un robinet R que l'on fermait au moment des lectures, afin d'éviter les erreurs provenant de ce qu'il y avait toujours quelques fuites dans la pompe et que les niveaux ne restaient pas invariables.

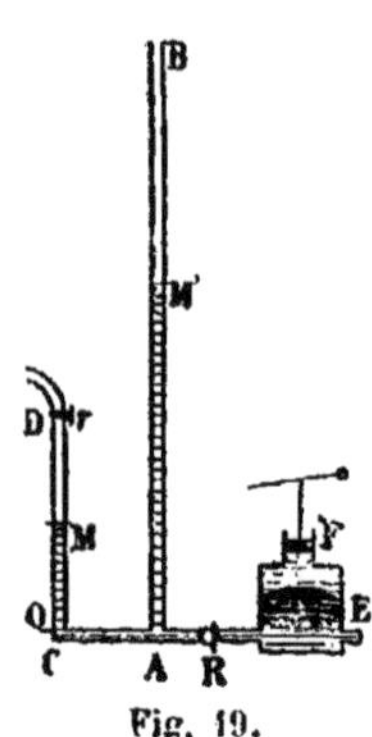

Fig. 19.

Le tube ouvert était constitué par la superposition d'une série de tubes de 2m reliés par des colliers à gorge et maintenus contre un solide support vertical par des brides en plomb. Une plate-forme mobile entre des glissières et portant un cathétomètre s'élevait en face de ce tube et permettait à l'observateur de mesurer avec exactitude la position du niveau du mercure par rapport à des repères dont la hauteur avait été soigneusement déterminée par avance. La pression des gaz était obtenue à l'aide de la différence de niveau, mais en tenant compte de la compression, faible mais non négligeable, que subissait le mercure sous le poids de ces colonnes élevées; d'autre part, à l'aide de la formule barométrique, on déduisait de la pression atmosphérique évaluée au bas de l'appareil celle qui existait au sommet de la colonne mercurielle et qui, en réalité, devait seule entrer en ligne de compte.

Le tube à gaz présentait une disposition particulière qui était en relation avec la méthode employée : il était muni à sa partie supérieure d'un tube portant un robinet r et communiquant à un réservoir contenant du gaz comprimé.

Deux traits, l'un à la partie inférieure, l'autre vers le milieu, limitaient deux capacités égales. En outre, quelques divisions dans le voisinage de ces traits permettaient d'évaluer des volumes peu différents de cette valeur. Une circulation d'eau maintenait la température constante.

Pour faire une expérience, on remplissait le tube du gaz en expérience jusqu'à la division inférieure et on fermait les robinets de communication r ; on mesurait la pression du gaz, soit P_0 cette pression. On faisait alors fonctionner la pompe foulante jusqu'à réduire le volume de moitié et l'on notait la pression P.

On ouvrait ensuite le robinet de communication r et on introduisait une nouvelle quantité de gaz de manière à ramener son volume à V_0 : on avait alors une pression P'_0 peu différente de P et l'on faisait une opération analogue à celle que nous venons d'indiquer, ramenant par la compression le volume à $\frac{V_0}{2}$ et notant la pression correspondante P'.

On continuait ainsi une série d'opérations jusqu'à ce que le mercure arrivât vers le sommet du tube ouvert. On voit que le volume sur lequel on opérait conservait toujours la même valeur et que les erreurs de lecture ne variant pas, l'erreur relative dont on avait à tenir compte conservait aussi toujours la même valeur.

En réalité on n'arrivait pas toujours à réduire le volume à $\frac{V_0}{2}$, mais on avait un volume V qui en différait peu.

Pour une expérience quelconque, on aurait dû avoir, si la loi de Mariotte était rigoureuse

$$VP = V_0P_0,$$

ou, sous la forme adoptée par Regnault :

$$\frac{V_0P_0}{VP} - 1 = 0.$$

Il n'en était jamais ainsi et l'on trouvait toujours

$$\frac{V_0P_0}{VP} - 1 = \alpha;$$

une discussion minutieuse des conditions de l'expérience montra d'ailleurs que les diverses valeurs successives α, α', α''..... étaient supérieures aux différences qui pouvaient résulter des erreurs de lecture.

D'une manière générale, Regnault trouva que, pour l'hydrogène, α est plus petit que 0, que par conséquent $VP > V_0 P_0$, que ce gaz se comprime moins que la loi de Mariotte ne l'indiquerait ;— pour les autres gaz, α est positif, ces gaz se compriment plus que si la loi de Mariotte leur était applicable.

La loi de Mariotte n'est n'est donc pas vraie, rigoureusement.

46 — Les expériences de Regnault permettent en outre de déterminer la loi qui lie α aux variations de volume. Cette quantité peut s'exprimer par une relation de la forme

$$\alpha = A\left(\frac{V_0}{V} - 1\right) + B\left(\frac{V_0}{V} - 1\right)^2 = \frac{P_0V_0}{PV} - 1.$$

Indiquons comment on a pu déterminer la valeur des coefficients A et B.

Soient V_0 le volume initial, $V_1, V_2, \ldots\ldots V_n$ des volumes qui soient respectivement $\frac{1}{2}, \frac{1}{4} \ldots\ldots \frac{1}{2^n}$ de V_0 ; soient P_0, P_1, $P_2, \ldots\ldots$ P_n les pressions correspondantes. On a identiquement

$$\frac{P_0V_0}{P_nV_n} = \frac{P_0V_0}{P_1V_1} \cdot \frac{P_1V_1}{P_2V_2} \ldots\ldots \frac{P_{n-1}V_{n-1}}{P_nV_n}.$$

Or chacun des rapports $\frac{P_0V_0}{P_1V_1}, \frac{P_1V_1}{P_2V_2} \ldots\ldots$, peut être pris comme égal respectivement aux quantités $1 + \alpha$, $1 + \alpha'$, ..., parce que les pressions successives $P_1, P_2 \ldots\ldots$, diffèrent peu de celles qui étaient observées directement P, P', ...

On a donc pour la valeur $1 + \alpha_n$ qui correspond au cas où le volume du gaz passerait de V_0 à V_n

$$1 + \alpha_n = (1 + \alpha')(1 + \alpha'')\ldots\ldots$$

La valeur de α_n doit satisfaire à l'équation générale et l'on a

$$\alpha_n = A\left(\frac{V_0}{V_n} - 1\right) + B\left(\frac{V_0}{V_n} - 1\right)^2.$$

Une seconde série d'expériences donne une autre équation de condition et l'on peut alors déterminer les coefficients A et

B. Il est nécessaire, d'ailleurs, de s'assurer que les valeurs ainsi trouvées satisfont aux autres séries d'expériences.

47. — M. Cailletet a fait une autre suite de recherches en opérant sous de très fortes pressions. A cet effet, il descendait dans un puits artésien très profond un tube de verre fermé à la partie supérieure, contenant un volume donné de gaz à la pression atmosphérique et communiquant à la partie inférieure avec un tube d'acier flexible, rempli de mercure et qui se déroulait à mesure que descendait le tube. La profondeur à laquelle celui-ci parvenait était connue et permettait de calculer la pression. Pour évaluer le volume auquel le gaz était réduit, le tube avait été recouvert à l'intérieur d'une mince couche d'or qui se dissolvait sur toute la hauteur occupée par le mercure. Lorsque le tube était remonté, on jugeait donc par la longueur de la partie qui restait dorée du volume que le gaz avait conservé.

Pour l'azote, M. Cailletet trouva que jusqu'à une pression de 60^m environ, comme l'avait indiqué Regnault, ce gaz se comprime plus que ne l'indique la loi de Mariotte, mais que, au-delà il se comprime moins que s'il obéissait à cette loi, se comportant alors comme il avait été trouvé pour l'hydrogène par les expériences de Regnault.

48.— Mais, malgré les différences qui ont été observées, on peut dans la pratique, sans erreur sensible, appliquer cette loi aux gaz pour lesquels les expériences ont été faites, soit l'air, l'azote, l'hydrogène, et sans doute aussi pour les autres gaz autrefois considérés comme permanents et qui, en tout cas, dans les conditions ordinaires, sont très éloignés de leur point de liquéfaction.

Mais il n'en est pas de même pour les gaz qui se liquéfient facilement. C'est ce qui résulte notamment des expériences de Regnault sur l'acide carbonique. Voici, en effet, quelques-uns des nombres obtenus par ce savant et qui donnent la valeur de $\alpha = \frac{P_0 V_0}{VP} - 1$ pour diverses valeurs de P_0, lorsque $V = \frac{V_0}{2}$:

Hydrogène		Air		Azote		Acide carbonique	
P	α	P	α	P	α	P	α
mm.		mm.		mm.		mm.	
»	»	738,72	$1,41.10^{-3}$	753,46	$9,9.10^{-4}$	764,03	$7,60.10^{-3}$
2211,18	$-1,42.10^{-3}$	4209,48	$2,76.10^{-3}$	4953,92	$2,95.10^{-3}$	3186,13	$2,87.10^{-2}$
9176,50	$-7,07.10^{-3}$	9336,41	$6,37.10^{-3}$	10981,42	$4,77.10^{-3}$	9619,87	$1,56.10^{-1}$

On peut dire d'une manière générale que plus un corps gazeux est rapproché de son point de liquéfaction plus il s'éloigne d'obéir à la loi de Mariotte. Celle-ci n'est pas vraie en général ; mais on peut penser que pour chaque gaz, à une température donnée, comme M. Cailletet a montré que cela se présente pour l'azote à la pression de 60^m, il y a une pression pour laquelle la loi de Mariotte est réellement applicable.

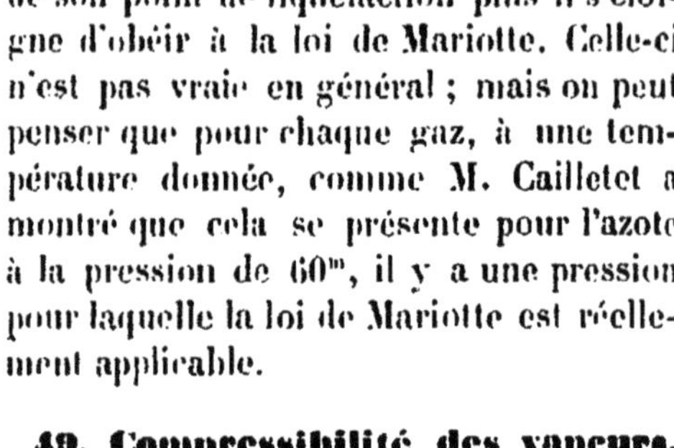

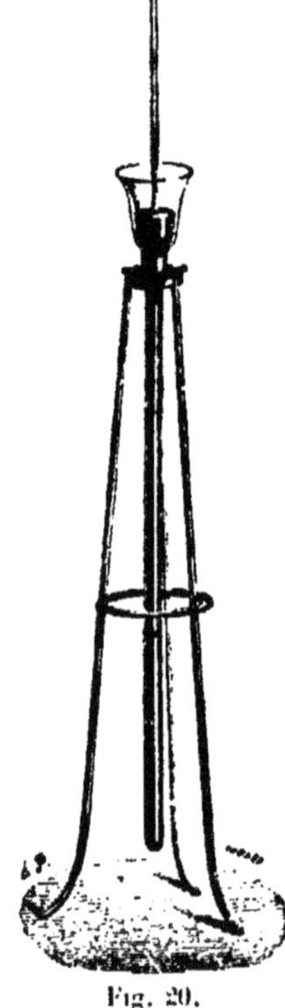

Fig. 20.

49. Compressibilité des vapeurs. Tension maxima. — Il est particulièrement intéressant d'étudier les vapeurs, c'est-à-dire les corps gazeux qui sont assez voisins de leur point de liquéfaction pour que dans les conditions ordinaires ils puissent exister à l'état liquide.

On peut étudier la compression des vapeurs à l'aide de l'appareil que nous avons indiqué pour la loi de Mariotte, mais on se sert plus généralement du baromètre à cuvette profonde (fig. 20), qui consiste en un long tube fermé à une extrémité et qui après avoir été rempli de mercure, est retourné sur un vase formé par une cuvette en verre présentant inférieurement une ouverture à laquelle est mastiqué un tube en fer ou en acier dans lequel on peut faire pénétrer le tube en verre.

Celui-ci constitue un baromètre dont la chambre barométrique, très grande quand il est soulevé, peut être réduite autant qu'on le veut et même jusqu'à être nulle. Si un corps gazeux est introduit dans le tube, le niveau du mercure s'abaisse et la pression du gaz est mesurée par la différence H—*h* entre la pression atmosphérique H au moment de l'expérience et la hauteur *h* du mercure qui reste soulevé dans l'appareil.

Si, à l'aide d'une pipette, on introduit une goutte de liquide dans le tube, elle monte à travers le mercure et, arrivée à la surface, elle disparaît, se réduisant en vapeur ; en même temps le niveau du mercure s'abaisse, permettant ainsi de mesurer la pression exercée par cette vapeur.

En soulevant ou abaissant le tube, on fait varier le volume occupé par la vapeur, volume que l'on mesure à l'aide des divisions tracées sur le tube ; et pour chaque position, pour chaque volume de la vapeur, on peut déterminer la hauteur de la colonne de mercure soulevée et par suite la pression de cette vapeur.

Si on soulève le tube, augmentant ainsi le volume, on reconnaît que la pression diminue ; les nombres obtenus satisfont à peu près à la loi de Mariotte, d'autant plus, d'ailleurs, que l'on avait introduit une moindre quantité de vapeurs.

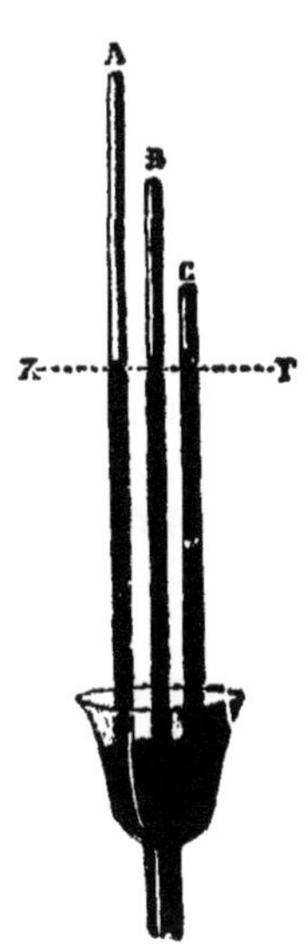

Fig. 21.

Si l'on abaisse le tube, le volume diminue et la pression augmente et l'on reconnaît que les nombres obtenus obéissent de moins en moins à la loi de Mariotte, d'autant moins que le volume est plus réduit.

Il arrive même une position du tube telle que si on l'enfonce davantage, et malgré la diminution de volume qui en résulte, la pression ne varie plus (fig. 21). Mais, en même temps, un phénomène particulier se manifeste : le mercure se recouvre d'une couche de liquide, couche d'autant plus épaisse que l'on diminue davantage le volume.

Il faut conclure de cette expérience que, à la température à laquelle on opère, le corps gazeux ne peut atteindre une pression supérieure à une valeur déterminée, et que si les changements de volume tendent à donner naissance à une pression plus forte, une partie de la vapeur change d'état, de telle sorte que pour chaque volume il y ait une quantité de vapeurs répondant à cette pression qui ne peut être dépassée. Cette pression c'est ce que l'on appelle la *tension maxima* pour la température considérée.

La valeur de la tension maxima dépend de la nature du corps pour une température donnée ; d'autre part, elle croît avec la température, mais c'est là un point sur lequel nous reviendrons en parlant de la chaleur.

On peut compléter ainsi qu'il suit l'expérience que nous venons de décrire.

Après avoir introduit dans le tube une goutte de liquide, on en introduit une autre ; elle disparaît également, se réduisant en vapeurs et la pression augmente. On continue, et à un certain instant on reconnaît que le liquide introduit ne disparaît plus, il reste sur le mercure sans changer d'état et il en est de même quelle que soit la quantité que l'on ajoute. A partir de l'instant où il ne se forme plus de vapeurs, la pression ne change plus, comme on pouvait le prévoir ; on remarque de plus que cette pression est précisément égale à la tension maxima précédemment trouvée.

Dans ces conditions, on dit que l'espace est *saturé* de vapeur ; on dit aussi que la vapeur, alors, est *saturante*.

Il va sans dire que si, alors, on soulève le tube, augmentant l'espace occupé par la vapeur, le liquide disparaîtra peu à peu, la pression restant constante tant qu'il subsistera une couche de liquide. Lorsqu'il n'y a plus de liquide, on se retrouve dans les conditions de la première expérience.

44. Mesure de la pression des gaz et des vapeurs. — Des appareils basés sur des principes divers sont employés pour la mesure de la pression des gaz ; ils ont reçu le nom de *manomètres*.

Nous avons déjà décrit, en parlant du baromètre normal (37) un appareil qui peut servir à mesurer la tension d'un corps gazeux lorsque celle-ci est inférieure à la pression atmosphérique ; l'appareil à l'aide duquel nous avons étudié les tensions des vapeurs sert dans les mêmes conditions.

D'autre part, le tube ouvert des appareils de Dulong et de Regnault est également un manomètre ; c'est le type des *manomètres à air libre ;* ceux-ci comprennent, en somme, une cuvette remplie de mercure et présentant deux tubulures. Dans l'une passe, à travers une garniture hermétique, un tube vertical de verre ouvert à sa partie supérieure, l'autre présente un ajutage muni d'un robinet par lequel le manomètre est mis en relation avec le réservoir qui contient le gaz ou la vapeur. Par suite de la pression qui s'exerce dans la cuvette, le mercure s'élève dans le tube ; en général, la section de la cuvette est assez large pour qu'on puisse négliger les variations de niveau qui s'y produisent ; l'élévation dans le tube au-dessus de ce niveau supposé fixe mesure la pression qu'on lit sur des divisions tracées sur le tube ou sur la planchette sur laquelle il s'appuie. En général, ces pressions sont évaluées en hauteur de mercure, ou en atmosphères correspondant à une hauteur de 760^{mm} : quelquefois, les valeurs sont données en poids par centimètre carré. Les divisions du manomètre sont indiquées d'après le mode d'évaluation choisi.

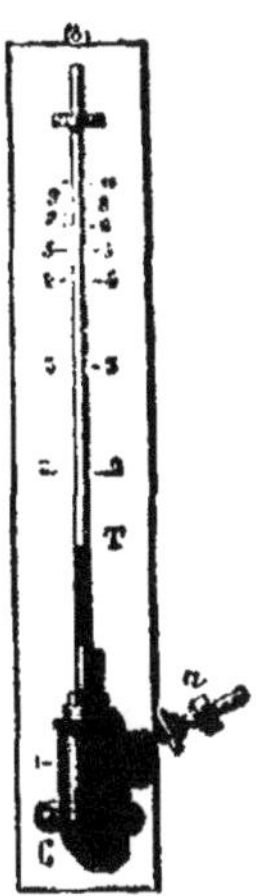

Fig 22.

Le *manomètre à air comprimé* (fig. 22) présente une disposition analogue, mais le tube droit T est fermé à sa partie supérieure ; il a été rempli au début d'air à la pression atmosphérique, de telle sorte que lorsque le robinet *a* est ouvert, le mercure est au même niveau dans le tube et dans la cuvette C ; quaand l'appareil est soumis à l'action d'une pression, le mercure s'élève dans le tube et l'équilibre est atteint lorsque la somme de la pression due à l'air comprimé et de la pression provenant de la colonne de liquide soulevée est égale à la pression extérieure. On reconnaît aisément que cette condition peut toujours être remplie quelle que soit la hauteur du tube.

Supposons que les pressions soient évaluées en colonnes de mercure, que le tube droit soit cylindrique et qu'on puisse négliger la variation du niveau dans la cuvette. Soient l la hauteur du tube, P_0 la pression de l'air qui le remplit au début, x la longueur de la partie occupée par l'air lorsque la pression extérieure est P et soit y la pression de l'air à ce moment.

La loi de Mariotte donne immédiatement :

$$P_0 l = yx$$

et si l'équilibre existe, on a :

$$P = (l - x) + y$$

Eliminant y il vient :

$$x^2 + (P - l)x - P_0 l = o.$$

Equation qui a ses racines réelles : l'équilibre peut donc toujours être atteint ; la racine positive est seule admissible. Cette équation permettrait de faire la graduation à l'avance : en réalité, on opère toujours par comparaison avec un manomètre à air libre ; on évite ainsi les erreurs provenant de ce que le tube n'est pas parfaitement cylindrique ; on lui donne même souvent une forme légèrement conique pour que les divisions soient moins rapprochées pour les fortes pressions.

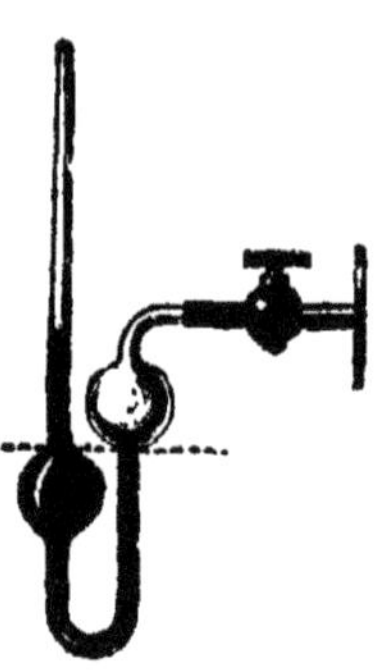

Fig. 23.

Quelquefois on donne aux manomètres, qui prennent alors le nom de manomètres à siphon, la forme d'un tube recourbé à sa partie inférieure et à branches inégales (fig. 23) : la petite branche est munie d'un robinet, c'est par elle qu'agit la pression ; la grande branche est ouverte ou fermée suivant que le manomètre est à air libre ou à air comprimé. Cela ne change rien à ce que nous avons dit en général ; mais il faut, bien entendu, tenir compte des déplacements dans les deux branches.

Enfin, on a construit des manomètres métalliques (fig. 24) sur le même principe que le baromètre métallique de Bourdon. La pression agit à l'intérieur du tube et le déforme ; le tube est fixé par une extrémité A, l'autre extrémité B se déplace donc ; elle est reliée à une aiguille F qui se meut sur un arc divisé sur lequel, par comparaison, on a indiqué la valeur des pressions correspondant aux diverses positions de l'aiguille.

Fig. 24.

45. Machines de compression. — On peut faire varier la pression d'un gaz en faisant varier le volume dans lequel est répandue une masse donnée de ce gaz ; mais on peut y arriver également en faisant varier la quantité de gaz qui existe dans un espace donné. En général, les gaz que l'on recueille sont à la pression atmosphérique : deux cas sont à distinguer suivant que l'on veut obtenir une pression inférieure ou supérieure à cette valeur.

Occupons-nous d'abord de ce dernier cas.

Les appareils dont on fait usage sont des *pompes de compression*. Une pompe de compression (fig. 25) comprend essentiellement un cylindre dans lequel se meut un piston plein qui peut venir en contact avec le fond du cylindre ; deux ajutages aboutissent à ce fond, présentant chacun une soupape ; l'une S s'ouvre de dehors en dedans, l'autre S′ de dedans en dehors. L'ajutage T′ est mis en communication avec le réservoir dans lequel doit se faire la compression, l'ajutage T avec le réservoir qui contient le gaz à comprimer ; on le laisse librement ouvert s'il s'agit de comprimer de l'air.

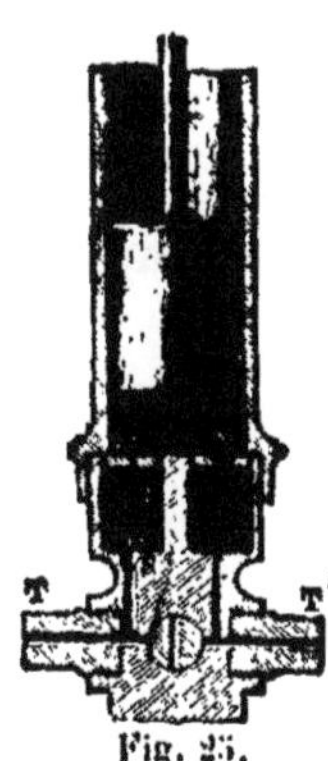

Fig. 25.

Quand le piston est en bas de sa course et qu'on le soulève, le vide tend à se faire dans le cylindre ; la soupape S′ reste fermée, la soupape S s'ouvre et le corps de pompe se remplit ; quand on baisse le piston le gaz est comprimé, la soupape S se ferme ; la compression croît indéfiniment, au moins théoriquement, la soupape S′ s'ouvre et le gaz est comprimé dans le réservoir où la pression augmente.

En réalité la question n'est pas aussi simple, parce que le

piston ne vient pas s'appliquer exactement contre le fond du corps de pompe, mais laisse un intervalle appelé *espace nuisible.*

Cherchons la loi de la variation de pression dans le cas où l'on comprime de l'air. Soient P_0 la pression atmosphérique, V le volume du corps de pompe, *u* celui de l'espace nuisible, R celui du réservoir. Soit d'une manière générale P_k la pression dans ce réservoir après le k^e coup de piston. Considérons à cet instant le piston en haut de sa course ; on a, d'une part, un volume V d'air à la pression P_0 (car le corps de pompe s'est rempli précédemment à l'air libre) ; de l'autre un volume V à la pression P_k. On baisse le piston et il reste un volume $R+u$ à la pression P_{k+1}. La loi du mélange des gaz (66) donne immédiatement :

$$P_0V + P_kR = P_{k+1}(R+u)$$

ou

$$P_{k+1} = P_0\frac{V}{R+u} + P_k\frac{R}{R+u}$$

Appliquons cette égalité depuis $k=0$ jusqu'à $k=n-1$ pour avoir la pression en fonction du nombre n de coups de piston ; on a :

$$P_1 = P_0\frac{V}{R+u} + P_0\frac{R}{R+u}$$

$$P_2 = P_0\frac{V}{R+u} + P_1\frac{R}{R+u}$$

$$P_3 = P_0\frac{V}{R+u} + P_2\frac{R}{R+u}$$

. . . .

$$P_n = P_0\frac{V}{R+u} + P_{n-1}\frac{R}{R+u}$$

Multiplions ces égalités respectivement par

$$\left(\frac{R}{R+u}\right)^{n-1}, \left(\frac{R}{R+u}\right)^{n-2}, \ldots\ldots \left(\frac{R}{R+u}\right), 1$$

et ajoutons ; il vient :

$$P_n = P_0 \frac{V}{R+u}\left[\left(\frac{R}{R+u}\right)^{n-1} + \left(\frac{R}{R+u}\right)^{n-2} \ldots\ldots + 1\right] + P_0\left(\frac{R}{R+u}\right)^n$$

ce qui donne toutes réductions faites :

$$P_n = P_0\left(\frac{R}{R+u}\right)^n + P_0\frac{V}{u}\left[1 - \left(\frac{R}{R+u}\right)^n\right]$$

Cette valeur montre que la pression obtenue tend vers une limite finie, car si l'on fait $n=\infty$, il vient :

$$P_\infty = P_0 + P_0\frac{V}{u}$$

valeur à laquelle, d'ailleurs, on aurait pu arriver directement.

On peut déduire de cette formule les résultats auxquels on parviendrait s'il n'y avait pas d'espace nuisible : elle peut s'écrire, en effet

$$P_n = P_0\left(\frac{R}{R+u}\right)^n + P_0 V\left[\frac{nR^{n-1} + \frac{n(n-1)}{1.2}R^{n-2}u + \ldots\ldots + u^{n-1}}{(R+u)^n}\right]$$

qui, pour $u=0$, devient

$$P_n = P_0 + nP_0\frac{V}{R}$$

valeur qui croît indéfiniment avec n. On aurait pu trouver directement cette formule.

La pompe de compression est une machine à simple effet, la compression ne se produit que pendant la descente du piston. Cette discontinuité d'action peut avoir des inconvénients que l'on évite dans une certaine mesure en établissant deux pompes dont les mouvements sont contraires. Souvent même on réunit trois pompes dont les pistons sont mus par un même arbre par l'intermédiaire de manivelles calées à 120°, l'effet est presque uniforme.

Dans le but d'obtenir une compression plus énergique que celle que permet l'existence de l'espace nuisible, on accouple souvent les pompes d'une manière différente ; dans le cas de deux pompes, l'ajutage T'_1 de la première aboutissant au réservoir, l'ajutage T_1 est relié à l'ajutage T'_2 de la deuxième pompe dont l'ajutage T_2 débouche à l'air libre. Les effets s'ajoutent dans une certaine mesure, ainsi que le montrerait une analyse analogue à celle que nous ferons ultérieurement pour les machines pneumatiques.

46. Machines pneumatiques. — Les machines pneumatiques sont des appareils destinés à diminuer la pression dans un espace rempli de gaz ; la raréfaction peut être poussée très loin, on dit alors que l'on *fait le vide*.

La pompe précédemment décrite (fig. 25), peut être utilisée dans ce but ; il suffit de mettre l'ajutage T en communication avec le réservoir dans lequel on veut raréfier le gaz et de laisser l'ajutage T' ouvert à l'air libre. Le piston étant au bas de sa course, si on vient à le soulever, le vide tend à se faire dans le corps de pompe, la soupape S' reste fermée, mais la soupape S s'ouvre et l'air du réservoir se répand en partie dans le corps de pompe, sa pression diminue. Quand on baisse le piston, la soupape S se ferme et la pression du réservoir subsiste ; le gaz se comprime dans le corps de pompe ; théoriquement sa pression s'accroît indéfiniment, la soupape S' s'ouvre et le gaz est rejeté dans l'atmosphère. L'appareil est revenu à son état primitif et peut fonctionner à nouveau ; mais la pression du réservoir a été diminuée.

Si l'appareil était construit dans les conditions de perfection que nous venons d'indiquer, on pourrait répéter indéfiniment la même opération, la pression tendant vers zéro. Mais, en réalité, l'existence d'un espace nuisible conduit à d'autres résultats.

Cherchons la loi de variation dans le réservoir ; nous conservons les notations précédentes.

Le piston étant en bas de sa course, la masse d'air qui existe dans le système se compose d'un volume R à une pression P_k plus le volume u à la pression P_0 (car l'espace nuisible a précédemment été mis en communication avec l'atmosphère) : quand le piston est en haut de sa course, l'air occupe le volume $V+R$ et sa pression est P_{k+1}, car c'est celle qui subsistera dans le réservoir quand on aura baissé le piston. La loi du mélange des gaz (66) donne alors :

$$P_k R + P_0 u = P_{k+1}(R+V)$$

ou

$$P_{k+1} = P_0 \frac{u}{R+V} + P_k \frac{R}{R+V}$$

Comme précédemment, appliquons cette égalité de $k=0$ à à $k=n-1$.

$$P_1 = P_0 \frac{u}{R+V} + P_0 \frac{R}{R+V}$$

$$P_2 = P_0 \frac{u}{R+V} + P_1 \frac{R}{R+V}$$

$$P_3 = P_0 \frac{u}{R+V} + P_2 \frac{R}{R+V}$$

. . . .

$$P_n = P_0 \frac{u}{R+V} + P_{n-1} \frac{R}{R+V}$$

Multiplions ces égalités respectivement par

$$\left(\frac{R}{R+V}\right)^{n-1} \cdot \left(\frac{R}{R+V}\right)^{n-2} \cdots\cdots \left(\frac{R}{R+V}\right), 1,$$

et ajoutons ; il vient :

$$P_n = P_0 \frac{u}{R+V}\left[\left(\frac{R}{R+V}\right)^{n-1} + \left(\frac{R}{R+V}\right)^{n-2} \cdots\cdots + 1\right] + P_0 \left(\frac{R}{R+V}\right)^n$$

ce qui donne, toutes réductions faites,[1]

$$P_n = P_0 \left(\frac{R}{R+V}\right)^n + P_0 \frac{u}{V}\left[1 - \left(\frac{R}{R+V}\right)^n\right]$$

Cette valeur montre que la pression tend vers une limite finie ; car si l'on fait $n = \infty$, il vient

$$P_\infty = P_0 \frac{u}{V}$$

limite à laquelle on aurait pu arriver directement.

1. Equation que l'on aurait pu déduire de celle relative à la pompe de compression, en remarquant que les formules qui donnent P_{k+1} ne diffèrent que par le changement de V en u et de u en V.

On peut déduire de la formule générale les résultats auxquels on parviendrait s'il n'y avait pas d'espace nuisible ; car si l'on y fait $u = 0$ elle donne

$$P_n = P_0 \left(\frac{R}{R+V}\right)^n$$

valeur qui décroît indéfiniment jusqu'à zéro. On aurait pu l'obtenir directement.

47. — Comme pour la pompe de compression, afin d'obvier aux inconvénients résultant de ce que cette machine est à simple effet, on réunit en général deux machines sembla-

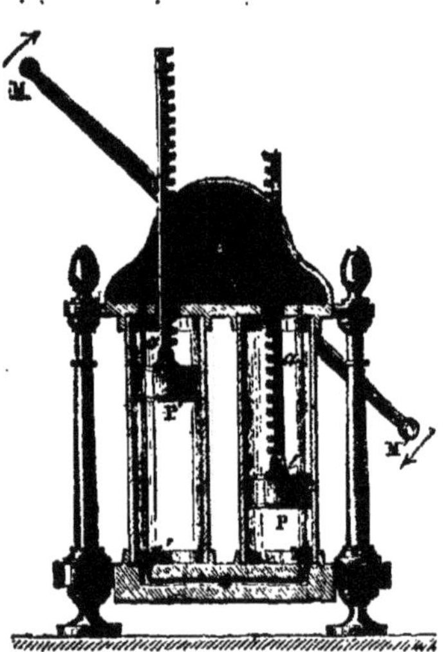

Fig. 26.

bles (fig. 26) ; les tiges a, a' des pistons P, P' sont munies de crémaillères et engrènent avec une roue dentée à laquelle on communique un mouvement alternatif à l'aide d'une double manivelle M, M' : les deux orifices d'aspiration Z, Z' sont reliés à un tuyau commun qui aboutit au centre d'une *platine*, disque en verre poli sur lequel on pose les cloches dans lesquelles on veut raréfier l'air. Un robinet à trois voies établit ou interrompt à volonté la communication entre les corps de pompe, le réservoir où l'on raréfie l'air et l'atmosphère. Enfin un manomètre (fig. 28) placé dans un tube relié au tuyau de communication mesure la pression à chaque instant; il consiste le plus souvent en un baromètre à siphon dont la grande branche est tronquée, c'est ce que l'on nomme l'éprouvette.

Fig. 27.

Fig. 28.

En général les soupapes n'ont pas la disposition que nous avons indiquée quoiqu'on la rencontre quelquefois. La soupape d'échappement (fig. 27), est placée dans le piston et fonctionne par la différence entre la pression extérieure et la pression dans le corps de pompe. La soupape d'aspiration est formée d'un tronc de cône monté à l'extrémité d'une tige *t* (fig. 26) qui traverse le piston à frottement et qui est entraînée par lui dans ses mouvements; mais la tige n'a qu'un faible jeu, parce qu'elle bute à sa partie supérieure contre le fond du corps de pompe. La soupape s'ouvre donc, quelle que soit la pression, dans le réservoir, dès que le piston se soulève et s'abaisse dès qu'il commence à descendre, son fonctionnement est par suite toujours assuré.

Si on accouple les deux corps de pompe à la suite l'un de l'autre comme nous l'avons dit pour la compression (*en série* au lieu de les mettre *parallèlement*), on peut reculer la limite de raréfaction imposée par l'espace nuisible.

Si, en effet, on faisait déboucher le corps de pompe, non dans l'air, mais dans un espace où la pression serait P', la pression limite que l'on pourrait atteindre serait évidemment

$$P_x = P'\frac{u}{V}.$$

Si donc on le fait communiquer avec l'espace nuisible du premier corps de pompe, comme la pression limite qui peut y être obtenue est $P' = P_0 \frac{u'}{V}$, il vient

$$P_x = P_0 \frac{uu'}{V^2}$$

en supposant que les espaces nuisibles soient inégaux : cette valeur est plus petite que $P_0 \frac{u}{V}$, limite que l'on obtiendrait avec un seul corps de pompe.

On pourrait pousser la raréfaction plus loin en ajoutant un troisième corps de pompe dans les mêmes conditions; mais cette disposition est peu pratique.

La réunion des deux corps de pompe en série a l'inconvénient d'agir moins rapidement que quand ceux-ci sont placés

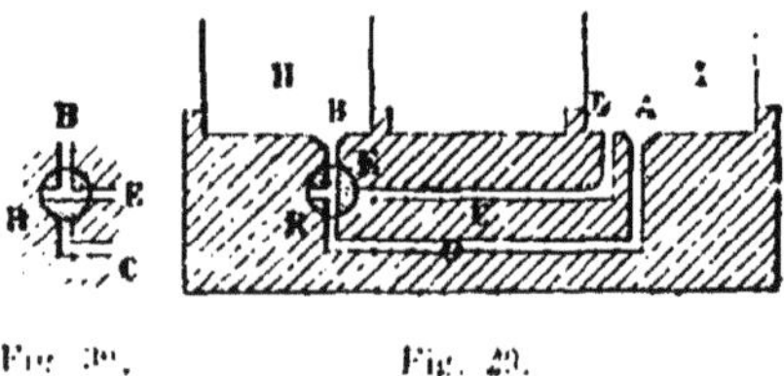

Fig. 30. Fig. 29.

parallèlement : aussi, comme il faut que la pression soit déjà faible pour qu'elle soit utile, est-il avantageux d'avoir une disposition qui permette de passer à volonté d'un mode de groupement à l'autre. Babinet a donné le premier une solution de ce problème; on y arrive plus aisément aujourd'hui par l'emploi d'un robinet à trois voies (fig. 29 et 30) dont le mode de fonctionnement se comprend sans qu'il y ait lieu d'insister longuement. La première position du robinet (fig. 29) établit la communication directe de chaque corps de pompe avec le récipient par le canal O. La seconde position (fig. 30) laisse communiquer le corps de pompe I avec le réservoir et réunit les corps de pompe II et I sans que II soit relié au réservoir.

48. Machine pneumatique à mercure. Trompes. — La machine pneumatique à mercure (fig. 31) est basée sur l'expérience de Toricelli ; elle comprend essentiellement un tube vertical de 1 m. environ, présentant un renflement à sa partie supérieure : au-dessus se trouve un robinet à trois voies qui permet d'établir une communication entre ce tube, l'atmosphère et un ajutage latéral auquel on adapte le réservoir dans lequel on veut faire le vide. A la partie inférieure du tube vertical est adapté un long tube de caoutchouc terminé à l'autre extrémité à un entonnoir en verre que l'on peut élever ou abaisser à l'aide d'un treuil : cet entonnoir est plein de mercure. Le robinet étant tourné de manière à établir la communication seulement entre le tube et l'atmosphère, on lève l'entonnoir, le mercure s'élève dans le tube ; quand celui-ci est plein on ferme le robinet et l'on abaisse l'entonnoir qui descend de plus de 760 mm. : il y a donc formation d'une chambre barométrique dans le renflement : à l'aide du robinet à trois voies, on établit la communication entre cette chambre barométrique et le réservoir à gaz ; le gaz se répartit dans les deux et la pression diminue dans le réservoir ; on ramène le robinet à sa première position et l'on recommence l'opération.

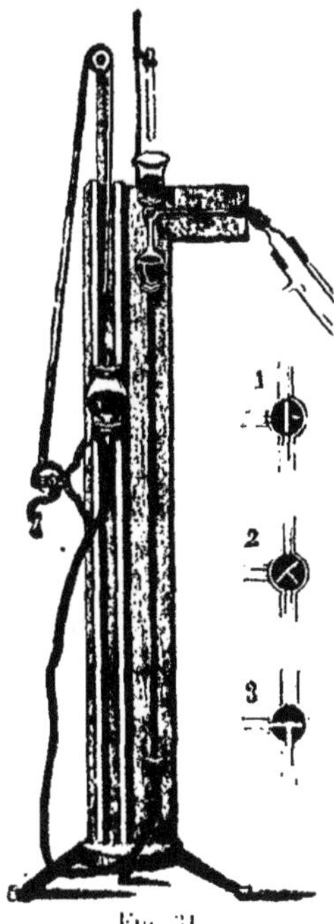

Fig. 31.

Le fonctionnement de cet appareil est lent, mais il n'y a pas d'espace nuisible et la raréfaction peut être poussée indéfiniment.

Lorsqu'un liquide s'écoule dans un

tube qui est en communication par un petit orifice avec une capacité pleine de gaz, il se produit une sorte d'aspiration, un entraînement du gaz ; si la force qui produit l'écoulement est notable, cette action est assez énergique. C'est sur ce principe que sont basées les *trompes*.

Dans les trompes à mercure, le poids spécifique de ce corps étant considérable, l'appareil fonctionne très bien avec une colonne de 1 m. seulement et produit une raréfaction extrême ; l'opération doit se continuer assez longtemps et il faut un dispositif qui ramène constamment à la partie supérieure le mercure qui s'est écoulé.

Les trompes à eau ne marchent convenablement que lorsqu'on dispose d'une pression notable, elles ne permettent pas d'obtenir un vide parfait et servent seulement à produire une raréfaction peu considérable. Mais, par contre, l'air qui a été entraîné peut être recueilli et utilisé à cause de la pression à laquelle il est soumis : la trompe agit alors comme machine soufflante.

La trompe à eau est fréquemment employée dans les laboratoires ; la trompe à mercure sert aussi dans les laboratoires et est utilisée dans la fabrication industrielle des lampes électriques à incandescence.

49. Poussée des gaz. Aérostats. — Lorsqu'un corps est plongé dans un gaz, il subit en tous les points de sa surface des pressions normales : ces pressions ont une résultante : la *poussée*. Comme dans le cas des liquides, la poussée est une force verticale, dirigée de bas en haut et égale au poids du volume de gaz déplacé.

Un corps plongé dans un gaz, dans l'atmosphère par exemple, est donc soumis à deux forces verticales opposées, le poids et la poussée : il y aura équilibre si les deux forces sont égales, sinon il y aura une résultante qui sera dirigée dans le sens de la plus grande force. Si le corps est libre, il montera ou descendra suivant que la poussée l'emportera sur le poids ou inversement ; si on veut s'opposer au mouvement, il faudra exercer sur ce corps une action égale à cette résultante.

Si P est le poids du corps, V son volume, *a* le poids spécifique de l'air, R la résultante, on aura suivant les cas :

$$R = Va - P \qquad \text{ou} \qquad R = P - Va.$$

Si le corps est homogène et que π soit son poids spécifique, on aura pour le poids $V\pi$ et pour la poussée Va ; le corps descendra ou montera suivant que π sera plus grand ou plus petit que a.

Lorsque l'on a $P > Va$ ou si le corps est homogène $\pi > a$ la force qu'il faut employer pour empêcher le corps de tomber, celle avec laquelle il agit sur son support est $P - Va$ ou $V(\pi - a) = P\left(1 - \frac{\alpha}{\pi}\right)$; c'est la force que nous apprécions, en réalité ; on la désigne sous le nom de *poids apparent* du corps.

C'est elle qui intervient dans les pesées et c'est elle dont il faut tenir compte si l'on veut avoir la valeur exacte des poids.

C'est elle aussi seulement qui intervient dans la chute des corps ; l'accélération que prendrait un corps dans le vide étant g, et j celle qu'il prend dans l'air, les accélérations étant proportionnelles aux forces, soit à P et à $P\left(1 - \frac{\alpha}{\pi}\right)$ on a :

$$j = g\left(1 - \frac{a}{\pi}\right),$$

ce qui explique que le corps tombe d'autant plus lentement qu'il est moins dense. Il faut, d'ailleurs, joindre à cette action celle de la résistance de l'air qui dépend de la forme et de la surface des corps.

Lorsque l'on a $P < Va$ le corps s'élève dans l'atmosphère, c'est le cas des aérostats ; la force qui le fait monter est $R = Va - P$, c'est ce que l'on appelle la force *ascensionnelle*. Si V est constant, comme a diminue lorsque l'on s'élève dans l'atmosphère, le poids spécifique d'un gaz étant proportionnel à la pression, la force ascensionnelle diminue ; mais en général, il n'en est pas ainsi : le ballon n'est pas rempli au départ, de manière que le gaz puisse se dilater. Si P et P' sont les pressions à deux hauteurs différentes, V et V' les volumes correspondants du gaz, on a $VP = V'P'$; si a et a' sont les poids spécifiques de l'air dans les mêmes conditions, on a

$\frac{a}{p} = \frac{a'}{p'}$; il vient donc $Va = V'a'$; la force ascensionnelle ne changera donc pas tant que l'aérostat ne sera pas complètement gonflé.

50. Formule barométrique. — Il existe une relation entre la différence d'altitude de deux points et les hauteurs barométriques en ces points ; cette relation est utilisée pour mesurer la hauteur à laquelle on est parvenu dans une ascension aérostatique ou pour mesurer l'altitude d'une montagne. On peut l'établir ainsi qu'il suit :

Soient H_0 la pression barométrique et a_0 le poids spécifique de l'air en un point dont z_0 est l'altitude ; soient H et a les quantités correspondantes à l'altitude z. Lorsque, à cette altitude, on s'élève de dz, la pression barométrique varie de dH ; si Δ est le poids spécifique du mercure cette variation correspond à une valeur $\Delta\, dH$ et la variation de pression due à la couche d'air est égale à adz ; on doit donc avoir :

$$-\Delta dH = adz.$$

Mais on a d'autre part,

$$\frac{a}{a_0} = \frac{H}{H_0} ;$$

donc :

$$-\Delta . dH = \frac{a_0 H}{H_0} dz$$

ou :

$$dz = -\frac{\Delta . H_0}{a_0} . \frac{dH}{H} ;$$

ce qui donne immédiatement :

$$z = \frac{\Delta H_0}{a_0} L . H + C^{te}.$$

L.H désignant un logarithme népérien.

Pour z_0 la pression est H_0, on a donc :

$$z_0 = -\frac{\Delta H_0}{a_0} L . H_0 + C^{te},$$

et par suite :

$$z - z_0 = \frac{\Delta H_0}{a_0} (L.H_0 - L.H),$$

équation qui donne $z - z_0$ quand on connait H et H_0, car a_0 et Δ sont des quantités déterminées.

En réalité la question n'est pas aussi simple, parce que la température n'est pas constante, et que, d'autre part, cette formule ne tient pas compte de l'humidité de l'air. Enfin la valeur de la pesanteur n'est pas la même aux divers points du globe et varie sur une même verticale. Si l'on néglige ces derniers éléments, en utilisant les logarithmes vulgaires, on emploie la formule :

$$z - z_0 = 18393 (\text{Log } H_0 - \text{Log } H) (1 + 0{,}00367\, t)$$

où t est la moyenne des températures extrêmes.

§ V

ACTIONS MOLÉCULAIRES

Adhérence. Capillarité. Imbibition. Dissolution des solides. Occlusion. Miscibilité des liquides. Diffusion. Dissolution des gaz. Mélange des gaz. Osmose.

51. Actions moléculaires.—Les corps sont inertes, c'est-à-dire qu'ils ne peuvent changer d'eux-mêmes les conditions de leur mouvement ou leur repos ; ils sont actifs cependant, c'est-à-dire qu'ils agissent ou peuvent agir sur les autres corps ; cette activité se manifeste par des actions chimiques, mais elle peut se manifester également par des actions physiques. De ces dernières, les unes ont été attribuées à un agent spécial, agent physique de nature hypothétique ; telles sont les actions calorifiques, magnétiques, électriques. Les autres se produisent sans qu'il ait paru nécessaire de faire intervenir un agent spécial, d'interposer une force, une cause particulière ;

on admet qu'elles sont le résultat de la simple mise en présence des corps considérés. Nous conserverons cette distinction, quoique nous n'y attachions pas une grande importance, et nous nous occuperons d'abord des actions qui semblent résulter du simple contact : nous y joindrons l'indication d'actions qui semblent plus différentes des précédentes qu'elles ne le sont en réalité et qui se manifestent à travers des diaphragmes.

En attendant qu'une classification rationnelle de ces actions puisse être établie nous suivrons la classification artificielle suivante :

I. — Actions immédiates :

Solide et solide
Solide et liquide
Solide et gaz
Liquide et liquide
Liquide et gaz
Gaz et gaz

Il y aura lieu d'établir en outre quelques subdivisions.

II. — Actions médiates. — Osmose.

52. Actions immédiates. Solide et solide. Adhérence. — Considérons un corps solide et brisons-le, séparons les unes des autres des molécules qui étaient intimement liées : on dit que l'on a vaincu la *cohésion* du corps. En général et sauf de rares exceptions, on ne parviendra pas à rétablir la continuité des corps même en rapprochant soigneusement les fragments et les pressant les uns contre les autres. A plus forte raison en sera-t-il ainsi s'il s'agit de deux corps différents. Cependant, dans quelques circonstances spéciales, il s'établira une liaison entre deux corps ainsi rapprochés : c'est ce que l'on observe en produisant dans deux balles de plomb deux sections bien vives et bien planes et en pressant l'un contre l'autre les segments de ces balles avant que les surfaces aient eu le temps de s'oxyder. Les deux morceaux n'en feront qu'un et il faudra exercer un certain effort pour les séparer ; on dit alors qu'il y a *adhérence* entre les deux corps et on a quelquefois désigné sous le nom d'*adhésion* la force que l'on suppose prendre naissance dans ce cas.

On réussit plus facilement en faisant glisser l'un sur l'autre deux disques-plans de verre parfaitement rodés que l'on presse l'un contre l'autre. En fixant horizontalement l'un des disques, le disque inférieur reste suspendu et peut même supporter un petit plateau et des poids. Le poids qui détermine la séparation des disques peut être pris comme mesure de l'adhésion.

On sait peu de chose de précis sur l'adhérence ; il est facile cependant, en opérant dans le vide, de reconnaître que cette action ne peut être attribuée à la pression atmosphérique. L'adhérence est d'ailleurs une action qui n'intéresse que les molécules superficielles ou très-voisines de la surface, car elle est indépendante de l'épaisseur des plans employés ; elle augmente avec le temps.

En général l'adhérence n'est pas assez énergique pour amener une réunion définitive ; cependant ce cas se présente pour un grand nombre de corps mous et c'est là une des conditions de la *plasticité* de ces corps (certains corps qui sont rigides à la température ordinaire deviennent mous et plastiques à de hautes températures).

Pour le caoutchouc l'adhérence est augmentée par de légers chocs sur les parties que l'on réunit ; dans d'autres cas, gommes, colles, etc., l'adhérence qui ne se manifeste pas à l'état sec devient énergique par l'intermédiaire d'un liquide et subsiste malgré la dessication qui se produit ultérieurement. Certaines expériences récentes de M. Walthere Spring ont montré que sous l'influence de très fortes pressions, 6000 atmosphères, il est possible de réunir en bloc compact les limailles de certains corps.

Le mot *adhérence* est employé en mécanique dans un sens autre que celui que nous venons d'indiquer, c'est une circonstance particulière dans laquelle se manifeste le *frottement*. Sans vouloir insister, mais pour montrer rapidement la différence absolue entre les deux idées, nous dirons que l'adhérence physique augmente avec le poli des surfaces en contact, tandis que l'adhérence mécanique croît quand le poli des surfaces diminue.

53. Solide et liquide : Capillarité. — Il y a lieu de

distinguer trois cas dans les actions réciproques des solides et des liquides :

1° Le solide et le liquide conservent leur état, il se manifeste des actions dites de *capillarité* ;

2° Le liquide est absorbé par le solide et cesse de se manifester à l'état liquide, il y a *imbibition* ;

3° Le solide est absorbé par le liquide et cesse d'exister à l'état solide, il y a *dissolution*.

Occupons-nous d'abord de la capillarité.

Lorsqu'on plonge un corps solide dans un liquide et qu'on l'en retire, il peut arriver (eau et verre) que le solide entraîne avec lui quelques gouttes du liquide ou au contraire (eau et mercure) que le solide reste absolument sec. Dans le premier cas on dit que le solide est *mouillé* par le liquide : il n'est pas mouillé dans le second cas.

Dans le voisinage des solides les liquides, présentent des particularités qui sont en contradiction avec les lois de l'hydrostatique.

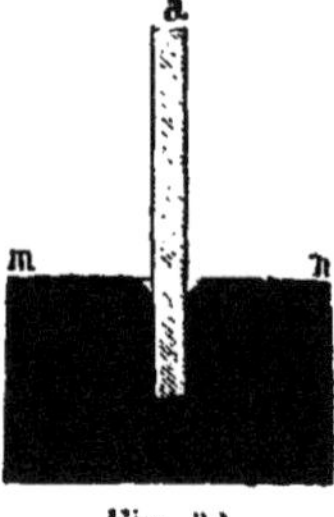

Fig. 32.

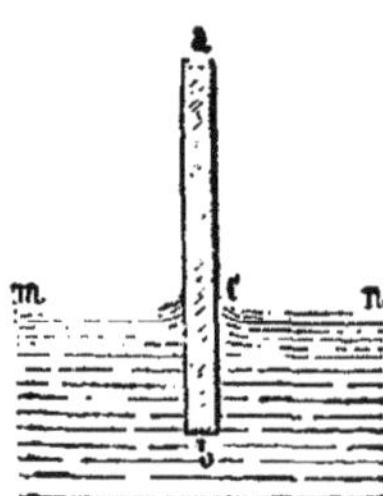

Fig. 33.

Dans les environs d'un corps solide la surface libre d'un liquide n'est pas plane et horizontale, au moins en général, mais elle présente une partie courbe appelée *ménisque*. Tantôt le ménisque est convexe (fig. 32) et il y a abaissement du liquide au dessous du niveau général *mn*, tantôt le ménisque est concave (fig. 33) et il y a une élévation du liquide au-dessus du niveau général. L'expérience montre que le ménisque est concave lorsque le liquide mouille le solide ; et convexe dans le cas contraire.

La surface du ménisque rencontre la partie solide sous un angle qui dépend de la nature des corps en contact seulement qui par conséquent est indépendant de la direction de la partie solide. L'angle compris entre la surface liquide et la partie solide située en dehors du liquide est ce que l'on appelle l'*angle de raccordement*. Il est de 40° pour le verre et le mercure, de 90° pour l'eau et l'acier poli, de 180° pour l'eau et le verre.

La constance de l'angle de raccordement explique les effets particuliers que l'on observe lorsqu'on verse un liquide dans un ballon sphérique; la forme des ménisques varie considérablement suivant la direction de la paroi.

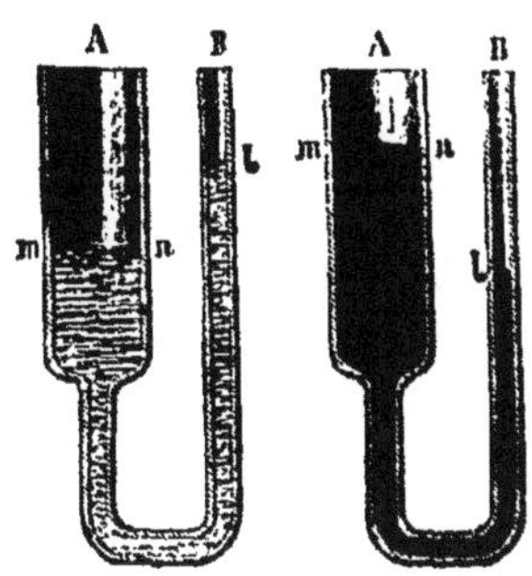

Fig. 34.

Lorsque l'on observe deux vases communiquants A, B (fig. 34) à diamètres inégaux et dont l'un a un diamètre inférieur à 2 centimètres, on reconnaît que, en y versant du liquide, les deux surfaces libres ne sont pas dans un même plan horizontal. On constate le même effet simplement en plongeant un tube de petit diamètre dans un bain liquide.

On voit que si le liquide mouille le solide, le liquide est surélevé dans le tube fin et que sa surface est un ménisque concave ; si le liquide ne mouille pas le tube, le liquide est à un niveau plus bas dans le tube fin qu'extérieurement et la surface est un ménisque convexe.

54. — On conçoit que l'existence de la tension superficielle doit être sans effet sur les pressions hydrostatiques à la surface horizontale d'un liquide en équilibre, puisque ces pressions sont normales aux tensions superficielles. Mais il n'en est plus de même si la surface est courbe, et l'on reconnaît aisément que les tensions superficielles donnent alors une composante qui est toujours dirigée de la convexité vers la concavité.

On a calculé l'expression théorique donnant la valeur de cette composante que l'on appelle *pression capillaire*, et Laplace a trouvé :

$$p = A\left(\frac{1}{R} + \frac{1}{R'}\right)$$

A étant une constante, R et R' les rayons de courbure principaux du ménisque.

Il est évident que la valeur de cette expression pour un tube donné représente le poids de la colonne de liquide soulevée ou abaissée et doit être proportionnelle à cette hauteur h. Si l'on remarque qu'il s'agit de tubes à sections circulaires, où les ménisques sont des surfaces de révolution, on aura $R = R'$; mais de plus les rayons des ménisques pour un même angle de raccordement sont proportionnels aux rayons r des tubes. On devra donc avoir :

$$h = k\frac{2}{r}.$$

Les dénivellations capillaires sont en raison inverse des rayons ou des diamètres des tubes. Cette loi a été vérifiée expérimentalement par Jurin et par Gay-Lussac.

Si l'on considère des plans parallèles et placés dans un liquide à une petite distance d, il se produit un ménisque cylindrique horizontal ; mais alors l'un des rayons de courbure est infini et l'on a

$$p = A\frac{1}{R}.$$

ce qui donne pour la hauteur de la colonne soulevée :

$$h = k\frac{2}{d}.$$

Entre deux lames parallèles, les dénivellations capillaires sont moitié de ce qu'elles seraient dans un tube qui aurait pour diamètre la distance qui sépare ces plans.

55. — Il est très important de remarquer que c'est l'existence même et les dimensions du ménisque qui déterminent les dénivellations capillaires, de telle sorte que ces dénivellations sont indépendantes des variations de section que peut présenter le tube dans les parties où ne se produit pas le ménisque.

La même remarque montre que l'élévation ou l'abaissement ne dépendent pas absolument de la nature du liquide, et que si, sans changer ce liquide, on parvient à transformer le ménisque, on verra l'élévation succéder à l'abaissement ou inversement. C'est d'ailleurs ce que montre l'expérience suivante :

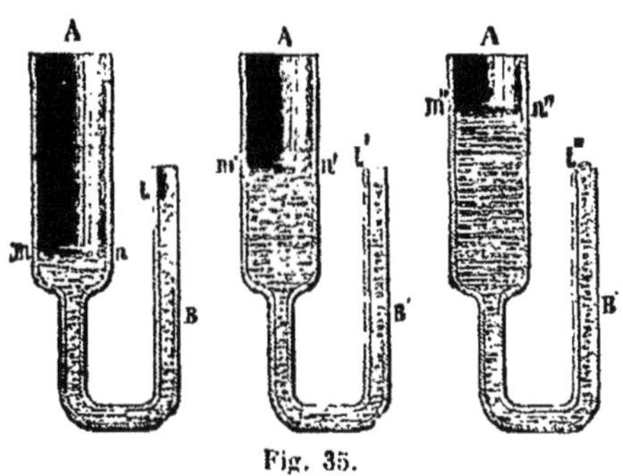

Fig. 35.

Soient A et B (fig. 35) deux vases communiquants de diamètres inégaux et tels que l'extrémité du tube fin arrive au milieu de l'autre tube ; versons y de l'eau, le liquide présentera en l un ménisque concave et sa surface sera à un niveau supérieur à celui $m\ n$ du liquide dans le tube large. Ajoutons de l'eau lentement avec une pipette : le niveau du liquide arrivera à l'extrémité l' du tube et avec quelque habileté on pourra rendre plane sa surface terminale. A ce moment la surface $m'n'$ dans le tube large sera précisément à la même hauteur. Enfin ajoutons encore de l'eau doucement, le liquide commencera à sortir du tube B sous forme d'une gouttelette, d'un ménisque convexe, et alors la surface dans le tube large $m''\ n''$ sera supérieure à ce ménisque.

Le sens de la dénivellation dépend donc essentiellement de la forme du ménisque.

56. — Les phénomènes capillaires se rencontrent fréquemment dans la nature ; il suffit qu'il y ait une fissure, quelque irrégulière qu'elle soit, mais de petite dimension, et un liquide à la partie inférieure pour voir celui-ci s'élever jusqu'à une certaine hauteur.

La capillarité, la tension superficielle peuvent encore être invoquées pour expliquer comment certains corps peuvent flotter à la surface d'un liquide de densité moindre, lorsqu'ils ne sont pas mouillés (insectes marcheurs, cristaux de sel marin, etc.).

Les actions capillaires expliquent également certains mouvements d'attraction et de répulsion qui se produisent entre des corps flottants ou entre des corps suspendus et plongeant en partie dans un liquide.

Mais surtout, il faut tenir compte de la pression capillaire toutes les fois qu'il s'agit de mesurer une pression par une colonne liquide : cette pression doit s'ajouter à la hauteur mesurée s'il s'agit d'un ménisque convexe, elle doit s'en retrancher s'il s'agit d'un ménisque concave. Si on fait les observations alors que le liquide est parfaitement en équilibre, la correction a une valeur constante ; mais il n'en est pas de même si le niveau tend à se déplacer parce que le ménisque change de forme.

Dans ce cas, il faut mesurer la flèche du ménisque et une table dressée à l'avance donne la correction. Mais, toutes les fois qu'on le peut, il est préférable d'employer des tubes de 35 millimètres de diamètre au moins : la correction est alors négligeable.

57. Imbibition. Filtration. — Dans certains cas, un liquide mis en contact avec un solide est absorbé, il y a *imbibition.* Le phénomène est très net pour diverses matières organiques ou organisées, des éponges par exemple ; mais il se produit également pour des matières minérales, l'huile imbibe certaines pierres et même le marbre.

On ne sait rien de précis sur l'imbibition ; il y a cependant une condition nécessaire, le liquide doit mouiller le solide. Ajoutons que la pression favorise l'imbibition comme on le comprend aisément.

L'imbibition a généralement pour effet d'augmenter le volume des solides qui sont imbibés ; c'est le cas des boiseries qui *jouent* sous l'action de l'humidité ; le papier, le carton s'incurvent lorsqu'on mouille une de leurs faces.

Pour les cordes, l'action est complexe à cause de la torsion des fibres. Si celles-ci s'allongent individuellement sous l'influence de l'humidité, la corde cependant se raccourcit dans son ensemble.

L'imbibition des solides s'accompagne en général d'une élévation de température.

Lorsqu'un solide réduit en lame, en tranche, est en contact par une de ses faces avec un liquide, celui-ci est absorbé, il y a imbibition ; mais si le liquide est soumis à une pression tendant à augmenter l'imbibition, il ne peut continuer à pénétrer à partir de l'instant où l'imbibition est complète qu'à la condition qu'une égale quantité sorte par l'autre face ; il y a alors *transsudation ou filtration*.

S'il y a un solide en suspension, il ne passe pas et le liquide est limpide à la sortie de la lame filtrante.

58. Dissolution des solides. — Par suite de la pénétration des solides et des liquides, il peut arriver que la masse tout entière prenne l'état liquide : on dit alors qu'il y a *dissolution* du solide dans le liquide.

Indiquons en passant qu'il n'est pas toujours possible d'affirmer qu'il n'y a pas une modification chimique qui se produise lors d'une dissolution : la question est fort délicate.

La solubilité d'un solide peut être étudiée à divers points de vue : la rapidité de l'action, la quantité de matière qui peut entrer en dissolution, les modifications que subit le liquide, les phénomènes qui accompagnent la dissolution. Passons rapidement en revue ces diverses questions.

Un liquide mis en contact avec une quantité indéfinie d'un solide, à une température donnée, n'en dissout qu'une quantité déterminée : quand cette proportion est atteinte la dissolution est *saturée*.

Il existe des différences énormes entre les quantités des divers solides qui amènent la saturation des liquides, mais il n'y a rien de général à dire à ce sujet.

A une température déterminée et quelles que soient les opérations que l'on ait fait subir au corps, il existe un rapport constant entre le poids du dissolvant et celui du solide dissous à saturation (sauf une exception que nous allons signaler) : ce rapport est donc une donnée spécifique.

Bien que ce soit empiéter sur le chapitre de la chaleur, nous devons dire que, en général, la solubilité d'un solide varie avec la température. On a pu construire des tableaux graphiques indiquant la solubilité des principaux sels aux diverses températures. Ce sont les courbes de solubilité.

On reconnaît que le plus souvent la solubilité augmente lorsque la température s'élève : il y a quelques exceptions et pour certains corps l'effet inverse se produit. Plus exceptionnellement (sulfate de sodium) la solubilité croît d'abord jusqu'à une certaine température et décroît ensuite ; mais on ne saurait affirmer que le phénomène soit simple et il est probable que ces variations dans la solubilité correspondent à un changement de composition chimique.

Considérons un corps dont la solubilité croît avec la température et dissolvons-le dans l'eau, de manière à produire la saturation à la température t; si le liquide se refroidit, le solide se dépose progressivement, de telle sorte que, à chaque température, la quantité qui reste en dissolution soit précisément celle qui correspond à la saturation pour cette température. Si le refroidissement est lent il arrive souvent que le solide se dépose à l'état de cristaux.

Mais il arrive exceptionnellement (sulfate de sodium, hyposulfite de sodium) que si le refroidissement est lent, si le liquide est immobile, à l'abri des corps étrangers qui flottent dans l'air, le liquide reste limpide malgré le refroidissement ; il ne se produit aucun dépôt solide. L'opération réussit aisément en opérant dans un ballon fermé à la lampe. Le liquide peut alors rester indéfiniment tenant ainsi en dissolution une quantité de solide bien supérieure à celle qui correspondrait à l'état de saturation pour cette température. Mais cet état particulier est, pour ainsi dire, un état d'équilibre instable ; il suffit de briser le col effilé, de secouer le vase, de toucher le liquide avec un corps étranger et surtout de projeter dans le liquide un cristal du corps dissous, pour provoquer le dépôt, à l'état cristallin en général, d'une partie du solide ; la quantité qui reste en dissolution est précisément celle qui correspond à la saturation pour la température à laquelle on opère.

Cet état d'un liquide contenant en dissolution une quantité de solide supérieure à celle qui correspond à la saturation normale constitue ce que l'on appelle la *sursaturation*.

La rapidité avec laquelle se produit la dissolution dépend de plusieurs éléments et la question est complexe : il conviendrait d'étudier les lois qui déterminent les variations de la vitesse élémentaire de dissolution. Nous nous bornerons à dire que cette vitesse varie avec la différence qui existe entre la quantité du solide dissous et celle qui serait en dissolution si le liquide était saturé.

Autrement dit, si un solide est placé dans un liquide, la rapidité de la dissolution décroît depuis le début jusqu'à la saturation.

Il est clair, d'ailleurs, que la vitesse de dissolution est d'autant plus grande que le corps est plus soluble.

59. — Un liquide qui contient un solide en dissolution présente des propriétés spéciales ; c'est un corps différent du liquide dissolvant. La plupart des propriétés sont modifiées : la viscosité, la compressibilité, le coefficient de dilatation, la couleur, le point d'ébullition, etc. ; mais, il n'y a rien de général à en dire. Seule la question du poids spécifique mérite une mention particulière, en ce qu'elle fournit quelques indications sur le phénomène même de la dissolution, qui est autre chose qu'un mélange de liquide et de solide.

Soient deux corps de poids P_1, P_2 et de poids spécifiques π_1 et π_2 ; leurs volumes sont respectivement $\frac{P_1}{\pi_1}$ et $\frac{P_2}{\pi_2}$. Si l'on effectue le mélange de ces corps, le poids étant P_1+P_2 et le volume $\frac{P_1}{\pi_1}+\frac{P_2}{\pi_2}$ on a pour la valeur du poids spécifique π

$$\pi = \frac{P_1 + P_2}{\frac{P_1}{\pi_1} + \frac{P_2}{\pi_2}},$$

équation que l'on peut écrire sous la forme

$$\frac{p_1 + p_2}{\pi} = \frac{p_1}{\pi_1} + \frac{p_2}{\pi_2}$$

qui exprime que le volume du mélange est la somme des volumes des corps mélangés.

Or les mesures de densités des dissolutions montrent que jamais, ou à peu près, on ne trouve pour le poids spécifique la valeur donnée par cette formule : toujours le poids spécifique réel est supérieur au poids spécifique calculé, c'est-à-dire que le volume de la dissolution est moindre que la somme des volumes du dissolvant et du corps dissous.

Ainsi, dans la dissolution, il y a pénétration du solide et du liquide et non pas seulement juxtaposition.

Cette remarque est importante en ce qu'elle ne permet pas de considérer l'impénétrabilité comme une propriété générale des corps, puisque dans ce cas, il y a vraiment pénétration.

Enfin, le phénomène même de la dissolution s'accompagne d'effets divers : il paraît vraisemblable qu'il se produit des phénomènes électriques, mais ils sont faibles et il n'y a pas lieu d'insister. Mais en même temps, il se produit des phénomènes calorifiques qui se traduisent par un abaissement de température qui peut être assez notable ; nous reviendrons ultérieurement sur cette question en parlant de la chaleur.

60. Solide et gaz. Occlusion, transpiration. — Lorsqu'un solide est en contact avec un gaz, il arrive quelquefois qu'il se produit une absorption du gaz qui disparaît en partie en tant que corps à l'état gazeux pour se fixer, à un état non encore déterminé, sur le solide ; c'est là ce qui constitue l'*occlusion*. On peut citer le chlorure d'argent qui absorbe 320 fois son volume de gaz ammoniac ; la mousse de platine qui absorbe 2 1/2 fois son volume d'oxygène ; le charbon de bois qui absorbe un grand nombre de gaz, notamment l'acide sulfhydrique, l'acide chlorhydrique, l'ammoniaque (57 vol., 85 vol., 90 vol.).

On ne connaît pas bien les conditions de l'occlusion, il semble cependant que ce phénomène se manifeste surtout avec des solides poreux et présentant par conséquent une grande surface de contact avec les gaz.

M. Joulin a montré que, au moins pour les gaz difficilement liquéfiables, les quantités absorbées sont sensiblement proportionnelles à la pression.

L'élévation de température diminue la quantité de gaz que peut condenser un solide.

L'occlusion des gaz produit en général une élévation de température ; de plus, les gaz ainsi occlus sont dans un état particulier qui facilite les actions chimiques et permet la production, à la température ordinaire, de combinaisons qui, normalement, n'ont lieu qu'à des températures notablement plus élevées.

Considérons un gaz placé dans un réservoir présentant une paroi poreuse dont l'autre face est en contact avec le vide : il peut arriver que le gaz traverse cette paroi en vertu de la différence de pression. Les conditions de ce passage dépendent des circonstances.

Si le passage se fait à travers un trou extrêmement étroit percé dans une lame mince, il y a *effusion* : le phénomène est d'ordre mécanique et obéit à la règle de Toricelli : La vitesse du passage varie en raison inverse de la racine carrée de la densité du gaz.

Si l'ouverture est pratiquée dans une paroi épaisse, la loi cesse d'être app[illegible]ble et des perturbations se manifestent. On retrouve des rapp[illegible]ts constants si l'épaisseur atteint 4000 fois au moins le diamètre des ouvertures par lesquelles se fait l'écoulement : dans ce cas la vitesse d'écoulement est indépendante de la nature du diaphragme, le gaz constitue une gaine adhérente aux parois de l'orifice et l'écoulement se fait à travers ce tube gazeux. C'est ce phénomène que Graham a nommé *transpiration*.

Pour une même pression chaque gaz possède une vitesse de transpiration qui lui est propre.

Si les orifices d'écoulement deviennent trop étroits, il n'y a plus d'écoulement à proprement parler : le gaz s'écoule alors très lentement, il y a *diffusion*, suivant l'expression employée par Graham. On retrouve alors la même loi que pour l'effusion. Le phénomène est cependant tout autre, ce qui est bien manifeste en ce que la vitesse absolue est considérablement moindre pour la diffusion que pour l'effusion.

61. Mélange des liquides : diffusion. — Lorsque l'on verse dans un vase deux liquides qui sont sans action chimique l'un sur l'autre et qu'on vient à les agiter, il peut arriver que par le repos ils se séparent entièrement ; ils se placent alors par ordre de densités : c'est ce qui se produit, par exemple pour l'eau et l'huile, l'alcool et le mercure. Mais souvent le mélange donne naissance à un liquide mixte, homogène dans toutes ses parties et qu'il est impossible de séparer en ses éléments par des actions mécaniques ; les deux liquides se sont dissous l'un dans l'autre. On dit alors que ces liquides sont *miscibles*.

Il y a des liquides pour lesquels la miscibilité est indéfinie ; ils peuvent se mélanger absolument en toutes proportions ; mais il n'en est pas toujours ainsi et pour certains corps, il y a à considérer un coefficient de solubilité. On sait peu de choses sur ce côté de la question.

Un mélange de liquides est un corps particulier ; mais le plus souvent, ses propriétés sont à peu près intermédiaires entre celles des liquides constituant le mélange.

Il y aurait, sur le poids spécifique, à développer des considérations analogues à celles que nous avons indiquées pour la dissolution des solides. D'une manière générale, on observe également que le poids spécifique fourni par l'expérience est plus grand que le poids spécifique calculé ; on en conclut que le mélange des liquides est accompagné de contraction.

Lorsque, au lieu d'agiter ensemble deux liquides miscibles, on les verse avec précaution l'un au-dessus de l'autre, le moins dense étant à la partie supérieure, on peut observer au début une surface de séparation. Mais, même en évitant tout choc, toute agitation, toute variation de température, on reconnait que la séparation cesse bientôt d'être distincte et que, malgré la différence des densités il y a pénétration réciproque des liquides, cette pénétration se faisant ainsi contrairement aux effets que produirait la pesanteur. Cette pénétration qui se continue a été désignée sous le nom de *diffusion* par Graham qui l'a étudiée d'une façon toute spéciale.

Il n'y a pas de loi précise à indiquer : la diffusion se ralentit avec le temps et, sans pouvoir affirmer que ce cas est impossible à réaliser, on n'a jamais vu le phénomène se produire jusqu'à donner naissance à un mélange homogène dans la masse entière.

Un autre cas que l'on rapproche de la diffusion quoiqu'il en diffère en réalité est celui où l'on superpose de l'eau pure à une dissolution aqueuse d'une substance solide : il y a pénétration des deux liquides et l'eau des couches supérieures arrive à contenir en dissolution une certaine partie du solide tandis que la solution inférieure s'appauvrit. La rapidité de l'action est très variable avec la nature du corps dissous : elle est considérablement plus grande, par exemple, pour les sels susceptibles de cristalliser que pour les gommes en matières analogues. A ce point de vue, les substances qui diffusent rapidement sont désignées sous le nom de *cristalloïdes*, les autres sous celui de *colloïdes*.

Si l'on opère avec une dissolution contenant deux substances différentes, chacune d'elles se diffuse à peu près comme si elle était seule.

62. Liquide et gaz : dissolution du gaz. évaporation. — Lorsque l'on met en présence un liquide et un gaz qui sont sans action chimique l'un sur l'autre, on peut observer deux phénomènes distincts : 1° une partie du gaz disparaît, pénétrant le liquide où l'on peut déceler sa présence par divers moyens ; il y a *dissolution* du gaz. 2° Une partie du liquide passe à l'état de vapeur et se mélange au gaz : cette transformation qui se fait lentement, progressivement, constitue ce que l'on nomme l'*évaporation*. Cette action sera étudiée spécialement, avec la vaporisation en général, dans le chapitre de la chaleur.

La dissolution du gaz dans le liquide et l'évaporation constituent une sorte de diffusion particulière que l'on pourrait étudier au point de vue de la rapidité de son action. On a peu de données précises sur cette question ; on peut dire cependant que la vitesse avec laquelle se fait la dissolution est d'autant plus grande que le liquide contient une moindre quantité du gaz en dissolution.

A une température donnée et sous une pression donnée, une masse de liquide ne peut dissoudre qu'une quantité déterminée de gaz ; quand cette proportion est atteinte, on dit que le liquide est saturé. Les lois de la dissolution des gaz ont été étudiées d'abord par Henry et Dalton dont les noms servent souvent à les désigner.

On peut les énoncer ainsi :

1re LOI. — *A une température donnée le poids d'un gaz dissous est proportionnel au volume du dissolvant.*

2e LOI. — *Le poids de gaz dissous est proportionnel à la pression.*

3e LOI. — *Dans le cas d'un mélange chaque gaz se dissout comme s'il était seul, la pression individuelle étant celle qui détermine la quantité qui entre en dissolution*[1].

La 2e loi est souvent énoncée sous des formes différentes. Soient V le volume du dissolvant, P la pression qui surmonte le liquide lors de la saturation, p le poids du gaz dissous, A un coefficient constant. On a d'après les deux premières lois :

$$p = AVP.$$

Nous pouvons chercher quel volume occuperait cette masse de gaz à la pression P. Soient ϖ son poids spécifique à cette pression, ϖ_0 le poids spécifique à 760mm et v le volume cherché, on a :

$$p = v\varpi = v\varpi_0 \frac{P}{760}.$$

L'équation précédente devient :

$$\frac{v\varpi_0}{760} = AV \qquad \text{ou} \qquad \frac{v}{V} = \frac{760A}{\varpi_0}.$$

Ce qui conduit à l'énoncé suivant :

A une température donnée, il existe un rapport constant

1. La pression individuelle d'un gaz est définie plus loin (96).

entre le volume du gaz dissous et le volume du dissolvant, le volume du gaz étant mesuré à la pression sous laquelle s'est effectuée la dissolution.

Ce rapport constant, indépendant de la pression, est ce qu'on appelle le *coefficient de solubilité.*

On peut chercher, au contraire, quelle pression aurait le gaz s'il occupait le même volume que le liquide : soit P_1 cette pression. On aurait :

$$p = V\alpha_1 = V\alpha_0 \frac{P_1}{760}$$

et l'équation deviendrait

$$\frac{P_1\alpha_0}{760} = AP \qquad \text{ou} \qquad \frac{P_1}{P} = \frac{760\,A}{\alpha_0}.$$

La pression P_1 est ce que l'on appelle la *pression du gaz dans la dissolution.* On voit que l'on peut donner alors l'énoncé suivant :

A une température donnée il existe un rapport constant entre la pression du gaz dans la dissolution et la pression du gaz extérieur.

Il est à remarquer que ce rapport constant est précisément égal à ce que nous venons d'appeler le coefficient de solubilité qui peut être, par conséquent, défini de deux manières distinctes.

63. — Lorsque l'on étudie la dissolution d'un gaz donné, deux cas doivent être distingués.

1° La masse de gaz qui surmonte le liquide est indéfinie ou du moins en quantité assez grande pour que la pression ne change pas, malgré la disparition d'une certaine quantité de gaz, par la dissolution.

Si V est le volume du liquide, P la pression du gaz, k le coefficient de solubilité, α le poids spécifique, p le poids du gaz dissous, on a immédiatement le volume du gaz dissous qui est k V, ce volume étant mesuré à la pression P. On aura donc pour le poids :

$$p = kV\alpha.$$

Il faut introduire le poids spécifique ϖ_0 à la pression normale et plus souvent même la densité d du gaz. On a alors :

$$p = kV\varpi_0 \frac{P}{760} = kVd\alpha_0 \frac{P}{760}$$

α_0 représentant le poids spécifique de l'air à la pression normale.

2° Le liquide et le gaz sont renfermés dans une enceinte limitée. Soient V le volume du liquide, U le volume du gaz et P sa pression au début : dès que la dissolution commence, cette pression diminue et elle diminuera jusqu'au moment où il y aura saturation. Mais cette saturation sera ainsi déterminée par une pression qui n'est pas connue et qu'il faut calculer ; on y arrive aisément.

Au début le gaz remplissait le volume U à la pression P.

Lorsque la dissolution est terminée, la masse de gaz s'est séparée en deux parties : une partie reste libre et occupe l'espace U à la pression inconnue X ; l'autre partie est en dissolution et on peut considérer qu'elle occupe le volume k V à la pression X ; on a donc en somme un volume de gaz U + k V à la pression X et la loi de Mariotte donne immédiatement :

$$UP = (U + kV)\,X.$$

Connaissant X, les équations du cas précédent donnent immédiatement le poids du gaz dissous [1].

La 3e loi, qui a rapport à la dissolution d'un mélange, s'explique aisément sans qu'il soit nécessaire d'insister. Elle fait comprendre pourquoi le gaz dissous n'aura pas en général la même composition que le mélange extérieur : la composition ne resterait la même que si les coefficients de solubilité étaient égaux.

On peut invoquer cette loi de la dissolution des mélanges

1. On peut raisonner autrement en considérant que le gaz dissous peut être regardé comme ayant le volume V et la pression k X : la loi du mélange des gaz conduit alors à l'équation :

$$UP = UX + VkX.$$

pour inférer que dans un mélange chaque gaz possède bien effectivement la pression que l'on désigne sous le nom de pression individuelle (66), puisque c'est cette pression calculée qui détermine la quantité de gaz qui entre en dissolution.

84. — Lorsqu'un gaz est entré en dissolution sous une pression donnée, si l'on diminue la pression qui surmonte le liquide, la quantité de gaz dissous se trouve en excès pour cette nouvelle pression ; aussi une certaine quantité de gaz se dégage sous forme de bulles qui viennent crever à la surface. Il peut arriver que la quantité qui reste en dissolution après que ce dégagement a cessé, soit celle qui correspond à la nouvelle pression ; mais souvent il n'en est pas ainsi et le gaz dissous se trouve rester en excès : on peut provoquer le dégagement de cet excès de gaz en projetant dans le liquide des corps solides, surtout des corps présentant des arêtes aiguës, des pointes sur lesquelles se fait exclusivement le dégagement des bulles ; la dissolution est alors ramenée à la proportion normale.

Il y a là un phénomène particulier, une *surdissolution*, pour ainsi dire, qui correspondrait à la sursaturation.

Disons sans insister que, d'une manière générale, les coefficients de solubilité des gaz varient avec la température et décroissent lorsque celle-ci s'élève. Si donc on chauffe une dissolution, le gaz se dégagera peu à peu et le dégagement, en général du moins, sera complet avant que le liquide ne soit arrivé à l'ébullition.

Mais il n'en est pas toujours ainsi, et lorsque le liquide arrivé à l'ébullition contient une certaine quantité de gaz, on peut penser qu'il s'était produit une combinaison chimique et que le phénomène n'avait pas été celui d'une simple dissolution physique.

Du reste, on ne possède pas de caractères permettant de reconnaître, lorsqu'un gaz se dissout dans un liquide, s'il s'agit d'une action chimique ou d'une action physique.

85. — Il n'existe pas de relation générale entre le poids spécifique d'une dissolution gazeuse et les poids spécifiques du liquide et du gaz. Le volume de la dissolution est bien toujours supérieur au volume du dissolvant ; mais il y a cependant une très forte contraction du gaz, contraction dont la valeur dépend de la nature de celui-ci, si bien que le poids spécifique de la dissolution saturée est tantôt supérieure (dissolution d'acide chlorhydrique) et tantôt inférieure (dissolution de gaz ammoniac) à celui du dissolvant.

La formule que nous avons donnée précédemment pour le poids spécifique d'un mélange est applicable au cas dont il s'agit. Pour une dissolution déterminée, à saturation par exemple, nous connaissons son poids spécifique, le poids et le poids spécifique du dissolvant, le poids du corps dissous : la formule nous donnera le poids spécifique qu'aurait ce corps s'il n'y avait pas contraction, c'est ce que l'on pourrait appeler le poids spécifique du gaz dans la dissolution. On trouve ainsi pour l'ammoniaque 0,596 ; et pour l'acide sulfureux 1,42. Or il est à remarquer que les poids spécifiques de ces corps à l'état liquide ont été trouvés respectivement de 0,591 et 1,42. On peut donc être porté à admettre que dans les dissolutions les gaz sont réellement à l'état liquide, qu'une dissolution gazeuse est un mélange du dissolvant et du gaz amené à l'état liquide.

60. Mélange des gaz. — Lorsqu'on réunit deux ou plusieurs gaz en les agitant ils se mélangent intimement et ne peuvent être séparés par une action mécanique : tous les gaz sont *miscibles*.

Mais de plus, si on les place dans un récipient par ordre de densités, ainsi qu'on peut le prévoir à cause de leur expansibilité, ils se mélangent, ils *diffusent*. Ce qui établit une différence notable avec les liquides, c'est que la diffusion se produit rapidement et que, en un temps assez court, elle est complète ; le mélange est homogène.

Cette remarque qui est souvent énoncée sous forme de loi, a été vérifiée par l'expérience suivante de Berthollet.

Deux ballons égaux, munis de garnitures à robinet et remplis à la même pression l'un d'hydrogène, l'autre d'acide carbonique furent réunis par leurs garnitures et descendus dans les caves de l'Observatoire où la température est invariable. Ils y furent abandonnés pendant 24 heures, le ballon plein d'hydrogène étant à la partie supérieure. Au bout de ce temps, on pouvait être assuré qu'il y avait équilibre absolu de température : on ouvrit alors les robinets. Après un certain temps, les robinets furent fermés et les ballons furent transportés au laboratoire. Là on reconnut que la pression était la même dans les deux ballons et que, de plus, chaque ballon contenait un mélange par parties égales d'hydrogène et d'acide carbonique, ce qui vérifiait la loi énoncée plus haut.

La diffusion se produit toujours dès que deux gaz sont en présence, mais le mélange ne peut être homogène que si les gaz peuvent arriver à un état d'équilibre. Il n'en saurait être ainsi si l'un des gaz arrivait d'une manière continue, ou si l'autre constituait une atmosphère indéfinie.

Lorsque l'on réunit deux gaz dans un même espace, la pression qui est indiquée par un manomètre fait connaître l'action mécanique que produit le mélange : nous ne pouvons savoir par cette mesure la part qui revient à chaque gaz dans l'effet produit.

Etant donné un gaz dont le volume est v et la pression p ; si nous l'introduisons seul dans un espace vide de capacité V, il exercera une pression q que nous pouvons calculer si nous admettons qu'il suive la loi de Mariotte, car nous avons alors $pv = Vq$.

La valeur $q = \frac{pv}{V}$ ainsi calculée sera ce que nous appellerons la *pression individuelle* du gaz dans le mélange, si nous introduisons cette même quantité de gaz dans un espace V où se trouvent déjà un ou plusieurs gaz et où existe une pression quelconque.

Cette définition posée, la pression d'un mélange de gaz (à la même température) est déterminée par la loi suivante qui a été indiquée par Dalton :

La pression d'un mélange de gaz est égale à la somme des pressions individuelles des divers gaz qui constituent le mélange.

Soient des gaz à la même température, et soient respectivement p, p', p''... v, v', v''... leurs pressions et leurs volumes ; introduisons-les dans un espace vide de capacité V. Les pressions individuelles q, q', q'' ..... de chacun de ces gaz seront :

$$q = \frac{pv}{V}, \quad q' = \frac{p'v'}{V}, \quad q'' = \frac{p''v''}{V} \ldots\ldots$$

et si P est la pression du mélange, la loi que nous avons énoncée donne

$$P = q + q' + q'' \ldots\ldots$$

On peut mesurer la pression P ; on peut calculer les pressions individuelles des divers gaz q, q', q''... ; il est donc aisé de vérifier la loi.

En remplaçant dans la dernière égalité q, q', q'' par leurs valeurs, on a la relation suivante qui exprime la loi même :

$$P = \frac{pv}{V} + \frac{p'v'}{V} + \frac{p''v''}{V} \ldots\ldots$$

relation que l'on écrit sous la forme abrégée

$$PV = \Sigma pv.$$

L'étude de la dissolution des gaz permet de penser que, dans un mélange, chaque gaz intervient bien effectivement par sa pression individuelle (63).

67. Mélange des gaz et des vapeurs. — Lorsque l'on introduit un liquide dans un espace contenant un gaz, il se réduit en vapeur en tout ou en partie ; mais comme arrive dans le vide, il y a une tension maxima qui ne peut être dépassée pour une température donnée.

Dalton a déduit de ses expériences les lois suivantes qui se rapportent à ce cas :

La tension maxima d'une vapeur est la même dans le vide et dans un gaz.

La pression d'un mélange de gaz et de vapeurs est la somme des pressions individuelles des gaz et des vapeurs.

On se sert pour étudier ces mélanges d'un appareil imaginé par Gay-Lussac (fig. 36) : il consiste essentiellement en un manomètre, dont la petite branche T, graduée, d'assez grande section, est fermée à la partie supérieure par un robinet D présentant un filet de vis, et par un robinet à trois voies à la partie inférieure.

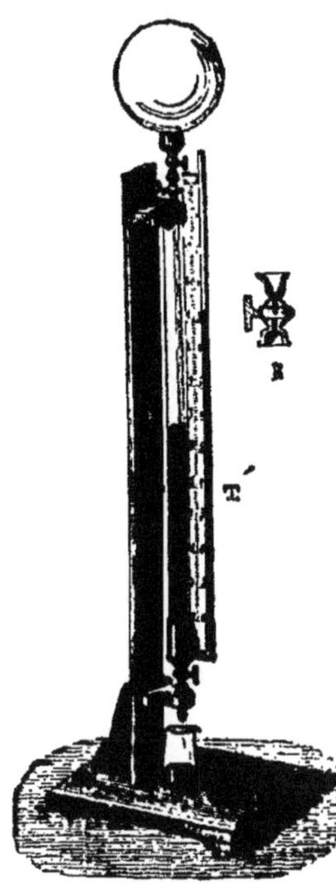

Fig. 36.

On commence par remplir la petite branche de mercure en versant ce liquide par la grande branche ; on ferme alors le robinet supérieur sur lequel on adapte à l'aide d'une garniture à écrou, un ballon plein du gaz sur lequel on veut opérer. On ouvre le robinet à trois voies et l'on fait couler du mercure ; du gaz pénètre dans le manomètre, on ferme le robinet, on note le volume et la pression.

On visse alors un robinet à goutte R sur le robinet D ; ce robinet, qui se termine supérieurement par un petit entonnoir, est constitué par un boisseau ordinaire qui n'est pas percé de part en part, mais qui présente seulement une cavité. On place du liquide dans l'entonnoir et on tourne le robinet : chaque tour introduit dans le manomètre une quantité de liquide égale à la capacité de la cavité ; ce liquide se réduit en vapeurs successivement, jusqu'à ce que, l'espace devenant saturé, les gouttes qui tombent ne changent plus d'état. On ferme alors le robinet supérieur.

On verse du mercure dans la grande branche jusqu'à ramener le volume du mélange gazeux au volume que le gaz seul possédait.

Dès lors la pression individuelle du gaz n'a pas changé et l'augmentation de pression que l'on observe est due à l'action de la vapeur. Or on reconnaît que cette augmentation de pression est précisément égale à la tension maxima du liquide pour la température à laquelle on opère.

Tout se passe donc bien comme si, dans le mélange, la vapeur avait pris effectivement une tension maxima égale à celle qu'elle possède dans le vide et que la pression du mélange fût la somme des pressions individuelles du gaz et de la vapeur.

Il importe de remarquer que cette expérience s'applique seulement au cas des vapeurs saturantes ; par généralisation on admet cependant que dans le cas où la vapeur n'est pas saturante, la pression du mélange est encore la somme des pressions individuelles de la vapeur et du gaz

Comme nous le dirons ultérieurement, Regnault a vérifié que, à diverses températures, très sensiblement du moins, la tension maxima d'une vapeur est la même dans le vide que dans un mélange gazeux.

On pouvait se demander si la pression maxima obtenue dans un mélange gazeux est obtenue par un poids de liquide égal à celui qui lui donnerait naissance dans le vide. Regnault reconnut qu'il en est encore sensiblement ainsi : pour cela, il desséchait un volume connu d'air saturé ; le poids de l'eau ainsi recueillie était bien celui de l'eau qui aurait saturé le même espace vide.

68. Actions médiates. Osmose. — Les actions dont nous voulons maintenant parler sommairement sont celles qui se produisent entre deux corps à travers un diaphragme ; elles ne diffèrent pas au fond des actions précédentes, car en réalité elles se produisent au contact de ces corps, contact que n'empêchent pas les diaphragmes grâce aux pores qu'ils présentent ; aussi les conditions pour qu'on observe des effets de ce genre sont-elles que les corps, séparés par le diaphragme, puissent agir l'un sur l'autre et que l'un de ces corps au moins puisse pénétrer le diaphragme.

Nous ne nous occuperons pas de toutes les actions possibles et nous nous arrêterons seulement à celles qui présentent quelque importance réelle.

Les phénomènes les plus intéressants sont ceux qui se rapportent à la diffusion qui se produit entre deux liquides ou deux gaz séparés par une paroi poreuse : ces phénomènes constituent ce qu'on désigne d'une manière générale sous le nom d'*osmose*.

Occupons-nous d'abord de l'osmose des liquides.

Considérons deux liquides miscibles séparés par une cloison poreuse, une membrane animale ou végétale qu'ils peuvent imbiber ; ces liquides pénétreront de part et d'autre dans la membrane et se trouveront en contact, il se produira alors une diffusion comme si le contact se faisait par une surface de séparation directe ; mais en général la diffusion ne se fera pas avec la même rapidité pour les deux liquides, de telle sorte que, après un certain temps, on trouvera de part et d'autre de la paroi des mélanges de ces liquides, mais en proportions différentes : il y aura eu production de deux courants en sens contraire, en général, mais ces deux courants ne seront pas égaux.

Il n'est pas utile de chercher une explication spéciale comme on l'avait fait autrefois, notamment Dutrochet qui étudia le phénomène le premier en 1826. Graham, par de nombreuses recherches, a montré que l'action était absolument de même nature que la diffusion des liquides.

Ces phénomènes d'osmose sont intéressants à divers égards : ils ont donné naissance à un procédé d'analyse, la *dialyse* (Graham), qui a pour effet de séparer, du moins à peu près complètement, les corps colloïdes des corps cristalloïdes par une simple action physique.

Fig. 37.

Le dialyseur (fig. 37) consiste en un vase cylindrique sans fond dont la base est constituée par un morceau de papier parchemin tendu ; cet appareil est placé dans le liquide d'où on veut séparer certains corps dissous et il est rempli d'eau à l'intérieur. L'osmose, la diffusion se produit à travers le papier parchemin et les substances dissoutes passent dans l'eau, mais en proportion très inégales : les substances cristalloïdes passent facilement et rapidement et se retrouvent dans l'eau, tandis que les substances colloïdes restent dans le liquide extérieur ; des traces seulement diffusent à travers la membrane. Il est alors aisé de mettre en évidence, pour les sels qui ont passé, des réactions qui auraient été rendues impossibles ou masquées par les substances complexes qui entraient dans le liquide primitif.

Il se produit également des phénomènes d'osmose entre deux gaz séparés par une paroi poreuse ; des courants s'établissent et produisent de part et d'autre des mélanges. Mais la diffusion se fait inégalement en général.

C'est ce phénomène qui se produit dans le cas des aérostats gonflés avec l'hydrogène. A moins d'employer des étoffes imperméabilisées d'une manière toute spéciale, l'hydrogène s'échappe progressivement et de l'air rentre dans le ballon. Mais il s'échappe beaucoup plus d'hydrogène qu'il n'entre d'air et le ballon se dégonfle peu à peu ; d'autre part l'air qui s'introduit augmente la densité intérieure, de telle sorte que la force ascensionnelle va rapidement en décroissant.

Il peut également se produire des échanges gazeux entre un gaz et une dissolution à travers une membrane ; c'est, par exemple, le cas fort important qui se présente dans la respiration aérienne où, à travers les parois des poumons, l'acide carbonique du sang veineux se dégage dans l'atmosphère, tandis que l'oxygène de l'air se dissout dans le sang, en transformant celui-ci en sang artériel.

Ajoutons, pour terminer cette énumération, incomplète d'ailleurs, qu'il peut également se produire des phénomènes d'osmose entre deux dissolutions gazeuses. C'est ainsi que dans la respiration des animaux aquatiques il y a échange entre l'oxygène dissous dans l'eau et l'acide carbonique du sang veineux, qui devient sang artériel à la suite de cet échange.

CHAPITRE II

CHALEUR

§ 1. *Généralités.* — § 2. *Effets thermiques.* — § 3. *Dilatation. Actions mécaniques.* — § 4. *Notions de thermodynamique.* — § 5. *Thermométrie.* — § 6. *Changements d'état.*

§ I

GÉNÉRALITÉS.

Température. Calorimétrie. Propagation de la chaleur par conduction.

69. Sensations de chaleur et de froid ; leur cause hypothétique. — Nous éprouvons, dans certaines conditions déterminées, une sensation spéciale que l'on désigne sous le nom de *sensation calorifique* ou de *chaleur* ; nous en ignorons la cause, bien que nous connaissions les conditions générales qui la font naître en nous. On l'a désignée sous le nom de *calorique* ou de *chaleur*, ce dernier mot représentant ainsi et la sensation même et la cause inconnue qui l'a produite.

Une sensation différente de la précédente, mais que l'on ne saurait en réalité dire opposée, est le *froid* : quelquefois, mais rarement, on lui a assigné une cause spéciale et distincte (le *froid*, le *frigorifique*) ; mais en général, et c'est l'opinion actuelle, on a rattaché cette sensation à la chaleur, en se basant sur les considérations que nous développons rapidement ci-après.

On remarque que pendant que nous éprouvons les sensations de chaud et de froid, les corps matériels subissent des modifications et notamment, en général, des changements de volume : ils se dilatent lorsque nous éprouvons la sensation de chaleur, ils se contractent lorsque nous ressentons du froid. On attribue ces changements aux mêmes causes qui nous font éprouver les sensations indiquées : mais ces changements des corps, dilatation et contraction, sont opposés l'un à l'autre, inverses l'un de l'autre, et l'explication la plus simple qu'on en puisse donner consiste à supposer qu'ils sont le résultat de variations en plus ou en moins d'un agent particulier auquel, sans rien préciser sur sa nature, on donne le nom de *chaleur*. Ce sont, également, les variations du même agent qui nous font éprouver tantôt la sensation de chaleur et tantôt la sensation distincte de froid.

70. Quantités de chaleur, température. — Il serait naturel d'étudier les phénomènes que l'on peut rattacher à la chaleur, de déterminer les lois qui les caractérisent, en prenant comme variable la grandeur de l'agent qui intervient, la *quantité de chaleur*. Il y aurait, en outre, cet avantage que l'unité à adopter pourrait se rattacher aux unités absolues (14), car, comme nous le dirons, la quantité de chaleur est liée intimement au travail mécanique. Ce n'est cependant pas ce qui a lieu et on a pris comme variable, dans la plupart des questions se rattachant à la chaleur, une donnée caractérisant seulement l'*état calorifique*, comme nous allons l'expliquer.

Considérons un corps inorganique, incapable de se décomposer chimiquement dans les conditions où on l'emploie ; admettons d'autre part qu'il soit soumis à une pression invariable. Son volume ne dépend alors que des conditions calorifiques dans lesquelles il est placé (nous négligeons les variations, extrêmement petites d'ailleurs, qui pourraient survenir sous l'influence de changements électriques ou magnétiques, changements que nous pouvons éviter) ; il reprend le même volume toutes les fois que ces conditions sont reproduites identiques à elles-mêmes, et en général il ne présente pas le même volume pour deux conditions calorifiques différentes ; nous ne nous occuperons, au moins pour l'instant, que des corps présentant cette propriété. Si donc nous avons un semblable corps dont nous puissions déterminer le volume, il nous permettra de caractériser chacun des états calorifiques qu'il prendra par l'indication de ce volume même : cet appareil est ce que l'on nomme un *thermomètre*. On voit qu'il détermine, qu'il précise l'état calorifique, l'état thermique ; mais on ne voit pas que ses indications soient en relation avec la cause qui produit les phénomènes thermiques, avec la chaleur.

Nous reviendrons plus loin sur les dispositions que l'on peut adopter pour satisfaire aux conditions générales que nous venons d'indiquer; mais il importe de montrer dès à présent comment on peut arriver à caractériser numériquement un état thermique.

Des expériences aisées à concevoir montrent que pour tout corps homogène non cristallisé, dont V_1 et V_2 sont les volumes dans deux états thermiques déterminés, le rapport $\frac{V_2}{V_1}$ est constant : il en sera de même naturellement de $\frac{V_2}{V_1} - 1 = \frac{V_2 - V_1}{V_1}$. Le numérateur représente la variation de volume entre les deux états considérés ; c'est ce que l'on appelle la *dilatation* (elle peut être négative, ce qui signifie qu'il y a *contraction*). Le résultat précédent veut donc dire que la dilatation par unité de volume $\frac{V_2 - V_1}{V_1}$ entre deux états thermiques déterminés est constant pour un corps donné.

Ceci posé, convenons de prendre comme terme de comparaison un état calorifique facile à reproduire identique à lui-même : considérons une substance satisfaisant aux conditions précédemment exprimées et que nous appellerons la *substance thermométrique*, et soit V_0 le volume qu'elle présente dans l'état thermique étudié. Lorsque les conditions calorifiques varieront, son volume changera ; soit V ce volume pour un état que l'on veut caractériser ; la dilatation sera $V - V_0$. Désignons par α un coefficient numérique arbitraire, le *coefficient thermométrique* ; on pourra toujours poser

$$V - V_0 = V_0 \alpha t,$$

équation dans laquelle t sera une variable qui, déduite de cette équation même,

$$t=\frac{V-V_0}{V_0\alpha},$$

caractérise l'état thermique considéré. Ce nombre, c'est ce que l'on appelle la *température* que possédait le thermomètre à l'instant où l'on a mesuré le volume V.

Il importe beaucoup de remarquer que si l'on eût employé un autre thermomètre, construit avec la même substance thermométrique, il eût nécessairement conduit à la même température ; car, dans la valeur $t=\frac{1}{\alpha}\frac{V-V_0}{V_0}$, nous avons dit que $\frac{V-V_0}{V_0}$ est constant pour un même corps. Pour avoir des indications identiques il suffira donc d'employer la même substance, de partir du même état calorifique initial et de prendre le même coefficient thermométrique : il n'est pas nécessaire d'avoir des appareils identiques entre eux. En un mot, les thermomètres construits sur les mêmes principes sont comparables quelles que soient leurs dimensions.

71. — La formule qui sert à définir la température montre que si l'on prend $V=V_0$ on a $t=0$; l'état calorifique initial a donc nécessairement 0 pour température, c'est ce que l'on appelle le *premier point fixe*.

On a $t>0$ si $V>V_0$ tandis que $t<0$ si l'on a $V<V_0$: les températures sont nécessairement positives si elles correspondent à des états pour lesquels le corps s'est dilaté à partir du premier point fixe ; elles sont négatives si elles correspondent à des états pour lesquels il y a eu contraction.

La valeur de la température d'un état calorifique dépend du choix de la substance, du premier point fixe et aussi de la valeur du coefficient numérique. En changeant ces données, on obtient ce que l'on appelle des *échelles thermométriques* différentes.

En réalité, on ne se donne pas *a priori* la valeur numérique de α ; mais, ce qui revient au même, on fait choix d'un second état calorifique que l'on puisse aisément reproduire et on se donne la valeur de la température correspondante ; on détermine ainsi le *second point fixe*.

Soient θ la température choisie pour ce second point fixe, et V_θ le volume que prend la substance thermométrique ; on doit avoir :

$$V_\theta - V_0 = V_0 \alpha \theta$$

d'où l'on déduit le coefficient thermométrique

$$\alpha = \frac{V_\theta - V_0}{V_0 \theta}$$

Dans ces conditions, le coefficient disparaît réellement de l'équation qui définit la température (70) et l'on a

$$t = \frac{V_0 \theta}{V_\theta - V_0} \cdot \frac{V - V_0}{V_0}$$

équation que l'on emploie souvent sous la forme

$$\frac{t}{\theta} = \frac{V - V_0}{V_\theta - V_0}$$

72. — Nous reviendrons ultérieurement sur la question du thermomètre ; disons seulement, sans insister, que, dans l'*échelle centigrade* dont on fait presque exclusivement usage dans les recherches scientifiques, les données caractéristiques sont les suivantes :

Substance thermométrique : l'air.

1er point fixe : température de la glace fondante.

2e point fixe : température de la vapeur d'eau bouillant sous la pression normale de 760mm ; la valeur choisie pour cette température est 100°.

L'équation qui caractérise la température peut s'écrire

$$V = \alpha V_0 \left(\frac{1}{\alpha} + t\right)$$

On convient quelquefois de changer le zéro de l'échelle et de le reporter à la température $-\frac{1}{\alpha}$; si T est la température à partir de ce nouveau zéro, on a $T = \frac{1}{\alpha} + t$ et par suite

$$V = \alpha V_0 T.$$

La température $-\frac{1}{\alpha}$ qui est égale à $-273°$ dans l'échelle centigrade est ce que l'on appelle le *zéro absolu*, et les températures T comptées à partir de ce point sont ce que l'on appelle les *températures absolues*.

Il importe de remarquer que la température du zéro absolu ne correspond pas à une condition physiquement réalisable ; car pour cette température on aurait $V = 0$, ce qui est impossible. Mais dans un grand nombre de questions théoriques cette valeur de T simplifie les formules.

78. Dilatations. — La formule qui, pour la substance thermométrique, lie le volume à la température

$$V_t - V_0 = \alpha V_0 t \quad \text{ou} \quad V_t = V_0(1 + \alpha t)$$

conduit à quelques autres formules utiles.

Désignons par $V_{t'}$ le volume à la température t' et par π_t et $\pi_{t'}$ les poids spécifiques aux températures t et t'. On a :

$$V_{t'} = V_0(1 + \alpha t')$$

d'où

$$\frac{V_t}{V_{t'}} = \frac{1 + \alpha t}{1 + \alpha t'}$$

Les quantités de la forme $1 + \alpha t$ qui reviennent fréquemment sont ce que l'on nomme les *binômes de dilatation*.

On a, d'autre part,

$$\pi_0 V_0 = \pi_t V_t = \pi_{t'} V_{t'}$$

ce qui conduit à

$$\pi_t = \frac{\pi_0}{1 + \alpha t}$$

$$\frac{\pi_t}{\pi_{t'}} = \frac{1 + \alpha t'}{1 + \alpha t},$$

c'est-à-dire que :

Les volumes d'un corps à diverses températures sont proportionnels aux binômes de dilatation ;

Les poids spécifiques sont inversement proportionnels aux binômes de dilatation.

74. Calorimétrie. — La *calorimétrie* est la mesure des quantités de chaleur : comme nous l'avons indiqué, elle devrait être la base de l'étude des phénomènes divers où se manifestent des effets calorifiques ; cela ne serait pas impossible quoique l'on ignore ce qu'est la chaleur. Outre qu'il serait naturel de relier directement les effets à leur cause, il y aurait l'avantage de pouvoir faire usage d'une unité qui se rapporterait au système des unités absolues : on verra en effet que, dans des conditions déterminées, le travail mécanique peut se transformer en chaleur et réciproquement ; il aurait suffi de prendre pour unité de chaleur la quantité qui, par transformation, correspond à l'unité de travail, à l'erg (17).

En réalité, comme nous l'avons dit, on prend comme variable dans l'étude des phénomènes calorifiques une autre donnée, la température. Il est facile d'ailleurs, lorsqu'il est nécessaire, d'introduire à la place de cette variable la quantité de chaleur.

Supposons en effet que l'on ait déterminé pour un corps donné la relation qui existe entre la mesure a d'un effet particulier et la température correspondante, et soit $a = f(t)$ cette relation. D'autre part, on peut déterminer la loi qui existe pour ce corps entre la température et la quantité de chaleur qu'il possède ; soit $q = F(t)$ cette loi sous la forme qu'on lui donne habituellement. En éliminant t entre ces deux équations, on aura une relation $\varphi(a, q) = 0$ ou $a = \psi(q)$ qui représentera la loi qui lie l'effet étudié à la quantité de chaleur fournie au corps.

Il est évident que la production d'un même effet dû à l'action de la chaleur, dans des conditions identiques, correspond toujours à l'intervention de quantités de chaleur égales : autrement dit, deux quantités de chaleur sont égales lorsque, agissant sur des corps identiques, dans les mêmes conditions, elles produisent absolument le même effet.

Avant d'aller plus loin dans l'étude des quantités de chaleur, il importe de préciser les hypothèses sur lesquelles on s'appuie, hypothèses très naturelles d'ailleurs.

Admettons que pour faire passer un corps d'un état A à un état B il ait fallu lui fournir une certaine quantité de chaleur, aucune action extérieure n'ayant été produite. Si l'on fait repasser le corps de l'état B à l'état A, sans qu'aucune action extérieure se soit manifestée, le corps rendra une quantité de chaleur égale à celle qui lui avait été fournie.

Lorsque l'on réunit, l'on mélange plusieurs corps à des températures différentes, ces températures varient jusqu'à devenir toutes égales ; il y a alors *équilibre thermométrique*. Dans ces variations, certains corps abandonnent de la chaleur, d'autres en absorbent. Si, dans ce mélange il n'y a eu ni changements d'état, ni actions chimiques, ni travail mécanique produit ou détruit, ni actions électriques qui se soient manifestées, on admet que la quantité totale de chaleur n'a pas varié, qu'il y a eu seulement une répartition différente ; on dit encore que la chaleur gagnée par les corps qui se sont réchauffés est égale à la chaleur perdue par ceux qui se sont refroidis.

75. Calorie. — On eût pu choisir, pour caractériser la quantité de chaleur prise pour unité, une modification quelconque ; il eut suffi qu'elle fût aisée à reproduire identique à elle-même : on est convenu de faire usage dans ce but des modifications thermiques, et l'on définit ainsi l'unité de chaleur que l'on appelle *calorie* :

La calorie est la quantité de chaleur nécessaire pour amener de 0° à 1° la température de 1 kilogr. d'eau.

D'après ce que nous avons dit plus haut, on voit immédiatement que la quantité de chaleur nécessaire pour élever de 0° à 1° la température d'un poids d'eau quelconque est proportionnelle à ce poids.

On a donc ainsi un moyen de mesure des quantités de chaleur ; mais il est peu pratique, ainsi qu'on le conçoit aisément. On peut le remplacer par un autre, basé sur le fait suivant que l'on a découvert expérimentalement :

Entre certaines limites (0° et 60° environ), il y a sensiblement proportionnalité entre la quantité de chaleur fournie a une masse d'eau et la variation de température correspondante.

Pour vérifier ce fait, on s'appuie sur l'expérience suivante :

On mélange un certain poids d'eau à $t°$ avec un même poids d'eau à $t'°$, les températures t et t' étant comprises entre 0 et 60 ; on reconnaît que quelles que soient les valeurs de t et de t' la température du mélange est toujours $\frac{t+t'}{2}$. (En réalité, l'expérience est très difficile à réaliser sous cette forme, par suite des causes d'erreur que nous signalerons plus loin, et la loi dont nous nous occupons est plutôt vérifiée par ses conséquences). Pour passer de la température t à $\frac{t+t'}{2}$, c'est-à-dire pour une élévation de $\frac{t'-t}{2}$, l'une des masses d'eau a absorbé toute la chaleur que la seconde masse a cédé lorsque sa température s'est abaissée de t' à $\frac{t+t'}{2}$, soit de $\frac{t'-t}{2}$, c'est-à-dire pour une égale variation de température. Cette seconde masse d'eau, égale à la première d'ailleurs, aurait donc absorbé une quantité de chaleur égale, si sa température s'était accrue de $\frac{t+t'}{2}$ à t', soit de $\frac{t'-t}{2}$; la première masse dans les mêmes conditions aurait donc absorbé cette *même* quantité de chaleur, c'est-à-dire que deux variations égales de température auraient été produites par des quantités de chaleur égales. Comme cela a lieu, entre les limites indiquées, quelles que soient les valeurs de t et de t', il faut qu'il y ait proportionnalité entre les variations de quantités de chaleur et les variations de températures, au moins entre les limites considérées.

Donc la quantité de chaleur, évaluée en calories, qui correspond à la variation de température de t à t' d'une masse m d'eau, est donnée par la formule :

$$q = m\,(t' - t)$$

si l'on suppose que t' est supérieur à t.

Nous pouvons maintenant résoudre la question suivante : déterminer la température finale θ d'un mélange formé de masses d'eau m, m_1, m_2.... m_n qui sont respectivement aux températures t, t_1, t_2... t_n que nous supposerons rangées par ordre de grandeur. Supposons que la température finale θ soit comprise entre t_k et t_{k+1} : les masses m ... m_k s'échaufferont par suite du mélange et absorberont une quantité de chaleur qui sera :

$$m\,(\theta - t) + m_1\,(\theta - t') + \ldots\ldots + m_k\,(\theta - t_k)$$

En même temps les masses $m_{k+1} \ldots m_n$ se refroidiront et abandonneront une quantité de chaleur :

$$m_{k+1}(t_{k+1} - \theta) + m_{k+2}(t_{k+2} - \theta) \ldots\ldots + m_n(t_n - \theta),$$

en vertu de l'hypothèse indiquée précédemment ; on doit donc avoir :

$$m(\theta - t) \ldots\ldots + m_k(\theta - t_k) = m_{k+1}(\theta - t_{k+1}) + \ldots\ldots + m_n(t_n - \theta),$$

équation que l'on peut mettre sous la forme :

$$m(\theta - t) \ldots\ldots + m_k(\theta - t_k) + m_{k+1}(\theta - t_{k+1}) \ldots\ldots + m_n(\theta - t_n) = 0$$

que l'on écrit abréviativement :

$$\Sigma m(\theta - t) = 0.$$

On voit que cette équation est générale et qu'il ne subsiste rien de l'hypothèse que nous avions dû faire primitivement sur la position de θ par rapport aux températures données.

76. Calorimètres. — On désigne d'une manière générale sous le nom de *calorimètres* les appareils destinés à mesurer les quantités de chaleur ; il y en a de divers modèles, qui sont basés sur des principes différents.

Le calorimètre à eau s'appuie sur les remarques précédentes. Supposons qu'une masse d'eau m dont la température est t soit soumise à une action quelconque qui porte sa température à t' ; on en pourra conclure que cette action a dégagé une quantité de chaleur $m(t' - t)$ si l'eau s'est échauffée de t à t', ou, au contraire, a absorbé une quantité de chaleur $m(t - t')$ si l'eau s'est refroidie de t à t'.

Le principe de l'appareil est simple ; mais, dans l'application, il se présente des complications multiples dont nous parlerons ultérieurement.

Le calorimètre de glace est basé sur le fait évident que la quantité de chaleur nécessaire pour amener à l'état d'eau à 0° un poids p de glace à 0° est proportionnelle à ce poids. Si donc q et q' sont deux quantités de chaleur ayant amené respectivement la fusion des poids p et p' de glace, on a :

$$\frac{q}{q'} = \frac{p}{p'}$$

On peut faire une expérience directe ; par exemple p' peut être le poids de glace fondue par l'action d'une masse d'eau m dont la température était primitivement t^o et qui est arrivée à 0°, on a alors $q' = mt$ et l'équation précédente donne

$$q = \frac{mt}{p'} p.$$

Le rapport $\frac{mt}{p'}$ est une constante : c'est la quantité de chaleur qui correspond à la fusion de l'unité de poids de glace, on l'a déterminée et sa valeur est de 79,25 calories ; on aura donc

$$q = 79{,}25\, p.$$

Le calorimètre de glace de Laplace et Lavoisier a été abandonné parce qu'il était impossible de déterminer avec précision le poids de la glace fondue, l'eau de fusion restant emprisonnée entre les fragments de glace.

On emploie plus avantageusement le *puits de glace*, cavité cylindrique creusée à l'aide d'un cylindre chaud dans un bloc de glace : la face supérieure de ce bloc est polie et peut être surmontée d'un autre bloc dont la face inférieure est polie et qui ferme la cavité. Les parois de la cavité sont soigneusement essuyées au début de l'expérience ; on enferme dans la cavité le corps ou les corps qui dégagent ou abandonnent la chaleur que l'on veut mesurer. Après un temps assez long pour que l'action soit terminée, on enlève le bloc supérieur, on recueille l'eau de fusion d'une manière complète et on la pèse ; connaissant son poids, on déduit immédiatement la quantité de chaleur correspondante par l'équation précédente.

77. — Dans le calorimètre à mercure de Favre et Silbermann l'appareil est disposé de manière à donner directement par une lecture la quantité de chaleur fournie. Ce calorimètre consiste en un réservoir en verre ou en fonte B (fig. 38) entouré de coton et enfermé dans une enveloppe de manière à annuler ou à réduire au minimum l'action de l'atmosphère ambiante : sa paroi est percée de trois orifices. A l'un l aboutit une moufle qui pénètre jusqu'au centre du réservoir et dans laquelle on introduit le corps ou les corps sur lesquels on veut opérer ; dans le second l pénètre l'extrémité d'un tube cylindrique fin tt' qui porte une graduation ; enfin dans le troisième orifice m, on installe un piston à vis P.

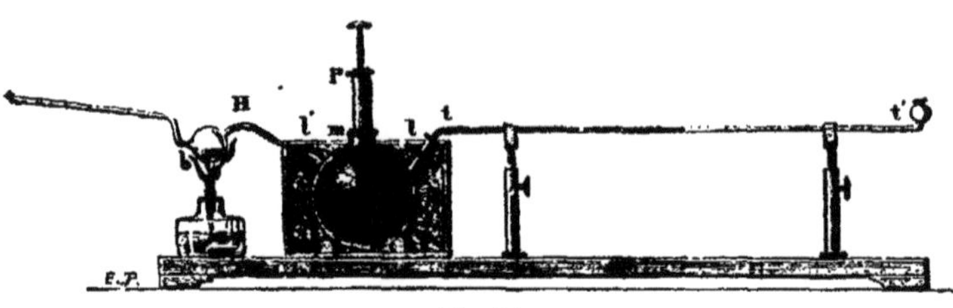

Fig. 38.

L'appareil est rempli de mercure et à l'aide du piston à vis on amène, dans chaque expérience, l'extrémité de la colonne mercurielle au zéro des divisions tracées sur le tube. Ceci posé, il est évident que lorsqu'un corps placé dans la moufle dégage de la chaleur, le mercure s'échauffe, se dilate; l'extrémité de la colonne s'avance donc dans le tube et la division à laquelle elle s'arrête fait connaître la quantité de chaleur dégagée.

Pour obtenir ces graduations qui représentent des calories, on opère directement : à cet effet le mercure étant au zéro, on verse dans la moufle une masse m d'eau à $t°$; quand l'équilibre est établi on détermine la température θ de ce liquide qui a abandonné $m(t-\theta)$ calories, on inscrit ce nombre en face du point où s'est arrêtée la colonne mercurielle. On peut recommencer en faisant varier les données, mais en général on se borne à une seule détermination parce que les divisions sont égales ; on reconnaît que les déplacements de la colonne mercurielle sont proportionnels aux quantités de chaleur.

M. D'Arsonval a imaginé une disposition qui est utilisée spécialement en physiologie et qui présente le caractère, avantageux pour ces applications, que le calorimètre conserve une température constante. L'enceinte qui constitue le calorimètre est entourée d'une double paroi dans laquelle se trouve un liquide, de l'eau par exemple, à la température que l'on veut maintenir ; de l'eau peut s'écouler par un orifice lorsqu'une quantité égale arrive d'un autre côté. Mais l'appareil est muni d'un régulateur de température ou fonctionne lui-même comme régulateur, de telle sorte que l'arrivée de l'eau est interrompue tant que la température reste invariable, elle se produit et amène un refroidissement lorsque la température s'élève.

On connaît le poids de l'eau m qui entre pendant l'opération, d'après le poids de l'eau qui est sortie; on connaît la température t qu'elle avait à l'entrée et celle θ qu'elle avait à la sortie et qui est la température invariable du calorimètre. La quantité de chaleur gagnée par l'eau, égale à celle qui a été fournie par le corps placé dans l'appareil, est $m(\theta - t)$.

On peut placer ce calorimètre dans une enceinte à laquelle on conserve la température θ, ce qui évite les corrections dont nous parlerons plus loin. Dans ces conditions, l'opération peut être prolongée sans inconvénient ce qui est nécessaire pour les recherches physiologiques.

M. d'Arsonval a donné diverses autres dispositions applicables à des cas différents, mais basées en somme sur le même principe; il n'y a donc pas lieu d'insister.

78. Propagation de la chaleur; conduction. — Avant de passer à l'étude des effets produits par la chaleur, il est nécessaire d'étudier les conditions générales de la transmission de cet agent d'un point à un autre.

Lorsque l'on place même dans le vide un corps chaud en présence d'un corps froid, au bout d'un certain temps l'équilibre de température s'établit : tout se passe comme si, simplement, une certaine quantité de chaleur avait été transmise, transportée du corps chaud au corps froid. Ce transport, qui est indépendant de la matière, s'effectue par ce que l'on appelle les *radiations*; nous nous en occuperons plus tard en détail et il suffit de le signaler maintenant.

Lorsque l'on chauffe une partie limitée d'un corps fluide il s'établit, en général, des courants qui transportent dans la masse entière les parties chaudes et produisent l'échauffement par *convection*; ce mode d'échauffement se rattache aux dilatations.

Enfin lorsque l'on chauffe un solide en un point, et bien qu'il n'y ait pas transport des parties chaudes, la température s'élève de proche en proche, la chaleur étant transmise d'un point à un autre par l'intermédiaire de toute la masse comprise entre ces points ; c'est l'échauffement par *conduction* dont nous allons nous occuper.

On appelle *conductibilité* la propriété que possèdent les corps de s'échauffer par conduction.

79. — Considérons, par exemple, une tige AB de petite section dont on portera l'extrémité A brusquement à une température t_0 supérieure à celle de la barre et que l'on maintiendra ensuite. Après un temps quelconque, mais petit, nous reconnaîtrons que la température n'est pas la même aux différents points, que pour un point C elle dépend de sa distance x au point A. D'autre part, la température de chaque point varie avec l'instant où l'on fait l'observation, de telle sorte que si t désigne la température du point C après le temps τ on a $t = f(x, \tau)$; c'est là ce qui constitue *l'état variable*.

Mais, après un certain temps écoulé, la température devient invariable en chaque point et ne dépend plus que de sa position, on a seulement $t = F(x)$, c'est là *l'état permanent*.

La source de chaleur fournit constamment de la chaleur, qui est transmise de proche en proche ; si l'on considère une section de la tige, au début cette section reçoit plus de chaleur qu'elle n'en transmet, sa température doit s'élever ; mais à partir d'un certain instant elle en transmet autant qu'elle en reçoit, la température ne varie plus ; le *régime* est établi.

Il va sans dire que des considérations tout analogues se présentent s'il s'agit non d'une tige, mais d'une masse échauffée en un point déterminé ; la transmission de la chaleur se fait alors dans toutes les directions autour de ce point.

Enfin, il y aurait à signaler des conditions du même ordre mais inverses, si l'on produisait en un point donné non un échauffement, mais un refroidissement.

Nous ne nous arrêterons pas à l'étude de l'état variable, mal connu d'ailleurs jusqu'à présent, et nous nous occuperons seulement de l'état permanent. La question a été traitée d'abord d'une manière générale par Fourier, puis des vérifications expérimentales diverses ont été faites à plusieurs reprises; nous indiquerons seulement les principales.

80. — On admet que chaque molécule d'un corps rayonne vers les molécules voisines; qu'elle leur transmet une certaine quantité de chaleur, au moins jusqu'à une petite distance; comme la variation de température est continue, le rayonnement ne s'effectue ainsi qu'entre des molécules dont la différence de température est petite. On peut alors admettre que, dans un temps donné, la quantité de chaleur qui passe de l'une à l'autre est proportionnelle à cette différence de température.

Nous considérerons d'abord des corps non seulement homogènes au point de vue chimique, mais présentant une constitution physique identique dans toutes les directions autour de chaque point, c'est-à-dire que nous exclurons les substances cristallines.

81. Répartition des températures dans un mur indéfini. — Considérons le cas d'un *mur indéfini*, c'est-à-dire d'une masse terminée à deux plans parallèles AA' et BB' (fig. 39) mais s'étendant indéfiniment dans les autres directions ; nous supposerons que le régime est établi, que la température de chaque point est devenue stationnaire. Les faces AA' et BB' sont maintenues dans toute leur étendue à des températures invariables T_0 et T.

Fig. 39.

Il est évident, par raison de symétrie, que tous les points situés sur un même plan MM' parallèle aux faces sont à la même température ; les divers plans ayant cette direction sont des surfaces *isothermes* ; la température de chacun d'eux ne dépend que de sa position, de sa distance x au plan AA', par exemple. Soit t la température du plan MM', on a :

$$t = \varphi(x)$$

la forme de la fonction φ étant ce qu'il s'agit de déterminer.

Considérons deux points P_1 et P_2 situés de part et d'autre du plan M, à des distances très petites a_1 et a_2, et soient t_1 et t_2 les températures de ces points. On a :

$$t_1 = \varphi(x - a_1) = \varphi(x) - \frac{a_1}{1}\frac{d\varphi}{dx} + \frac{a_1^2}{1.2}\frac{d^2\varphi}{dx^2} - \ldots\ldots$$

$$t_2 = \varphi(x + a_2) = \varphi(x) + \frac{a_2}{1}\frac{d\varphi}{dx} + \frac{a_2^2}{1.2}\frac{d^2\varphi}{dx^2} + \ldots\ldots$$

La quantité q de chaleur transmise pendant l'unité de temps de la molécule P_1 à la molécule P_2 dont nous appellerons r la distance est de la forme

$$q = (t_1 - t_2) f(r)$$

la forme de la fonction f étant inconnue. Elle peut s'écrire :

$$q = -(a_1 + a_2)\frac{d\varphi}{dx} f(r)$$

en négligeant les termes d'ordre supérieur.

Cette quantité de chaleur traverse le plan M. Si sur ce plan nous considérons une surface égale à l'unité, il y aura une série de couples de points situés de part et d'autre de M et rayonnant l'un vers l'autre à travers la surface considérée. La quantité Q de chaleur qui traversera cette unité de surface pourra s'exprimer par

$$Q = \Sigma\left[-(a_1 + a_2)\frac{d\varphi}{dx} f(r)\right] = -\frac{d\varphi}{dx}\Sigma(a_1 + a_2) f(r)$$

le signe Σ s'appliquant à tous les couples de points qui peuvent rayonner l'un vers l'autre à travers la surface considérée.

Or la quantité $\Sigma(a_1 + a_2)f(r)$, indépendante de la température, dépendant seulement de la nature et de la constitution du corps desquelles dépend la répartition des points susceptibles de rayonner l'un vers l'autre, est constante pour ce corps ; désignons-la par k ; on a alors :

$$Q = -k\frac{d\varphi}{dx} = -k\frac{dt}{dx}$$

Mais puisque le régime est établi, la quantité de chaleur qui traverse la surface considérée est devenue constante : de l'équation

$$\frac{dt}{dx} = -\frac{Q}{k}$$

on tire immédiatement

$$t = -\frac{Q}{k}x + C$$

Cette équation devant être satisfaite pour la face A où l'on a $x = 0$ et $t = T_0$, il vient

$$T_0 = C$$

et par suite

$$t = T_0 - \frac{Q}{k} x.$$

La température varie donc *uniformément* dans le mur indéfini.

La quantité Q, indéterminée jusqu'à présent, peut se calculer en remarquant que l'équation s'applique à la face B. Si donc nous appelons d la distance de A à B, on a :

$$T = T_0 - \frac{Q}{k} d$$

d'où

$$Q = k \frac{T_0 - T}{d}$$

ce qui donne alors pour la loi de répartition des températures :

$$t = T_0 - \frac{T_0 - T}{d} \cdot x.$$

Cette répartition est indépendante de la nature de la substance considérée. Il n'en est pas de même de la quantité Q de chaleur qui dépend de k : cette dernière quantité, qui caractérise le corps considéré au point de vue de la transmission de la chaleur, est ce que l'on appelle le *coefficient de conductibilité intérieure.*

82. — Pour maintenir la face A par exemple à la température T_0 on la met en contact avec un milieu qui est porté à une température τ_0. On admet que la quantité de chaleur qui passe de ce milieu au corps, dans un temps donné, est proportionnelle à $\tau_0 - T_0$. Puisque le régime est établi il doit passer à travers l'unité de surface en une seconde la même quantité de chaleur qu'à travers un plan quelconque M, par exemple. On peut donc écrire

$$k \frac{T_0 - T}{d} = h (\tau_0 - T_0).$$

la quantité h qui dépend et du milieu chaud et de la substance constituant le mur indéfini est ce que l'on appelle le *coefficient de conductibilité extérieure.*

Il y aurait en B également à considérer un coefficient de conductibilité extérieure qui serait défini par une relation analogue.

83. Répartition des températures dans une tige. — Examinons maintenant le cas d'une barre cylindrique ou prismatique de petite section ω (fig. 40); admettons comme précédemment que l'on maintienne ses deux extrémités A et B à des températures invariables T_0 et T; lorsque l'on sera parvenu à l'état permanent on pourra considérer la surface isotherme qui passe en un point; nous n'en connaissons pas la forme *à priori*; mais, à la condition que la section de la barre soit très petite, nous pourrons, sans erreur sensible, l'assimiler à une section droite.

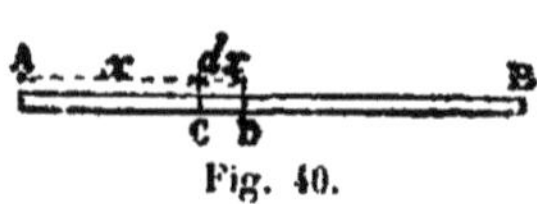

Fig. 40.

Soient C et D deux sections : chacune d'elles sera traversée par la même quantité de chaleur par unité de temps; mais la quantité de chaleur qui en une seconde traverse D n'est pas la même que celle qui traverse C : car, entre ces deux sections, une partie de la chaleur a été transmise au milieu extérieur par la surface de la barre. C'est en nous appuyant sur cette remarque que nous allons déterminer la loi de répartition des températures.

Soit x la distance de la section C à l'origine A et soit D une section située à une distance dx de la précédente.

On reconnaîtrait, comme dans le cas précédent, que la quantité de chaleur qui traverse en 1 seconde la section C de surface ω est $-k\omega\frac{dt}{dx}$. Celle qui traverse la section D dont la température est $t+dt$ est $-k\omega\frac{d(t+dt)}{dx}$ ou à peu près $-k\omega\left(\frac{dt}{dx}+\frac{d^2t}{dx^2}dx\right)$; il y aura donc entre ces deux sections une perte représentée par $k\omega\frac{d^2t}{dx^2}dx$, perte qui représente ce qui a été transmis au milieu par la surface latérale. Si p est le périmètre de la barre, cette surface sera égale à pdx et la quantité de chaleur qui aura passé sera $hptdx$, h étant le coefficient de conductibilité extérieure, si l'on a eu soin de mesurer toutes les températures en partant de celle du milieu extérieur, de manière que t représente en chaque point l'excès de la température de la barre sur celle du milieu.

On devra donc avoir

$$k\omega \frac{d^2t}{dx^2}\, dx = hptdx\,;$$

ce qui revient à

$$a^2 t = \frac{d^2t}{dx^2}$$

en posant $a^2 = \frac{hp}{k\omega}$, quantité constante pour la barre considérée.

L'intégrale générale de cette équation est

$$t = Me^{ax} + Ne^{-ax}.$$

Les constantes sont définies par les conditions relatives aux extrémités ; en A on a $x = 0$ et $t = T_0$, ce qui donne

$$T_0 = M + N.$$

Si l est la longueur de la barre, comme T est la température de l'extrémité B, il vient :

$$T = Me^{al} + Ne^{-al}.$$

équations d'où l'on déduit M et N.

Dans le cas d'une barre de longueur infinie, la deuxième équation donne immédiatement la valeur $M = 0$, la première conduit à $N = T_0$ et l'équation qui indique la répartition des températures se réduit à la forme simple :

$$t = T_0 e^{-ax}.$$

La forme générale possède une propriété qui se prête aisément à des vérifications numériques.

Considérons trois points équidistants définis par les distances x, $x + \varepsilon$, $x + 2\varepsilon$ et soient t_0, t_1, t_2 leurs températures. On a

$$t_0 = Me^{ax} + Ne^{-ax}$$
$$t_1 = Me^{a(x+\varepsilon)} + Ne^{-a(x+\varepsilon)}$$
$$t_2 = Me^{a(x+2\varepsilon)} + Ne^{-a(x+2\varepsilon)}$$

On tire de là

$$t_0 + t_2 = [Me^{a(x+\varepsilon)} + Ne^{-a(x+\varepsilon)}]\,(e^{-a\varepsilon} + e^{a\varepsilon})$$

et par suite

$$\frac{t_1}{t_0+t_2} = \frac{1}{e^{-ax}+e^{ax}}$$

Le second membre étant constant, on voit que lorsque l'on considère sur la barre des points équidistants, le rapport de la température d'un point à la somme des températures des deux points voisins est le même dans toute l'étendue de la barre.

84. — Il n'est pas possible de vérifier expérimentalement les résultats fournis pour le mur indéfini ; mais on a pu faire cette vérification pour des barres allongées.

Fig. 41

Despretz employait une tige de fer dans laquelle on avait pratiqué des cavités équidistantes que l'on remplissait de mercure et où plongeaient les réservoirs de thermomètres (fig. 41) : on chauffait une extrémité en protégeant le reste de l'appareil du rayonnement direct par des écrans.

L'observation directe des thermomètres montra que la loi était sensiblement vraie. Mais, outre que la section de la barre était trop grande, les cavités qu'on y avait pratiquées changeaient les conditions de la transmission.

MM. Franz et Wiedemann refirent les expériences dans des conditions plus favorables : les tiges étaient de 6^{mm} de diamètre seulement, elles étaient placées dans une étuve à température constante ; l'extrémité seule était en dehors et renfermée dans un espace clos où l'on maintenait de la vapeur à la température de 100°. Enfin une pince thermo-électrique glissait le long de la barre et était reliée à un galvanomètre extérieur préalablement gradué dont les indications donnaient avec exactitude la température du point où se trouvait la pince.

Non seulement ces expériences permirent de vérifier l'exactitude de la loi théorique, mais encore elles donnèrent les valeurs relatives des coefficients de conductibilité.

Désignons en effet par 2α la valeur du rapport constant $\frac{t_0 + t_2}{t_1}$. On a

$$e^{-a\varepsilon} + e^{-a\varepsilon} = 2\alpha \qquad \text{ou} \qquad e^{2a\varepsilon} - 2\alpha e^{a\varepsilon} + 1 = 0$$

d'où l'on déduit

$$e^{a\varepsilon} = \alpha + \sqrt{\alpha^2 - 1}$$

et

$$a = \frac{1}{\varepsilon} \, \mathrm{L}.(\alpha + \sqrt{\alpha^2 - 1})$$

Pour un autre corps on aurait

$$a' = \frac{1}{\varepsilon} \, \mathrm{L}.(\alpha' + \sqrt{\alpha'^2 - 1})$$

Mais on a

$$a = \sqrt{\frac{hp}{k\omega}} \qquad \text{et} \qquad a' = \sqrt{\frac{h'p'}{k'\omega'}}$$

On a donc aussi :

$$\frac{h}{h'} \cdot \frac{p}{p'} \cdot \frac{k'}{k} \cdot \frac{\omega'}{\omega} = \left[\frac{\mathrm{L}.(\alpha + \sqrt{\alpha^2 - 1})}{\mathrm{L}.(\alpha + \sqrt{\alpha'^2 - 1})} \right]^2$$

Dans les expériences que nous signalons, les diverses barres employées étaient de mêmes dimensions, ce qui donnait $p = p'$, $\omega = \omega'$; elles avaient toutes été argentées galvaniquement et par suite on avait $h = h'$; la formule suivante donne alors, en remarquant qu'il y a proportionnalité entre les logarithmes de deux systèmes

$$\frac{k'}{k} = \frac{\log^2 (\alpha + \sqrt{\alpha^2 - 1})}{\log^2 (\alpha' + \sqrt{\alpha'^2 - 1})}$$

Pour déterminer la valeur absolue du coefficient de conductibilité il faut connaître le coefficient de conductibilité extérieure ; nous dirons plus loin comment on peut le trouver.

85. — On peut arriver à trouver les valeurs relatives des coefficients de conductibilité de diverses substances par d'autres procédés.

Considérons par exemple deux barres de longueur indéfinie dont les extrémités chauffées sont portées à la même température T_0 et déterminons sur ces barres les distances de ces extrémités aux points où l'on observe une température donnée t ; soient l et l' ces distances, on a :

$$t = T_0 e^{-al} \quad \text{et} \quad t = T_0 e^{-a'l'}$$

ce qui entraîne nécessairement $al = a'l'$ et par suite

$$\frac{h}{h'} \cdot \frac{p}{p'} \cdot \frac{k'}{k} \cdot \frac{\omega'}{\omega} = \frac{l'^2}{l^2}$$

Si en particulier on a des barres de même forme et de même section, on a $\omega = \omega'$ et $p = p'$; si de plus on les a recouvertes d'un même vernis, d'une même substance, alors on a aussi $h = h'$ et il vient simplement

$$\frac{k'}{k} = \frac{l'^2}{l^2}.$$

Fig. 42

L'appareil d'Ingenhousz (fig. 42) correspond à peu près à ces conditions : il est formé d'une caisse que l'on remplit d'eau chaude : sur l'une des parois verticales sont implantées normalement des tiges de nature différente, mais de même section et que l'on a préalablement recouvertes d'une couche de cire qui s'est solidifiée par refroidissement. Sous l'influence de l'élévation de température due à la conductibilité, la cire fond progressivement ; au bout d'un certain temps cette action cesse et le point où la cire est restée solide est celui pour lequel la température était celle de sa fusion. On a donc sur les diverses barres des points qui ont été amenés à la même température ; on peut alors mesurer l, l' et calculer le rapport $\frac{k'}{k}$.

86. Conductibilité des corps cristallisés. — Si l'on échauffait un point situé à l'intérieur d'une masse solide physiquement homogène, on conçoit que la transmission de la chaleur se produirait de la même façon dans toutes les directions : lorsque l'état permanent serait atteint les surfaces isothermes seraient nécessairement sphériques.

Il n'en doit pas être de même si la substance présente une différence de constitution physique dans les diverses directions comme cela arrive pour les cristaux ; il y a intérêt, au point de vue de la connaissance même de cette constitution, à savoir comment se produit alors la transmission de la chaleur.

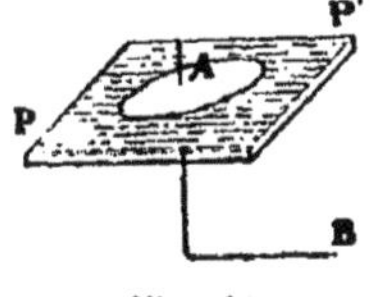

Fig. 43

Cette étude, qui ne peut être faite directement, a été entreprise par Sénarmont d'abord, à l'aide d'un ingénieux artifice qui a été appliqué depuis avec quelques modifications par divers physiciens.

On taille dans la substance que l'on veut considérer une lame mince PP' (fig. 43) que l'on recouvre d'une couche de cire. Dans une petite ouverture pratiquée en son centre, on introduit un fil métallique que l'on échauffe soit par conductibilité, soit par le passage d'un courant électrique. La chaleur se transmet dans la lame et la cire fond en tous les points où la température est celle de sa fusion. Quand l'état permanent est atteint, la limite des points où la cire s'est fondue donne la ligne isotherme correspondant à cette température de fusion ; elle est une circonférence évidemment si la transmission se fait également dans toutes les directions, sinon elle présente une forme allongée dans le sens de la plus facile transmission.

En étudiant successivement des lames taillées dans diverses directions, on obtient ainsi une série de lignes isothermes dont la connaissance permet d'arriver à la détermination de la forme de la surface isotherme à l'intérieur du corps.

87. Conductibilité des liquides et des gaz. — A l'exception du mercure, les liquides sont, en général, de mauvais conducteurs de la chaleur ; il est d'ailleurs peu aisé d'étudier la conduction à cause des courants qui prennent facilement naissance et qui produisent l'échauffement par convection. Despretz a cependant cherché à vérifier que la conduction se produit suivant les mêmes lois que pour les solides, en se plaçant dans des conditions analogues à celles qui correspondent à la barre allongée.

Un cylindre vertical est rempli d'eau ; à la partie supérieure se trouve une caisse circulaire, dans laquelle on fait passer un courant d'eau chaude qui échauffe les parties voisines du liquide du cylindre ; la chaleur se transmet alors de haut en bas par conduction seulement, parce que l'échauffement des couches supérieures ne peut donner lieu à des courants.

Des thermomètres équidistants pénètrent à travers la paroi du cylindre, de manière que leurs réservoirs soient placés sur l'axe ; l'observation de ces thermomètres donne donc la température de sections équidistantes dans le cylindre. M. Despretz a reconnu que, sensiblement, ces températures répondaient à la formule que nous avons donnée (83).

On sait peu de choses sur la conductibilité des gaz : l'échauffement se produit toujours presque entièrement par convection à cause de la facilité avec laquelle se produisent des courants que l'on ne peut empêcher comme il est possible d'y arriver pour les liquides.

On peut dire cependant qu'ils sont mauvais conducteurs, car on sait qu'une couche d'air interposée dans des corps présentant des rugosités, des filaments, en un mot des obstacles au mouvement de ce gaz, s'oppose efficacement à la transmission de la chaleur ; c'est ainsi qu'agissent les étoffes de laine, les fourrures, les couvertures de paille, etc.

Lorsqu'un corps est placé dans une enceinte moins chaude il se refroidit ; la perte de chaleur qui se produit dépend de divers éléments, du rayonnement et de l'action du gaz notamment ; cette dernière, qui constitue ce que l'on appelle le *pouvoir refroidissant*, est la conséquence pour une très faible part de la conduction, et pour la plus grande part de la convection. Nous étudierons le refroidissement lorsque nous parlerons des radiations.

§ II.

EFFETS THERMIQUES

Chaleurs spécifiques; leur détermination pour les solides, les liquides et les gaz. Lois de Dulong et Petit, de Wœstyn. Chaleur spécifique des gaz à volume constant.

88. Effets divers produits par la chaleur. — Les indications générales qui précèdent, et que nous complèterons successivement, nous permettent d'étudier avec détails les phénomènes divers dans lesquels intervient la chaleur ; il y a à traiter successivement les effets produits par la chaleur, d'une part, et d'autre part les conditions dans lesquelles se manifestent les phénomènes calorifiques, les causes qui produisent des variations de chaleur en plus ou en moins. Comme on le verra d'ailleurs, il existe des relations très importantes et très simples entre ces divers ordres de phénomènes.

Nous ne nous occuperons pas ici des relations qui existent entre les actions chimiques et les actions calorifiques : la question a sa place naturelle dans le traité de chimie. Nous devons renvoyer, d'autre part, aux chapitres suivants, les relations des phénomènes calorifiques avec les phénomènes optiques et électriques. Mais nous avons à traiter ici l'action thermique de la chaleur, celle qui se manifeste par des variations de température ; puis les diverses actions que l'on peut rattacher plus ou moins directement aux phénomènes mécaniques, comme les changements de dimensions, les variations de pression, la production ou la disparition de l'énergie mécanique, sous forme de travail ou sous celle de force vive, et enfin les changements d'état.

Nous nous occuperons d'abord des effets thermiques.

89. Etude des effets thermiques ; chaleur spécifique. — Si l'on considère un corps homogène quelconque, il est évident que la quantité de chaleur nécessaire pour le faire passer de la température t à la température t' est proportionnelle à sa masse. Il suffit donc de nous occuper d'un corps ayant une masse égale à l'unité.

Il serait logique de déterminer pour un corps la relation $t = \varphi(q)$ qui donnerait la variation de température en fonction de la quantité de chaleur ; en réalité, on a déterminé plutôt l'équation inverse $q = f(t)$; au fond, il importe peu que l'équation générale $F(t, q) = 0$ que l'on peut concevoir soit résolue par rapport à l'une ou à l'autre des variables.

Nous savons déjà que pour l'eau, au moins entre 0 et 60°, on a la relation approximative très simple.

$$t = q$$

Il est naturel de rechercher si cette formule est applicable aux autres corps. On reconnait aisément d'abord, en opérant comme nous l'avons dit pour l'eau (75), que pour un corps donné les quantités de chaleur sont sensiblement proportionnelles aux variations de température.

Mais une expérience du même genre prouve que, pour la même variation de température, les quantités de chaleur sont inégales pour des poids égaux d'un corps quelconque et d'eau. On mélange un poids d'eau à la température t avec un poids égal du corps à la température t' ; la température finale θ du mélange n'est jamais égale à la moyenne $\frac{t+t'}{2}$, c'est-à-dire que la variation de température de l'eau $\theta - t$ n'est jamais égale à la variation de température $t' - \theta$ du corps. L'eau a absorbé $\theta - t$ calories qui ont été fournies par le corps ; pour une variation de 1° le corps eut donc fourni $\frac{\theta - t}{t' - \theta}$ calories. Cette quantité de chaleur fournie par l'unité de poids du corps pour une variation de température de 1° est ce que l'on appelle sa *chaleur spécifique* ; c'est aussi nécessairement la quantité de chaleur qu'absorbe l'unité de poids du corps quand sa température s'élève de 1°. Nous désignerons cette quantité par C.

Il résulte de là que, toujours entre les limites 0 et 60°, la quantité q de chaleur fournie (ou absorbée) par une masse m du corps quand sa température varie de t à t' est donnée par la formule

$$q = mC(t - t').$$

Considérons des masses m, m_1, m_2... de divers corps dont les chaleurs spécifiques sont C, C_1, C_2... et les températures t, t_1, t_2... On les mélange et soit θ la température finale. On reconnaît aisément, comme nous l'avons fait pour le mélange de masses d'eau, que l'on a la relation générale :

$$\Sigma mC(\theta - t) = 0.$$

On voit par ce qui précède qu'une masse m d'un corps de chaleur spécifique C produit, au point de vue de ces variations de quantité de chaleur, le même effet qu'un poids d'eau qui serait égal à mC. Pour cette raison, ce produit est ce que l'on appelle le corps *réduit en eau.*

90.—Mais les relations que nous avons indiquées: $q = t' - t$ pour l'eau et $q = c\,(t' - t)$ pour un corps quelconque, pris sous l'unité de poids, ne sont pas rigoureuses. En réalité, pour tous les corps, il existe une relation que l'on peut écrire sous la forme

$$q = At + Bt^2 + Ct^3 + ...$$

équation dans laquelle d'ailleurs les coefficients décroissent rapidement.

Considérons le quotient $\frac{q}{t}$. Il représenterait la chaleur spécifique du corps si les variations de chaleur étaient proportionnelles aux variations de température; mais, en réalité, cette quantité varie avec t :

$$\frac{q}{t} = A + Bt + Ct^2$$

Nous la désignerons par $c_{0,t}$ et nous l'appellerons la *chaleur spécifique moyenne* entre 0 et t°.

Pour une autre température on aurait

$$q' = At' + Bt'^2 + Ct'^3$$

d'où l'on tire pour la quantité de chaleur qui correspond à la variation $t - t'$:

$$q - q' = A(t - t') + B(t^2 - t'^2) + C(t^3 - t'^3) + \ldots..$$

Le quotient $\frac{q - q'}{t - t'}$ serait égal à la chaleur spécifique du corps s'il y avait proportionnalité, comme nous l'avions supposé : ce serait une constante. Il n'en est pas ainsi, car on a

$$\frac{q - q'}{t - t'} = A + B(t + t') + C(t^2 + tt' + t'^2) + \ldots$$

Nous désignerons cette quantité par $c_{t,t'}$ et nous l'appellerons *chaleur spécifique moyenne* entre t et t'°.

Enfin, si nous supposons que $t - t'$ tende vers 0 en même temps que $q - q'$, nous aurons ce que l'on appelle la *chaleur spécifique à la température* t ; nous la désignerons par c_t. On a évidemment

$$c_t = \frac{dq}{dt} = A + 2Bt + 3Ct^2 + \ldots..$$

Il est évident que si l'on connaît la valeur générale de q, c'est-à-dire les coefficients A, B, C, on en déduira aisément chacune des chaleurs spécifiques. Inversement, si l'on connaissait la valeur générale de l'une de ces chaleurs spécifiques on aurait immédiatement l'équation qui donne q en fonction de t.

En réalité, on ne peut déterminer c_t par expérience, mais on peut déterminer expérimentalement diverses valeurs de $c_{0,t}$ ou de $c_{t,t'}$, par exemple $c_{0,t'}$, $c_{0,t''}$, $c_{0,t'''}$...., ou $c_{t,t'}$, $c_{t',t''}$, $c_{t'',t'''}$; ce qui permettra de calculer A, B, C et par suite de trouver la relation qui lie q à t.

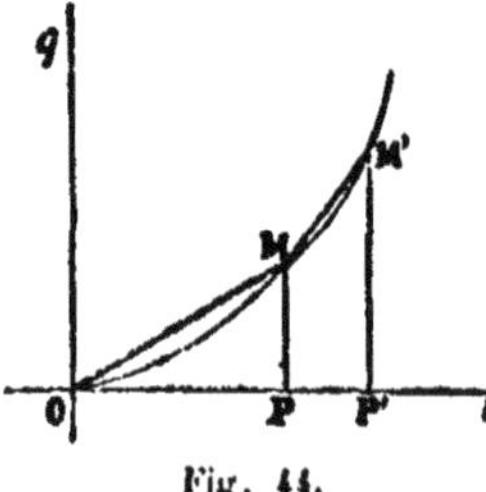

Fig. 44.

91. — On peut se représenter la loi $q = f(t)$ comme définissant une courbe OM (fig. 44) ; les valeurs de $c_{0,t}$ représentent les coefficients angulaires des diverses cordes passant à l'origine ; les valeurs de $c_{t,t'}$ sont les coefficients angulaires des cordes ne passant pas à l'origine ; et les valeurs de c_t sont les coefficients angulaires des tangentes aux divers points.

Pour déterminer cette courbe expérimentalement, on cherche un certain nombre de ses points. Il eût été naturel de déterminer chaque point par son abscisse et son ordonnée, c'est-à-dire par les valeurs correspondantes de t et de q. On a plutôt déterminé t et $c_{0,t}$, c'est-à-dire que le point M est donné par l'intersection de son ordonnée MP et de la corde correspondante OM qui passe à l'origine ; ou bien, partant d'un point connu M correspondant à t, on a cherché $c_{t,t'}$, c'est-à-dire que le point M' est alors donné par l'intersection de son ordonnée M'P avec la corde correspondante MM' qui passe par le point précédemment trouvé.

Il va sans dire que l'on n'eût pas employé ces procédés indirects si l'on avait eu dès le début une vue d'ensemble de la question ; mais on était parti de l'idée inexacte que chaque corps avait une chaleur spécifique invariable qu'il était alors naturel de déterminer ; ce n'est que plus tard que l'on parvint aux notions exactes que nous venons de résumer.

Il résulte de là que l'étude des modifications thermiques des corps, c'est-à-dire des relations qui lient leurs variations de quantité de chaleur à leurs variations de température, se trouve ramenée à l'étude des chaleurs spécifiques moyennes.

La chaleur spécifique moyenne est donnée par l'une des deux formules

$$c_{0,t} = \frac{q}{t} \qquad \text{et} \qquad c_{t,t'} = \frac{q - q'}{t - t'}$$

de telle sorte que sa détermination revient dans tous les cas à des mesures de quantités, de chaleur et à des mesures de températures.

99. Recherche des chaleurs spécifiques des solides et des liquides. — Nous nous occuperons d'abord de la recherche des chaleurs spécifiques des solides et des liquides et nous traiterons à part la même question pour les gaz.

Un poids connu d'un solide ou d'un liquide est porté à une température connue t ; on le place dans un calorimètre où il est amené à la température θ, l'observation du calorimètre fait connaître la quantité q de chaleur abandonnée par le corps : le quotient $\frac{q}{t-\theta}$ est la chaleur spécifique du corps.

Pour déterminer la chaleur abandonnée on a employé la méthode de fusion de la glace, soit en se servant du calorimètre de glace, soit en utilisant le puits de glace. Dans ce cas, on obtient toujours nécessairement la chaleur spécifique moyenne à partir de 0.

Mais, en général, la détermination de la chaleur spécifique a été faite par la méthode des mélanges, en employant le calorimètre à eau.

Fig. 45.

Le calorimètre à eau est constitué par un vase métallique mince A (fig. 45) contenant de l'eau et dans lequel est placé un agitateur qui, par son mouvement, assure l'uniformité de la température dans toute la masse : un thermomètre t plonge dans le liquide.

Le corps chauffé préalablement est introduit dans le calorimètre ; si c'est un corps pulvérulent, on le place dans une corbeille métallique ; si c'est un liquide on le place dans un vase métallique, en général. Dans le cas d'un solide et même d'une poudre, il est difficile d'évaluer directement la température du corps : on chauffe le corps dans une étuve pendant assez longtemps pour que l'on puisse admettre qu'il a la même température que l'étuve, température que l'on peut déterminer avec précision.

Il importe de remarquer que dans les échanges de chaleur qui se produisent, il ne suffit pas de tenir compte du corps et de l'eau du calorimètre, mais que le calorimètre, l'agitateur, le thermomètre, et s'il y a lieu le vase qui contient le corps, participent également aux variations de température et doivent figurer dans l'équation.

Soient m le poids du corps dont la chaleur spécifique est c ; —

M le poids de l'eau; — μ, μ', μ'' les poids du calorimètre, de l'agitateur, et du vase qui contient le corps chaud, tous en laiton, dont nous désignons par γ la chaleur spécifique; — μ_1, γ_1 le poids du verre du thermomètre et sa chaleur spécifique; — μ_2, γ_2 le poids du mercure et sa chaleur spécifique.

Soient, d'autre part t la température à laquelle ont été portés le corps et le vase μ'' qui le renferme; — t_0 la température de l'eau, du calorimètre et des accessoires qui y sont plongés; — θ la température finale à laquelle tous les corps sont ramenés.

La formule générale que nous avons donnée s'écrit alors

$$mc(\theta-t)+\mu''\gamma(\theta-t)+M(\theta-t_0)+(\mu+\mu')\gamma(\theta-t_0)+\mu_1\gamma_1(\theta-t_0)+\mu_2\gamma_2(\theta-t_0)=0$$

que l'on peut écrire autrement :

$$(mc+\mu''\gamma)(\theta-t)+[M+(\mu+\mu')\gamma+\mu_1\gamma_1+\mu_2\gamma_2](\theta-t_0)=0$$

Pour un appareil donné la quantité $(\mu+\mu')\gamma+\mu_1\gamma_1+\mu_2\gamma_2$ est une constante que l'on peut déterminer une fois pour toutes; soit M' sa valeur qui représente le vase et les accessoires réduits en eau : l'équation s'écrit plus simplement

$$(mc+\mu''\gamma)(\theta-t)+(M+M')(\theta-t_0)=0$$

qui peut encore se réduire dans le cas d'un solide non pulvérulent, parce que, alors, le terme en μ'' n'existe pas.

Au début des recherches on n'aurait pu calculer M', car on ne connaissait pas les valeurs γ, γ_1, γ_2. Pour arriver à déterminer ces éléments on aurait pu opérer par la méthode des approximations successives.

Négligeant d'abord les termes en $\mu_1\gamma_1$ et $\mu_2\gamma_2$ qui sont petits et prenant pour corps chaud un morceau de laiton, on a l'équation

$$m\gamma(\theta-t)+[M+(\mu+\mu')\gamma](\theta-t_0)=0$$

d'où l'on déduit γ. On opère alors sur du verre comme corps chaud et, négligeant le terme en $\mu_2\gamma_2$, on a

$$m\gamma_1(\theta-t)+[M+(\mu+\mu')\gamma+\mu_1\gamma_1](\theta-t_0)=0$$

qui donne γ_1. Enfin on prend le mercure comme corps chaud et l'on a

$$m\gamma_3(\theta - t) + [M + (\mu + \mu')\gamma + \mu_1\gamma_1 + \mu_2\gamma_2](\theta - t_0) = 0$$

qui permet de calculer γ_3. On a alors tous les éléments nécessaires pour déterminer M′ et appliquer l'équation générale à un corps quelconque.

92. — En réalité, la question n'est pas aussi simple ; nous avons supposé que la chaleur perdue par le corps était tout entière absorbée par le calorimètre ; il n'en est rien, car il y a également des échanges de chaleur avec les supports et avec l'air extérieur. On s'est efforcé de réduire ces échanges au minimum, d'une part, et, d'autre part, de tenir compte de ceux que l'on ne pouvait empêcher.

Le calorimètre est un vase cylindrique léger, à mince paroi, en laiton ou en platine, il repose sur trois cônes en bois, ou sur de minces fils tendus (fig. 45), de telle sorte que les échanges par conductibilité sont très minimes.

D'autre part, ce vase poli et même argenté extérieurement est placé dans un autre vase concentrique B poli intérieurement de manière à diminuer autant que possible la perte par radiation et à renvoyer sur le calorimètre la chaleur rayonnante qui frappe l'enveloppe extérieure. Enfin la couche d'air immobile placée entre les deux cylindres ne participe pas aux mouvements généraux de l'air ambiant ce qui diminue l'influence refroidissante de l'air sans toutefois l'annuler complètement. Ajoutons que M. Berthelot place quelquefois l'appareil complet dans une enceinte à double enveloppe en fer blanc contenant de l'eau entre ses deux parois et revêtue extérieurement de feutre.

Ces précautions diminuent les pertes, elles ne les détruisent pas complètement : on a cherché à modifier l'opération de manière à pouvoir les négliger, en employant la méthode de compensation ; voici en quoi elle consiste.

Dans une opération préliminaire on détermine la variation de température θ que subit le calorimètre ; pour l'opération définitive on amène au début la température du calorimètre à $T - \frac{\theta}{2}$, T étant la température de l'air ; lorsque l'opération sera terminée, la température du calorimètre sera alors

$T+\frac{\theta}{2}$. On voit que l'opération comprend deux phases : dans la première, la température du calorimètre varie de $T-\frac{\theta}{2}$ à T, elle est inférieure à celle de l'air, le calorimètre reçoit de la chaleur de l'air ambiant ; dans la deuxième phase, la température du calorimètre varie de T à $T+\frac{\theta}{2}$, elle est supérieure à celle de l'air et le calorimètre fournit de la chaleur à l'air ambiant. Il y a bien compensation, mais non pas complète : la quantité de chaleur échangée entre l'air et le calorimètre dépend et de la différence de température et du temps pendant lequel cette différence subsiste. Or les deux phases sont loin d'avoir les mêmes durées, la première étant notablement plus courte ; il n'y a donc pas compensation absolue, quoique par ce procédé on diminue la grandeur des erreurs.

On reconnait aisément que la compensation aurait lieu si les variations de température étaient proportionnelles aux temps, ce qui n'est pas, comme nous le dirons en parlant du refroidissement.

Il serait malaisé, même si l'on connaissait exactement la loi du refroidissement, de l'appliquer au calorimètre pour lequel d'autres causes d'erreur peuvent intervenir, comme l'évaporation, la température des parois de la pièce où l'on opère qui peut n'être pas la même que celle de l'air ambiant. Aussi est-il préférable de déterminer dans chaque expérience les éléments mêmes qui serviront à la correction

91. Recherches de Regnault. — Il est important de connaître la température exacte du corps au moment où il a été plongé dans le calorimètre, ce qui n'est pas très aisé à moins que l'on ne prenne des dispositions spéciales. Si, en effet, on place le calorimètre loin de l'étuve dans laquelle on place le corps, celui-ci se refroidit pendant le transport et la température de l'étuve est supérieure à celle qui devrait entrer dans l'équation. Si, pour éviter cet inconvénient on place le calorimètre près de l'étuve, celle-ci rayonne énergiquement vers le calorimètre et les corrections dues à cette cause prennent trop d'importance.

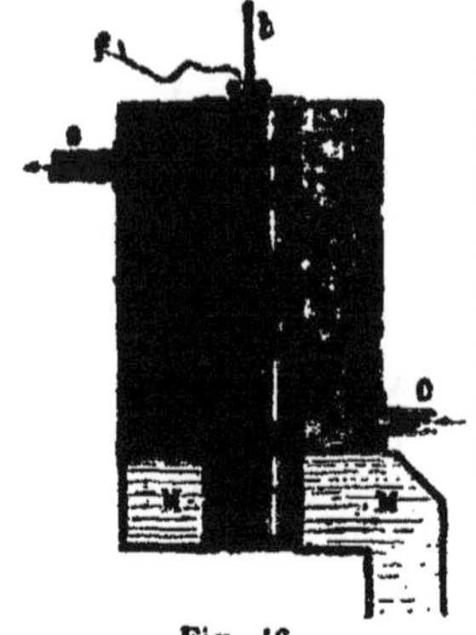

Fig. 46.

Dans ses recherches sur les chaleurs spécifiques, Regnault a adopté la disposition suivante : l'étuve F (fig. 47) est constituée par une cavité cylindrique A (fig. 46) entourée latéralement d'une enceinte E dans laquelle circule constamment de la vapeur d'eau ; cette cavité est fermée à la partie supérieure par un couvercle à double paroi dans lequel est pratiquée une ouverture à travers laquelle passe un thermomètre *t* et le fil qui retient le corps D suspendu dans l'étuve ; à la partie inférieure est une trappe qui se meut dans une glissière.

Fig. 47. [1]

L'étuve repose sur une boîte métallique qui présente une ouverture au-dessous de la cavité centrale et se recourbe

1. Figures extraites du *Traité de physique médicale* de Desplats et Gariel (Paris, Savy).

verticalement pour former un écran empêchant l'effet du rayonnement de la chaudière qui fournit la vapeur à l'étuve. Cette boîte est remplie d'eau froide et l'on y peut produire un courant constant. Enfin un écran E (fig. 47) se mouvant verticalement entre des glissières isole toute cette partie de l'appareil.

Le calorimètre C a la disposition générale que nous avons indiquée et est placé sur un support qui peut se mouvoir le long d'une coulisse horizontale GI se prolongeant jusqu'au dessous de l'étuve.

On comprend aisément alors la marche d'une opération : le calorimètre étant éloigné de l'étuve, l'écran abaissé, le corps est introduit dans l'étuve dont on ferme les orifices. Lorsque, depuis un temps assez long, la température de l'étuve est devenue stationnaire, on exécute simultanément ou au moins le plus rapidement possible les manœuvres suivantes : on lève l'écran vertical, on glisse le calorimètre sous l'étuve, on ouvre la trappe inférieure de celle-ci, on fait descendre le corps dans le calorimètre que l'on retire aussitôt et l'on abaisse l'écran vertical.

Cet ensemble d'opérations réduit au minimum les erreurs faites sur la température du corps et celles dues au rayonnement des parties chaudes de l'appareil.

M. Regnault a adopté quelques dispositions spéciales dans certains cas particuliers ; mais le but poursuivi était toujours le même.

Disons, sans insister, que l'on a employé une méthode basée sur l'étude du refroidissement pour déterminer les chaleurs spécifiques des solides et des liquides ; mais elle est très indirecte et présente des difficultés réelles dans la pratique.

95. Chaleur spécifique des gaz. — L'étude de la chaleur spécifique des gaz présente des difficultés spéciales : les unes sont dues à ce que ces corps ne présentent qu'une faible masse sous un grand volume, les autres dépendent des changements très notables de pression qui peuvent accompagner l'action de la chaleur et dont il y a lieu de tenir compte au point de vue des effets mécaniques.

Nous nous occuperons seulement maintenant du cas où la pression du gaz reste constante ; le cas où elle varie sera étudié plus loin.

Nous nous bornerons à décrire l'appareil de Regnault (fig. 48).

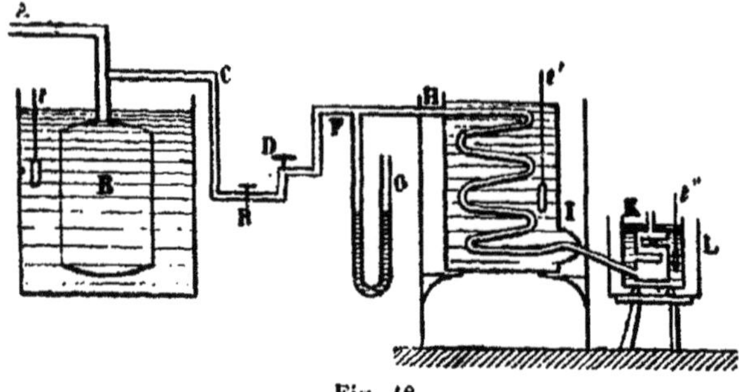

Fig. 48.

La méthode employée est en somme la méthode des mélanges ; elle consiste à faire passer, dans des conditions de température que l'on détermine, un courant de gaz correspondant à une masse connue, dans un calorimètre dont on observe l'échauffement. L'opération doit d'ailleurs être conduite d'une façon spéciale.

Le gaz ne fait que traverser le calorimètre sans s'y arrêter : comme sa pression doit être constante, sa vitesse d'écoulement est invariable et l'on peut déterminer la quantité de gaz employée d'après la durée de l'écoulement.

Le gaz purifié et séché était comprimé dans un réservoir métallique B placé dans l'eau ; il s'écoulait par le tube C lorsque l'on ouvrait le robinet R. Pour maintenir la pression constante malgré cet écoulement même, on avait disposé en D un obturateur conique à vis, pénétrant dans une ouverture conique et permettant de faire varier l'orifice de sortie ; au-delà se trouvait un manomètre à eau FG, puis en H un rétrécissement assez notable dans le tube. Lorsque l'écoulement avait lieu, on agissait sur l'obturateur à vis, de manière à amener au manomètre la pression jugée nécessaire et à la maintenir constante. Comme le reste de l'appareil, à la suite, était ouvert librement à l'atmosphère, l'écoulement se produisait en vertu de l'excès de pression que l'on avait établi, et comme cet excès était constant il en était de même du débit. Des expériences préliminaires avaient déterminé le débit pour les diverses pressions, de telle sorte que dans chaque expérience la mesure du temps et l'observation de la pression permettaient de calculer immédiatement la masse de gaz qui avait traversé l'appareil.

Le gaz parcourt un serpentin HH placé dans un bain d'huile que l'on chauffe et que l'on agite constamment pour qu'il ait une température uniforme ; le serpentin doit être assez long, pour que, à la vitesse d'écoulement employée, le gaz sorte à la température du bain.

Le gaz passe ensuite dans une boîte métallique à grande surface et placée dans un calorimètre à eau K présentant la disposition ordinaire : la boîte s'ouvre librement à l'atmosphère où s'échappe le gaz après avoir circulé dans les divers compartiments.

Des précautions spéciales durent être prises pour éviter que le gaz pût se refroidir entre le serpentin et le calorimètre et pour que le calorimètre ne subît pas l'influence échauffante de l'étuve. D'une part l'étuve présentait un renflement, de telle sorte que le liquide chaud entourait le serpentin presque jusqu'à son entrée dans le calorimètre ; d'autre part, il n'y avait pas continuité métallique entre les pièces de l'étuve et le calorimètre, qui étaient reliés seulement par l'intermédiaire d'un bouchon de liège, mauvais conducteur, et le serpentin se terminait à son arrivée dans la boîte métallique par un tube de verre. Des écrans placés entre le calorimètre et l'étuve s'opposaient à l'action directe du rayonnement.

On ne peut faire usage de l'équation générale que nous avons donnée, parce que toute la masse du gaz ne sort pas à la même température : pendant l'opération, on mesure la température à des intervalles de temps égaux, toutes les minutes par exemple, et l'on admet que pendant chaque minute la température est restée égale à la moyenne des températures initiale et finale.

Soient m la masse de gaz qui passe par minute, T la température du gaz au sortir de l'étuve, soient M le calorimètre tout entier réduit en eau et $\theta_0, \theta_1, \theta_2. \ldots \theta_n$ les températures au début et à la fin de chaque minute. Si nous négligeons les corrections, nous aurons pour une minute k quelconque

$$mC\left(T - \frac{\theta_{k-1} + \theta_k}{2}\right) + M(\theta_{k-1} - \theta_k) = 0.$$

En écrivant les équations analogues pour chaque minute jusqu'à la n^e et faisant la somme, on arrive à la relation

$$mC\left(nT - \frac{\theta_0 + \theta_n}{2} - \theta_1 - \theta_2 \ldots - \theta_{n-1}\right) + M(\theta_0 - \theta_n) = 0.$$

D'où l'on déduirait C, chaleur spécifique cherchée.

96. — Mais en réalité la question n'est pas tout à fait aussi simple, parce qu'il faut tenir compte de ce que la température θ_n a été atteinte non seulement par suite de l'action du gaz, mais aussi par suite de l'échauffement que le calorimètre a subi par conductibilité et par rayonnement. Si nous désignons par t l'élévation de température due à cette cause, l'équation qu'il conviendrait d'employer serait évidemment

$$mC\left(nT - \frac{\theta_0 + \theta_n}{2} - \theta_1 - \theta_2 - \theta_{n-1}\right) + M[\theta_0 - (\theta_n - t)] = 0.$$

Pour déterminer t, on fait précéder et suivre la période d'expérience de deux périodes, égales en durée généralement, et pendant lesquelles on observe le calorimètre sans faire passer le gaz.

L'échauffement dépend :

1° de l'action de l'air ; on admet qu'elle est proportionnelle à la différence des températures $\tau - \theta$, τ étant la température de l'eau ;

2° de l'action de l'étuve, par rayonnement et par conductibilité ; on admet qu'elle est proportionnelle à $T - \theta$.

L'échauffement à un instant déterminé est donc de la forme $A(\tau - \theta) + B(T - \theta)$. Si nous considérons l'échauffement Δt pendant une minute, temps assez court, on pourra admettre que les températures variables en réalité seront restées constantes et égales à leur valeur moyenne ; si donc τ', τ'', θ', θ'' sont les températures initiales et finales, on aura

$$\theta'' - \theta' = A\left(\frac{\tau' + \tau''}{2} - \frac{\theta' + \theta''}{2}\right) + B\left(T - \frac{\theta' + \theta''}{2}\right)$$

Appliquons cette formule à une première période de 10 minutes pendant laquelle le gaz ne passe pas ; admettons que, à cause des faibles variations, il y ait proportionnalité et appelons τ'_0, τ''_0, θ'_0, θ''_0 les températures au commencement et à la fin de cette période ; on aura

$$\Delta t_0 = \frac{\theta_0'' - \theta_0'}{10} = A\left(\frac{\tau_0' + \tau_0''}{2} + \frac{\theta_0' + \theta_0''}{2}\right) + B\left(T - \frac{\theta_0' + \theta_0''}{2}\right).$$

Lorsque l'expérience est terminée, on fait une seconde observation de 10 minutes à blanc. Si θ_n' θ_n'' τ_n' et τ''_n sont les températures, on a :

$$\Delta t_n = \frac{\theta_n'' - \theta_n'}{10} = A\left(\frac{\tau_n' + \tau_n''}{2} - \frac{\theta_n' + \theta_n''}{2}\right) + B\left(T - \frac{\theta_n' + \theta_n''}{2}\right)$$

Ces deux équations permettent de déterminer A et B, de telle sorte que l'expression générale de Δt est connue.

Ceci déterminé, on calcule pour chaque période de 1 minute de l'expérience principale les valeurs Δt_1, Δt_2. . . . Δt_n ce qui est aisé si l'on a mesuré les températures de l'air en même temps que celles du calorimètre. La quantité que nous avons appelée t sera Σ_1^{10}, Δt et l'équation générale deviendra

$$mC\left(nT - \frac{\theta_0 + \theta_n}{2}\right) + M[\theta_0 - (\theta_n - \Sigma_1^{10}\Delta t)] = 0.$$

Nous avons donné la correction complète, mais dans le cas dont il s'agit, on simplifie généralement un peu en remarquant que $T - \theta$ étant très grand et les variations de θ très petites, le terme $B(T - \theta)$ est sensiblement constant et la valeur dont on fait usage se réduit à

$$A(\tau - \theta) + K$$

Ajoutons encore que l'échauffement calculé peut être positif ou négatif suivant que les actions perturbatrices ont pour effet d'échauffer ou de refroidir le calorimètre.

97. Résultats généraux. — Comme nous l'avons indiqué d'une manière générale, la chaleur spécifique d'un corps n'est pas constante et dépend des limites entre lesquelles elle est prise. C'est ce qu'indiquent, par exemple, les chiffres suivants:

SOLIDES (Dulong et Petit)	0 à 100°	0 à 300°	
Argent	$5,57 \,.10^{-2}$	$6,11 \,.10^{-2}$	
Zinc	$9,27 \,.10^{-2}$	$1,015.10^{-1}$	
Cuivre	$9,49 \,.10^{-2}$	$1,013.10^{-1}$	
Fer	$1,088.10^{-1}$	$2,218.10^{-1}$	
Verre	$1,77 \,.10^{-1}$	$1,9 \,.10^{-1}$	
LIQUIDES (Regnault)	5 à 10°	10 à 15°	15 à 20°
Mercure	$2,82 \,.10^{-2}$	$2,83 \,.10^{-2}$	$2,9 \,.10^{-2}$
Sulfure de carbone	$2,179.10^{-1}$	$2,183.10^{-1}$	$2,206.10^{-1}$
Ether	$5,207.10^{-1}$	$5,158.10^{-1}$	$5,157.10^{-1}$
Alcool	$5,957.10^{-1}$	$6,017.10^{-1}$	$6,148.10^{-1}$
GAZ (Regnault)	— 30 à 10°	0 à 100°	0 à 200°
Air	$2,3771.10^{-1}$	$2,3741.10^{-1}$	$2,3751.10^{-1}$
Acide carbonique	$1,8427.10^{-1}$	$2,0246.10^{-1}$	$2,1692.10^{-1}$

On voit donc que, d'une manière générale, la chaleur spécifique croît avec la température, autrement dit que la courbe qui lie la quantité de chaleur à la température tourne sa convexité vers l'axe des températures. On peut remarquer que pour l'air elle est sensiblement constante, ce qui n'est pas pour l'acide carbonique, de telle sorte que l'on peut concevoir qu'elle est constante, à la limite, pour les gaz très éloignés de leur point de liquéfaction.

Dans la pratique, on peut en général regarder la chaleur spécifique comme une constante, car les variations sont assez faibles.

98. — Pour un petit nombre de corps, on a déterminé l'équation complète qui lie la température à la quantité de chaleur, c'est-à-dire que l'on a calculé les coefficients A, B, C, de l'équation

$$q = At + Bt^2 + Ct^3$$

Pour l'eau on a trouvé la relation

$$q = t + 0{,}00002t^2 + 0{,}0000009t^3$$

Voici un tableau dû à Regnault et qui permet de faire les calculs pour quelques corps :

	Log A.	Log B.	Log C.
Essence de térébenthine.........	$\bar{1}$.6133977	$\bar{4}$,7919279	$\bar{6}$,4229947
Alcool.........................	$\bar{1}$,7384166	$\bar{3}$,0499296	$\bar{6}$,3436027
Sulfure de carbone.............	$\bar{1}$,3714961	$\bar{5}$,9112397	»
Ether..........................	$\bar{1}$,7234538	$\bar{4}$,4711026	»
Chloroforme....................	$\bar{1}$,3664435	$\bar{5}$,7051430	»

Il est intéressant de rechercher l'influence que peuvent avoir les modifications physiques sur la chaleur spécifique ; l'expérience fournit les résultats suivants :

La chaleur spécifique varie avec l'état du corps : il semble d'une manière générale qu'elle est plus grande à l'état liquide qu'à l'état solide ou à l'état gazeux. C'est ce qu'indiquent les résultats suivants :

	Chaleurs spécifiques à l'état		
	Solide	Liquide	Gazeux
Mercure................	$3{,}14 \cdot 10^{-2}$	$3{,}33 \cdot 10^{-2}$	»
Plomb..................	$3{,}14 \cdot 10^{-2}$	$4{,}02 \cdot 10^{-2}$	»
Etain..................	$5{,}62 \cdot 10^{-2}$	$6{,}37 \cdot 10^{-2}$	»
Brôme..................	$8{,}43 \cdot 10^{-2}$	$1{,}109 \cdot 10^{-1}$	$5{,}52 \cdot 10^{-2}$
Azotate de soude.......	$2{,}782 \cdot 10^{-1}$	$4{,}13 \cdot 10^{-1}$	»
Eau....................	$4{,}74 \cdot 10^{-1}$	1	$4{,}75 \cdot 10^{-1}$

Les solides se présentent quelquefois sous des états physiques différents ; ils ont alors aussi des chaleurs spécifiques différentes, ainsi que le montrent les nombres suivants :

Soufre cristallisé...........	0,1776	Graphite..................	0,2019
Soufre fondu récemment...	0,1844	Diamant..................	0,1469
Soufre fondu anciennement.	0,1764	Phosphore blanc..........	0,190
Charbon de bois...........	0,2415	Phosphore amorphe.......	0.170

Il ne peut y avoir rien de semblable pour les liquides ; mais pour les gaz, la valeur de la pression à laquelle on opère pouvait avoir une certaine influence. Regnault a montré qu'il n'en est rien ; la chaleur spécifique des gaz est indépendante de la pression. (Bien entendu à pression constante ; nous traiterons plus loin le cas où la pression varie par l'action de la chaleur).

99. Loi de Dulong et Petit; loi de Wœstyn. — Dulong et Petit ont reconnu, pour un grand nombre de corps, la loi suivante qui présente une grande importance au point de vue des hypothèses sur la constitution de la matière :

Le produit de la chaleur spécifique d'un corps simple par son poids atomique est un nombre constant.

Ce produit représente une quantité proportionnelle à la chaleur nécessaire pour élever de 1° la température d'un atôme; la loi signifie donc que, quelle que soit la nature d'un corps simple, il faut la même quantité de chaleur pour échauffer un atôme de 1°. Comme on le dit encore, la chaleur spécifique *atomique* est la même pour tous les corps.

Il importe de remarquer que c'est là une indication approximative et non l'expression exacte de la réalité : les chaleurs spécifiques atomiques ne sont pas rigoureusement constantes et diffèrent entre elles quelquefois de $\frac{1}{10}$ et même $\frac{1}{7}$ de leur valeur. Cela n'infirme peut-être pas cependant la réalité de la loi : nous savons en effet que la chaleur spécifique dépend de l'état du corps, et il est possible que l'état où se trouvent les corps simples quand ils se combinent, ou quand ils se dégagent d'une combinaison, ne soit pas celui sous lequel a été déterminée la chaleur spécifique.

Dulong et Petit avaient trouvé quelques exceptions sur lesquelles il est inutile d'insister, parce qu'elles n'existent plus depuis que l'on fait entrer dans l'énoncé de la loi les poids atomiques à la place des équivalents qui y figuraient d'abord.

On a cherché comment on peut étendre cette loi aux corps composés : M. Wœstyn a supposé que les corps simples exigent autant de chaleur pour s'échauffer lorsqu'ils figurent dans une combinaison que lorsqu'ils sont libres. Soient alors des corps de poids atomiques a, a', a'', et de chaleurs spécifiques c, c', c'', combinés dans les proportions respectives de n, n', n'' atomes ; soit enfin C la chaleur spécifique du composé, on doit avoir alors :

$$C(na + n'a' + n''a'' \ldots\ldots) = nac + n'a'c' + n''a''c'' + \ldots\ldots$$

D'une manière générale, on peut dire que cette loi est justifiée par les résultats de l'expérience ; elle a été vérifiée notamment par Regnault pour des alliages métalliques, des sulfures, des bromures et des iodures.

Les produits ac, $a'c'$, étant égaux d'après la loi de Dulong la formule devient :

$$C(na + n'a' + n''a'' + \ldots\ldots) = (n + n' + n'' + \ldots\ldots)ac$$

On en conclut que pour des corps ayant la même formule, la même constitution chimique, le produit de la chaleur spécifique du composé par son poids moléculaire est constant.

Il est clair que si on détermine C expérimentalement, connaissant la composition du corps et les quantités c', c'', on peut calculer c. On a ainsi calculé la chaleur spécifique que, théoriquement, l'oxygène devrait avoir d'après la loi de Wœstyn, en partant d'oxydes de compositions diverses ; on a bien trouvé sensiblement la même valeur ; de même pour le chlore. Les nombres ainsi trouvés ne coïncident pas d'ailleurs avec ceux que l'on obtient expérimentalement pour ces corps : cela n'est pas étonnant et prouve seulement que, dans ces combinaisons, ces gaz ne sont pas au même état physique que lorsqu'ils sont libres comme ils le sont lorsque l'on mesure directement leur chaleur spécifique.

100. — Pour les gaz, comme pour les solides et les liquides, on a déterminé les chaleurs spécifiques rapportées à l'unité de poids ; mais, à cause de l'importance que présente en chimie la considération des volumes, il était intéressant de calculer les chaleurs spécifiques rapportées à l'unité de volume, c'est-à-dire les quantités de chaleur nécessaires pour élever de 1° à pression constante l'unité de volume des gaz.

Si C est la chaleur spécifique pour l'unité de poids et si π est le poids spécifique du gaz. $C\pi$ représente la chaleur cherchée. Or Delaroche et Bérard ont montré que pour deux gaz, on a sensiblement :

$$C\pi = C'\pi'$$

lorsque les gaz sont éloignés de leur point de liquéfaction, et suivent la loi de Mariotte, par conséquent.

Il est évident que l'on obtient le même résultat en considérant, comme on le fait généralement, les densités au lieu des poids spécifiques.

101. Chaleur spécifique à volume constant. — Nous avons supposé dans tout ce qui précède qu'on laisse les corps se dilater librement pendant qu'on les chauffe, et nous avons considéré ainsi la *chaleur spécifique à pression constante*. Mais une question très-analogue se présente si l'on chauffe un corps en maintenant son volume constant, en l'empêchant de se dilater ; on appelle *chaleur spécifique à volume constant* la quantité de chaleur que, dans ces conditions, il faut fournir à l'unité de poids d'un corps pour élever sa température de 1°. Nous la désignerons d'une manière générale par c. Elle n'a été étudiée jusqu'à présent que pour les gaz et encore d'une manière très incomplète. C'est surtout par des considérations théoriques qu'on a fait cette étude et notamment qu'on a démontré que la valeur de c pour un gaz est indépendante de la pression initiale et qu'on a reconnu aussi que, au moins pour les gaz qui sont éloignés de leur point de liquéfaction, le rapport $\frac{C}{c}$ est constant.

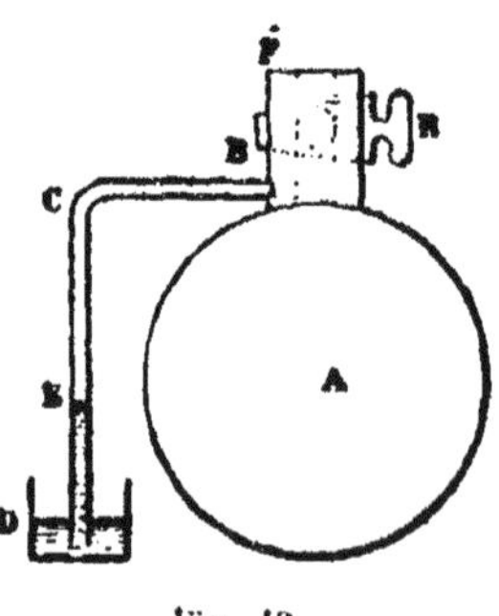

Fig. 49.

Ce dernier fait avait été vérifié directement par d'intéressantes expériences de Clément et Desormes : un ballon A (fig. 49) muni d'une large ouverture à robinet R porte sur un ajutage latéral un tube étroit BCE qui plonge dans un liquide D et sert de manomètre. Au début on raréfie légèrement le gaz ; soit h la hauteur du liquide soulevé ; $H - h$ est la pression du gaz si H est la pression atmosphérique. Lorsque le gaz abandonné pendant un temps suffisamment long est en équilibre de température, on ouvre rapidement le robinet que l'on referme aussitôt : le gaz du ballon a repris la pression H et a subi ainsi une légère compression. Comme le montrent de nombreuses expériences et comme nous le dirons plus tard, la compression des gaz élève leur température ; mais bientôt le ballon se met de nouveau en équilibre avec l'atmosphère et le liquide monte de h' dans le manomètre.

Soient t la température ambiante, température du gaz aux états initial et final, et θ l'accroissement inconnu de température qu'il subit par la compression ; V le volume du ballon, v le volume de l'air qui, à la pression H, est rentré quand on a ouvert le robinet. En remarquant qu'on peut négliger les volumes de gaz contenus dans le tube manométrique très étroit, on voit que le volume primitif du gaz présente successivement les trois conditions suivantes, au début, au moment où on vient d'ouvrir le robinet et à la fin :

Pression.......	$H - h$	H	$H - h'$
Température...	t	$t + \theta$	t
Volume........	V	$V - v$	$V - v$

On a donc les équations :

$$\frac{V(H-h)}{1+\alpha t} = \frac{(V-v)H}{1+\alpha(t+\theta)} = \frac{(V-v)(H-h')}{1+\alpha t}$$

De ces équations on déduit :

$$\frac{v}{V} = \frac{h-h'}{H-h'} \qquad \text{et} \qquad \theta = \frac{h'(1+\alpha t)}{\alpha(H-h')}$$

L'élévation de température θ correspond donc à une compression $\frac{v}{V}$.

Considérons d'autre part une masse de gaz égale à l'unité et soit V_t son volume à la température t ; élevons sa température de Δt en lui fournissant une quantité de chaleur $C\Delta t$. Comprimons le gaz pour le ramener à son état primitif ; sa température s'élèvera, sans qu'on lui fournisse de chaleur ; soit $\Delta' t$ cet accroissement. Si on l'avait amené directement à cet état, il aurait fallu lui fournir une quantité de chaleur $c(\Delta t + \Delta' t)$ et l'on doit avoir

$$C\Delta t = c(\Delta t + \Delta' t)$$

d'où l'on tire

$$\frac{C-c}{c} = \frac{\Delta' t}{\Delta t}$$

Quelle est la compression qui correspond à l'élévation de température $\Delta' t$: Le volume primitif est devenu à $t + \Delta t$: $V_1 \frac{1 + \alpha t + \alpha\Delta t}{1 + \alpha t}$, son accroissement est $V_1 \frac{\alpha\Delta t}{1 + \alpha\Delta t}$, c'est de cette quantité qu'on l'a comprimé ; la compression, rapport de cette variation au volume primitif, est :

$$\frac{V_1 \frac{\alpha\Delta t}{1 + \alpha\Delta t}}{V_1 + V_1 \frac{\alpha\Delta t}{1 + \alpha t}}$$

ou approximativement

$$\frac{\alpha\Delta t}{1 + \alpha\Delta t}$$

Clément et Desormes admettaient que, au moins pour les compressions faibles, les échauffements sont proportionnels aux compressions. On doit donc avoir en rapprochant ces résultats de ceux de l'expérience précédente :

$$\frac{v}{V} : \theta = \frac{\alpha\Delta t}{1 + \alpha\Delta t} : \Delta' t$$

remplaçant $\frac{v}{V}$ et θ par leurs valeurs :

$$\frac{h - h'}{h'} = \frac{\Delta t}{\Delta' t}$$

il viendra donc enfin :

$$\frac{C-c}{c} = \frac{h'}{h - h'}$$

et aussi :

$$\frac{C}{c} = \frac{h'}{h - h'}$$

Les expériences faites sur divers gaz ont montré que, au moins pour les gaz qui sont éloignés de leur point de liquéfaction, ce rapport est sensiblement constant et égal à 1,40 environ.

Comme nous l'indiquerons plus loin, le raisonnement précédent n'est pas à l'abri des objections. Disons sans insister que par des considérations basées sur l'acoustique, on a pu déterminer également ce rapport.

§ III

DILATATIONS. ACTIONS MÉCANIQUES.

Dilatation des corps. Coefficients de dilatation. Etude des solides homogènes, des cristaux. Etude du mercure et des autres liquides. Maximum de densité. Etude des gaz à pression constante. Densité des corps gazeux. Variations de pression à volume constant ; variations de la tension maxima avec la température. Hygrométrie. Applications diverses.

102. Variations de volumes sous l'influence de la chaleur. Coefficient de dilatation. — Considérons un corps autre que la substance thermométrique ; soit V_0 son volume à 0° et soit d'une manière générale V_t son volume à $t°$. L'expérience montre que V_t n'est pas une fonction linéaire de t : les divers corps, en se dilatant, ne suivent pas la même loi que la substance thermométrique. On reconnaît que la valeur de V_t peut s'exprimer par une expression de la forme

$$V_t = V_0(1 + At + Bt^2 + Ct^3 + \ldots\ldots)$$

dans laquelle les coefficients A, B, C sont de plus en plus petits, de telle sorte qu'on peut prendre un nombre variable de termes suivant l'approximation que l'on désire.

Formons la quantité $\frac{V_t - V_0}{V_0 t}$ qui est constante pour la substance thermométrique ; il n'en est pas ainsi pour le corps en question, car on a :

$$\frac{V_t - V_0}{V_0 t} = A + Bt + Ct^2 + \ldots..$$

Cette quantité, qui mesure la dilatation de l'unité de volume ramenée à ce qu'elle serait pour 1° s'il y avait proportionnalité, est ce que l'on appelle le *coefficient de dilatation entre* 0° *et* t. nous le désignerons par $k_{0,t}$. C'est une fonction de t qui serait déterminée si l'on connaissait la loi qui lie V_t à t puisque l'on a :

$$k_{0,t} = \frac{V_t - V_0}{V_0 t}$$

Inversement la valeur de V_t serait connue si l'on connaissait la relation entre k_{0t} et t, car on a :

$$V_t = V_0 (1 + k_{0,t} t)$$

Pour la substance thermométrique, on a

$$\alpha = \frac{V_t - V_0}{V_0 t} = \frac{V_t - V_{t'}}{V_0 (t - t')}$$

Si l'on calcule pour un corps quelconque la valeur $\dfrac{V_0 (t - t')}{V_t - V_{t'}}$ on aura ce que l'on appelle le coefficient moyen de dilatation entre t et t', que nous indiquerons par $k_{t,t'}$. Il vient immédiatement

$$k_{t,t'} = A + B(t + t') + C(t^2 + tt' + t'^2) + \ldots..$$

Il est clair que si l'on connaît la valeur générale de V, c'est-à-dire les coefficients A, B, C, on en déduira aisément la valeur de $k_{t,t'}$ ou inversement.

Disons enfin que l'on peut considérer la limite de $k_{t,t'}$ quand t' se rapproche indéfiniment de t : c'est ce que l'on appelle le coefficient de dilatation à la température t ; en le désignant par k_t, on a

$$k_t = \frac{dV}{V_0 dt} = A + 2Bt + 3Ct^2 + \ldots..$$

Cette valeur est liée moins directement que les précédentes

à V_t, au point de vue expérimental ; aussi n'est-elle jamais employée.

En général, comme nous le dirons plus loin, on a déterminé par l'expérience des valeurs de $k_{0,t}$ ou de $k_{t,t'}$ et l'on en a déduit celles des coefficients A, B, C... et par suite celle de V_t. Il eût peut-être été plus rationnel de mesurer les valeurs de V_t directement et d'en déduire les valeurs de k ; mais au fond il importe peu.

On peut se représenter la loi $V_t = V_0 f(t)$ comme définissant une courbe dans laquelle on prendrait les t comme abscisses et les rapports $\frac{V_t}{V_0}$ comme ordonnées.

Les recherches expérimentales conduiraient à trouver un certain nombre de points de cette courbe. L'idée la plus simple serait de déterminer chaque point par son abscisse et son ordonnée $\frac{V_t}{V_0}$ et t.

Mais on peut remarquer que $k_{0,t}$ n'est autre chose que le coefficient angulaire de la corde qui joint l'origine au point dont l'abcisse est t : un point de la courbe pourra être déterminé par l'intersection de son ordonnée et de cette corde que l'on peut tracer si l'on connaît les valeurs des coefficients moyens (91).

Il en serait de même des coefficients $k_{t,t'}$, mais les cordes, en général, ne passent plus par l'origine.

Enfin on reconnaît aisément que le coefficient k_t à la température t est le coefficient angulaire de la tangente au point dont l'abscisse est t. Mais on ne peut faire usage de cette remarque, parce que les expériences ne permettent pas de déterminer k_t.

Dans un très grand nombre de cas, à cause de la petitesse des coefficients, on peut négliger les termes supérieurs au 1er degré et l'on a alors, avec une approximation très suffisante en général :

$$V_t = V_0(1 + At).$$

Le coefficient moyen est alors indépendant de t

$$k = A$$

c'est ce que l'on nomme le *coefficient de dilatation cubique des corps.*

L'équation $V_t = V_0 (1 + kt)$ étant alors de même forme que celle qui se rapporte à la substance thermométrique, toutes les conséquences que nous avons déduites pour cette dernière sont immédiatement applicables aux autres substances ; il est inutile d'insister.

103. Dilatation des solides; dilatation linéaire; dilatation cubique. — Nous nous occuperons successivement de la dilatation des solides, des liquides et des gaz : commençons par les solides, et d'abord par les corps qui présentent une constitution identique dans toutes les directions, c'est-à-dire par les corps qui ne sont pas cristallisés ou qui sont cristallisés dans le système cubique. Ces corps subissent également l'action de la chaleur dans toutes les directions et, par suite, en se dilatant, restent semblables à eux-mêmes.

Considérons un corps de volume V_0 à 0° et soit l_0 la longueur d'une de ses arêtes; ces quantités seront respectivement V_t et l_t lorsque la température sera t. D'après ce que nous venons de dire on aura :

$$\frac{V_t}{V_0} = \frac{l_t^3}{l_0^3}$$

ou

$$\frac{l_t}{l_0} = \sqrt[3]{\frac{V_t}{V_0}} = \sqrt[3]{1 + kt}$$

k étant le coefficient de dilatation cubique du corps. Cette quantité étant très petite, on a avec une approximation suffisante dans la pratique

$$\frac{l_t}{l_0} = 1 + \frac{k}{3} t.$$

On peut donc écrire entre les longueurs à diverses températures une relation analogue à celle qui existe pour les volumes

$$l_t = l_0 (1 + \lambda t)$$

dans laquelle λ sera appelé le *coefficient de dilatation linéaire* du corps et sera le tiers du coefficient de dilatation cubique.

Il existe de même un coefficient de dilatation superficielle égal à $\frac{2}{3}k$, mais il est sans intérêt.

101. — L'étude de la dilatation des solides peut se faire soit par la recherche du coefficient de dilatation linéaire, soit par la détermination directe du coefficient de dilatation cubique ; cette dernière méthode n'est pas toujours applicable, nous l'indiquerons cependant après avoir parlé de la dilatation des liquides.

Le coefficient de dilatation linéaire est donné par la relation

$$\lambda = \frac{l_t - l_0}{l_0 t}$$

il y a donc pour l'obtenir à déterminer expérimentalement trois quantités, ce sont généralement l_0, $l_t - l_0$ et t.

Il importe de remarquer que les deux longueurs que l'on a à mesurer peuvent ne pas être déterminées avec la même précision. On tire en effet de la formule précédente :

$$\text{L}.\lambda = \text{L}(l_t - l_0) - \text{L}.l_0 - \text{L}.t$$

et en différentiant

$$\frac{d\lambda}{\lambda} = \frac{d(l_t - l_0)}{l_t - l_0} - \frac{dl_0}{l_0} - \frac{dt}{t}$$

Chacun des termes peut être considéré comme représentant approximativement l'erreur relative faite sur la quantité qui entre en dénominateur ; cette équation montre que l'erreur relative faite sur le coefficient de dilatation est la *somme* des erreurs faites sur la dilatation, sur la longueur de la tige et sur la température. Chacune de ces erreurs doit être la plus petite possible ; on opérera donc sur de longues tiges et avec une grande variation de température. Mais, comme c'est le terme de plus grande valeur qui caractérise l'ordre de l'approximation, on voit qu'il suffit que l'erreur relative commise sur l_0 soit de même ordre ou plus petite que celle commise sur $l_t - l_0$; et comme cette quantité est beaucoup plus petite que l_0, il faut que l'erreur absolue dont elle est susceptible soit bien moindre que l'erreur absolue que l'on peut commettre sur l_0. Aussi, dans les recherches de ce genre, le point capital consiste-t-il toujours dans la manière dont on mesure la dilatation $l_t - l_0$.

105. — On peut à cet égard concevoir trois méthodes différentes : 1° mesure directe; 2° mesure par amplification; 3° mesure par comparaison.

1° L'appareil construit par Ramsden et qui a été employé d'abord par le major Roy appartient à la méthode de mesure directe.

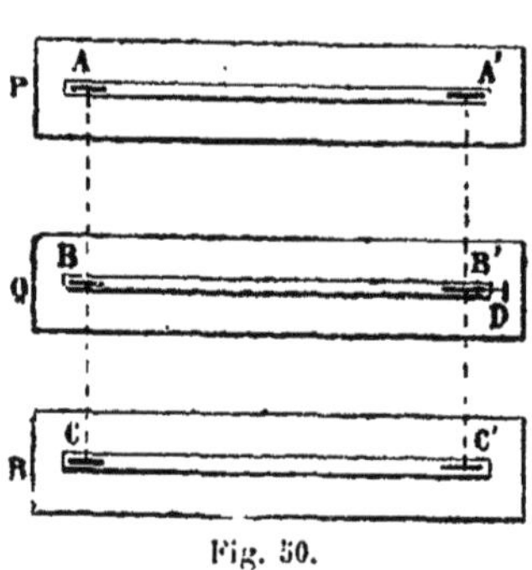

Fig. 50.

Trois auges métalliques, P, Q, R, (fig. 50) sont placées parallèlement à quelque distance : dans les deux extrêmes sont deux barres métalliques AA', CC' placées dans de la glace fondante où elles resteront pendant toute la durée des mesures. Ces barres portent à leurs extrémités des tiges verticales terminées supérieurement par des réticules (fig. 51); les lignes qui joignent la croisée des fils des réticules A et C et des réticules A' C' sont dès lors deux droites absolument invariables.

Fig. 51.

L'auge intermédiaire reçoit la barre BB' que l'on étudie : à une extrémité B elle porte une tige verticale terminée par une lentille dont le centre optique est à la hauteur des centres des réticules et qui, placée à mi-distance entre ceux-ci, a une longueur focale égale au quart de leur distance. On peut à l'aide d'un levier coudé déplacer la barre et l'amener à une position telle que l'image d'un réticule donnée par la lentille coïncide exactement avec l'autre réticule. Dans ces conditions, que l'on maintient pendant toute la durée de l'expérience, on est assuré que le centre optique de la lentille est sur la droite qui joint les centres des réticules, que par conséquent il est fixe comme celle-ci.

L'autre extrémité de la barre BB' porte également une tige verticale et une lentille, mais la tige n'est pas fixe ; elle est mobile avec un chariot que déplace une vis micrométrique.

Voici d'une manière générale la marche d'une experience : les barres AA' et CC' sont placées dans la glace fondante, on introduit la barre à étudier dans l'auge BB' que l'on remplit également de glace fondante. A l'aide du levier coudé, on amène le centre optique de B sur la ligne AC, puis à l'aide de la vis micrométrique on amène de la même façon le centre optique de B' sur la ligne A'C'. C'est la distance des centres optiques de B et de B' qui est l_0.

On chauffe alors l'auge B, la glace fond, la température de l'eau s'élève et peut atteindre celle de l'ébullition ; si cette température est jugée insuffisante, on enlève la glace et on introduit un liquide que l'on chauffe de même, de l'huile par exemple.

Lorsque l'on a atteint la température désirée, on s'assure que la lentille B n'a pas bougé et, au besoin, on la ramène à sa position primitive. Mais alors, nécessairement, par suite de la dilatation, le centre optique de la lentille B' n'est plus sur la droite A'C', ce dont on est averti par ce que l'image du réticule A' ne coïncide plus avec le réticule C'. On ramène la coïncidence en agissant sur la vis micrométrique.

Le déplacement indiqué par cette vis mesure évidemment la dilatation qu'avait subie la barre, il donne donc $l_t - l_0$ avec une grande exactitude.

Des dispositions aisées à concevoir permettent de reconnaître avec précision l'exactitude des coïncidences ; d'autres assurent l'uniformité de la température dans l'auge B où sont plongés des thermomètres étalonnés avec soin.

2° Dans la seconde méthode qui a été appliquée par Laplace et Lavoisier, on mesure non pas directement la dilatation mais une longueur plus considérable et ayant un rapport connu avec elle.

L'appareil (fig. 52) consiste en une auge placée sur un fourneau ; à quelque distance des angles de celui-ci se trouvent quatre piliers en maçonnerie. Deux d'entre eux supportent à l'aide d'armatures une tige métallique NA qui pénètre dans l'auge ;

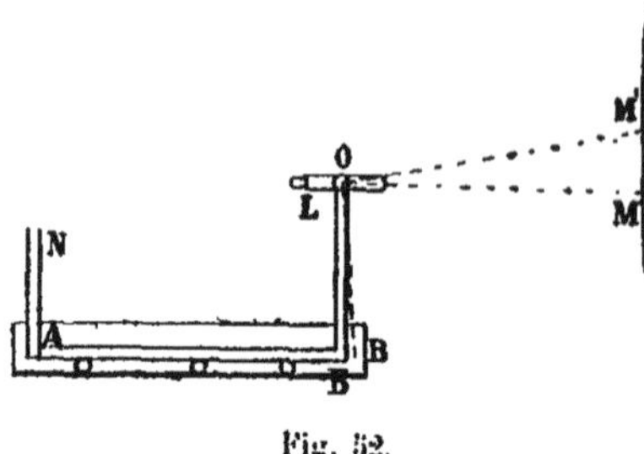

Fig. 52.

la barre que l'on étudie AB repose sur des rouleaux en verre placés sur le fond de l'auge, pour que la dilatation ne soit pas gênée par le frottement, et s'appuie contre cette tige verticale NA par une de ses extrémités qui est dès lors invariable.

Les deux autres piliers portent un axe horizontal O perpendiculaire à la direction de l'auge. Au milieu de cet axe est fixée une tige métallique OB qui pénètre dans l'auge et qui vient buter contre l'extrémité libre de la barre en expérience; à l'une des extrémités de ce même axe est une lunette L perpendiculaire à la tige métallique, s'inclinant avec celle-ci et du même angle, lorsque la barre en expérience change de longueur. Enfin à une certaine distance se trouve un mur vertical sur lequel sont tracées des divisions équidistantes et que l'on peut viser à l'aide de la lunette.

Au début, l'auge est remplie de glace fondante, la barre est à 0°; on vise l'échelle et on note la division M qui se projette sur le réticule de la lunette. On chauffe la glace et l'eau provenant de sa fusion, ou l'on remplace celle-ci par un autre liquide chaud: la barre en expérience s'allonge, la tige sur laquelle elle s'appuie s'incline entraînant l'axe et la lunette. On note à un même instant la température t et la division M' visée par la lunette. Soit d la distance des divisions ainsi observées; on a évidemment par la considération des triangles semblables

$$\frac{l_1 - l_0}{d} = \frac{OB}{OM}$$

ce qui donne la dilatation si on connaît la valeur du rapport $\frac{OB}{OM}$.
Pour déterminer cette valeur, Laplace ou Lavoisier employèrent le procédé suivant :

Opérant dans de la glace fondante, ils placèrent successivement dans l'angle deux barres qui différaient de longueur d'une quantité connue δ (l'une avait 1 toise et l'autre 1 toise 1 ligne); observant alors la distance d' des divisions visées par la lunette, on avait l'équation

$$\frac{\delta}{d'} = \frac{OB}{OM}$$

ce qui donne la valeur du rapport cherché.

3° Considérons deux barres de nature différente et de longueur l_0 à 0°, portons-les à la température t; soient l_t, l'_t leurs longueurs, λ, λ' les coefficients de dilatation des substances qui les composent. On a :

$$l_t = l_0(1 + \lambda t) \qquad \text{et} \qquad l'_t = l_0(1 + \lambda' t)$$

Si δ est la différence des longueurs qu'elles ont à $t°$, on a :

$$\delta = l_t - l'_t = l_0(\lambda - \lambda')t$$

Si donc on peut mesurer l_0, δ et t et si l'on connaît l'un des coefficients, λ par exemple, cette équation permettra de calculer l'autre.

Pour utiliser cette remarque, on prend deux barres que l'on fixe invariablement à une extrémité après les avoir placées parallèlement ; à l'autre extrémité ces barres portent, sur les surfaces qui sont en contact, des traits qui sur une des barres sont des divisions métriques, et sur l'autre constituent un vernier. On fait une lecture au vernier à 0° et une autre à $t°$, la différence donne la valeur de δ. (Il importe de remarquer qu'il y a à faire une correction provenant de ce que les divisions ne conservent pas la même valeur aux diverses températures ; nous indiquons plus loin comment se fait cette correction).

Cette méthode a été appliquée à quelques corps par Dulong et Petit ; comme nous le dirons, la même disposition peut être employée avantageusement pour effectuer des mesures de température.

106. Résultats généraux. — Les résultats obtenus, tant par l'une des méthodes précédentes que par celles que nous indiquerons par la suite, ont montré que les coefficients de dilatation ne sont pas constants pour chaque corps et que, d'une manière générale, ils croissent lorsque la température initiale étant 0° la température finale s'élève ; c'est-à-dire que la courbe qui représente la loi qui existe entre le volume et la température tourne sa convexité du côté de l'axe des températures. C'est ce qu'indiquent par exemple les nombres suivants.

COEFFICIENTS MOYENS DE DILATATION LINÉAIRE
d'après Dulong et Petit

Limites de température	Platine	Cuivre	Verre
0 à 100°	$1,7182 .10^{-4}$	$8,842 .10^{-5}$	$8,6133 .10^{-5}$
0 à 300°	$1,88324.10^{-4}$	$9,1827.10^{-5}$	$1,01084.10^{-4}$

COEFFICIENTS MOYENS DE DILATATION CUBIQUE
D'après Regnault

Limites de température	Cristal de Choisy-le-Roi	Verre
0 à 100°	$2,28.10^{-5}$	$2,761.10^{-5}$
0 à 200°	$2,31.10^{-5}$	$2,908.10^{-5}$
0 à 300°	$2,33.10^{-5}$	$3,055.10^{-5}$
0 à 350°	$2,34.10^{-5}$	$3,131.10^{-5}$

Dans la pratique, on peut cependant considérer les coefficients de dilatation des solides comme constants. Nous donnons dans le tableau suivant les valeurs de ces nombres pour divers corps.

COEFFICIENTS MOYENS DE DILATATION LINÉAIRE DE 0 A 100°

Charbon des cornues	$5,51 .10^{-6}$
Graphite	$7,96 .10^{-6}$
Platine iridié	$8,9 .10^{-6}$
Platine	$9,16 .10^{-6}$
Fonte grise	$1,075.10^{-5}$
Acier recuit	$1,113.10^{-5}$
Fer doux	$1,228.10^{-5}$
Acier trempé	$1,362.10^{-5}$
Or	$1,451.10^{-5}$
Cuivre	$1,7 .10^{-5}$
Laiton	$1,879.10^{-5}$
Argent	$1,936.10^{-5}$
Aluminium	$2,336.10^{-5}$
Plomb	$2,948.10^{-5}$

107. — Il est important de remarquer que lorsque l'on chauffe un corps creux' sa capacité augmente ; on reconnaît aisément que l'augmentation de cette capacité doit être égale à la dilatation de la partie pleine qui la remplirait. On peut, en effet, dans un corps plein qui se dilate, imaginer par la pensée une couche superficielle présentant une certaine épaisseur et constituant un corps creux à l'intérieur duquel est le reste du solide : dans ce cas, il est évident que l'augmentation de capacité du corps creux est égale à la dilatation de la partie qui le remplit. On ne voit pas comment il en serait autrement si ce corps creux était seul, car l'expérience a montré que la valeur du coefficient de dilatation est indépendante de la forme et de l'épaisseur du solide considéré.

On peut d'ailleurs vérifier le fait à l'aide de l'anneau de S. Gravezande : l'appareil consiste en une sphère métallique portée par une chaîne et qui passe exactement à travers un anneau. Lorsque l'on chauffe la sphère, elle ne peut plus traverser l'anneau, car elle s'est dilatée ; mais si l'on porte à la même température la sphère et l'anneau, par exemple en les trempant pendant un temps suffisant dans l'eau bouillante, on reconnaît que la sphère passe encore exactement dans l'anneau ; le diamètre de celui-ci a donc augmenté, et cette augmentation est précisément égale à la dilatation de la sphère.

108. Dilatation des corps non homogènes et des cristaux. — On peut prévoir que, pour les corps qui ne sont pas homogènes au point de vue physique, la dilatation ne sera pas la même dans les diverses directions. C'est ainsi, par exemple, que la dilatation du bois n'a pas la même valeur dans la direction des fibres ou perpendiculairement à cette direction.

Il en est de même pour les substances cristallisées, ainsi que l'a reconnu M. Fizeau. Comme on opère dans ce cas sur de petits échantillons, les dilatations sont très minimes et il faut employer pour les mesurer un procédé spécial, qui est basé sur la production des franges d'interférences que nous signalerons plus loin.

Suivant le système auquel appartient le cristal, il y a deux ou trois axes principaux de dilatation suivant lesquels la dilatation n'a pas la même valeur : il peut même arriver que, suivant un de ces axes, la dilatation soit remplacée par une contraction.

Voici quelques exemples dans lesquels α, α' et α'' sont les coefficients de dilatation suivant ces axes.

	α	α'	α''
Quartz..............	$7,81\ .10^{-6}$	$1,419.10^{-5}$	»
Spath d'Islande......	$2,621.10^{-5}$	$-5,4\ .10^{-6}$	»
Aragonite...........	$3,46\ .10^{-5}$	$1,719.10^{-5}$	$1,016.10^{-5}$
Pyroxène............	$1,386.10^{-5}$	$2,72\ .10^{-6}$	$7,91\ .10^{-6}$
Feldspath...........	$-2,02\ .10^{-6}$	$1,905.10^{-5}$	$-1,51\ .10^{-6}$

Pour ces corps, la dilatation cubique s'obtient en calculant suivant les cas $\alpha + 2\alpha'$ ou $\alpha + \alpha' + \alpha''$, au moins tant qu'il ne s'agit pas de grandes variations de température.

109. Dilatation des liquides. — L'étude de la dilatation des liquides présente une difficulté provenant de ce que ces corps doivent être contenus dans des vases qui eux-mêmes se dilatent, de telle sorte qu'il faut tenir compte de ces changements de volume. On peut mettre en évidence cette influence du vase par l'expérience suivante :

On remplit de liquide un ballon au col duquel on a soudé un tube fin, et l'on note la hauteur à laquelle le liquide s'élève dans ce tube. On plonge le ballon dans un bain d'eau bouillante ; presque immédiatement on observe que le niveau du liquide descend au dessous de sa position primitive ; puis après quelques instants, ce niveau remonte, atteint la position initiale et s'élève notablement au-dessus.

Dans ce cas, l'action de la chaleur a d'abord dilaté le vase seul, ce qui a augmenté sa capacité et a fait descendre le niveau ; mais ensuite le liquide s'est dilaté à son tour et son niveau a remonté.

On voit que cette expérience montre, en outre, que les liquides se dilatent plus que les solides [1].

1. On indique quelquefois l'existence d'un coefficient de dilatation apparente ; mais son emploi n'est jamais nécessaire et présente souvent quelques difficultés ; aussi ne nous y arrêterons-nous pas.

L'étude de la dilatation du mercure se fait par des procédés particuliers et doit précéder les recherches faites sur les autres liquides.

110. Dilatation du mercure. — Dulong et Petit, pour étudier la dilatation du mercure sans avoir à tenir compte des variations de volume de l'enveloppe, construisirent un appareil basé sur le principe des vases communiquants et dont l'emploi conduit à une formule où entrent les poids spécifiques qui, comme nous l'avons dit, sont reliés aux coefficients de dilatation.

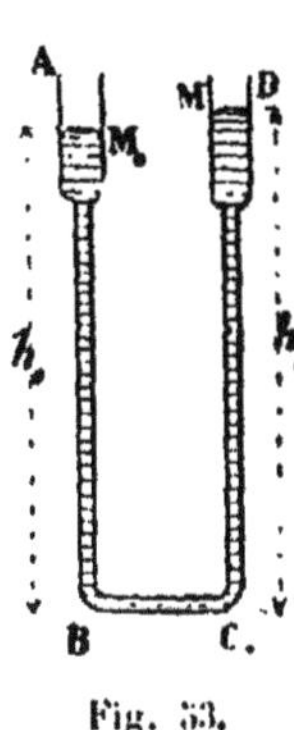

Fig. 53.

Cet appareil (fig. 53) se compose essentiellement de deux tubes en verre AB, DC d'un diamètre assez grand pour que l'on puisse négliger les effets de la capillarité, et reliés à leur partie inférieure par un tube capillaire BC que l'on rend parfaitement horizontal. (Pour diminuer la quantité de mercure nécessaire, la partie supérieure des tubes verticaux était seule d'un grand diamètre). L'un des tubes peut être maintenu à 0° dans la glace fondante, l'autre placé dans un bain d'huile peut être échauffé à une température déterminée.

L'appareil étant plein de mercure, au début, lorsque les deux tubes sont à la même température, les deux surfaces sont dans un même plan horizontal. Mais par suite de la différence de température qu'on établit et de la différence de poids spécifique qui en résulte, une dénivellation se produit.

Lorsque les températures sont invariables, on reconnait qu'il y a équilibre : il n'y a donc pas écoulement dans le tube de jonction, de plus il n'y a pas de mouvements tourbillonnaires qui y prennent naissance à cause de son petit diamètre. Le tube étant horizontal, on en conclut que les pressions à ses deux extrémités ont la même valeur. Si l'on appelle ϖ_0 et ϖ_t les poids spécifiques du mercure dans les deux branches, h_0 et h_t les distances qui séparent les surfaces libres de l'axe du tube de jonction, on doit donc avoir la relation

$$h_0\pi_0 = h_t\pi_t$$

d'où

$$\frac{\pi_0}{\pi_t} = \frac{h_t}{h_0}$$

Mais, à cause de la valeur connue de $\frac{\pi_0}{\pi_t}$ (73), il vient

$$\frac{h_t}{h_0} = 1 + \mu t \quad \text{d'où} \quad \mu = \frac{h_t - h_0}{h_0 t}$$

μ étant le coefficient de dilatation du mercure.

On voit que cette valeur est de même forme que celle que nous avons trouvée pour les solides : les mêmes considérations lui sont donc applicables.

Nous n'insisterons pas sur les détails de l'expérience parce que Regnault a donné une méthode basée sur un principe analogue et qui est plus précise en ce qu'elle évite diverses causes d'erreur, et nous nous bornerons à dire que la différence de hauteur des deux surfaces libres $h_t - h_0$ était mesurée à l'aide du cathétomètre qui fut construit par Dulong et Petit précisément à cette occasion.

111. Expériences de Regnault. — Une des principales causes d'erreur était la difficulté de maintenir invariables les températures des colonnes mercurielles à leur sommet au moment où l'on visait les surfaces libres. Pour éviter cet inconvénient, Regnault a imaginé l'appareil suivant (fig. 54) :

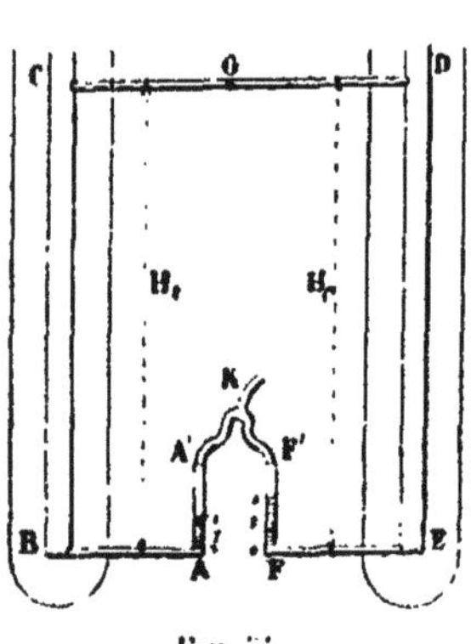

Fig. 54.

Deux tubes verticaux de fer, BC, ED, ouverts à leur partie supérieure, sont reliés vers leur sommet par un tube fin de fer dont on peut rendre l'axe parfaitement horizontal et qui vers son milieu G présente une petite ouverture dirigée vers le haut.

A la partie inférieure de chacun des tubes verticaux se

trouve un tube horizontal fin BA, EF, qui se recourbe et aboutit à un tube vertical de verre AA', FF'.

Enfin les tubes de verre sont reliés supérieurement par un tube de plomb qui aboutit d'autre part K à un réservoir dans lequel on entretient une pression déterminée.

Le tube DE, par exemple est maintenu entièrement dans la glace fondante ; le tube CB est placé tout entier dans un bain d'huile chauffée.

Les divers tubes de communication étant fins et rendus parfaitement horizontaux, on en conclut, comme précédemment que la pression est la même aux deux extrémités de chacun d'eux.

Pour faire une expérience on introduit du mercure dans l'appareil et on maintient dans le réservoir une pression suffisante pour que le mercure soit visible dans les deux tubes de verre et pour qu'une gouttelette apparaisse à l'orifice G, ce qui assure que l'appareil est rempli. Dans ce cas la pression en B est égale à la pression en A : exprimons cette égalité.

Soient t, la température de la branche chauffée;

θ, la température de l'air ambiant ;

π_0, π_t, π_θ les poids spécifiques du mercure à 0°, t°, θ° ;

h_0, h_1 les distances qui séparent l'axe du tube CD des axes des tubes EF et AB ;

h', h'' les distances qui séparent les axes de ces tubes des surfaces libres correspondantes.

Les diverses distances sont des distances verticales, mesurées au cathétomètre.

On a immédiatement

$$h_0\pi_0 - h'\pi_\theta = h_t\pi_t - h''\pi_\theta$$

Mais on a d'autre part les relations

$$\frac{\pi_0}{\pi_t} = 1 + \mu_{0,t}t \qquad \frac{\pi_0}{\pi_\theta} = 1 + \mu_{0,\theta}\theta$$

et l'équation devient

$$h_0 - \frac{h_t}{1+\mu_{0,t}t} = \frac{h' - h''}{1+\mu_{0,\theta}\theta}$$

En réalité cette équation contient deux inconnues ; mais on la résout par la méthode des approximations successives, soit en admettant comme première approximation que l'on a $\mu_{0,t} = \mu_{0,\theta}$, soit en remplaçant d'abord $\mu_{0,\theta}$ par la valeur qui avait été trouvée antérieurement, par celle de Dulong et Petit.

Au lieu de placer le tube AA' dans la glace fondante, Regnault maintenait sa température constante en le plongeant dans un courant d'eau. On reconnait aisément que si θ' est la température de cette eau, l'équation devient

$$\frac{h_t}{1+\mu_{0,t}t} = \frac{h_{\theta'}}{1+\mu_{0,\theta'}\theta'} - \frac{h' - h''}{1+\mu_{0,\theta}\theta}$$

où l'on prend également pour $\mu_{0,\theta'}$ la valeur trouvée par Dulong et Petit.

Regnault modifia encore cet appareil : mais les résultats obtenus par les deux méthodes conduisirent à des nombres absolument concordants.

Les valeurs obtenues par Dulong et Petit d'abord, puis par Regnault, ont montré que le coefficient de dilatation du mercure varie avec la température ; le mercure, à cet égard, se comporte comme les corps solides. C'est ce qui résulte des nombres suivants :

Limites de température	Dulong et Petit	Limites de température	Regnault
0 à 100°	$\frac{1}{5550} = 1{,}8018.10^{-4}$	0 à 100°	$1{,}8053.10^{-4}$
		0 à 200°	$1{,}8405.10^{-4}$
100 à 200°	$\frac{1}{5425} = 1{,}8433.10^{-4}$	0 à 300°	$1{,}8658.10^{-4}$
200 à 300°	$\frac{1}{5300} = 1{,}8867.10^{-4}$	0 à 350°	$1{,}8784.10^{-4}$

112. Dilatation des liquides autres que le mercure. — La connaissance du coefficient de dilatation du mercure est nécessaire, comme nous l'avons dit, pour l'étude de la dilatation des autres liquides ; on ne peut guère leur appliquer la méthode précédente, notamment à cause de l'évaporation qui se produit à la surface libre et qui n'est pas négligeable. On emploie, par exemple, la méthode suivante :

On prend un réservoir muni d'une tige graduée en parties d'égale capacité, ayant la forme ordinaire d'un thermomètre, et l'on détermine d'abord son coefficient de dilatation cubique. Il faut faire cette détermination directe et ne pas déduire ce nombre du coefficient linéaire qui aurait été trouvé par l'étude d'une barre ou d'une tige de verre, parce que le travail auquel on a soumis le verre pour lui donner la forme convenable a changé sa constitution physique.

On introduit du mercure dans l'appareil en prenant les précautions que nous indiquerons en parlant de la construction des thermomètres, et l'on s'arrange pour que le niveau du mercure soit dans la tige. Soit V_0 le volume à 0° du mercure introduit et soit v_0 le volume à 0° d'une division de la tige ; ces volumes sont déduits de pesées du mercure à 0°.

On peut toujours poser $V_0 = n_0 v_0$. n_0 étant le nombre de divisions de la tige (supposée prolongée de manière à remplacer le réservoir), qui seraient occupées par le mercure.

On chauffe l'appareil à $t°$, le niveau du mercure s'élève dans la tige et occupe m divisions de plus. Exprimons que, à $t°$, le volume du liquide contenu est égal à celui de la capacité qui le contient.

Soient μ et k les coefficients de dilatation du mercure et du verre.

Le mercure a, à 0°, un volume V_0 ; à $t°$ ce volume est

$$V_0(1 + \mu t).$$

L'espace occupé par le mercure serait $V_0 + mv_0$ si le vase ne s'était pas dilaté ; mais, en réalité, il est devenu

$$(V_0 + mv_0)(1 + kt)$$

On a donc

$$V_0(1 + \mu t) = (V_0 + mv_0)(1 + kt)$$

équation d'où l'on tire k.

Cette équation s'écrit souvent autrement, en introduisant la quantité n_0, elle devient alors :

$$n_0 (1 + \gamma t) = (n_0 + m)(1 + kt)$$

On vide alors l'appareil et on recommence une expérience entièrement analogue après avoir introduit dans le réservoir le liquide que l'on étudie. Si x est son coefficient de dilatation et si m' est la variation du nombre de divisions quand la température passe de 0 à $t'°$, on a l'équation

$$n_0 (1 + xt') = (n_0 + m')(1 + kt')$$

qui permet de calculer x.

Des expériences ont été faites sur un grand nombre de liquides et ont permis de déterminer la forme de l'équation qui représente les variations de volume ; comme nous l'avons dit cette équation est

$$V_t = V_0 (1 + At + Bt^2 + Ct^3)$$

et l'on est parvenu à calculer les coefficients.

En voici les valeurs pour quelques corps :

	A	B	C
Mercure...........	$1{,}790066 . 10^{-4}$	$2{,}52316 . 10^{-8}$	»
Alcool éthylique...	$1{,}048630 . 10^{-2}$	$1{,}75099 . 10^{-6}$	$1{,}345180 . 10^{-9}$
Alcool méthylique.	$1{,}185570 . 10^{-2}$	$1{,}56493 . 10^{-6}$	$9{,}111344 . 10^{-9}$
Sulfure de carbone.	$1{,}139804 . 10^{-2}$	$1{,}37065 . 10^{-6}$	$1{,}912255 . 10^{-8}$

Il va sans dire que ces valeurs sont applicables dans les limites des températures entre lesquelles ont été faites les mesures, et que les équations qui les contiennent ne sauraient donner des résultats certains en dehors de ces limites.

113. Maximum de densité de l'eau. — Certains liquides, notamment l'eau et quelques dissolutions aqueuses, présentent une particularité curieuse ; lorsqu'on les chauffe à partir d'une certaine température ils commencent à se contracter, et la dilatation n'apparaît que plus tard. Cette particularité a été étudiée d'une façon toute spéciale pour l'eau, dont le volume diminue jusque vers 4° pour croître ensuite, de telle sorte que, à 8° environ, ce liquide a le même volume qu'à 0° et que, au delà seulement, il y a dilatation. Il y a donc vers 4° un minimum de volume, et, comme conséquence, un maximum de poids spécifique ou de densité.

Le fait peut être mis en évidence par une expérience imaginée à la même époque par Hope et par Trallès.

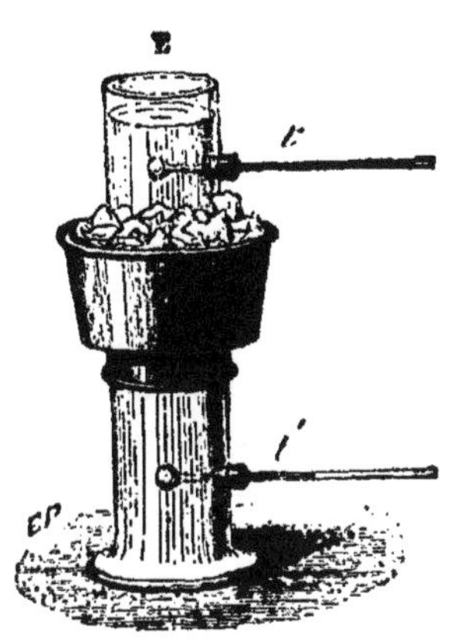

Fig. 55.

Un vase cylindrique en verre (fig. 55) est rempli d'eau à 12° environ; à mi-hauteur, il porte extérieurement une galerie C dans laquelle on met de la glace ou même un mélange réfrigérant; enfin deux thermomètres t, t' traversant la paroi sont placés horizontalement l'un au-dessus, l'autre au-dessous de cette galerie, de manière que leurs réservoirs soient sur l'axe du cylindre.

Au début les deux thermomètres marquent la même température : mais bientôt l'action refroidissante se fait sentir, l'eau se refroidit à la partie médiane et devient plus lourde, elle descend donc et abaisse la température des couches profondes, ce que montre le thermomètre inférieur. Le thermomètre supérieur n'indique rien ou à peu près, parce que les couches supérieures ne peuvent se refroidir que par conduction et nous savons que la conductibilité des liquides est très faible.

Mais à partir d'un certain moment, alors que les couches inférieures sont à la température du maximum de densité, leur température ne varie plus; l'eau qui se refroidit au-dessous de cette température à la partie médiane ne peut plus descendre puisqu'elle est plus légère. Par contre on voit alors décroître la température du thermomètre supérieur, elle atteint la température du thermomètre inférieur et même descend au-dessous, puisque l'eau plus froide que 4° est plus légère et tend à monter.

Non seulement cette expérience met en évidence l'existence du maximum de densité, mais elle permet même de déterminer sa température, puisque c'est celle à laquelle le thermomètre inférieur reste stationnaire.

En réalité, il ne reste pas absolument stationnaire, à cause de la conduction. Aussi pour diminuer les causes d'erreur, Despretz, en appliquant cette méthode pour déterminer la température du maximum de densité, employait non pas deux mais quatre thermomètres.

114. — D'autres méthodes ont été employées pour déterminer la température du maximum de densité.

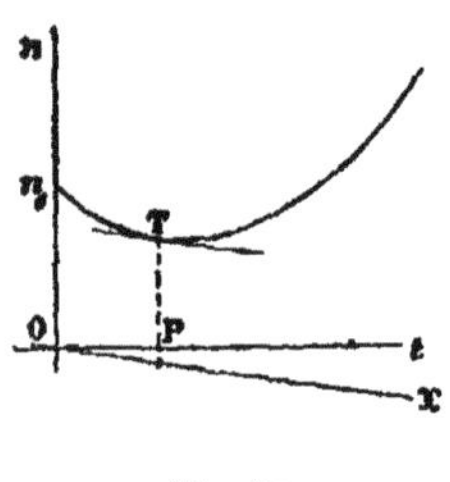

Fig. 56.

Despretz se servit de la méthode du thermomètre à tige graduée : il notait le nombre de divisions occupées par une masse de liquide à diverses températures et il construisait une courbe (fig. 56) ayant les températures pour abscisses et ces nombres de division pour ordonnées. Cette courbe, qui présentait un minimum, n'est pas cependant celle qui représente la loi de dilatation de l'eau, car les divisions du thermomètre ne conservaient pas le même volume aux diverses températures. Ce thermomètre avait été étudié au préalable ; Despretz traça par l'origine et au-dessous de l'axe Ot des températures une droite Ox qui représentait la dilatation du thermomètre. On voit aisément que les ordonnées de la courbe, comptées à partir de cette droite comme nouvel axe, représentent les volumes réels de la masse d'eau aux diverses températures. Si, alors, on mène à la courbe une tangente parallèle à ce nouvel axe, l'ordonnée correspondante TP représentera le volume minimum, et l'abscisse OP du point de contact donnera la température du volume minimum ou du maximum de densité.

Lefèvre-Gineau, dans ses expériences sur la détermination du kilogramme, et Halström ont cherché la loi de dilatation de l'eau en évaluant la perte de poids d'un corps plongé dans le liquide à diverses températures. Connaissant la loi de dilatation du solide et la perte de poids à une température déterminée, on peut en déduire le poids spécifique du liquide à cette température.

Halström avait déterminé le coefficient de dilatation linéaire du verre dont il se servait, et avait trouvé qu'il était représenté par une expression de la forme $a+bt$. Le volume d'une sphère du même verre, qui était le corps plongé, variait donc suivant la relation

$$V_t = V_0(1 + at + bt^2)^3$$

Il détermina la loi à laquelle obéissaient les pertes de poids données par ses expériences ; elle pouvait être représentée par l'équation

$$P_t = P_0(1 + ct + dt^2 + et^3)$$

On tire de là la valeur de $\frac{P_t}{V_t}$ dont on simplifie la forme en négligeant les termes supérieurs à t^3, ce qui donne :

$$\frac{P_t}{V_t} = \frac{P_0}{V_0}(1 + mt + nt^2 + pt^3)$$

Mais $\frac{P_t}{V_t}$ et $\frac{P_0}{V_0}$ sont respectivement les poids spécifiques e_t et e_0 de l'eau à $t°$ et à 0° ; on a donc

$$e_t = e_0(1 + mt + nt^2 + pt^3)$$

On aurait d'ailleurs aussi facilement la loi de dilatation des volumes, car, en appelant v_t et v_0 ces volumes on sait que l'on a

$$\frac{v_t}{v_0} = \frac{e_0}{e_t}$$

Les coefficients trouvés par Hallström à la suite d'expériences comprises entre 0°,8 et 32°,5 sont

$$m = -5{,}2939.10^{-5} \qquad n = 6{,}535.10^{-6} \qquad p = -1{,}514.10^{-8}$$

En annulant la dérivée de cette équation

$$m + 2nt + 3pt^2 = 0,$$

on a deux solutions correspondant à des valeurs extrêmes de e_t. La plus petite $t = 4°,108$ correspond à un maximum de e_t, c'est la valeur cherchée ; l'autre est sans intérêt, parce que, étant beaucoup plus grande que 32°,5 l'équation est sans relation certaine avec le phénomène physique.

Disons encore, sans insister, que M. Rossetti a fait une série de recherches sur le même sujet, en prenant la densité de l'eau à diverses températures par la méthode du flacon.

De toutes les expériences, il résulte que la dilatation de l'eau entre 0 et 100° ne peut pas être représentée par une équation de la forme

$$V_t = V_0 (1 + at + bt^2 + ct^3 \ldots\ldots)$$

à un petit nombre de termes. En conservant seulement les termes en t^3, l'équation ne peut représenter la loi que pour une étendue d'environ 25 à 30°.

M. Rossetti a indiqué la forme suivante plus complexe qui serait applicable entre 0 et 100°.

$$V_t = V_4 \{1 + a(t - 4)^2 + b(t - 4)^{2,6} + c(t - 4)^{3,2}\}$$

dans laquelle on aurait

$$a = 8,0875.10^{-6} \qquad b = -2,9123.10^{-7} \qquad c = 4,5778.10^{-8}$$

Disons encore que les valeurs de la température du maximum de densité, obtenues par divers expérimentateurs, sont les suivantes :

3°,98 Despretz (méthode de Hope) ;

4°,001 Despretz (méthode du thermomètre à tige) ;

4°,108 Hallström.

Enfin M. Rossetti, discutant toutes les valeurs trouvées par lui et par les autres expérimentateurs, donne la valeur 4°.

115. — L'existence du maximum de densité pour l'eau explique pourquoi dans les lacs et les étangs, masses d'eau qui se refroidissent par la surface, les parties profondes sont à une température de 4° environ alors même que la surface est recouverte d'une couche de glace. Il importe toutefois de remarquer que si le froid persiste, cette température ne persiste pas, et qu'elle s'abaisse progressivement par conduction : c'est ce qu'a très bien montré M. Forel dans une étude intéressante sur le lac de Genève.

Comme nous l'avons indiqué, certaines dissolutions salines présentent aussi un maximum de densité. Mais il peut arriver, comme pour l'eau de mer, que la température correspondante soit au-dessous du point de solidification, de telle sorte que le phénomène ne peut être mis en évidence que dans le cas de surfusion du liquide.

116. Dilatation des gaz. — L'étude de l'action de la chaleur sur les gaz doit être faite à part, parce qu'il y a à tenir compte de l'influence de la pression.

Nous avons dit que, pour une masse de gaz donnée, il existe une relation entre le volume, la pression et la température, $F(V, P, t) = 0$, relation dont nous avons à chercher la forme. Cette équation peut être considérée comme représentant une surface rapportée à trois plans coordonnés et nous avons déjà étudié la nature des sections parallèles au plan des VP : elle est donnée par la loi de Mariotte.

Nous allons rechercher maintenant la nature des sections parallèles au plan des V*t*, c'est-à-dire la relation qui unit le volume à la température quand P est constant, la loi de dilatation à pression constante.

Nous n'insisterons pas sur les premières recherches qui ont été faites et qui étaient entachées d'erreurs notables provenant
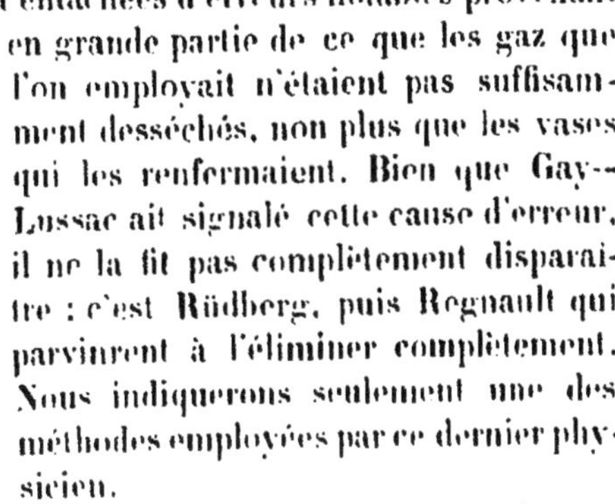
en grande partie de ce que les gaz que l'on employait n'étaient pas suffisamment desséchés, non plus que les vases qui les renfermaient. Bien que Gay-Lussac ait signalé cette cause d'erreur, il ne la fit pas complètement disparaître : c'est Rüdberg, puis Regnault qui parvinrent à l'éliminer complètement. Nous indiquerons seulement une des méthodes employées par ce dernier physicien.

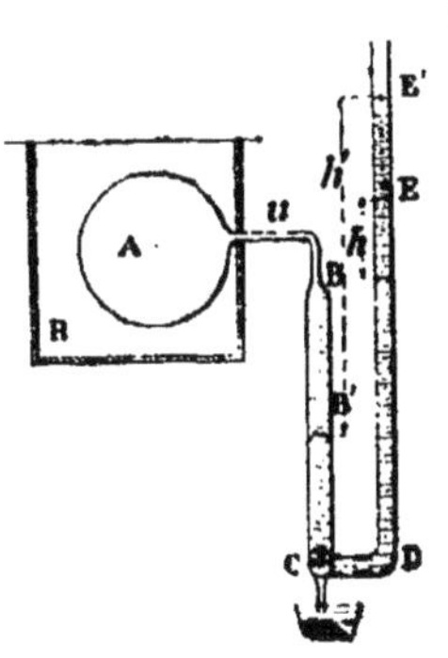

Fig. 57.

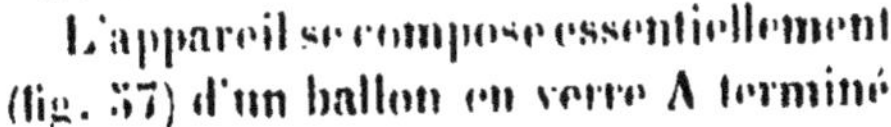
L'appareil se compose essentiellement (fig. 57) d'un ballon en verre A terminé

par un tube fin u et relié par un collier à gorge à un manomètre à air libre BCDE. Le ballon, que l'on place dans un vase R où l'on peut à volonté l'amener à la température de 0° ou le chauffer, a été préalablement jaugé au mercure et l'on a en même temps déterminé son coefficient de dilatation k; soit V_0 son volume à 0°.

Les deux branches du manomètre sont réunies par un robinet à trois voies C; la petite branche est divisée en parties d'égale capacité, elle se termine par un tube fin horizontal qui se relie au ballon et qui porte un branchement muni également d'un robinet à trois voies. On a jaugé au mercure le volume u du tube horizontal et celui des divisions de la branche verticale. Le volume u est très petit et reste constamment à la température ambiante; on admet qu'il ne varie pas.

Le manomètre est placé dans une cuve traversée constamment par un courant d'eau, qui en maintient la température invariable, et fermée latéralement par une glace à faces parallèles.

Le branchement est relié à une série de tubes desséchants qui peuvent être mis en communication soit avec une pompe à gaz, soit avec un réservoir contenant le gaz sur lequel on veut opérer.

On commence par dessécher l'appareil; pour cela, la communication avec le manomètre étant interrompue, on chauffe le ballon et l'on y fait le vide avec la pompe; puis on laisse rentrer du gaz qui perd son humidité en traversant les tubes desséchants. Mais cette opération ne suffit pas et il faut la renouveler au moins dix ou douze fois, pour être assuré que la dessiccation est complète. Regnault l'a vérifié en reconnaissant que les valeurs obtenues par le coefficient de dilatation variaient pour deux opérations successives tant que l'on n'avait pas atteint la dixième dessiccation, mais qu'elles conservaient la même valeur au delà.

On remplit alors le ballon et l'on interrompt la communication à l'aide du robinet; dans quelques cas, on a même fermé à la lampe le tube d'amenée du gaz.

On introduit de la glace fondante autour du ballon et, agissant sur le manomètre en ajoutant du mercure ou en en faisant couler par la partie inférieure, on amène le niveau de ce liquide dans la petite branche à affleurer le trait supérieur des divisions. La masse de gaz occupe alors le volume V_0 à 0° plus le volume u ; sa pression est $H+h$, H étant la pression barométrique au moment de l'expérience et h la distance verticale du mercure dans les deux branches du manomètre.

On enlève alors la glace et l'on chauffe le ballon : le gaz se dilate et refoule le mercure. Quand on a atteint la température t à laquelle on veut opérer, on agit sur le manomètre de manière à obtenir une différence de niveau h' telle que la pression du gaz qui est $H'+h'$ soit exactement ou au moins sensiblement égale à $H+h$, puisque l'on étudie la dilatation à pression constante. Le gaz occupe alors le ballon dont le volume est devenu $V_0(1+kt)$ plus l'espace u, plus un certain nombre de divisions du tube manometrique qui auraient à 0° un volume v_0 et qui ont effectivement un volume $v_0(1+k\theta)$.

La masse de gaz qui est dans le ballon occuperait à 0° un volume $\frac{V_0(1+kt)}{1+\alpha t}$, α étant son coefficient de dilatation, et celle qui est dans le manomètre aurait, dans les mêmes conditions, un volume $\frac{v_0(1+k\theta)}{1+\alpha\theta}$. En appliquant alors à cette masse de gaz ramenée à 0° la loi de Mariotte il vient

$$(V_0+u)(H+h)=\left(\frac{V_0(1+kt)}{1+\alpha t}+u+\frac{v_0(1+k\theta)}{1+\alpha\theta}\right)(H'+h')$$

équation qui se simplifie dans le cas où la pression a été maintenue absolument constante puisque l'on a alors

$$H+h=H'+h'.$$

En réalité le coefficient α peut ne pas avoir la même valeur dans les termes αt et $\alpha\theta$, car il représente le coefficient moyen de dilatation de 0 à t d'une part, et de 0 à θ d'autre part. Mais comme le terme en $\alpha\theta$ a peu d'importance, on résout par la méthode des approximations successives en prenant pour α dans ce terme une valeur approchée provenant de recherches antérieures.

117. — Dans ses recherches sur la dilatation des gaz, Gay-

Lussac avait indiqué que le coefficient de dilatation est le même pour tous les gaz, au moins pour les gaz qui étaient considérés comme permanents — nous dirions aujourd'hui pour les gaz très éloignés de leur liquéfaction ; — et que ce coefficient est indépendant de la valeur de la pression constante sous laquelle il a été déterminé.

Regnault a montré que, même avec ces restrictions, les lois de Gay-Lussac ne sont pas rigoureusement exactes, ainsi qu'il résulte des chiffres suivants qui montrent que les différences s'accentuent quand on prend des gaz rapprochés de leur point de liquéfaction.

	Pression.	Coefficients.	Pression.	Coefficients.
Air.............	760	$3{,}670\ .10^{-3}$	2620mm	$3{.}6964.10^{-3}$
Azote...........	750	$3{,}670\ .10^{-3}$	»	»
Hydrogène......	760	$3{,}6613.10^{-3}$	2545	$3{,}6616.10^{-3}$
Acide carbonique	760	$3{,}7009.10^{-3}$	2520	$3{,}8455.10^{-3}$
Acide sulfureux..	760	$3{.}903\ .10^{-3}$	980	$3{,}980\ .10^{-3}$

Cependant, dans les applications pratiques, on peut, dans la plupart des cas, considérer les lois de Gay-Lussac comme suffisamment exactes.

En ce qui concerne les vapeurs, c'est-à-dire les corps qui sont gazeux à une température ordinaire sous la pression normale, la méthode précédente n'est pas applicable. Nous indiquerons plus loin comment leur dilatation a pu être étudiée.

118. — Densité d'un corps gazeux. — On appelle densité d'un corps gazeux, gaz ou vapeur, dans des conditions déterminées de température et de pression, le rapport du poids d'un certain volume de ce corps au poids d'un égal volume d'air dans les mêmes conditions de température et de pression.

On peut dire encore que cette densité est le rapport du poids spécifique du corps gazeux au poids spécifique de l'air pris dans les mêmes conditions de température et de pression.

Si donc d est la densité, ϖ le poids spécifique du corps, a le poids spécifique de l'air, on a :

$$d = \frac{\varpi}{a}$$

Pour l'air, le poids spécifique a à la température t et à la pression P est lié au poids spécifique a_0 à la température 0° et à la pression 760^{mm} par la relation

$$a = \frac{a_0 . P}{(1 + \alpha t) . 760}$$

Quand au corps gazeux, il existe une relation de ce genre $\pi = \pi_0 f(P, t)$, mais dont on ignore la forme, en général. Si donc on appelle d_0 la densité du corps gazeux à 0° et 760^{mm}, on aura dans tous les cas

$$d = d_0 \frac{P f(P, t)}{(1 + \alpha t) . 760}$$

Cette valeur prend une forme très simple pour le cas où le corps gazeux considéré est un gaz éloigné de son point de liquéfaction, obéissant sensiblement aux lois de Mariotte et de Gay-Lussac.

Dans ce cas, on a

$$f(P, t) = \frac{1}{1 + \alpha t} \cdot \frac{P}{760}$$

et il vient

$$d = d_0 .$$

C'est-à-dire que pour ces corps, que l'on désigne quelquefois sous le nom de *gaz parfaits*, la densité est constante, indépendante de la température et de la pression.

Si, par suite, on étudie la densité d'un corps gazeux dans des conditions diverses de température et de pression, on sera porté à conclure qu'il suit ou non les lois de Mariotte et de Gay-Lussac suivant que sa densité conserve une valeur constante ou non.

Nous serions ainsi conduit à étudier les procédés que l'on peut employer pour mesurer la densité des gaz et des vapeurs ; mais il est préférable de traiter cette question en même temps que celle de la recherche des densités en général.

Nous nous bornerons à indiquer sommairement ici les résultats généraux auxquels conduit cette étude.

119. — Lorsque l'on détermine la densité d'une vapeur pour une série de températures croissant à partir du point d'ébullition, on trouve que la densité varie, décroissant plus ou moins rapidement, jusqu'à une certaine température à partir de laquelle cette densité devient constante : c'est ce qu'indiquent, par exemple, les nombres suivants :

Eau (bout à 100°)		Acide acétique (bout à 120°)	
t	δ	t	δ
107	6,45 . 10^{-1}	125	3,20
110	6,50	140	2,90
120	6,25	160	2,48
130	6,21	200	2,22
150	6,198	230	2,09
200	6,192	250	2,08
250	6,182	300	2,08

Il faut donc conclure de là que, dans le voisinage de leur point de formation, les vapeurs ne suivent pas la loi de Gay-Lussac, mais qu'elles s'en rapprochent de plus en plus jusqu'à une certaine température à laquelle, ayant alors le même coefficient que les gaz, elles ne diffèrent plus de ceux-ci.

Nous n'avons pas à rechercher ici l'explication des variations très considérables qui se montrent pour certains corps, comme le soufre ; il nous suffit de remarquer que, à partir d'une température suffisamment élevée, leurs vapeurs se comportent comme celles de tous les autres corps : cette question est du domaine de la chimie.

Nous n'avons pas non plus à insister sur la concordance qui existe entre les nombres fournis par l'expérience et les valeurs que l'on est quelquefois conduit à adopter comme densités des corps gazeux par des considérations théoriques.

Disons encore que des recherches ont été faites sur quelques vapeurs à des pressions différentes pour une température déterminée. On a observé, pour certains corps, que partant des conditions voisines de la liquéfaction en diminuant la pression, la densité décroissait progressivement jusqu'à atteindre une valeur constante.

On peut conclure de là que ces corps gazeux ne suivaient

point d'abord la loi de Mariotte, mais qu'ils s'en sont rapprochés au fur et à mesure qu'ils s'éloignaient de leur point de liquéfaction.

Ces considérations viennent donc à l'appui de ce que nous avons dit déjà d'une manière générale : les lois de Mariotte et de Gay-Lussac, que l'on regarde comme caractérisant les gaz parfaits, sont applicables à tous les corps gazeux, gaz ou vapeurs, lorsqu'ils sont suffisamment éloignés des conditions de leur liquéfaction.

120. Coefficient d'élasticité. — Nous avons étudié la relation qui unit pour les divers corps le volume et la pression, à température constante ; puis la relation qui unit le volume à la température, à pression constante, c'est-à-dire la dilatation libre. Indiquons les résultats auxquels on est conduit pour la détermination de la formule générale $f(V, P, t) = 0$.

Soient V_0 le volume d'un corps à 0° et à la pression de 1 atmosphère, et V son volume à la température t et à une pression supérieure à celle de l'atmosphère et égale à π. Cherchons à évaluer V en fonction de V_0, d'abord pour les solides.

Pour cela, considérons le passage d'un état à l'autre comme s'effectuant en deux fois : I. Sans changer la température 0°, faisons varier la pression : le volume deviendra V' et l'on aura

$$V' = V_0\left(1 - \frac{\pi}{E}\right).$$

II. Si l'on fait varier seulement la température, en maintenant la pression π, on aura

$$V = V'(1 + k't),$$

k' étant le coefficient de dilatation cubique. Il viendra donc

$$V = V_0\left(1 - \frac{\pi}{E}\right)(1 + k't).$$

Mais il y a une difficulté, car on n'a pas étudié si le coefficient k conserve la même valeur à toutes les pressions ; les nombres qui ont été déterminés donnent la valeur de k à la pression atmosphérique et on ne sait si k' lui est égal.

On peut admettre que l'on effectue les opérations en sens contraire et l'on aura par un raisonnement analogue :

$$V = V_0 \left(1 - \frac{\pi}{E'}\right) (1 + k't)$$

E' étant le coefficient d'élasticité à la température t ; or bien que la question n'ait pas été étudiée complètement, on sait que, en général, E varie avec la température et décroît quand la température s'élève.

En égalant les deux valeurs de V on trouve une relation complexe entre k, k', E et E' :

$$(k'-k)\,t + \pi t\left(\frac{k}{E'} - \frac{k'}{E}\right) = \pi \left(\frac{1}{E} - \frac{1}{E'}\right)$$

qui ne permet pas de supposer que k soit constant quelle que soit la pression, à moins que E ne reste invariable à toutes les températures, ce qui n'est pas vrai. Si l'on connaissait la loi

$$E' = E f(t)$$

on aurait pour la loi qui unit V à π et à t

$$V = V_0 \left[1 - \frac{\pi}{E f(t)}\right] (1 + kt)$$

On peut supposer, au moins comme première approximation, que E et k sont constants. La formule est alors :

$$V = V_0 \left(1 - \frac{\pi}{E}\right) (1 + kt)$$

Elle permet d'étudier l'action de la chaleur à volume constant (c'est-à-dire d'étudier les sections de la surface symbolique par des plans parallèles aux axes des pressions et des températures) : il faut faire $V = V_0$ et il vient alors

$$1 - \frac{\pi}{E} = \frac{1}{1 + kt}, \qquad \text{d'où} \qquad \pi = \frac{Ekt}{1 + kt}$$

L'étude de cette relation n'a pas été faite directement.

On arriverait à une relation analogue si l'on cherchait la force qui se développerait dans une barre chauffée que l'on empêcherait de s'allonger.

121. — Pour les liquides on serait conduit à des considérations analogues, mais sous des formes différentes. On arriverait à écrire, soit

$$V = V_0 (1 - \chi\pi)(1 + k't)$$

soit

$$V = V_0 (1 - \chi'\pi)(1 + kt).$$

Dans ces équations, χ et χ' sont les coefficients de compressibilité respectivement aux températures 0 et t ; et k et k' sont les coefficients de dilatation respectivement aux pressions de 760mm et de π. On ne sait rien d'ailleurs sur k'.

Quant à χ, en général il varie, croissant avec π et croissant également avec t sans que l'on connaisse la loi exacte. Exceptionnellement pour l'eau on sait que χ est indépendant de π, au moins jusqu'à 10 atmosphères, et que l'on peut écrire :

$$\chi' = \chi_0 + at - bt^2$$

a et b étant de très petits coefficients. On aurait donc :

$$V = V_0 [1 - (\chi_0 + at - bt^2)\pi](1 + kt).$$

Comme pour les solides, mais avec moins d'exactitude, on pourrait chercher la relation entre π et t à volume constant.

122. — Si l'on considère un gaz pour lequel les lois de Mariotte et de Gay-Lussac peuvent être appliquées, il est possible de même de déterminer la forme de $F(P, V, t) = 0$.

Soit, en effet, une masse de gaz qui occupe respectivement les volumes V et V_0 sous les pressions P et P_0 et aux températures t et 0°.

Sans changer la pression P nous pouvons déterminer le volume V' qu'occuperait cette masse de gaz si l'on ramenait sa température à 0° : on a, en effet.

$$V' = \frac{V}{1 + \alpha t}.$$

Mais on peut appliquer la loi de Mariotte aux quantités V_0, P_0 et V', P puisque la température est 0° dans les deux cas, ce qui conduit à

$$V'P = V_0P_0$$

et substituant à V′ sa valeur

$$\frac{VP}{1+\alpha t} = V_0P_0.$$

Ce qui revient à dire que quelles que soient les circonstances, pour une quantité donnée de gaz, la fraction $\frac{VP}{1+\alpha t}$ est constante et caractérise, par conséquent, cette quantité aussi bien que peut le faire sa masse.

Il va sans dire que cette relation ne saurait être appliquée lorsqu'il s'agit d'une grande exactitude, puisqu'elle est déduite de l'application de lois qui ne sont pas absolument rigoureuses.

122. — La formule que nous avons trouvée permet de déterminer ce qui se passe lorsque, au lieu de laisser le gaz se dilater librement, on gêne cette dilatation. En particulier elle montre ce qui se produit lorsque l'on chauffe un gaz dans un espace qui ne peut changer de volume. De l'équation générale

$$\frac{VP}{1+\alpha t} = V_0P_0$$

on tire, puisque l'on a alors $V = V_0$:

$$P = P_0(1+\alpha t)$$

c'est-à-dire que la pression augmente avec la température et que les pressions, à volume constant, sont proportionnelles aux binomes de dilatation, comme on a trouvé pour les volumes à pression constante.

Dans ces conditions et par analogie, on peut chercher la valeur de $\frac{P-P_0}{P_0 t}$, expression à laquelle on donne le nom de *coefficient d'élasticité*. L'équation précédente donne immédiatement

$$\frac{P_0 t}{P-P_0} = \alpha$$

c'est à-dire que, dans le cas que nous considérons, le coefficient de dilatation est égal au coefficient d'élasticité.

Mais en réalité il n'en doit pas être tout à fait ainsi, puisque la loi de Mariotte n'est pas rigoureusement vraie.

Soit une masse de gaz dont le volume est V_0, sous la pression P_0 et la température 0. Nous pouvons l'amener à t^0 sans changer sa pression ; elle prendra alors un volume V donné par la formule

$$V = V_0(1 + \alpha t)$$

Nous pouvons au contraire l'amener à t^0 sans changer son volume ; soit alors P la nouvelle pression ; si β est le coefficient d'élasticité, on aura

$$P = P_0(1 + \beta t)$$

On a donc une masse de gaz qui, à t^0, a un volume V et une pression P_0, ou un volume V_0 et une pression P ; mais on sait, d'après les expériences de Regnault et puisque $P > P_0$, que le rapport $\frac{V_0 P}{V P_0}$ est supérieur à 1 pour l'hydrogène et inférieur pour les autres corps. On aura donc pour l'hydrogène, après substitution :

$$\frac{V_0 \times P_0(1 + \beta t)}{V_0(1 + \alpha t) \times P_0} > 1$$

ce qui conduit à $\beta > \alpha$; tandis que pour les autres gaz on doit avoir $\beta < \alpha$.

121 — La relation à volume constant que nous avons trouvée $P = P_0(1 + \alpha t)$ donne, en somme, la nature des sections faites dans la surface figurative d'une masse de gaz par les plans parallèles aux Pt. Regnault a fait des expériences qui lui ont permis de faire sur les gaz cette étude directe et d'obtenir ainsi une vérification des résultats que nous venons d'indiquer.

L'appareil qu'il employait est celui que nous avons déjà décrit et qui a servi à l'étude de la dilatation à pression constante (116).

L'opération se fait d'une manière analogue, au moins pour le début ; mais lorsque l'on chauffe le ballon, on ajoute du mercure dans le manomètre de manière à maintenir dans la petite branche le niveau du mercure en face du trait où il affleurait au début. L'équation reste alors celle que nous avons indiquée, si ce n'est que v_0 est nul, puisqu'il n'y a pas dilatation à proprement parler, et que la pression $H' + h'$ est notablement différente de $H + h$.

Voici quelques-uns des résultats obtenus par Regnault :

	Coefficient à la pression de 760mm.	Valeurs correspondantes de la pression.	du coefficient.
Air.................	$3,665 \cdot 10^{-3}$	3656mm	$3,7091 \cdot 10^{-3}$
Azote..............	$3,668 \cdot 10^{-3}$	»	»
Hydrogène..........	$3,667 \cdot 10^{-3}$	»	»
Acide carbonique....	$3,6856 \cdot 10^{-3}$	2589	$3,8597 \cdot 10^{-3}$
Acide sulfureux......	$3,645 \cdot 10^{-3}$	109	$3,6482 \cdot 10^{-3}$

En comparant ces nombres avec ceux donnés plus haut, on voit qu'il y a à peu près égalité entre les uns et les autres ; mais, comme la théorie nous l'avait fait prévoir, on reconnaît que le coefficient d'élasticité est supérieur au coefficient de dilatation pour l'hydrogène, et qu'il lui est inférieur pour les autres gaz.

125. Variation des tensions maxima avec la température. — Une question qui se rattache intimement aux précédentes doit être étudiée maintenant : quelle est l'influence des variations de température sur la tension maxima d'une vapeur ?

Il y a deux cas qu'il est nécessaire de distinguer :

1° La vapeur est placée dans une enceinte dont toutes les parties sont à la même température. Comme il arrive pour les gaz, la pression de la vapeur est partout la même ; et de plus sa tension maxima croît avec la température.

2° Les diverses parties de l'enceinte ne sont pas à la même température, il y en a une notamment qui est maintenue à une température inférieure à celle de tous les autres points. Dans ce cas, la pression est encore partout la même et elle est égale à la tension maxima qui correspond à la température la plus basse qui existe dans l'enceinte (en admettant bien entendu qu'il y ait une quantité suffisante de vapeur ou de liquide).

Le fait que dans le premier cas la tension est partout la même est la conséquence de la fluidité de la vapeur. L'expérience seule pouvait montrer que la tension maxima croît avec la température et pouvait seule fournir la loi à laquelle elle obéit.

Quand à la 2e loi, qui constitue ce que l'on nomme *Théorème de Watt* ou de la *paroi froide*, elle est facile à expliquer. Supposons qu'en un point A la température soit t, et soit f la tension maxima correspondante : si la pression est supérieure à cette valeur en un autre point, l'équilibre n'existera pas, et la vapeur se portera de ce point vers A ; mais alors la pression deviendrait, en ce point, supérieure à la tension maxima f, ce qui ne peut avoir lieu, et une partie de la vapeur se condensera pour ramener la pression à la valeur f.

Le même effet se produira tant que la pression ne sera pas partout f. Même si, en un point où la température est supérieure à t, il y a un excès de liquide, celui-ci passera à l'état de vapeur au fur et à mesure que la pression tendra à diminuer en ce point et la vapeur formée ira se condenser en A ; l'équilibre ne pourra être obtenu que lorsque tout le liquide sera venu ainsi se réunir en ce point, dont nous supposons que l'on maintienne la température constante.

126. — La recherche de la relation qui existe entre les tensions maxima et les températures a porté spécialement sur la vapeur d'eau ; mais les méthodes que nous aurons à signaler peuvent être appliquées à un liquide quelconque.

Certains corps, l'eau notamment, possèdent une tension maxima à des températures où ils n'existent qu'à l'état solide ; c'est-à-dire que ces corps à l'état solide émettent des vapeurs. L'étude des tensions maxima à ces températures exige des conditions spéciales.

Nous nous occuperons d'abord des cas où l'on opère à des températures où le corps existe à l'état liquide.

La détermination de la tension maxima d'une vapeur à une température quelconque ne présente, en principe, aucune difficulté. Il suffirait d'opérer, par exemple, avec un appareil analogue à celui que nous avons indiqué pour la loi de Mariotte (fig. 17) après avoir introduit, non un gaz, mais un liquide dans la branche fermée ; le tube serait entouré d'un manchon contenant un liquide que l'on porterait successivement à diverses températures, et à chaque température on noterait la pression qui existe dans l'appareil, après s'être assuré toutefois que la vapeur n'a pas cessé d'être saturée, qu'il reste par conséquent un excès de liquide. On pourrait ainsi opérer depuis les températures les plus basses, jusqu'à celle pour laquelle la longueur du tube ne suffirait plus pour mesurer la pression.

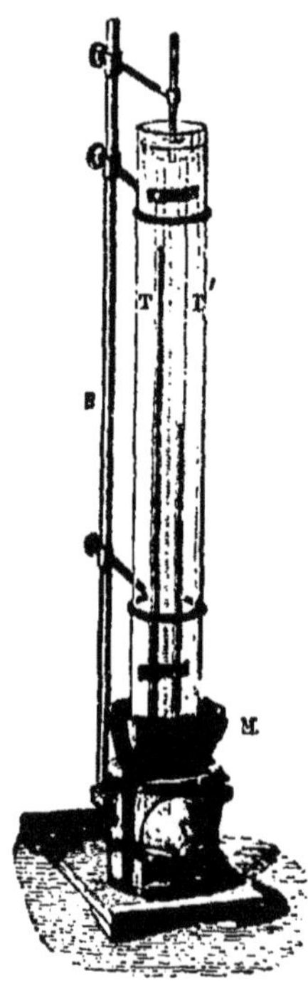

Fig. 58.

Dalton a employé une disposition un peu différente ; dans une chaudière en fer (fig. 58) contenant du mercure plongent deux tubes barométriques T, T' : l'un T est un baromètre qui n'a subi aucune modification ; l'autre T' est un baromètre dans la chambre duquel on a introduit un liquide, en excès. Un manchon de verre descendant jusqu'au mercure entoure les deux baromètres et est rempli d'un liquide, eau ou huile, suivant la température que l'on veut atteindre. La chaudière est placée sur un foyer, le mercure s'échauffe, puis par conduction le liquide du manchon ; un agitateur permet d'obtenir une température uniforme qui est déterminée à l'aide de thermomètres plongeant dans le liquide.

A chaque instant la pression de la vapeur est donnée par la distance verticale qui sépare les niveaux dans le baromètre sec et dans le baromètre mouillé. On a donc le moyen de déterminer une série de valeurs correspondantes de la température et de la pression.

Il va sans dire que, avec cette disposition, l'étendue des expériences est nécessairement limitée et que l'on ne peut dépasser la température pour laquelle la pression de la vapeur devient égale à la pression barométrique, puisque, alors, on ne verrait plus le niveau du mercure dans le baromètre mouillé ; en réalité même on ne peut atteindre cette valeur. Cette température, comme nous le dirons plus loin, est celle du point d'ébullition du liquide employé.

127. — Les expériences de Dalton avaient été faites avec peu de précision ; l'emploi du manchon cylindrique qui produit des réfractions, souvent irrégulières, s'opposait notamment à une évaluation exacte de la pression. Regnault reprit ces expériences par deux méthodes ; nous nous occuperons maintenant seulement de la première qui ne diffère pas au fond de celle de Dalton, dont elle se distingue seulement par le soin apporté aux mesures et par quelques détails que nous allons indiquer.

Dans une première série de recherches, l'appareil comportait deux baromètres, l'un sec et l'autre mouillé, dont la partie supérieure, sur une étendue plus grande que la chambre barométrique, était placée dans une caisse métallique dont une des parois verticales était remplacée par une lame à faces parallèles, ce qui permettait des visées très exactes. La caisse pouvait être remplie à volonté de glace fondante ou d'eau chaude : la masse de l'eau était assez considérable pour que le refroidissement fût lent, de manière à ce qu'il fût possible d'évaluer avec précision la température au moment de l'observation de la pression.

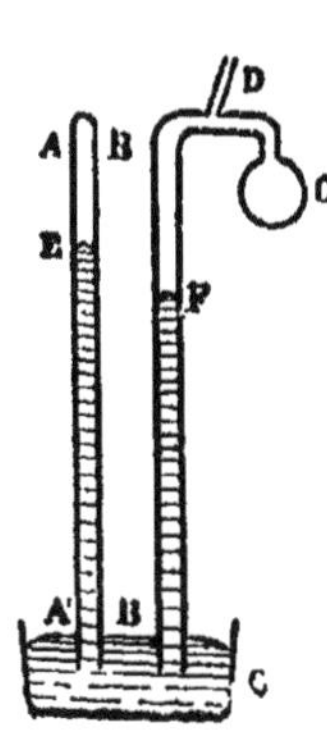

Fig. 59.

Dans une seconde série, il y avait une caisse analogue, dans laquelle pénétraient d'une part un baromètre sec AA' (fig. 59) et, d'autre part, l'extrémité supérieure d'un tube BB' qui se recourbait deux fois et se terminait par un ballon C d'environ un demi-litre de capacité ; de plus, il y avait un ajutage latéral D qui était relié à une série de tubes dessèchants.

Avant de souder le ballon, on y introduit une ampoule en verre mince remplie du liquide dont on veut étudier la vapeur.

On adapte une pompe à gaz aux tubes desséchants et on fait le vide dans le ballon à plusieurs reprises en laissant rentrer de l'air sec à chaque fois. Lorsque le ballon est ainsi bien séché on fait une dernière fois le vide aussi complètement que possible et l'on ferme à la lampe l'ajutage D.

Remplissant alors la caisse de glace fondante, on mesure aussi exactement que possible la pression de l'air qui n'a pu être enlevé, pression qui est toujours très petite.

On enlève alors la glace et, approchant rapidement quelques charbons du ballon, on provoque la rupture de l'ampoule ; une partie du liquide se vaporise et le niveau du mercure s'abaisse.

On opère comme dans le cas précédent; seulement, à chaque observation, il faut tenir compte de la pression due à l'air qui subsiste, pression que l'on peut calculer aisément.

Dans ces deux séries d'expériences, il y a une correction à faire, parce que la colonne mercurielle que l'on mesure n'est pas à 0° ; cette correction est du même genre que celle que nous indiquerons pour le baromètre (137).

Ajoutons, enfin, que dans ces expériences Regnault ne dépassa pas la température de 60° environ ; au-delà le niveau du mercure dans le baromètre mouillé descendait au-dessous de la caisse métallique.

Nous indiquerons plus tard une méthode applicable à une température quelconque et basée sur un principe tout différent.

On conçoit que le 2e appareil peut servir à étudier la tension maxima de la vapeur dans un gaz : il suffit en effet de faire la même expérience en ayant raréfié l'air sans avoir poussé la raréfaction aussi loin que possible.

1[illegible]8.— Dulong et Arago effectuèrent une série de recherches sur les tensions maxima de l'eau correspondant à des températures supérieures à 100°, limite que, comme nous l'avons dit, on ne peut dépasser avec l'appareil de Dalton.

L'appareil consistait essentiellement (fig. 60) en une chaudière A placée dans un fourneau en maçonnerie et communiquant par sa partie supérieure B avec un manomètre à air comprimé ED

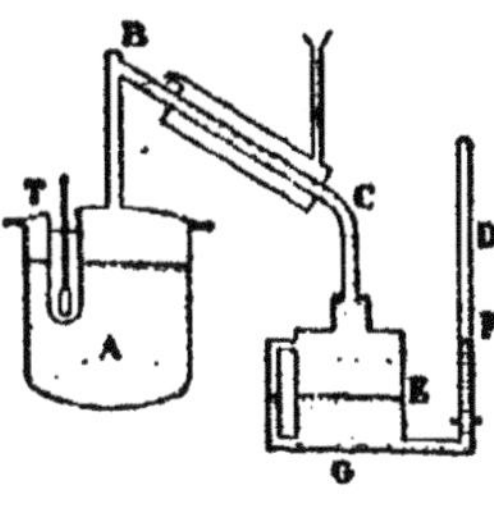

Fig. 60.

qui n'était autre que le tube fermé qui avait servi pour l'étude de la loi de Mariotte. La chaudière était remplie et l'eau, par une ébullition préalable, les soupapes ouvertes, était entièrement débarrassée d'air. Des tubes en fer fermés inférieurement passaient à travers la paroi et pénétraient à diverses profondeurs : ils contenaient du mercure dans lequel plongeaient les réservoirs des thermomètres T destinés à donner la température de l'eau ; on ne pouvait les mettre directement dans ce liquide, parce que sous l'influence de la pression les réservoirs se seraient comprimés, ce qui aurait faussé les indications.

Pour faire une expérience, on chauffait à une température un peu inférieure à celle que l'on voulait obtenir ; puis on fermait les portes du foyer : la combustion se ralentissait, mais la température continuait à s'élever un peu avant de décroître. C'était le moment du maximum que l'on choisissait pour effectuer les mesures de la pression et de la température, parce que, toujours, les variations sont lentes dans le voisinage d'un maximum.

Dulong et Arago poussèrent leurs expériences jusqu'à une température de 224°, qui correspond à une pression de 24 atmosphère. Mais les résultats qu'ils obtinrent ne peuvent être considérés comme exacts ; les thermomètres à mercure ne donnent point exactement les températures élevées, et les indications des manomètres à air comprimé présentent de fortes erreurs relatives quand la pression croît.

La méthode générale de Regnault, que nous décrirons plus loin, permet de déterminer les tensions de vapeur pour des températures élevées.

[illegible]. — La méthode de Dalton et le premier appareil de Regnault ne peuvent servir lorsque les températures sont assez basses pour que le corps dont on étudie la vapeur soit solide, c'est-à-dire, pour l'eau, au-dessous de 0°. On conçoit en effet que, à ces températures, la couche de liquide qui surmonte le mercure se solidifierait et formerait un bouchon qui s'opposerait à tout mouvement du mercure.

Gay-Lussac employa une méthode basée sur le théorème de la paroi froide. L'appareil comprend un baromètre sec et un baromètre mouillé placés à côté l'un de l'autre sur un même support : mais le tube du baromètre mouillé A (fig. 61) est assez long et est recourbé à sa partie supérieure en BC de manière à être dirigé au-dessous de l'horizontale. Cette partie est placée dans une auge où l'on place de la glace ou divers mélanges réfrigérants, suivant la température que l'on veut atteindre.

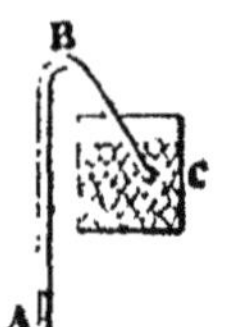

Fig. 61.

D'après le théorème de la paroi froide, on sait que le liquide vient se condenser dans la partie refroidie où il pourra même se solidifier ; mais le mouvement du mercure restera libre. On sait, d'autre part, que la tension qui existe dans tout l'espace est précisément celle qui correspond à la température la plus basse. La différence de hauteur des niveaux du mercure mesure donc la tension maxima qui correspond à la température de l'auge dans laquelle est placée l'extrémité du baromètre mouillé.

Regnault refit les expériences de Gay-Lussac ; il employait le second appareil que nous avons décrit ; mais il n'y avait pas de caisse métallique et le ballon plongeait dans un vase rempli d'un mélange réfrigérant. Il avait choisi un mélange de neige et de chlorure de calcium, presque liquide, de telle sorte que, en l'agitant, on pouvait avoir une température constante dans toute la masse, ce qui évite une cause d'erreur qui existait dans les mesures de Gay-Lussac.

130. — Il n'est pas possible de trouver une formule simple pour représenter la relation qui existe entre la tension maxima et la température, et qui soit vérifiée par les divers résultats numériques précis qui ont été obtenus entre 0° et 230°. On a proposé diverses formes empiriques assez compliquées qui sont satisfaites par les données numériques des expériences ; mais elles ne correspondent à aucune loi physique qu'il soit possible d'énoncer. Regnault a admis la formule suivante indiquée par Biot :

$$\log F = a + b\alpha^t + c\beta^t$$

dans laquelle F est la tension maxima à la température t et où a, b, c, α et β sont des coefficients numériques dont nous croyons inutile de donner la valeur, parce que la formule n'est vraiment pas d'un emploi pratique.

Aussi, en général, on se borne à dresser un tableau donnant sur deux colonnes, d'une part les températures, et d'autre part les tensions de vapeur correspondantes : suivant l'usage qu'on en veut faire, ce tableau peut être plus ou moins étendu et, dans certaines parties de l'échelle, les températures peuvent varier plus ou moins rapidement.

On peut, bien entendu, remplacer ce tableau numérique par une courbe qui n'en est que la traduction graphique et dont l'équation serait précisément la fonction qui lie F et t.

Lorsque l'on trace cette courbe à partir de 0°, on reconnaît que la tension croît avec la température, mais beaucoup plus rapidement que cette variable : la courbe tourne sa convexité vers l'axe des températures et s'élève très rapidement.

131. Tension maxima de la glace. — Lorsque l'on considère les valeurs de F qui ont été obtenues pour la glace, on reconnaît d'abord que la tension de la glace à 0° est égale à celle de l'eau à la même température. On en avait conclu tout d'abord que la courbe des tensions maxima était continue depuis — 30° jusqu'à + 230°. Mais en réalité, il n'en est rien : M. Moutier, se basant sur des considérations de thermodynamique, a démontré que toutes les fois qu'à une température donnée (sa température de fusion) un corps peut exister à l'état solide, à l'état liquide et à l'état gazeux, la tension de vapeur doit être la même pour le solide et pour le liquide. Mais les tangentes aux courbes de tension des vapeurs du solide et du liquide n'ont pas la même direction ; ces courbes ne se raccordent pas, elles se coupent en ce point. Cette propriété, qui est connue sous le nom de *théorème du triple point*, avait d'ailleurs été signalée auparavant, mais sans démonstration générale.

188. Hygrométrie : état hygrométrique. — L'atmosphère dans laquelle nous vivons contient toujours, outre l'oxygène, l'azote et l'acide carbonique dont les proportions sont à peu près absolument invariables, une quantité variable d'eau. Cette eau qui est à l'état de vapeur invisible, nous ne parlons point ici des brouillards et des nuages, agit sur un certain nombre de corps nommés pour cette raison *hygroscopiques*, qui subissent des modifications diverses suivant les cas ; tantôt ce sont des sels qui s'hydratent ou se déshydratent, qui sont efflorescents ou déliquescents, tantôt ce sont des substances organiques qui changent de dimensions, qui subissent des courbures, des torsions ; il n'est pas jusqu'à notre organisme qui ne soit affecté d'une manière plus ou moins sensible par les variations de cette vapeur d'eau, par ce que l'on appelle les variations de l'humidité de l'atmosphère.

Un fait qui résulte nettement de l'expérience, c'est que ces diverses manifestations ne dépendent pas de la quantité absolue de la vapeur d'eau qui existe, de sa tension ou du poids pour un volume d'air donné : elles paraissent liées assez intimement au contraire à ce que l'on appelle l'*état hygrométrique* ou *fraction* de saturation que l'on définit ainsi :

L'état hygrométrique est le rapport entre la tension actuelle de la vapeur d'eau dans l'espace considéré et la tension qui existerait si cet espace était saturé à la même température.

Si donc e est l'état hygrométrique, f la tension actuelle, F la tension maxima à la même température, on a $e = \frac{f}{F}$.

Si l'on considère un volume d'air déterminé, quelconque d'ailleurs, il contient un égal volume de vapeur d'eau. Le poids de cette vapeur est proportionnel au poids spécifique qui, lui-même, est proportionnel à la tension de la vapeur, de telle sorte que le rapport des poids de vapeur dans un espace donné est égal au rapport des tensions. Ceci conduit à une autre définition de l'état hygrométrique :

L'état hygrométrique est le rapport entre le poids de la vapeur d'eau qui existe actuellement dans un volume donné d'air, et le poids de vapeur qui existerait dans le même volume si l'air était saturé à la même température.

133. — La connaissance de l'état hygrométrique est nécessaire pour résoudre certaines questions, notamment pour connaître le poids d'un volume donné d'air atmosphérique ou le poids de la vapeur qu'il contient.

Soit un volume V d'air mesuré à la température t, à la pression H, l'état hygrométrique étant e. Appelons f la tension actuelle de la vapeur d'eau, F la tension maxima à $t°$. Soient d'autre part P le poids de cet air, p le poids de l'air *sec* qu'il contient, p' le poids de la vapeur d'eau qui s'y trouve : il est évident que l'on a :

$$P = p + p'$$

Appelons a le poids spécifique de l'air dans les conditions de l'expérience, ε le poids spécifique de la vapeur dans les conditions où elle se trouve, on a

$$p = Va \qquad p' = V\varepsilon \qquad \text{et} \qquad P = V(a + \varepsilon).$$

Mais en appliquant les lois de Mariotte et de Gay-Lussac à l'air et à la vapeur, ce qui est admissible dans les conditions de l'expérience, on peut calculer a et ε en remarquant que la vapeur étant à la pression f l'air sec est à la pression $H - f$. On a donc

$$a = a_0 \frac{1}{1 + \alpha t} \cdot \frac{H - f}{760} \qquad \varepsilon = \varepsilon_0 \frac{1}{1 + \alpha t} \cdot \frac{f}{760}$$

La densité de la vapeur d'eau étant seulement $\frac{5}{8}$ en réalité 0,622), on a en outre

$$\varepsilon_0 = \frac{5}{8} a_0.$$

Mais on a $f = eF$; substituant, il vient alors :

$$p = Va_0 \frac{1}{1 + \alpha t} \frac{H - eF}{760}$$

$$p' = \frac{5}{8} Va_0 \frac{1}{1 + \alpha t} \cdot \frac{eF}{760}$$

et

$$P = V a_0 \frac{1}{1+\alpha t} \frac{H - \frac{3}{8} e F}{760}$$

Ces formules sont fréquemment employées.

Si l'on fait $V = 1$, on a le poids spécifique π de l'air humide dans les conditions de l'expérience :

$$\pi = \frac{a_0}{1+\alpha t} \cdot \frac{H - \frac{3}{8} e F}{760}.$$

131. — Hygromètres. — Divers procédés ont été employés pour déterminer l'état hygrométrique de l'air ; nous indiquerons les principaux.

Une méthode précise, mais longue et peu pratique par suite, consiste à faire passer lentement un volume connu d'air à travers des tubes desséchants ; l'augmentation de poids de ceux-ci donne le poids de la vapeur qui était effectivement comprise dans cet air. Un calcul analogue à celui que nous venons d'indiquer fait connaître le poids qui existerait si l'air était saturé ; le rapport de ces poids donne l'état hygrométrique cherché.

Fig. 62.

Une autre méthode est basée sur les variations de longueur que présentent certaines substances sous l'influence des variations d'humidité ; le principal appareil dans lequel cette méthode est employée est l'hygromètre à cheveu de Saussure (fig. 62) dans lequel un cheveu préalablement bien dégraissé est fixé par une extrémité à une pince a portée par un cadre métallique, et par l'autre à une poulie, dont l'axe qui repose sur ce même cadre porte une aiguille : un léger poids p est disposé de manière à tendre constamment le cheveu. Lorsque, sous l'influence des variations d'humidité, celui-ci change de longueur, la poulie tourne, entraînant une aiguille qui se meut sur un arc de cercle gradué. La graduation est obtenue de la manière suivante : Le zéro correspond à la position que prend l'aiguille lorsque l'appareil est placé dans l'air sec (l'état hygrométrique étant alors 0) ; on marque 100 pour la position à laquelle s'arrête l'aiguille dans un air saturé (état hygrométrique = 1). L'intervalle entre ces deux points est divisé en 100 parties égales ; mais ces divisions n'ont pas un rapport déterminé avec l'état hygrométrique. Quelquefois encore les graduations sont obtenues par comparaison en plaçant l'hygromètre dans des enceintes dont on détermine directement d'autre part l'état hygrométrique. Dans ce cas encore les indications ne sont pas rigoureuses, parce qu'elles dépendent de la température dont il n'est pas tenu compte.

Les hygromètres qui sont d'un emploi pratique sont surtout les appareils à condensation et les psychromètres. Nous parlerons d'abord des premiers.

Considérons une paroi polie qui soit primitivement à la température de l'atmosphère ambiante et que l'on vienne à refroidir progressivement : la couche d'air qui est en contact avec cette surface se refroidira également, et la vapeur d'eau qui existe finira par devenir saturante, c'est-à-dire qu'il arrivera une température pour laquelle la tension actuelle de cette vapeur sera devenue maxima. Si le refroidissement continue, même légèrement, une partie de la vapeur se condensera, produisant un dépôt de rosée sur la surface polie. Inversement, lorsque ce dépôt de rosée commence à apparaître, c'est que la vapeur est devenue saturante ; si on note alors la température t, la tension maxima correspondante f, qui existe dans les tables, fera connaître la tension actuelle de la vapeur d'eau. Mais les mêmes tables donnent la tension maxima F qui correspond à la température actuelle de l'air ; par définition, on a $e = \frac{f}{F}$

Les divers appareils basés sur ce principe diffèrent par la manière de produire le refroidissement et par la manière d'apprécier le dépôt de rosée.

Sans remonter jusqu'aux indications données par Leroy, qui inventa cette méthode, nous décrirons rapidement l'hygromètre à condensation de Daniell (fig. 63). Il est composé d'un tube de verre doublement recourbé à branches inégales, terminées par deux boules également en verre : l'une d'elles B, celle qui correspond à la plus longue branche, est en verre bleu ; un petit thermomètre placée dans la partie verticale du tube a son réservoir au centre de cette boule. L'autre boule A est recouverte d'une étoffe légère, gaze ou mousseline. Enfin l'appareil contient une certaine quantité d'éther, et a été privé d'air par l'ébullition de ce liquide, au moment où on l'a fermé à la lampe. Un thermomètre fixé sur le support de l'appareil donne la température ambiante.

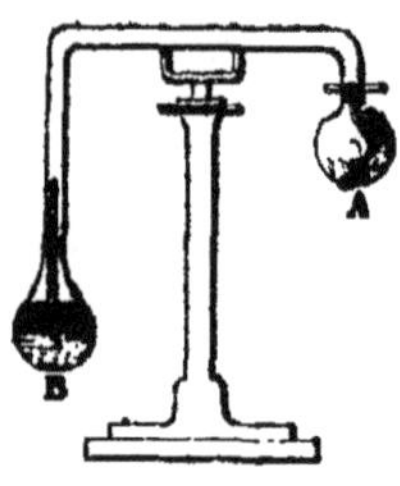

Fig. 63.

Pour faire une expérience, on verse quelques gouttes d'éther sur le linge : ce liquide s'évapore et produit un refroidissement de la paroi correspondante ; il y a donc, dans l'appareil, les conditions propres à appliquer le théorème de la paroi froide. L'éther qui est dans la boule bleue distille, s'évapore peu à peu pour se condenser dans la partie refroidie. Par suite de cette évaporation, la boule bleue se refroidit à son tour ainsi que la couche d'air qui l'entoure, et le dépôt de rosée apparaît : on note la température t du thermomètre intérieur, celle T du thermomètre extérieur et, par l'emploi des tables de tension, on en déduit la valeur de l'état hygrométrique.

Les indications fournies par cet appareil ne sont pas très exactes : d'une part le thermomètre intérieur ne donne pas la valeur de la température de la couche d'air à cause de la faible conductibilité du liquide et du verre. Ensuite, on ne distingue pas aisément le moment précis où le dépôt de rosée commence à apparaître ; de telle sorte que la température observée à l'instant où l'on voit la rosée est plus basse qu'il ne conviendrait. On obvie, en partie au moins, à cet inconvénient, en laissant l'appareil se réchauffer et notant la température t' à laquelle la rosée cesse d'être visible : cette température est plus élevée que celle qui correspond au point même de condensation ; mais en prenant pour la valeur de ce point de condensation la moyenne $\frac{t+t'}{2}$ on est peu éloigné de la vérité.

Ajoutons encore que l'évaporation de l'éther que l'on a versé sur le linge et la présence de l'observateur à côté de l'appareil sont des causes qui troublent les conditions hygrométriques de l'atmosphère.

135. — Dans les autres appareils dont il nous reste à parler, le refroidissement se fait dans un verre de forme variée mais présentant une paroi métallique mince, une feuille d'argent poli A (fig. 64). Ce vase, qui est fermé par un bouchon, contient de l'éther. A travers le bouchon passent : 1° la tige T d'un thermomètre qui donnera la température du liquide ; 2° un tube D aboutissant au-dessus de l'éther et communiquant d'autre part avec un aspirateur par un tube de caoutchouc, sur lequel se trouve un robinet placé à portée de l'observateur et permettant de faire varier à volonté la rapidité du courant d'air qui traverse l'appareil; 3° un tube C plongeant au fond de l'éther et débouchant librement à l'atmosphère.

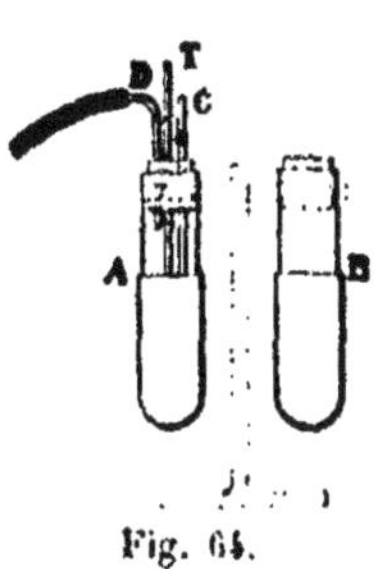

Fig. 64.

L'opération se fait d'une manière analogue : on fait fonctionner l'aspirateur, l'éther s'évapore, se refroidit et refroidit la paroi sur laquelle se produit le dépôt de rosée que l'observateur, placé à distance, vise avec une lunette ; on note la température t correspondante et le reste de l'opération se termine comme dans l'hygromètre de Daniell.

Ici le thermomètre intérieur donne plus exactement la température de la couche extérieure, à cause de la conductibilité de la paroi et à cause de l'agitation du liquide qui uniformise la température dans toute la masse. Il n'y a pas d'effet perturbateur provenant du voisinage de l'observateur ou de la présence de vapeur d'éther dans l'atmosphère; enfin comme précédemment, on peut noter les températures t d'apparition et t' de disparition de la rosée, et prendre la moyenne $\frac{t+t'}{2}$ avec cette condition avantageuse que, par la manœuvre du robinet qui règle le courant d'air, on peut rapprocher presque autant qu'on le veut ces températures t et t'.

Les divers modèles d'hygromètres basés sur ce principe se distinguent par les procédés employés pour apercevoir aisément la première manifestation du dépôt de rosée ; on y arrive en comparant la surface qui se refroidit avec une autre surface *identique mais qui ne subit aucun refroidissement.*

Dans l'hygromètre de Regnault (fig. 64), le vase à condensation est un tube de verre terminé inférieurement par un dé d'argent mince A ; un second vase identique B, mais non refroidi, est placé parallèlement à quelque distance.

Dans l'hygromètre de Sire, le dé d'argent est en saillie sur le tube de verre : une bague d'argent poli de même diamètre est enfilée sur le tube de verre dont elle est séparée par une couche mauvaise conductrice de feutre, de manière à venir presque au contact du dé. Cette bague ne se refroidit pas, il ne s'y fait aucune condensation et elle sert de terme de comparaison très facile, puisqu'elle prolonge presque absolument le dé.

Dans l'hygromètre d'Alluard le vase à condensation est un parallélipipède de laiton dont une face est polie et dorée ; cette face est entourée par une lame également polie et dorée qui forme un cadre situé dans le même plan, mais qui ne la touche pas. Il est également aisé de comparer l'aspect de ces parties planes et voisines.

Quelques autres modifications ont été apportées aux hygromètres à condensation ; il ne nous paraît pas nécessaire de nous y arrêter.

Parmi les autres appareils qui permettent de déterminer l'état hygrométrique, il convient de citer les *psychromètres*, appareils basés sur le froid produit par l'évaporation, froid qui dépend de l'état hygrométrique de l'air. Mais la description de ces appareils trouvera sa place naturelle quand nous nous occuperons de l'évaporation et de ses effets.

136. Applications. Jaugeage des vases. — Les formules que nous avons indiquées pour la dilatation des liquides et des solides sont utilisées dans quelques cas ; nous allons en donner des exemples.

Supposons qu'il s'agisse de jauger un vase, une capacité donnée, c'est-à-dire de déterminer le volume V_0 qu'il aurait à 0°. On peut, par exemple, évaluer le poids P du mercure qui remplit ce vase à la température t du laboratoire. Si ϖ_t est le poids spécifique du mercure à cette température, on aura nécessairement

$$P = V_t \varpi_t$$

Si k est le coefficient de dilatation du vase et μ celui du mercure, cette équation peut s'écrire

$$P = V_0 (1 + kt) \frac{\pi_0}{1 + \mu t}$$

d'où l'on tire

$$V_0 = \frac{P (1 + \mu t)}{\pi_0 (1 + kt)}$$

On pourrait opérer d'une manière analogue en se servant d'eau, mais le résultat serait moins simple, parce que la relation entre e_t et e_0 ne peut être donnée par une fonction linéaire de t.

137. Corrections barométriques. — Les lectures faites au baromètre sont affectées doublement par les variations de température, qui changent le poids spécifique du mercure et qui modifient la valeur des divisions tracées sur l'échelle graduée. Aussi, pour pouvoir les comparer, faut-il les ramener à 0°, c'est-à-dire chercher la hauteur de la colonne de mercure à 0° qui représenterait la pression observée.

Soit d_0 la valeur à 0° des divisions tracées sur l'échelle, et soit n le nombre des divisions de l'échelle qui à la température t correspond à la longueur de la colonne mercurielle. Si λ est le coefficient de dilatation linéaire de cette échelle, cette longueur sera $nd_0(1 + \lambda t)$ et si ϖ_t est le poids spécifique du mercure à $t°$, la pression exercée par unité de surface sera

$$nd_0 (1 + \lambda t) \varpi_t$$

Si h_0 représente la hauteur de la colonne mercurielle qui à 0° produirait par unité de surface la même pression, on devra avoir

$$h_0 \pi_0 = n d_0 (1 + \lambda t) \pi_t$$

et à cause de la relation qui lie π_t à π_0 :

$$h_0 = n d_0 \frac{(1 + \lambda t)}{1 + \mu t}$$

En général les échelles sont graduées en millimètres ; on fera alors $d_0 = 1$ et la valeur de h_0 sera exprimée également en millimètres.

138. Recherche des coefficients de dilatation cubique. — Enfin, comme nous l'avons dit, Dulong et Petit ont déterminé directement le coefficient de dilatation cubique de quelques solides. Ils ont opéré à l'aide de la méthode suivante :

Fig. 65.

On ferme un tube à la lampe et on y introduit la substance considérée (fig. 65), puis on étire le tube et on recourbe la partie effilée. L'appareil est alors pesé, puis on le remplit de mercure, et on le pèse plein de mercure à 0°. Soient P le poids du corps, Π son poids spécifique, x son coefficient de dilatation ; M le poids du mercure introduit, π son poids spécifique, μ son coefficient de dilatation.

On chauffe l'appareil à t^o ; une partie du mercure s'écoule ; soit m son poids.

Le volume du corps à 0° est $\frac{P}{\Pi_0}$, à t^o il est $\frac{P}{\Pi_t}$. Le volume du mercure qui est dans l'appareil à 0° est $\frac{M}{\pi_0}$; à t^o il est $\frac{M - m}{\pi_t}$.

La capacité de l'appareil à 0° est $\frac{P}{\Pi_0} + \frac{M}{\pi_0}$, à t^o elle est devenue

$$\left(\frac{P}{\Pi_0} + \frac{M}{\pi_0}\right)(1 + kt)$$

et comme elle doit être égale à la somme des volumes des corps qui y sont contenus, on a

$$\left(\frac{P}{\Pi_0} + \frac{M}{\pi_0}\right)(1 + kt) = \frac{P}{\Pi_t} + \frac{M - m}{\pi_t}$$

et en remplaçant Π_t et π_t par leurs valeurs, il vient enfin :

$$\left(\frac{P}{\Pi}+\frac{M}{\pi_0}\right)(1+kt)=\frac{P(1+xt)}{\Pi_0}+\frac{(M-m)(1+\mu t)}{\pi_0}$$

équation d'où l'on tire x si l'on a préalablement déterminé k.

Cette méthode n'est applicable que pour les corps qui ne sont pas attaquables par le mercure, comme le verre, le fer, le platine ; on l'a employée cependant pour d'autres corps que l'on avait recouvert d'un vernis, ou que, comme le cuivre, on avait oxydés superficiellement en les chauffant à l'air.

129. Pendules compensateurs. — Les variations de longueur dues au changement de température affectent nécessairement la durée des oscillations des pendules et celle des balanciers des montres et des chronomètres ; mais il est possible, en s'appuyant sur les effets mêmes de la dilatation, de corriger ces causes d'erreur.

C'est ainsi qu'est construit le *pendule à gril*, dans lequel la masse pesante est reliée au point de suspension par une série de tiges alternativement réunies deux à deux par leurs extrémités supérieures et par leurs extrémités inférieures : la dilatation des tiges de rang impair en partant de l'extérieur a pour effet d'abaisser la masse pesante, celle des tiges de rang pair tend à la relever. Comme la somme des longueurs des tiges de rang impair est nécessairement supérieure à celle des tiges de rang pair, on conçoit que, en choisissant pour celles-ci un métal plus dilatable que pour les premières, et en adoptant pour les unes et les autres des longueurs convenables, on puisse arriver à obtenir une compensation qui maintiendra invariable la position de la masse pesante.

Graham a indiqué la disposition suivante : la tige du pendule porte inférieurement une traverse horizontale sur laquelle reposent deux vases cylindriques remplis de mercure, qui constituent la masse pesante. Par l'action de la chaleur, la tige de suspension s'allonge, mais le mercure se dilate, ce qui tend à remonter le centre de gravité ; dans ce cas encore, par un choix de dimensions convenables, on arrive à obtenir la compensation.

Dans d'autres pendules, la tige, à une certaine hauteur au-dessus de la masse pesante, porte une traverse horizontale terminée par deux poids : cette traverse est constituée par deux métaux soudés dans leur longueur, de manière que le métal le plus dilatable soit à la partie inférieure. Par l'élévation de la température, qui abaisse la lentille, cette traverse s'incurve vers le haut, ce qui relève les masses pesantes qui la terminent ; dans ce cas encore, par un choix de dimensions convenables, on arrive à obtenir la compensation et à maintenir invariable le centre de gravité de tout le système.

C'est par un procédé analogue que l'on obtient la compensation pour les balanciers des chronomètres.

140. Thermomètres métalliques. — L'emploi des lames soudées dans leur longueur et s'incurvant dans un sens ou dans l'autre, suivant que la température s'élève ou s'abaisse, a été utilisé dans la construction des thermomètres métalliques.

Le premier, dû à Bréguet, est constitué par une hélice formée d'un ruban plat de très faible épaisseur obtenu, en passant au laminoir une barre formée par la superposition de platine, d'or et d'argent. Le platine, moins dilatable que l'argent, est à l'extérieur ; l'or, intermédiaire comme dilatabilité, sert à unir le platine et l'argent qui ne se soudent pas l'un à l'autre. On voit que cette hélice doit se dérouler par l'élévation de température et se resserrer par le froid. Elle est fixée par sa partie supérieure et son extrémité inférieure porte une aiguille qui se meut sur un cadran divisé : la graduation est obtenue par comparaison. Les indications de l'appareil sont peu précises, mais cet instrument peut être utile dans certaines recherches, parce que, à cause de sa faible masse et de la grande conductibilité des matières qui le composent, il se met très rapidement en équilibre de température avec le milieu ambiant et peut fournir des indications sur des modifications passagères.

On a construit d'autres appareils moins délicats dans lequel la lame bi-métallique droite ou enroulée en spirale et assez épaisse est maintenue fixe à une extrémité ; l'autre extrémité se déplace dans un sens ou dans l'autre suivant le sens de la variation de température. Cette disposition a été appliquée, par exemple, à des indications électriques de température : on dispose en des points convenablement choisis des taquets métalliques que rencontre l'extrémité libre de la lame quand la température a atteint la limite qu'il ne faut pas dépasser : ce contact ferme un circuit, ce qui met en jeu une sonnerie.

141. — La méthode de comparaison des dilatations de deux barres que nous avons donnée (105) permet, lorsque l'on a déterminé les coefficients de dilatation, de mesurer la température des barres, en résolvant alors l'équation par rapport à t. Ce procédé a été utilisé pour déterminer la température des règles qui servent à effectuer la mesure des bases en géodésie, afin de pouvoir faire les corrections exigées par les variations de température. Cette disposition donne avec précision la température des règles, ce que ne pourrait faire aussi exactement un thermomètre placé dans leur voisinage, les règles ne se mettant pas en équilibre de température avec l'air ambiant de la même façon que le thermomètre.

142. Echauffement des liquides par convection. — Lorsqu'on chauffe un liquide placé dans un vase, ce liquide devient plus léger et tend à s'élever ; il en résulte un courant ascendant au-dessus de la source de chaleur, tandis que les masses supérieures descendent par la périphérie du vase pour venir s'échauffer également, de telle sorte que peu à peu toute la masse a subi l'action directe de cette source : c'est là ce qui constitue l'échauffement par *convection*, qui est le mode le plus ordinaire d'échauffement des liquides.

Lorsque l'on veut éviter la production de ces courants dans un liquide il faut le chauffer par sa partie supérieure.

Cette disposition des liquides chauds à s'élever a été utilisée dans les systèmes de chauffage par circulation d'eau qui sont appliqués dans un grand nombre d'établissements. Dans la cave se trouve une chaudière de la partie supérieure de laquelle part un tuyau qui s'élève progressivement, en parcourant toutes les parties à chauffer : il aboutit dans les combles à un réservoir ouvert où prend naissance un tuyau qui descend le plus directement possible pour se terminer à la partie inférieure de la chaudière. Tout le système est plein d'eau. Lorsque l'on chauffe la chaudière, l'eau monte, circule dans les tuyaux ascendants, se refroidit par l'action de l'air extérieur qu'elle échauffe et arrive avec un notable abaissement de température au réservoir supérieur, d'où elle redescend dans la chaudière pour s'échauffer et parcourir le même circuit.

142. Thermomètres enregistreurs. — Nous ne parlerons pas ici des thermomètres à mercure qui seront l'objet d'une étude spéciale ; mais nous dirons quelques mots d'appareils thermométriques basés sur la dilatation des liquides et qui sont utilisés pour l'enregistrement automatique des températures.

Un liquide, de l'alcool en général, remplit exactement une capacité métallique élastique. Lorsque la température s'élèvera, le liquide se dilatant plus que le solide, le vase devra changer de forme de telle manière que, à chaque instant, sa capacité soit égale au volume du liquide. On conçoit aisément qu'une aiguille, qu'un style puisse être relié au vase et se déplacer lorsque celui-ci se déformera ; le style pourra être utilisé pour tracer une courbe sur un cylindre enregistreur, parce que, les actions dues aux dilatations étant très énergiques ne sauraient être troublées par les frottements qui résultent de l'enregistrement.

La forme du vase varie selon les constructeurs : Bréguet a employé un tambour analogue à celui des baromètres anéroïdes, Richard un tube à section elliptique analogue à celui des manomètres métalliques de Bourdon. Enfin Redier a pris un tube à section elliptique et tout en conservant l'axe rectiligne il a tordu ce tube sur lui-même ; une extrémité étant maintenue fixe, l'autre tourne dans un sens ou dans l'autre autour de son centre, suivant qu'il y a élévation ou abaissement de température.

Il est inutile d'insister sur les dispositifs qui ont été adoptés pour communiquer à un style les mouvements produits par la déformation.

144. Efforts exercés par les pièces métalliques sous l'influence des variations de température. — Les pressions considérables qui prennent naissance lorsqu'un solide gêné est chauffé pourraient amener des accidents dans les constructions métalliques; on en a signalé des exemples, comme aussi pour la contraction qui s'exerce sur des corps gênés et notablement refroidis. Aussi convient-il, toutes les fois que des pièces métalliques de dimensions un peu fortes doivent être soumises à des variations de température notables, de les disposer de manière qu'elles puissent se dilater librement surtout si elles sont rectilignes. Si elles sont curvilignes, cela n'est pas aussi nécessaire ; si leurs extrémités sont maintenues fixes, il se produit une déformation générale et les pressions sur les points d'appui sont beaucoup moins augmentées que dans le cas des pièces rectilignes.

Il ne serait pas impossible d'utiliser dans quelques cas exceptionnels les pressions considérables produites dans ces conditions : nous n'en connaissons pas d'exemple pour les solides. On a proposé d'utiliser la dilatation produite par l'échauffement de l'eau qui remplit complètement un vase pour faire l'épreuve de la résistance.

On pourrait également obtenir de puissants effets de traction par le refroidissement de tiges qui auraient été préalablement échauffées : on cite même ordinairement l'application que Molard aurait faite de cette idée pour rapprocher les murs d'une galerie du Conservatoire des Arts et Métiers qui s'écartaient sous la poussée de la voûte. Mais le fait est controuvé.

145. Corrections des pesées. — Les pesées qui s'effectuent dans les conditions ordinaires sont affectées de causes d'erreur provenant de ce que les corps à peser et les poids employés subissent de la part de l'air une poussée et qu'ils n'exercent pas sur les balances le même effet qu'ils feraient dans le vide. De là, la nécessité de faire des corrections pour toutes les opérations où il intervient une pesée, lorsque l'on veut obtenir la plus grande exactitude possible.

Examinons d'abord le cas de la recherche du poids d'un corps par la méthode de la double pesée :

Soient X le poids d'un corps, Δ son poids spécifique dans les conditions de l'expérience, χ son coefficient de dilatation ; soit d'autre part a le poids spécifique de l'air dans les conditions de l'expérience.

Le volume du corps lors de la pesée est $\frac{X}{\Delta}$: la poussée de l'air a donc pour mesure $\frac{X}{\Delta}a$ et, par conséquent, l'effet transmis à la balance est :

$$X - \frac{X}{\Delta}a = X\left(1 - \frac{a}{\Delta}\right)$$

c'est là ce qui constitue le *poids apparent* du corps.

Appelons T le poids de la tare, d son poids spécifique, τ son coefficient de dilatation ; on aura comme précédemment pour valeur du poids apparent de la tare

$$T\left(1 - \frac{a}{d}\right)$$

L'équilibre existant pour la balance entre les efforts qu'elle reçoit, on a, en appelant l et l' les bras de levier :

$$lX\left(1 - \frac{a}{\Delta}\right) = l'T\left(1 - \frac{a}{d}\right)$$

Dans la seconde partie de la mesure, la tare est en équilibre avec des poids marqués. Soient P la valeur de ceux-ci, D le poids spécifique de la substance qui les constitue, π son coefficient de dilatation. Comme les conditions de température et de pression ont pu changer et devenir t_1, H_1, e_1 au lieu de t, H, e, nous aurons l'équation

$$l_1 P\left(1 - \frac{a_1}{D_1}\right) = l'_1 T\left(1 - \frac{a_1}{d_1}\right)$$

En divisant terme à terme, il vient seulement

$$\frac{X\left(1 - \frac{a}{\Delta}\right)}{P\left(1 - \frac{a_1}{D_1}\right)} = \frac{\left(1 - \frac{a}{d}\right)}{\left(1 - \frac{a_1}{d_1}\right)}$$

d'où l'on peut tirer **X**.

Mais il convient de remplacer les poids spécifiques qui entrent dans cette équation en fonction des poids spécifiques à 0°. On a pour faire ces substitutions :

$$a = a_0 \frac{1}{1+\alpha t} \cdot \frac{\mathrm{H} - \frac{3}{8} e\mathrm{F}}{760} \qquad a_1 = a_0 \frac{1}{1+\alpha t_1} \cdot \frac{\mathrm{H}_1 - \frac{3}{8} e_1\mathrm{F}_1}{760}$$

$$\Delta = \frac{\Delta_0}{1+\chi t} \qquad \mathrm{D}_1 = \frac{\mathrm{D}_0}{1+\pi t_1} \qquad d = \frac{d_0}{1+\pi t} \qquad d_1 = \frac{d_0}{1+\pi t_1}$$

Le calcul de substitution est sans intérêt.

Si les opérations ont pu être faites rapidement, les conditions n'ont pas changé, l'équation se simplifie et se réduit à

$$\mathrm{X} = \mathrm{P} \frac{1 - \frac{a}{\mathrm{D}}}{1 - \frac{a}{\Delta}} = \mathrm{P} \frac{1 - \frac{a_0}{\mathrm{D}_0} \cdot \frac{1+\chi t}{1+\alpha t} \cdot \frac{\mathrm{H} - \frac{3}{8} e\mathrm{F}}{760}}{1 - \frac{a_0}{\Delta_0} \frac{1+\pi t}{1+\alpha t} \cdot \frac{\mathrm{H} - \frac{3}{8} e\mathrm{F}}{760}}$$

On voit que, dans ces conditions, la tare est sans influence.

On peut se demander s'il est possible de se placer dans des conditions telles que la pesée se fasse, au moins sensiblement, d'une manière indépendante des conditions de température et de pression, c'est-à-dire pour que l'équation

$$l\mathrm{X}\left(1 - \frac{a_0}{\Delta_0} \frac{1+\chi t}{1+\alpha t} \cdot \frac{1 - \frac{3}{8} e\mathrm{F}}{760}\right) = l'\mathrm{T}\left(1 - \frac{a_0}{d_0} \cdot \frac{1+\pi t}{1+\alpha t} \cdot \frac{1 - \frac{3}{8} e\mathrm{F}}{760}\right)$$

soit satisfaite quelles que soient ces conditions.

Pour le voir, posons $\mathrm{H} - \frac{3}{8} e\,\mathrm{F} = \mathrm{H} + h$, h étant une petite quantité qui peut être positive ou négative. Comme on a approximativement

$$\frac{1+\chi t}{1+\alpha t} \cdot \left(1 + \frac{h}{760}\right) = \frac{1 + \frac{h}{760}}{1 + (\alpha - \chi) t} = 1 + \frac{h}{760} - (\alpha - \chi) t$$

il vient

$$lX\left[1-\frac{a_0}{\Delta_0}\left(1+\frac{h}{760}-(\alpha-\chi)t\right)\right]=l'T\left[1-\frac{d_0}{a_0}\left(1+\frac{h}{760}-(\alpha-\gamma)t\right)\right]$$

Il faut que l'équation

$$lX\left(1-\frac{a_0}{\Delta_0}\right)-l'T\left(1-\frac{a_0}{d_0}\right)-\frac{ha_0}{760}\left(\frac{lX}{\Delta_0}-\frac{l'T}{d_0}\right)-a_0t\left(\frac{lX(\alpha-\chi)}{\Delta_0}-\frac{l'T(\alpha-\gamma)}{d_0}\right)=0$$

soit identiquement nulle, ce qui exige les conditions

$$\frac{lX}{\Delta_0}-\frac{l'T}{d_0}=0 \qquad \text{et} \qquad \frac{lX(\alpha-\chi)}{\Delta_0}-\frac{l'T(\alpha-\gamma)}{d_0}=0$$

et donnerait pour déterminer le poids la relation

$$lX\left(1-\frac{a_0}{\Delta_0}\right)-l'T\left(1-\frac{a_0}{d_0}\right)=0$$

140. Recherche des densités. — Il ne semble pas au premier abord que les corrections que nous venons d'indiquer pour les pesées puissent être applicables à la recherche des densités, puisqu'elles contiennent le poids spécifique du corps cherché. Mais comme il y a deux pesées dans toute mesure de ce genre, il y a deux équations analogues à écrire entre lesquelles on peut éliminer le poids du corps; on peut avoir alors le poids spécifique.

La définition complète de la densité d'un corps solide ou liquide doit contenir nécessairement des indications relatives à la température; elle est la suivante :

La densité d'un corps solide ou liquide est le rapport qui existe entre le poids d'un certain volume de ce corps à 0° et le poids du même volume d'eau à 4°, température du maximum de densité.

Si donc nous conservons les notations précédentes et si nous appelons e le poids spécifique de l'eau, on pourra prendre pour valeur de la densité δ du corps : $\delta=\frac{\Delta_0}{e_4}$.

Supposons qu'il s'agisse de chercher la densité d'un corps solide par la méthode de la balance hydrostatique. Nous admettrons qu'on opère assez rapidement pour que l'on puisse regarder la température et la pression comme constantes.

On établit l'équilibre entre une tare et des poids marqués P de valeur supérieure à celle du poids du corps. On a alors

$$lP\left(1-\frac{a}{D}\right)=l'T\left(1-\frac{a}{d}\right)$$

On met le corps et pour obtenir l'équilibre il faut enlever des poids : soit P' la valeur de ce qui reste on a

$$l\left[P'\left(1-\frac{a}{D}\right)+X\left(1-\frac{a}{\Delta}\right)\right]=l'T\left(1-\frac{a}{d}\right)$$

Le corps suspendu sous le plateau de la balance est introduit dans l'eau ; il subit une perte de poids égale à $\frac{X}{\Delta}e$. Soit P'' la valeur des poids qui restent sur le plateau lors de l'équilibre, il vient :

$$l\left[P''\left(1-\frac{a}{D}\right)+X\left(1-\frac{e}{\Delta}\right)\right]=l'T\left(1-\frac{a}{d}\right)$$

On élimine immédiatement T par soustraction ; l et l' disparaissent en même temps

$$(P-P')\left(1-\frac{a}{D}\right)=X\left(1-\frac{a}{\Delta}\right)$$

$$(P-P'')\left(1-\frac{a}{D}\right)=X\left(1-\frac{e}{\Delta}\right)$$

ce qui donne

$$\frac{P-P'}{P-P''}=\frac{1-\frac{a}{\Delta}}{1-\frac{e}{\Delta}}=\frac{\frac{\Delta}{e}-\frac{a}{e}}{\frac{\Delta}{e}-1}$$

On tire de là

$$\frac{\Delta}{e}=\frac{P-P'}{P''-P'}-\frac{a}{e}\,\frac{P-P''}{P''-P'}$$

On a d'autre part $\Delta=\frac{\Delta_0}{1+\chi t}$. On n'a pas une formule analogue pour e ; mais d'après les tables de Despretz, par exemple, on peut écrire $e=\frac{e_1}{\varphi_t}$, φ_t étant le nombre qui se trouve dans cette table pour la température t. Il vient donc alors

$$\delta = \frac{\Delta_0}{e_1} = \frac{P - P'}{P'' - P'} \cdot \frac{1 + \chi t}{\varphi t} - \frac{P - P'}{P'' - P'} \frac{a_0}{e_1} \cdot \frac{1 + \chi t}{\varphi t} \cdot \frac{H - \frac{3}{8} eF}{760}$$

On opérerait d'une manière analogue pour les autres méthodes de détermination.

Nous donnons, pour quelques corps, la valeur du terme correctif $\frac{a}{\Delta}$ pour les pesées.

Platine.........	$5{,}991.10^{-5}$	Argent..........	$1{,}232.10^{-4}$
Mercure........	$8{,}338.10^{-5}$	Laiton..........	$1{,}543.10^{-4}$
Plomb..........	$1{,}136.10^{-4}$	Aluminium......	$5{,}039.10^{-4}$

147. — La recherche de la densité des gaz et des vapeurs présente des difficultés particulières provenant d'une part de ce qu'il faut tenir compte de la pression, d'autre part de ce que le poids de ces corps étant faibles les corrections nécessitées par l'effet de la poussée de l'air prennent une grande importance relative.

Pour la densité des gaz, Regnault a employé une méthode qui rend ces corrections inutiles, ce qui donne une grande précision aux résultats obtenus.

On prend un ballon de 10 litres de capacité environ qui servira à contenir successivement le gaz et l'air, et on le suspend au-dessous d'une balance sensible après y avoir adapté une garniture munie d'un robinet. On prend pour tare un ballon ayant à peu près le même volume et provenant de la même fabrication et on le ferme avec une garniture hermétique. Pour s'assurer s'ils ont exactement le même volume extérieur, on les plonge dans l'eau et on détermine les pertes de poids; elles ne sont jamais égales : la différence évaluée en grammes fait connaître en centimètres cubes la différence des volumes. On attache alors au plus petit des deux ballons un fragment d'un tube de verre fermé à la lampe et ayant un volume égal à cette différence. Dès lors, les deux ballons placés dans l'air doivent dans tous les cas éprouver la même poussée et si l'équilibre a été établi il doit subsister, quelles que soient les variations de température, de pression et d'état hygrométrique.

Regnault s'est assuré directement que, en effet, l'équilibre se maintenait invariable pendant 15 jours.

On sèche soigneusement le ballon qui doit servir de récipient comme nous l'avons indiqué pour la dilatation des gaz. Lorsqu'il est sec on le place dans un vase contenant de la glace fondante et l'on raréfie l'air une dernière fois ; puis on y laisse rentrer de l'air qui a traversé des tubes desséchants ; on laisse le robinet ouvert quelque temps après que la rentrée de l'air s'est effectuée, puis on le ferme. Cet air est alors à 0° et sa pression est celle qui est donnée par une observation barométrique faite au même instant.

On transporte le ballon sous la balance, on le laisse prendre la température de l'atmosphère ambiante ; puis on établit l'équilibre avec l'autre ballon.

On reporte ce ballon dans la glace fondante et on raréfie l'air ; on note la pression h de l'air qui reste au moment où on ferme le robinet.

On accroche de nouveau le ballon sous la balance ; l'équilibre est détruit. Avec les mêmes précautions que précédemment, on détermine la perte de poids p ; elle représente le poids de l'air qui a été enlevé et qui occupait le volume V du ballon à 0° et à la pression $H - h$.

On met de nouveau le ballon dans la glace fondante, on y fait entrer le gaz que l'on veut étudier après l'avoir bien desséché à une pression un peu supérieure à celle de l'atmosphère ; mais on laisse le robinet ouvert un instant, de telle sorte que le gaz contenu dans le ballon soit à la pression atmosphérique H'.

Avec les mêmes précautions on pèse ce ballon et l'on mesure l'augmentation de poids p' : elle représente le poids du gaz introduit qui occupe le volume V du ballon à 0° et à la pression $H' - h$.

Si nous appelons π_0 et a_0 le poids spécifique du gaz et de l'air à 0° et sous la pression 760, on aura

$$p = Va_0 \frac{H - h}{760} \qquad \text{et} \qquad p' = V\pi_0 \frac{H' - h}{760}$$

d'où l'on conclut enfin pour la densité δ du gaz :

$$\delta = \frac{\pi_0}{a_0} = \frac{p'}{p} \cdot \frac{H - h}{H' - h}$$

148. — Regnault profita de cette expérience pour déterminer avec précision le poids spécifique de l'air : ce nombre se déduit de la première équation quand on connaît V. Pour obtenir V, on pesait le ballon rempli d'eau distillée parfaitement privée d'air et amenée à 0°; on le vidait, on le séchait et on le pesait de nouveau rempli d'air. Le poids p_1 correspondant à la différence des pesées représente le poids de l'eau comprise dans le ballon à 0° moins le poids de l'air qui s'y est introduit lors de la pesée à t°. On a donc

$$p_1 = Ve_0 - V\, a_0 \frac{1}{1 + \alpha t} \cdot \frac{H + \frac{3}{8} eF}{760}$$

En divisant cette équation par la précédente $p = Va_0 \frac{H - h}{760}$ on élimine V et on peut aisément calculer a_0 qui a été trouvé égal à 1gr293, le litre étant pris pour unité de volume; on a 1gr293.10⁻³ si l'on prend le centimètre cube pour unité.

Cette méthode n'est pas applicable aux gaz qui attaquent les métaux, comme le chlore. On emploie dans ce cas une méthode entièrement analogue à la méthode du flacon pour les liquides. Un flacon que l'on peut boucher hermétiquement à l'émeri est rempli successivement du gaz à étudier, puis d'air : si on a évalué sa capacité par un jaugeage, il est aisé de déduire de ces données la densité du gaz.

149. — La méthode que nous venons d'indiquer ne s'appliquerait pas aisément aux corps gazeux étudiés à de hautes températures et, en particulier, aux vapeurs qui n'existent pas ou n'existent qu'en minimes proportions à la température ordinaire. Pour la recherche de la densité des vapeurs, on emploie généralement maintenant le procédé suivant dû à Dumas.

On prend un ballon de $\frac{1}{2}$ litre à 1 litre de capacité dont on effile le col (fig. 66) ; après l'avoir séché on le pèse (avec les pré-

Fig. 66.

cautions ordinaires) ; le poids obtenu P mesure le poids même de la substance du ballon, plus le poids de l'air qui y est contenu moins la poussée de l'air extérieur.

On introduit une certaine quantité de liquide dans le ballon et on chauffe dans un bain liquide à une température supérieure à la température d'ébullition du liquide. Celui-ci se vaporise, un jet de vapeur s'échappe par la pointe effilée du col, puis cesse après un certain temps ; à cet instant, la pression de la vapeur est égale à la pression atmosphérique H que l'on mesure en même temps qu'on note la température T du bain. On ferme le tube à la lampe ; on le laisse refroidir et on le pèse à t° : le poids obtenu P' représente le poids du ballon plus le poids de la vapeur, moins la poussée de l'air ; la différence P' — P est donc égale au poids de la vapeur moins le poids de l'air compris dans le ballon. Appelons δ la densité cherchée, v_0 la capacité du ballon, k le coefficient de dilatation de la substance qui le constitue. On aura

$$P - P' = v_0 \delta a_0 \frac{1 + kT}{1 + \alpha T} \cdot \frac{H}{760} - v_0 a_0 \frac{1 + kt}{1 + \alpha t} \cdot \frac{H - \frac{3}{8} eF}{760}$$

équation de laquelle on déduira δ si on connaît v. Pour trouver cette valeur, on remplit le ballon d'eau ou mieux de mercure et on cherche son poids P''. La différence de P'' — P peut être prise comme représentant avec une exactitude très suffisante le poids du mercure, d'où l'on déduit aisément le volume v_0.

Il peut arriver que lors de la production de vapeur, l'air n'ait pas été entièrement chassé. La proportion qui reste est déterminée, lorsqu'on remplit le ballon de liquide, par la masse de gaz qui ne se condense pas ; si elle est notable, l'opération est manquée et doit être recommencée. Dans le cas contraire, on recueille ce gaz dans un tube gradué, on mesure son volume à la pression ambiante et l'on peut aisément calculer son poids que l'on introduit dans l'équation précédente.

Les dispositions à prendre dépendent de la température à laquelle on doit opérer ; si elle ne dépasse pas 4 à 500° on emploie un ballon en verre blanc dont on effile le col à la lampe; au delà, il faut se servir de ballons de porcelaine; le col est fermé incomplètement par un bouchon de même substance et au moment de la fermeture on le soude à ce bouchon à l'aide du chalumeau oxhydrique.

Le ballon B est introduit dans une chaudière M (fig. 67) où est le bain liquide, mais il faut le fixer au préalable dans une monture métallique pesante S qui le maintient au fond de ce liquide malgré son volume relativement considérable.

Fig. 67.

Enfin la nature du bain varie suivant la température que l'on veut atteindre; on prend lorsqu'il est possible un liquide bouillant à cette température; mais pour des températures très élevées, on emploie des vapeurs de métaux maintenus à l'ébulition comme le mercure (350°), le cadmium (860°), le zinc (1040°).

§ IV

NOTIONS DE THERMODYNAMIQUE

Équivalence de l'énergie mécanique et de la chaleur. Détermination de l'équivalent mécanique de la chaleur. Applications de ces notions à l'étude des gaz.

150. Équivalence du travail mécanique et de la chaleur. — Lorsque, à propos de la calorimétrie, nous avons indiqué que les échanges de chaleur se faisaient sans perte et sans gain, nous avons spécifié que le fait n'était rigoureux que si l'action thermique était la seule et s'il n'y avait ni actions chimiques, ni changements d'état, ni actions mécaniques. L'existence de ces actions modifie notablement les conditions de ces échanges et il importe d'étudier leur influence. En ce qui concerne les actions chimiques, la question est spécialement du ressort de la chimie et nous n'avons pas à nous en occuper ici ; les changements d'état seront étudiés à ce point de vue dans la suite, ainsi que ce qui a rapport aux actions électriques ; mais nous allons traiter des relations directes qui unissent les actions thermiques aux actions mécaniques.

Quoique depuis longtemps on sache que des rapports existent entre les unes et les autres, ce n'est que dans notre siècle que la question a été traitée d'une manière nette et précise ; vers 1843, trois physiciens la présentèrent indépendamment les uns des autres et sous des formes un peu différentes : Colding, Joule et Meyer. Nous allons résumer leurs idées, ainsi que celles qui ont été indiquées par la suite et qui peuvent nous être utiles, sans entrer dans tous les détails de cette partie de la science qui a reçu le nom de *thermodynamique*.

Deux principes servent de base à la thermodynamique ; occupons-nous d'abord du premier.

1er Principe. — *L'énergie mécanique peut être transformée en chaleur par voie d'équivalence et réciproquement.*

L'énergie mécanique comprend soit le travail de forces appliquées à un corps ou à un système de corps, soit la force vive dont le système est animé. Travail ou force vive peuvent être transformés en chaleur ou réciproquement.

Faisons remarquer que cette transformation serait une véritable transmutation, peu compréhensible si l'on considérait la chaleur comme un agent spécial, d'une nature toute particulière. Si, au contraire, comme on tend à le faire maintenant, on rattache les phénomènes calorifiques à des mouvements moléculaires, la transformation, sans cesser d'être moins intéressante, est plus aisée à comprendre ; c'est en réalité un mouvement qui succède à un mouvement d'une autre forme.

151. — Les exemples de ces transformations ne sont pas rares : Un corps pesant glisse sur un plan incliné ; pour une pente convenable le mouvement est uniforme, le poids du corps dans cette chute produit un travail qui ne correspond pas à un accroissement de force vive ; le travail produit a donc disparu. Mais en même temps les surfaces en contact se sont échauffées d'une manière souvent notable ; d'où vient cette chaleur ? elle est la transformation du travail disparu. (Au point de vue de la mécanique, on a imaginé que le travail disparu correspondait au *frottement* qui prenait naissance, et en physique on disait que le frottement produit de la chaleur ; le frottement n'est évidemment là qu'un intermédiaire sans existence réelle et commode seulement pour la mise en équation des problèmes, il a l'inconvénient de masquer la nature réelle du phénomène).

Une balle de plomb animée d'une grande vitesse horizontale vient frapper un obstacle résistant ; elle s'arrête brusquement. Il n'y a pas ici à parler de travail puisque le mouvement était horizontal : il s'agit d'une perte, d'une disparition de force vive ; mais en même temps la balle s'échauffe et peut même être fondue. Quelle est l'origine de cette chaleur qui apparaît ? la force vive détruite.

Par contre, un travail mécanique peut prendre naissance à la suite de la disparition de la chaleur. M. Hirn a déterminé la quantité de chaleur que possédait une masse de vapeur lorsqu'elle pénétrait dans le cylindre d'une machine à vapeur, puis lorsqu'elle en sortait ; tenant compte de toutes les causes accessoires d'absorption, il a trouvé qu'elle avait perdu une certaine quantité de chaleur ; mais en même temps le piston de la machine avait produit un travail utile, ou avait accéléré le mouvement de la machine c'est-à-dire avait accru la force vive ; l'origine de cette énergie mécanique, qui apparaissait sous l'une ou sous l'autre de ces formes, c'est précisément la chaleur disparue.

Nous n'insistons pas et nous concluons à la réalité de ces transformations réciproques dont de nombreux autres exemples pourraient être cités.

152. — La transformation se fait par voie d'équivalence, c'est-à-dire qu'il existe un rapport constant entre la quantité d'*énergie mécanique* apparue ou disparue et la quantité de chaleur disparue ou apparue.

Pour vérifier cette équivalence, il suffit de mesurer une quantité de chaleur, d'une part, et d'autre part un travail mécanique ou une variation de force vive. La première évaluation ne présente pas de difficulté réelle, c'est une question de calorimétrie ; il n'en est pas de même de la deuxième évaluation ; car indépendamment du travail mécanique extérieur au corps, que l'on peut évaluer aisément en général, ainsi que de la force vive correspondant au mouvement de totalité, il faut tenir compte du travail intérieur correspondant aux déplacements moléculaires, de la force vive correspondant aux mouvements vibratoires qui peuvent prendre naissance.

On évitera ces inconvénients en opérant sur des corps dans lesquels il ne se produise pas de modification, pas de travail intérieur.

C'est ce qu'a fait M. Violle en utilisant une intéressante expérience de Foucault : un disque de cuivre tourne très rapidement entre les pôles d'un puissant électro-aimant ; bien qu'il n'y ait pas contact, le disque s'échauffe (par suite de la naissance de courants induits dans sa masse). On produit ce mouvement de rotation par la descente d'un poids qui fait mouvoir le rouage moteur, d'où l'on peut déduire le travail produit : une partie du travail est utilisée à vaincre les résistances passives, frottements des axes, des engrenages, etc. ; mais on l'évalue en cherchant le poids qui produirait le même mouvement quand le courant ne passe pas dans l'électro. La différence entre les deux quantités de travail correspondantes est la mesure de l'énergie qui a disparu transformée en chaleur. Quant à la quantité de chaleur, on la détermine en enlevant rapidement le disque après l'opération et en le plongeant dans un calorimètre.

Joule, pour faire la même détermination, a utilisé des liquides dont le mouvement ne s'accompagne pas de travail intérieur sensible. Dans un vase rempli d'eau faisant fonction de calorimètre, il disposait un axe vertical muni de bras horizontaux portant des palettes ; cet arbre était mis en mouvement par l'action de poids qui descendaient lentement. La quantité de chaleur était déterminée d'après l'élévation de température du calorimètre. Quant au travail produit il était égal à $2Ph$, P représentant la valeur d'un des poids et h la hauteur que ceux-ci parcouraient ; mais une partie de l'énergie correspondante se retrouve dans la force vive qu'ils possèdent ; si u est leur vitesse, cette force vive est $\frac{1}{2}\frac{2P}{g}u^2 = \frac{P}{g}u^2$. Une autre partie de l'énergie correspond au travail des résistances passives, frottement de l'axe sur ses tourrillons, etc. Pour les évaluer, Joule détache les palettes, fixe les poids de manière que l'un monte quand l'autre descend et ajoute un poids moteur p tel que la vitesse finale soit u. Le travail moteur est ph, la force vive finale est $\frac{1}{2}\frac{2P+p}{g}u^2$, la différence entre ces deux quantités représente le travail absorbé par les résistances passives ; l'énergie mécanique qui a disparu est donc :

$$2Ph - \frac{P}{g}u^2 - ph + \frac{2P+p}{2g}u^2 = (2P-p)h + \frac{p}{2g}u^2$$

Ces expériences et d'autres encore ont permis de vérifier le principe de l'équivalence. Si W est la quantité de travail disparue ou apparue et C la quantité de chaleur apparue ou disparue, le rapport $\frac{W}{C}$ est constant ; ce rapport que nous désignerons par E s'appelle *l'équivalent mécanique de la chaleur*, il représente le nombre d'unités de travail (kilogrammètres) correspondant à l'unité de chaleur (calorie).

On a trouvé que cette valeur est constante quel que soit le corps qui a servi à la déterminer et quel que soit le sens de la transformation ; nous la prendrons égale à 425 kgm [1].

On utilise quelquefois le rapport $\frac{C}{W} = A$ qu'on appelle *l'équivalent calorifique du travail*. La valeur de A est de $\frac{1}{425}$ de calorie pour 1 kgm.

152. — Les déterminations faites dans diverses circonstances ont montré, comme nous venons de le dire, que la valeur

1. Les expériences ont donné des valeurs comprises entre 413 et 440 ; mais les plus précises donnent des nombres voisins de 425.

de E était la même, quel que fût le sens de la transformation ; on pouvait prévoir qu'il en serait ainsi.

Supposons en effet que, E étant l'équivalent mécanique pour la transformation du travail mécanique en chaleur et E' la valeur de cet équivalent pour la transformation inverse, on ait $E > E'$... Soit une quantité W de travail, appliquons-la à un système qui transforme le travail en chaleur, nous recueillerons une quantité de chaleur $\frac{W}{E'}$; faisant agir cette quantité de chaleur sur un système produisant la transformation inverse, il nous fournira une quantité de travail égale à $\frac{WE}{E'}$. En répétant cette opération n fois, nous aurons une quantité de travail $W\left(\frac{E}{E'}\right)^n$ quantité qui pourra devenir aussi grande que l'on voudra puisqu'on a $\frac{E}{E'} > 1$; ce résultat est absurde, car sans rien fournir au système nous pourrions accroître indéfiniment son énergie mécanique.

Si l'on avait, $E < E'$ on répéterait un raisonnement analogue, mais en sens contraire.

154. Courbes représentatives de l'état d'un corps. — Clapeyron a signalé un mode de représentation fort ingénieux pour caractériser l'état d'un corps : nous avons dit que dans tous les cas on a pour ce corps $F(v, p, t) = 0$, équation qui représente une surface. Convenons de la caractériser par le procédé des *plans cotés*, c'est-à-dire qu'un point représentant symboliquement un état du corps sera donné par sa projection A (fig. 68) sur les plans des vp et par une *cote* (t) qui fera connaître la température.

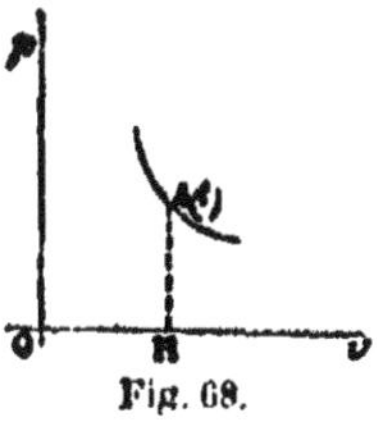

Fig. 68.

Lorsque le corps passera d'une condition à une autre, le point caractéristique décrira sur la surface une trajectoire qui sera déterminée si on connaît sa projection sur le plan des vp et la cote de ses divers points. Ces courbes changeront de forme suivant la loi de variation que suit le corps; deux genres de courbes sont particulièrement intéressantes, ce sont :

Les *courbes isothermes*, qui correspondent à des variations de p et de v à température constante ; ce sont à proprement parler les courbes de niveau de la surface et elle se projettent en vraie grandeur.

Les *courbes adiabatiques* qui sont celles qui correspondent aux variations du corps lorsqu'il ne gagne ni ne perd de chaleur ; en réalité ce n'est pas elles qu'on considère, mais seulement la projection sur le plan des vp.

Dans le cas des gaz, où l'on a spécialement appliqué ce mode de représentation, les courbes isothermes sont des hyperboles données par l'équation $pv = p_0 v_0 (1 + \alpha t)$, chaque courbe correspondant à une valeur de t. Il peut être souvent commode de tracer ces courbes à l'avance, parce qu'elles indiquent immédiatement les cotes des différents points des autres courbes qui les rencontrent.

Les équations des courbes adiabatiques dans l'espace sont $Tv^{m-1} = C^{te}$, ainsi qu'on peut le démontrer, avec $\frac{1}{\alpha} \frac{pv}{T} = p_0 v_0$ en désignant par T la valeur $\frac{1}{\alpha} + t$. On déduit de là l'équation de la projection de ces courbes en éliminant T, ce qui donne : $pv^m = C^{te}$.

155. Représentation du travail. — On démontre en mécanique que si le volume d'un corps soumis à une pression uniforme p augmente de dv le travail élémentaire correspondant est pdv et le travail total, par conséquent, $\int pdv$.

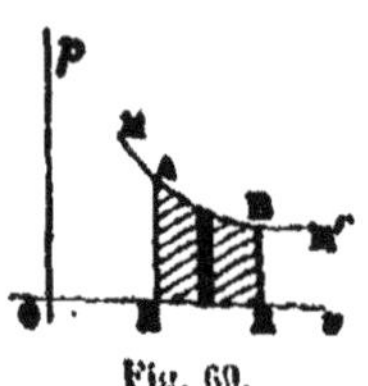

Fig. 69.

Si nous considérons la courbe MM' (fig. 69) correspondant à une modification survenue à un corps, on voit immédiatement que l'aire comprise entre la courbe, l'axe des v et les ordonnés correspondant aux points extrêmes est précisément $\int pdv$, c'est-à-dire qu'elle représente justement le travail total correspondant ; suivant que le corps passera d'un état A à l'état B ou inversement le point symbolique se déplacera de M vers M' ou de M' vers M ; mais dans un cas le travail est positif, dans l'autre il est négatif ; la valeur du travail est donc représentée par l'aire considérée, affectée du signe + ou du signe —, suivant que la courbe est parcourue dans un sens ou dans l'autre.

Lorsqu'un corps partant d'un état déterminé y revient après avoir subi des modifications quelconques, la courbe décrite par le point symbolique est une courbe fermée ; on dit que le corps a parcouru un cycle fermé. En menant les ordonnées BK, AH (fig. 70) qui correspondent à la plus grande et à la plus petite valeur de v, on a deux aires qui représentent l'une un travail positif, l'autre un travail négatif effectués pendant deux phases du cycle. La différence, qui est précisément l'aire de la courbe fermée mesure la différence de ces travaux, c'est-à-dire le travail total que le corps parcourant son cycle fournit ou absorbe suivant que la courbe est décrite dans un sens ou dans l'autre.

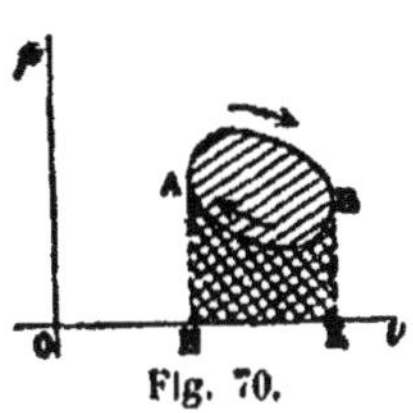

Fig. 70.

Il y a des cycles qui sont tels qu'ils peuvent être parcourus par le corps dans un sens ou dans l'autre, ce sont des *cycles reversibles* ; mais il peut se produire telle modification dans le corps ou le système considéré que le cycle ne soit pas reversible.

156. Modifications calorifiques ; énergie interne. — Les modifications éprouvées par un corps au point de vue calorifique représentent :

1° La variation d'énergie moléculaire actuelle ;

2° La variation de travail moléculaire disponible.

Nous ne pouvons séparer ces deux éléments et nous représenterons par dU la somme de ces variations pour un changement infiniment petit : la quantité U est ce que l'on appelle l'*énergie interne* du corps.

3° Le travail résultant des changements des points d'application des forces extérieures.

Considérons alors un système subissant une modification quelconque ; soient dQ la quantité de chaleur qu'il cède, $d\Sigma \frac{mv^2}{2}$ l'accroissement de force vive ; $d\mathfrak{T}$ le travail des forces extérieures, on doit avoir :

$$dQ + \frac{1}{E} d\Sigma \frac{mv^2}{2} = \frac{1}{E} d\mathfrak{T} + dU$$

et cette équation définit la fonction U à une constante près, elle définit l'énergie interne qui joue un rôle important en thermo dynamique.

Dans le cas où le système conserve la même force vive d'une façon quelconque, l'équation se simplifie et devient

$$dQ = \frac{1}{E} d\mathfrak{T} + dU$$

L'énergie interne U, pour les gaz, peut être considérée comme une fonction de v et de t (puisque p est lié à ces variables) et l'on peut écrire

$$dQ = \frac{1}{E} d\mathfrak{T} + \frac{dU}{dt} dt + \frac{dU}{dv} dv.$$

157. — Une importante expérience faite d'abord par Gay-Lussac, puis réalisée plus complètement par Joule montre que l'énergie interne d'un gaz est indépendante du volume du gaz.

On réunit deux ballons munis de garnitures à robinet ; dans l'un on a fait le vide, dans l'autre, on a comprimé de l'air ; on les place dans un réservoir d'eau constituant un calorimètre. Lorsqu'ils ont pris la température de l'eau, on ouvre les robinets, l'air comprimé se répand dans le vase où le vide existe ; mais malgré ces variations le calorimètre ne change pas de température.

On doit toujours avoir l'équation générale

$$dQ = \frac{1}{E} d\mathfrak{T} + \frac{dU}{dt} dt + \frac{dU}{dv} dv ;$$

or il n'y a pas de travail extérieur au système, donc $d\mathfrak{T} = 0$; il n'y a pas de chaleur cédée au milieu extérieur, ni de variation de température, donc $dQ=0$ et $dt=0$; il faut dès lors que $\frac{dU}{dv}=0$, c'est-à-dire que U ne soit pas fonction de v.

L'équation générale pour les gaz se réduit donc à

$$dQ = \frac{1}{E} d\mathfrak{T} + \frac{dU}{dt} dt.$$

158. Propriétés des chaleurs spécifiques des gaz. — Considérons le cas d'une masse de gaz égale à l'unité, passant des conditions déterminées par les quantités p, v, t aux conditions $p+dp$, $v+dv$, $t+dt$. Dans ce changement le corps produit un travail extérieur pdv et l'équation générale donnera :

$$dQ = \frac{1}{E} p.dv + \frac{dU}{dt} dt \tag{1}$$

Mais d'autre part, à cause de la relation

$$\frac{pv}{1+\alpha t} = p_0 v_0$$

qui existe entre les trois quantités, on peut écrire :

$$dQ = \frac{dQ}{dv} dv + \frac{dQ}{dt} dt \tag{2}$$

et

$$dQ = \frac{dQ}{dp} dp + \frac{dQ}{dt} dt. \tag{3}$$

Considérons la 1re équation : $\frac{dQ}{dv}$ représente la quantité de chaleur qu'il faudrait fournir pour un accroissement de volume égal à l'unité, la température restant constante ; on désigne ce coefficient sous le nom de *chaleur interne de dilatation* et on le représente par la lettre l.

Le rapport $\frac{dQ}{dt}$ représente la quantité de chaleur qu'il faut fournir pour élever la température de 1°, le volume ne changeant pas. C'est la *chaleur spécifique à volume constant* c. La 1re équation pourra s'écrire

$$dQ = ldv + cdt \tag{4}$$

ou en prenant p et t comme variables :

$$dQ = l\left(\frac{dv}{dp}dp + \frac{dv}{dt}dt\right) + cdt = l\frac{dv}{dp}dp + \left(l\frac{dv}{dt} + c\right)dt \tag{5}$$

Dans la 2e équation le coefficient $\frac{dQ}{dp}$, qui représente la quantité de chaleur correspondant à une variation de pression égale à 1, à température constante, n'a pas reçu de nom ; nous le désignerons par h.

Enfin $\frac{dQ}{dt} = C$ est *la chaleur spécifique à pression constante :* nous aurons donc :

$$dQ = hdp + Cdt. \tag{6}$$

Identifions les équations 1 et 4 ; il vient

$$\frac{p}{E} = l \qquad \text{et} \qquad c = \frac{dU}{dt}$$

La première relation donne l.

Dérivons la seconde par rapport à v ; on a :

$$\frac{dc}{dv} = \frac{d^2U}{dt\,dv} = \frac{d^2U}{dv\,dt} = 0$$

puisque nous avons démontré que $\frac{dU}{dv} = 0$. La quantité c est donc indépendante de v : la chaleur spécifique à volume constant ne varie pas avec la pression initiale.

Identifions maintenant les équations 5 et 6, on aura :

$$C = l\frac{dv}{dt} + c.$$

Mais comme ces coefficients correspondent à une pression constante, on sait que l'on a

$$v = v_0(1 + \alpha t)$$

et

$$\frac{dv}{dt} = v_0\alpha = \frac{\alpha v}{1 + \alpha t} = \frac{v}{T}$$

en posant $T = t + \frac{1}{\alpha}$ (T est ce que l'on appelle la *température absolue*, elle serait prise à partir d'un point fixe qui serait caractérisé par $t + \frac{1}{\alpha} = 0$, soit environ $t = 273°$) (72).

Il vient donc :

$$C - c = l\frac{r}{T} = \frac{pv}{ET} = \frac{1}{E}\frac{p_0 v_0}{\alpha}$$

Le 2ᵉ membre étant constant, il faut que le 1ᵉʳ le soit aussi, et comme nous avons démontré que c est indépendant de la pression initiale, il doit en être de même de C ; c'est ce qu'ont démontré les expériences de Regnault.

On voit que si l'on connaît C et c pour un gaz cette équation donne E.

159. Deuxième principe de la thermo-dynamique ; éléments de transformation ; entropie. — Le premier principe de la thermo-dynamique indique suivant quel rapport se font les transformations réciproques du travail mécanique et de la chaleur quand elles ont lieu ; mais dans une circonstance donnée, la transformation peut-elle avoir lieu intégralement ? sinon, dans quelle proportion par rapport à la quantité totale peut-elle se produire ?

C'est à ces questions que répond le deuxième principe de la thermo-dynamique ou théorème de Carnot ; nous nous bornerons à l'énoncer sous sa forme la plus simple.

Considérons un cycle fermé et réversible ; soit dQ la quantité de chaleur dégagée pendant que le corps subit une modification correspondant à un élément du cycle ; soit T la température absolue correspondante ; on démontre que l'on a :

$$\int \frac{dQ}{T} = 0$$

On a désigné $\frac{dQ}{T}$ par le nom d'*élément de transformation* ou seulement de *transformation ;* on peut donc donner au principe de Carnot l'énoncé suivant :

La somme des transformations qu'un système subit en parcourant un cycle fermé réversible est égale à zéro.

Clausius a démontré que la somme des éléments de transformation, correspondant à une série d'opérations réversibles ne formant pas un cycle, ne dépend que de l'état initial et de l'état final du système et non des modifications intermédiaires. Donc, entre cet état initial (0) et cet état final (1), on pourra écrire

$$\int_{(0)}^{(1)} \frac{dQ}{T} = S_0 - S_1,$$

la quantité S étant ainsi déterminée à une constante près quand on connaît l'état du système.

La quantité S est ce qu'on appelle l'*entropie* du corps.

La démonstration de ces théorèmes nous entraînerait trop loin ; les fonctions U et S sont cependant tellement importantes, et leurs propriétés ou les propriétés des fonctions qu'on y rattache se relient d'une manière si intime aux actions physiques et chimiques que nous avons tenu à en donner au moins une définition.

§ V

THERMOMÉTRIE.

Choix de la substance thermométrique. Thermomètres à air, à mercure, à alcool. Sensibilité du thermomètre. Thermomètres à poids, à maximum, à minimum, différentiels. Echelles thermométriques diverses.

160. Choix de la substance thermométrique. — Nous avons, au début, défini la température qui est déterminée lorsque l'on a fait choix de plusieurs données essentielles au nombre desquelles se trouve la substance thermométrique.

Il ne s'agit là, que de conventions, et, absolument, il n'est pas indispensable de les justifier. Cependant le choix de la substance thermométrique a été le résultat de discussions et de recherches que nous allons résumer rapidement.

La notion de température est en somme caractérisée par l'équation

$$\frac{t}{T} = \frac{V_t - V_0}{V_T - V_0}$$

en admettant que les points fixes choisis aient pour valeur 0° et T et que V_0, V_T et V_t représentent les volumes de la substance thermométrique à ces points fixes et à la température t.

Mais il est aisé de reconnaître qu'il est, sinon toujours impossible, au moins très difficile dans la pratique de mesurer la valeur de la dilatation d'un corps : c'est impossible pour les gaz et pour les liquides, où l'on observe seulement la différence entre la dilatation de la substance et la dilatation de l'enveloppe. C'est difficile pour les solides, parce qu'il faut mesurer le corps avec une règle graduée, que celle-ci, presque nécessairement, est à la même température que le corps qu'on veut lui comparer et que l'on observe seulement par conséquent la différence entre la dilatation du corps étudié et la dilatation de la règle qui sert de terme de comparaison.

Soit V_0 le volume à 0° de la substance thermométrique ; c'est aussi, à la même température, le volume du corps qui sert de terme de comparaison.

A la température T du 2e point fixe, ces deux volumes sont devenus V_T et U_T et à la température t ils sont V_t et U_t.

La dilatation observée à la température T est $V_T - U_T$, celle observée à la température t est $V_t - U_t$.

Pour que l'on puisse mesurer les températures à l'aide de ces dilatations il faut que l'on ait

$$\frac{t}{T} = \frac{V_t - U_t}{V_T - U_T}.$$

Pour la substance thermométrique, on a

$$V_t = V_0(1 + \alpha t) \qquad V_T = V_0(1 + \alpha T).$$

Mais pour la substance qui sert de comparaison, si l'on appelle k le coefficient de dilatation moyen entre 0 et T on a les relations

$$U_T = V_0 (1 + kT) \qquad U_t = V_0 (1 + kt + \varphi(t))$$

car on sait que les diverses substances ne se dilatent pas suivant la même loi.

Nous avons alors :

$$\frac{V_t - U_t}{V_T - U_T} = \frac{(\alpha - k)\, t - \varphi(t)}{(\alpha - k)\, T} = \frac{t}{T} - \frac{\varphi(t)}{(\alpha - k)\, T}$$

C'est-à-dire que le rapport des quantités que l'on observe ne donne pas le rapport cherché $\frac{t}{T}$ et qu'il y a une erreur représentée par $\frac{\varphi(t)}{(\alpha - k)T}$.

On pourrait, il est vrai, convenir de définir la température à l'aide du rapport même $\frac{V_t - U_t}{V_T - U_T}$, à la condition de définir les deux substances que l'on emploierait et de pouvoir les obtenir toujours identiques à elles mêmes. Mais cette dernière condition est difficile à réaliser dans la pratique, c'est-à-dire que $\varphi(t)$ et k n'ont pas toujours la même valeur.

On voit alors qu'on réduira d'autant plus les erreurs provenant de ces variations que la quantité α sera plus grande.

C'est-à-dire que, comme il était possible de le présumer, il y aura intérêt à prendre pour substance thermométrique un corps dont la dilatation soit la plus grande possible.

161. — Ces considérations devaient faire choisir un gaz comme substance thermométrique. On pouvait prévoir que tous les gaz éloignés de leur liquéfaction fourniraient le même résultat. C'est, en effet, ce qui résulte des recherches directes de Regnault.

Voici quelques nombres donnant les températures comparatives qui sont fournies par l'air, par l'hydrogène et par l'acide carbonique.

Thermomètre à air	Thermomètre à hydrogène	Thermomètre à air	Thermomètre à acide carbonique
112°,37	112°,25	102°,63	102°,73
209°,45	209°,55	210°,69	210°,80
325°,40	325°,21	322°,80	392°,91

Les différences sont petites, et, comme on pouvait s'y attendre, elles sont de sens contraire pour l'hydrogène et pour l'acide carbonique.

Il n'est pas nécessaire de faire choix d'une pression déterminée pour l'emploi du thermomètre, car on sait que, très sensiblement, le coefficient de dilatation est indépendant de la pression. Regnault a d'ailleurs vérifié qu'il en est ainsi, en comparant les températures fournies par deux thermomètres à air dont les pressions étaient dans le rapport de 1 à 2.

Pression h	105°,55	208°,33	324°,33
Pression $2h$	105°,53	208°,23	324°,30

Enfin le coefficient d'élasticité étant sensiblement égal au coefficient de dilatation, on peut mesurer les températures non par les variations de volume, mais par les variations de pression ; nous dirons que, théoriquement au moins, c'est à ce dernier parti qu'on s'est arrêté.

162. Thermomètres à air. — On peut se servir comme thermomètre à air de l'appareil que Regnault a construit pour l'étude de la dilatation des gaz (146). Les opérations s'effectuent de la même façon, le ballon étant placé dans l'enceinte ou dans le liquide dont on cherche la température. L'équation est la même, seulement α y est connu, et elle doit être résolue par rapport à t.

On peut opérer soit à pression constante, soit à volume constant ; mais il est préférable d'utiliser cette dernière méthode et de mesurer les variations de pression ; dans ce cas, en effet, toute la masse du gaz est soumise à la température que l'on cherche ; quand on opère à pression constante, une partie du gaz, au contraire, passe dans le manomètre et échappe à cette action. Aussi convient-il, définitivement, d'adopter les variations de pression pour mesurer les températures. On est alors conduit à une définition du degré centigrade, qui ne diffère pas au fond, d'ailleurs, de celle qui résulterait des premières indications relatives aux températures.

Le degré centigrade, c'est l'élévation de température qui produit dans une masse d'air une augmentation de pression qui est la centième partie de l'augmentation que cette masse subit en passant de la température de la glace fondante à celle de l'eau bouillant sous la pression normale de 760mm.

Mais les opérations à exécuter avec l'appareil dont nous venons de parler sont peu commodes au point de vue pratique. Regnault a indiqué une autre méthode qui est plus facile à appliquer : on n'opère, il est vrai, absolument ni à volume constant, ni à pression constante, mais, le coefficient d'élasticité étant presque égal au coefficient de dilatation, cela n'a pas d'inconvénient.

Fig. 71.

L'appareil consiste en un réservoir cylindrique BC (fig. 71) en verre terminé par un tube fin BA recourbé à angle droit et effilé : on sèche le tube et on établit sa tare sur une balance. On le place alors dans le bain ou dans l'enceinte dont on veut connaître la température, de manière que sa pointe débouche à l'air libre.

Le gaz se dilate, une partie s'échappe ; à l'instant où l'on veut faire l'observation, on ferme le tube à la lampe et on note la pression atmosphérique H qui est celle que possédait le gaz. On laisse refroidir le tube et on le place la pointe en bas dans un support métallique qui permet de l'entourer de glace fondante (fig. 72): on introduit la pointe dans un bain de mercure et à l'aide d'une pince on casse la pointe : pour éviter que, le mercure ne mouillant pas le verre, de l'air ne puisse pénétrer dans le réservoir, il est bon de recouvrir le mercure d'une couche liquide, d'acide sulfurique, par exemple.

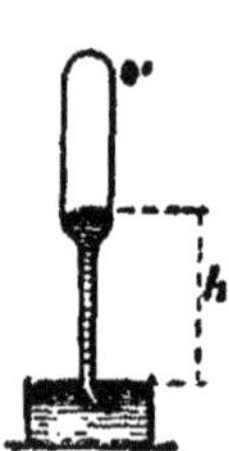

Fig. 72.

Le gaz se contracte et le mercure monte dans le tube : lorsqu'il est à la température 0°, on bouche la pointe à l'aide d'un peu de cire portée par une cuillère qui se meut dans le mercure. On peut alors enlever la glace sans craindre que le niveau du mercure puisse changer, et, à l'aide d'un cathétomètre et d'une vis à deux pointes, on note la hauteur h du mercure dans le tube au-dessus du niveau du bain ; soit H′ la pression atmosphérique à cet instant. On porte le tube sur la balance et on le pèse : l'augmentation de poids p mesure le poids du mercure introduit.

On remplit alors l'appareil complètement de mercure à 0° et on le pèse de nouveau ; l'augmentation P par rapport à la première pesée donne le poids de ce mercure.

Le volume du vase à 0° est alors $\frac{P}{\pi_0}$, π_0 étant le poids spécifique du mercure à 0° ; le volume du gaz mesuré à 0° qui est resté dans l'appareil est $\frac{P-p}{\pi_0}$.

La masse de gaz qui est restée dans l'appareil occupait : 1° au moment où l'on a fermé le tube, un volume $\frac{P}{\pi_0}(1+kt)$ à la pression H et à la température inconnue t ; 2° dans la glace fondante, un volume $\frac{P-p}{\pi_0}$ à la pression $H-h'$ et à la température 0°.

On a donc immédiatement, en supprimant π_0,

$$\frac{P(1+kt).H}{(1+\alpha t)} = (P-p)(H'-h)$$

équation d'où l'on tire t.

Il est important de remarquer que la première opération seule doit être faite au moment de l'observation et que les autres mesures peuvent s'effectuer à un instant quelconque, à loisir, dans le laboratoire.

Signalons encore que la méthode de Dumas pour la mesure de la densité des vapeurs peut être utilisée pour la détermination de la température. On résout l'équation par rapport à t, δ étant connu.

Ce procédé a été employé pour de hautes températures ; on emploie alors de l'iode dont la densité de vapeur est considérable ; elle surpasse 8.

L'emploi du thermomètre à air n'est pas très commode dans la pratique ; aussi fait-on souvent usage de thermomètres à liquides ou quelquefois de thermomètres solides. Mais la loi de dilatation des différents corps n'étant pas la même que celle de l'air, substance thermométrique, les températures données par ces appareils ne sont pas rigoureusement les températures véritables et, lorsque l'on veut une grande précision, il faut avoir fait une comparaison directe, au préalable, entre l'appareil que l'on emploie et le thermomètre à air.

Les seuls appareils employés présentant quelque précision sont les thermomètres à mercure à enveloppe de verre.

163. Thermomètre à poids. — Une disposition que l'on a souvent employée est celle du thermomètre à poids, qui consiste en un réservoir cylindrique de longueur variable terminé par un tube fin doublement recourbé et effilé.

On le pèse vide, puis on le remplit de mercure à 0° et on le pèse de nouveau, en ayant soin de recueillir dans une petite capsule le mercure qui s'écoule quand l'appareil prend la température ambiante : soit P le poids du mercure qui remplit l'appareil à 0°.

On place l'appareil dans le bain ou dans l'enceinte dont on veut déterminer la température et l'on recueille le mercure écoulé depuis la température 0 : soit p ce poids.

La capacité du vase à 0° est $\frac{P}{\pi_0}$, π étant le poids spécifique du mercure : à t° elle sera $\frac{P}{\pi_0}(1 + kt)$ en appelant k le coefficient de dilatation du verre. D'autre part, à t° le volume du mercure qui est dans l'appareil est $\frac{P - p}{\pi_t}$; on doit avoir évidemment :

$$\frac{P}{\pi_0}(1 + kt) = \frac{P - p}{\pi_t}$$

ou en remplaçant π_t en fonction de π_0

$$P(1 + kt) = (P - p)(1 + \mu t)$$

équation qui donnera t si l'on connaît k.

Pour déterminer cette quantité une fois pour toutes, pour l'appareil que l'on emploie, on répète la même opération en plaçant le thermomètre dans l'eau bouillante, à 100° ; soit p' le poids de mercure écoulé ; on a

$$P(1 + 100\,k) = (P - p')(1 + 100\,\mu)$$

équation d'où l'on tirera k.

161. Thermomètre à mercure à tige. — La forme la plus ordinaire du thermomètre à mercure est celle du thermomètre à tige ; cet appareil consiste en un réservoir cylindrique ou sphérique soudé à une tige cylindrique ; cette tige porte des divisions d'égale capacité. L'appareil a des dimensions et contient une quantité de mercure telles que, dans les limites entre lesquelles il doit être employé, le niveau du mercure reste dans la tige.

Tantôt les divisions sont telles qu'elles correspondent à 1° exactement, et elles sont alors numérotées de telle sorte que, par une simple lecture, on ait directement la température indiquée par le thermomètre. Tantôt, au contraire, les divisions ont une capacité quelconque et il faut avoir une table ou une formule pour pouvoir déduire la température du nombre fourni par la lecture. (Thermomètre à échelle arbitraire).

Il nous paraît inutile d'entrer dans le détail de la construction et du remplissage du thermomètre : nous dirons seulement que, comme les divisions sont obtenues à l'aide d'une machine à diviser, c'est-à-dire qu'elles sont d'égale longueur, pour qu'elles aient des capacités égales il faut que le tube présente partout la même section. On fait la vérification de cette condition (qui peut être utile dans d'autres cas), en promenant dans le tube une petite colonne de mercure et s'assurant qu'elle conserve partout la même longueur.

Fig. 73.

Nous dirons, au contraire, quelques mots de la détermination des points fixes, parce que la méthode employée peut être utilisée pour faire la vérification du thermomètre de temps à autre. Cette vérification est nécessaire parce que l'expérience a montré que le réservoir qui a été soufflé subit une lente contraction, ce qui a pour effet d'amener le niveau du mercure à 0° en un point situé au-dessus du zéro de la graduation et ce qui fausse d'autant toutes les indications.

Pour déterminer ou pour vérifier le point 0°, on place le thermomètre dans un vase cylindrique (fig. 73) dont le fond est à jour et que l'on remplit de fragments de glace; le niveau du mercure descend d'abord rapidement, puis de plus en plus lentement. Le point où il s'arrête définitivement est le premier point fixe.

Fig. 74.

Le point 100° se détermine en plaçant le thermomètre dans une étuve à vapeur à double paroi (fig. 74), de manière que son réservoir soit à une petite distance au-dessus du liquide. Un ajutage *a* laisse échapper la vapeur et maintient à l'intérieur une pression égale à la pression extérieure, ce dont on s'assure d'ailleurs à l'aide d'un petit manomètre à siphon. Si la pression extérieure est de 760^{mm} le niveau où le mercure s'arrête est le deuxième point fixe, 100°. Mais il n'en est plus ainsi si la pression a une valeur différente. On sait, en effet, que la température d'ébullition est celle pour laquelle la tension maxima est égale à la pression atmosphérique (188). Si donc la pression est $760 + h$ (h positif ou négatif), il suffira de chercher dans la table des tensions maxima la température qui correspond à cette valeur, et c'est à cette température que correspondra le point où s'est arrêté le niveau du mercure.

Comme, au moins au niveau de la mer et sauf les temps d'orage, la pression diffère peu de 760, on peut admettre qu'il y a proportionnalité ; sachant que la variation de tension à 100° est de 27mm pour 1°, on peut écrire que la température indiquée dans la vapeur à la pression $760 + h$ est égale à $100° + \frac{h}{27}$.

Ayant ainsi marqué les points fixes, il est facile de faire la graduation en degrés sur la tige, et plus facile encore de vérifier une graduation déjà existante.

Lorsque l'on recherche une très grande précision, on construit le thermomètre avec un tube qui a été soigneusement vérifié et sur lequel on a tracé à l'avance des divisions numérotées ayant des capacités aussi rigoureusement égales que possible. Dans ce cas, la détermination des points fixes apprend que le mercure s'arrête à la division n_0 dans la glace fondante et à n_{100} dans l'eau bouillante. On voit immédiatement que la température t dans un cas où le mercure s'est arrêté à la division n est donnée par la relation

$$t = 100 \frac{n - n_0}{n_{100} - n_0}$$

Le plus souvent on remplace cette formule par un tableau numérique donnant les valeurs de t et de n qui se correspondent. Si dans une vérification ultérieure on reconnaît qu'il y a eu déplacement du zéro, il suffit de modifier la formule ou de construire un nouveau tableau.

Il arrive fréquemment que l'on a des thermomètres à échelle restreinte, ne comprenant qu'un seul des points fixes ou même n'en comprenant aucun. Dans ce cas, la graduation est obtenue par comparaison avec un thermomètre étalon dont la graduation a été directement obtenue comme nous venons de le dire.

Les indications du thermomètre à mercure ne concordent pas absolument avec celles données par le thermomètre à air, c'est-à dire que, sauf à 0 et à 100°, elles ne donnent pas les températures ; les différences dépendent du verre avec lequel est construit l'appareil, elles sont faibles entre 0 et 100°, mais deviennent assez notables au-dessus de ce dernier point. C'est ce qui résulte de comparaisons directes faites par Regnault et dont nous résumons quelques nombres.

Thermomètre à air : Etalon	Thermomètre à mercure, à enveloppe de			
	Cristal	Verre ordinaire	Vert vert	Verre de Suède
100°	100°	100°	100°	100°
200°	201°,25	199°,70	280°,80	200°,50
300°	303°,72	290°,80		
350°	360°,50	354°,00		

Si l'on ne recherche pas une très grande précision, on peut admettre les indications du thermomètre à mercure entre 0 et 100 ; mais si l'on veut opérer très exactement dans ces limites, et dans tous les cas au-dessus de 100°, il convient d'avoir une table qui, d'après une comparaison directe, donne les températures correspondant aux indications fournies par le thermomètre à mercure.

165. Sensibilité du thermomètre. — Un thermomètre est dit *sensible* lorsqu'il se produit un déplacement appréciable du niveau pour un faible changement de température. Il est clair que, pour une même capacité correspondant à un degré, la sensibilité sera d'autant plus grande que la section de la tige sera plus petite. D'autre part elle sera également d'autant plus grande que le volume correspondant à 1° sera lui-même plus considérable ; ce volume est proportionnel au volume du mercure à 0° (on a évidemment la relation $v = V(\mu - k)$ où les lettres μ et k ont la signification ordinaire). On aura donc un thermomètre très sensible en prenant un réservoir de grandes dimensions et y adaptant une tige de très petite section.

Mais un thermomètre dans ces conditions présente des inconvénients sérieux ; d'abord à cause de sa masse même il se met lentement en équilibre de température avec le milieu dans lequel il est, ses indications sont lentes ; — de plus il absorbe une notable quantité de chaleur aux dépens du milieu où il est placé ; — enfin s'il s'agit non d'une température stationnaire, mais d'une température variant constamment ou, au moins, souvent, il suivra ces variations avec un certain retard et ne donnera à aucun instant la véritable température.

Pour avoir un appareil ne présentant pas ces inconvénients, un thermomètre à indications rapides, il faut avoir un thermomètre à petit réservoir. Comme nous l'avons déjà dit, si les variations sont très rapides il peut y avoir avantage à employer un thermomètre métallique.

166. — On emploie quelquefois des thermomètres construits d'une manière analogue, mais dans lesquels le mercure est remplacé par un autre liquide, généralement de l'alcool coloré (on pourrait prendre un autre liquide pourvu qu'il ne présentât pas de maximum de densité) ; on les gradue par comparaison. Leurs indications sont peu exactes, cependant ils peuvent rendre des services pour les basses températures où le mercure est solidifié.

167. Thermomètres à maximum, à minimum.— Bien que l'emploi des appareils enregistreurs rende leur usage moins fréquent, cependant on se sert quelquefois de thermomètres à maximum et à minimum qui font connaître la température la plus haute et la température la plus basse qui se soient produites dans une opération donnée.

Une disposition que l'on emploie assez fréquemment est la suivante (fig. 75) :

Fig. 75.

Les thermomètres sont placés horizontalement ; le thermomètre à maximum est à mercure, le thermomètre à minimum à alcool ; en les construisant, on a introduit dans les tubes deux petits index cylindriques m, l'un en fer qu'on place en dehors de la colonne mercurielle pour le thermomètre à maximum, l'autre en émail qu'on place dans le liquide pour le thermomètre à minimum. Pour mettre les appareils en expérience on les retourne verticalement de manière à amener pour chaque appareil l'index au contact du liquide : les thermomètres sont souvent montés en sens inverse sur une même planchette, de telle sorte que l'on obtient ce résultat par un seul mouvement. Les thermomètres sont alors ramenés à l'horizontalité.

Quand la température s'élève, les liquides se dilatant, l'index de fer est repoussé par le mercure tandis que l'index d'émail n'est pas déplacé par l'alcool. Si, au contraire, la température s'abaisse, l'index d'émail est entraîné tandis que l'index de fer qui n'est pas mouillé par le mercure reste immobile. Donc, après une période de temps quelconque, les positions occupées par les index de fer et d'émail feront connaître respectivement les positions extrêmes occupées dans un sens par le mercure, ce qui donnera le maximum, dans l'autre sens par l'alcool, ce qui donnera le minimum.

Dans certains cas, il n'est pas possible de conserver au thermomètre à maximum une position déterminée ; dans ce cas l'index est muni d'un léger ressort qui sans l'empêcher d'être poussé par le mercure s'oppose à ce qu'il descende sous l'influence de son poids quand le mercure l'a abandonné. Après l'observation, on le ramène au contact du mercure à l'aide d'un aimant.

On emploie quelquefois aussi comme thermomètre à maximum un thermomètre à mercure dont la colonne mercurielle a été brisée de manière à séparer un index de mercure. Pour faire une observation on agite brusquement le thermomètre de manière à amener l'index presque au contact de la colonne; lorsque celle-ci se dilatera, elle repoussera l'index, mais celui-ci, qui ne la touche pas, ne la suivra pas quand elle se contractera. La position de cet index après l'opération indiquera donc la plus haute température qui a été atteinte.

168. Thermomètres différentiels. — Dans quelques cas, on veut étudier une action spéciale qui se passe au sein d'une enceinte dont la température n'est pas invariable et sans avoir à tenir compte de ses variations, comme il arrive dans l'étude de la chaleur rayonnante. On peut encore se proposer de chercher la différence des températures de deux corps, de deux points, sans qu'il soit nécessaire de connaître leur valeur absolue.

Dans l'un et l'autre cas, on fait usage de thermomètres différentiels. Nous verrons dans le chapitre de la thermo-électricité le meilleur appareil de ce genre, et nous décrirons seulement ici les thermomètres de Leslie et de Rumford basés sur la dilatation de l'air.

Ils se composent l'un et l'autre d'un tube de verre doublement recourbé à angle droit et terminé par deux sphères de verre contenant de l'air et fermées.

Dans le thermomètre de Rumford (fig. 76), un court index

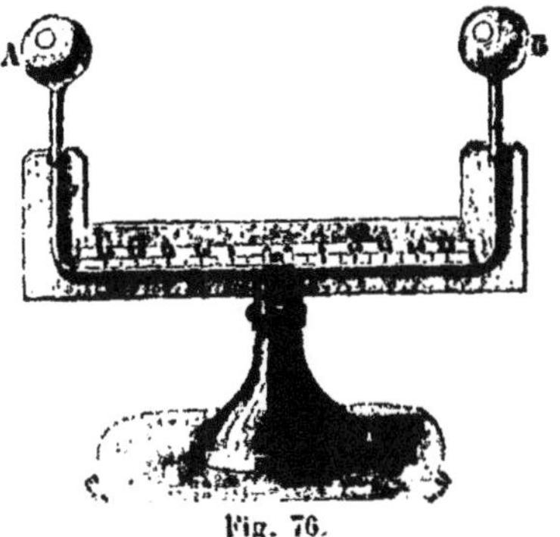

Fig. 76.

d'un liquide coloré *m* est placé dans la partie horizontale du tube qui est assez longue ; l'appareil est disposé de telle sorte que lorsque les deux boules A, B sont à la même température l'index est au milieu du tube ; il y restera évidemment tant que l'égalité de température subsistera, quelle que soit la valeur absolue de la température. Mais si l'une des boules est plus chaude que l'autre, l'index se déplacera et occupera une position telle qu'il y ait égalité de pression entre les deux masses d'air qui occupent alors des volumes inégaux.

Fig. 77.

Dans le thermomètre de Leslie (fig. 77), le tube est plus fin, les branches verticales sont plus longues et le liquide coloré remplit la partie horizontale et la moitié environ de chaque branche verticale. L'appareil a été construit de telle sorte que les deux surfaces du liquide soient au même niveau, lorsque les deux boules sont à la même température; le gaz est alors à la même pression dans les deux boules. Cette condition subsistera tant qu'il y aura égalité de température entre les boules, quelle que soit la valeur absolue de cette température ; mais si l'une des boules est plus chaude, il se produira une dénivellation, le liquide étant refoulé de ce côté; l'équilibre sera atteint lorsque la différence de pression entre les masses de gaz sera égale à la pression mesurée par une colonne de liquide égale à cette dénivellation.

En étudiant par un calcul très simple les conditions de fonctionnement de ces appareils, on reconnait que, très sensiblement, les déplacements des liquides sont proportionnels à la différence de température qui existe entre les deux boules. On peut donc joindre à ces appareils une échelle où les divisions sont égales.

La graduation de ces appareils se fait par comparaison

169. Échelles thermométriques diverses. — Indépendamment de l'échelle centigrade, qui est la seule dont nous nous soyons occupé jusqu'à présent, il existe deux échelles qui sont quelquefois employées à l'étranger.

Echelle Réaumur. Les deux points fixes sont caractérisés comme dans l'échelle centigrade ; de même aussi la température de la glace fondante correspond au 0; mais on a pris 80 pour température de l'eau bouillante.

Le fait que les points fixes correspondent aux mêmes conditions permet directement la comparaison des températures évaluées à l'aide des deux échelles.

Echelle Fahrenheit. Le premier point fixe marqué 0 correspond à la température d'un mélange par parties égales de neige et de sel marin ; le second point fixe, fourni par l'eau bouillante, est marqué 212.

Ces données ne suffisent pas pour comparer les températures

centigrades avec les températures Fahrenheit. On peut au contraire faire la comparaison lorsque l'on sait que le thermomètre Fahrenheit marque 32° dans la glace fondante.

Considérons un thermomètre sur lequel seraient marquées les trois échelles; appelons d_C d_R d_F la longueur des divisions correspondantes. On aura, en remarquant qu'il y a $212 - 32 = 180$ degrés Fahrenheit entre la glace fondante et l'eau bouillante :

$$100\, d_C = 80\, d_R = 180\, d_F$$

Soit deux conditions calorifiques différant d'un nombre de degrés qui sera respectivement n_C, n_R, n_F, pour les trois échelles. On a évidemment

$$n_C d_C = n_R d_R = n_F d_F$$

Ces relations comparées aux précédentes donnent

$$\frac{n_C}{5} = \frac{n_R}{4} = \frac{n_F}{9}$$

ce qui permet de transformer un nombre de degrés d'une échelle dans une autre.

Désignons par t_C, t_R, t les valeurs des températures correspondant à une certaine condition calorifique, températures évaluées respectivement avec les trois échelles. Appliquons la relation précédente entre cette condition calorifique et la glace fondante : on aura alors

$$n_C = t_C, \qquad n_R = t_R, \qquad n_F = t_F - 32$$

et les équations qui permettent la transformation des températures seront

$$\frac{t_C}{5} = \frac{t_R}{4} \quad \frac{t_F - 32}{9}$$

On reconnaît aisément que ces équations sont générales quelles que soient les valeurs positives ou négatives attribuées à ces températures.

§ VI

CHANGEMENTS D'ÉTAT

Fusion, solidification. Volatilisation, sublimation. Vaporisation : évaporation, ébullition. Liquéfaction des gaz, condensation des vapeurs. Point critique. Applications diverses.

170. Changements d'état des corps. — Ainsi que nous l'avons déjà indiqué, il n'existe pas de corps solides, de corps liquides ou de corps gazeux ; mais il existe des corps qui, suivant les conditions dans lesquelles ils se trouvent, peuvent se présenter sous l'état solide, sous l'état liquide ou sous l'état gazeux, c'est-à-dire que, en faisant varier les conditions de température et de pression, on peut faire passer un même corps par ces trois états. On n'y est pas encore parvenu pour tous, mais il ne paraît pas douteux que, par le perfectionnement des moyens dont on dispose actuellement, on n'arrive à ce résultat.

On est parvenu à liquéfier tous les gaz ; presque tous les liquides ont été solidifiés, ou tout au moins on les a amenés à un état pâteux qui, en général, précède la solidification. L'action de la chaleur dans des conditions convenables a permis de liquéfier ou a peu près tous les solides et de faire passer à l'état gazeux tous les liquides, au moins ceux qui ne subissent pas auparavant une décomposition chimique. Mais pour ceux-là même on peut admettre qu'en modifiant la pression, par exemple, on puisse arriver à s'opposer à la décomposition et provoquer le changement d'état.

Ce sont ces changements d'état et les conditions dans lesquelles ils se produisent dont nous allons nous occuper. Ils sont au nombre de six qui se divisent naturellement en trois groupes :

1° Passage de l'état solide à l'état liquide et inversement : *Fusion, solidification ;*

2° Passage de l'état solide à l'état gazeux et inversement : *Volatilisation*, *sublimation* ;

3° Passage de l'état liquide à l'état gazeux et inversement : *Vaporisation*, *liquéfaction*.

171. Fusion, solidification, état pâteux. — Lorsque l'on chauffe un corps solide qui ne se décompose pas chimiquement, on peut l'amener à l'état liquide, mais le phénomène ne se produit pas de la même façon pour tous les corps.

Pour certains d'entre eux, la glace par exemple, le changement se fait sans transition : le corps conserve toutes les propriétés du corps solide jusqu'au moment où il devient liquide. Pour d'autres, au contraire, les propriétés du solide se modifient progressivement, il perd peu à peu sa ténacité, il devient pâteux, mou et insensiblement arrive à l'état de liquide visqueux, puis de liquide fluide : ce passage se fait d'ailleurs plus ou moins rapidement suivant la nature du corps.

Cette distinction, qui se manifeste également lorsque l'on refroidit un corps liquide et qu'on l'amène à l'état solide, paraît bien tranchée ; on peut se demander toutefois si pour les corps qui semblent changer brusquement d'état il n'y aurait pas également une période de transition, mais qui serait assez réduite pour échapper à l'observation.

172. Changements de volume par la fusion. — En général, lorsqu'un corps change d'état, il change également de volume, et, par suite, de poids spécifique, mais le changement ne se manifeste pas toujours dans le même sens : quelquefois le poids spécifique du solide est plus grand que celui du corps à l'état liquide, comme il arrive pour le blanc de baleine, la cire ; tantôt, au contraire, le corps à l'état solide a un poids spécifique moindre qu'à l'état liquide, comme c'est le cas pour la glace.

Comme nous le dirons plus loin, cette différence de propriété est liée à une autre propriété de la température du point de fusion.

Si l'on renferme dans une enveloppe rigide un corps qui, par un changement d'état, doit augmenter de volume, il exerce sur les obstacles qui le gênent des pressions considérables qui sont telles que souvent, malgré la solidité de l'enveloppe, celle-ci est rompue.

On peut se rendre compte directement de ces pressions d'après les lois de l'élasticité, en remarquant qu'elles sont égales à celles auxquelles il faudrait soumettre le corps, si, ayant pris son volume normal à la suite de son changement d'état, on le ramenait par une compression à son volume primitif.

Comme nous le dirons d'ailleurs, si l'enveloppe est assez résistante pour ne pas rompre, il peut arriver que le changement d'état ne puisse avoir lieu.

Cette production de pressions considérables dans certains changements d'état a été étudiée surtout pour le cas où l'eau se solidifie. La densité de la glace est 0,918 c'est-à-dire que la glace à 0° occupe un volume égal $\frac{1}{0,918} = 1,088$ de celui qu'elle occupait à l'état d'eau à 4°.

On a mis en évidence l'existence de la pression qui résulte de la tendance à cet accroissement de volume, en remplissant d'eau des récipients métalliques, des bombes dont on fermait l'ouverture par des bouchons à vis, et en les exposant au froid pendant l'hiver. Après un certain temps, les bombes se brisaient au moment de la formation de la glace.

Ces faits expliquent les précautions qu'il convient de prendre dans les constructions pour mettre à l'abri de la gelée les réservoirs et conduites qui contiennent de l'eau et qui se rompraient infailliblement si l'eau arrivait à une température assez basse pour se solidifier.

173. Chaleur de fusion, de solidification. — Les phénomènes calorifiques qu'il y a lieu d'étudier lors de la fusion d'un solide sont dans les plus intimes relations avec ceux qui se manifestent lors du passage à l'état solide du liquide qui résulte de cette fusion : il y a inversion des phénomènes, de telle sorte qu'il suffira d'étudier à ce point de vue l'un de ces deux changements d'état.

Considérons un solide que nous chauffons en le soumettant à l'action d'une source qui développe de la chaleur uniformément, de telle sorte que les quantités de chaleurs fournies soient proportionnelles au temps : il est facile de réaliser cette condition au moins d'une manière approximative à l'aide, par exemple, d'un brûleur à gaz muni d'un régulateur.

Dans ces conditions, notons la température du corps aux divers instants : nous pourrons tracer une courbe représentant la relation qui existe entre la température et la quantité de chaleur fournie.

Tant que, malgré l'élévation de température, le corps reste solide, cette courbe s'écarte peu d'une ligne droite (97). Mais si le corps commence à se ramollir, s'il prend l'état pâteux, on observe que pour une même variation de température il faut une plus grande quantité de chaleur; la courbe s'écarte plus ou moins brusquement de la direction qu'elle suivait auparavant, s'éloignant de l'axe des températures. Cette action se continue jusqu'à ce que le corps soit amené à l'état liquide parfait ; alors la courbe redevient rectiligne avec une direction moins inclinée sur l'axe des températures.

Cela revient à dire que pendant que le corps a changé d'état il a fallu lui fournir une quantité de chaleur plus grande que celle qu'il aurait fallu lui fournir pour produire la même variation de température si le corps était resté solide ou s'il avait été liquide pendant toute la durée de l'opération.

Cette remarque n'a rien d'ailleurs qui doive étonner : la quantité de chaleur fournie à un corps produit deux effets : une partie est utilisée à l'effet thermique, elle correspond à la variation de température, l'autre est transformée et sert à produire le travail interne, le travail moléculaire (156). Or ce travail moléculaire doit être plus considérable au moment de la liquéfaction du corps, au moment de cette désagrégation moléculaire, que lorsque le corps subit une dilatation sans changer d'état.

Supposons maintenant que l'on répète la même observation sur un corps changeant brusquement d'état, comme la glace.

La courbe des chaleurs absorbées sera d'abord une droite, au moins sensiblement ; puis lorsque le changement se produira, la température restera invariable malgré la chaleur fournie ; la température recommencera à croître et la courbe redeviendra rectiligne lorsque le solide sera entièrement fondu. De telle sorte que la courbe totale se composera de deux droites inclinées réunies par une partie rectiligne verticale.

Ces résultats sont très faciles à interpréter en s'appuyant sur les remarques précédentes. Dans ce cas, à une certaine température, la chaleur fournie ne produit plus aucun effet thermique, elle est tout entière transformée et correspond au travail interne exigé par le changement d'état.

171. Lois de la fusion et de la solidification. — Il n'y a rien de précis à dire sur les corps qui changent lentement d'état ; il est, en effet, difficile de déterminer l'instant où ils commencent à se ramollir, l'instant où ils sont devenus entièrement liquides. Ce n'est pas que ces corps, à cause de ce mode de changement d'état, ne présentent un certain intérêt : ce sont ceux en effet qui sont plastiques à une température déterminée, qui se travaillent, qui se soudent : c'est, par exemple, la cire à modeler, le verre, le fer.

Il existe, au contraire, des lois simples qui président aux changements d'état qui se font brusquement ; ce sont à proprement parler les lois de la fusion et de la solidification.

On peut d'ailleurs donner pour ces lois des énoncés qui s'appliquent aussi bien à un changement d'état qu'au changement inverse :

1re Loi. *A la même pression, le changement d'état (fusion ou solidification) commence toujours à la même température* ;

2e Loi. *Pendant toute la durée du changement d'état, la température reste constante, quelles que soient les actions calorifiques auxquelles le corps est soumis.*

Il n'est pas nécessaire d'insister sur la manière dont on peut vérifier ces lois. Mais nous devons les étudier et en tirer quelques conséquences.

Ces deux lois signifient en somme que, sous une pression déterminée, il existe une température, qu'on désigne sous le nom de point de fusion ou point de solidification, pour laquelle un corps peut exister sous l'état solide et sous l'état liquide, tandis que, en général au moins, à une autre température il ne peut exister que sous l'un de ces états. Ajoutons que, presque toujours, dans l'un et l'autre cas il peut exister en même temps à l'état de vapeur.

Les explications que nous avons données sur la manière dont se produit la fusion et la deuxième loi indiquent que, pour que, à cette température de fusion, le corps passe d'un état à un autre, il faut qu'il y ait une modification dans la quantité de chaleur qu'il possède : il faut que cette quantité augmente pour que le corps passe de l'état solide à l'état liquide, il faut qu'elle diminue pour que le corps passe de l'état liquide à l'état solide.

Pour un même poids d'un corps donné et à la même pression, la quantité qu'il faut fournir pour produire la fusion est toujours la même : elle est égale d'autre part à celle qu'il faut enlever à ce même corps pour amener la solidification, étant bien entendu que dans ces changements d'état la témpérature ne varie pas, qu'elle reste celle du point de fusion.

Cette quantité de chaleur est d'ailleurs évidemment proportionnelle au poids du corps, de telle sorte que celle qui correspond au changement d'état de l'unité de poids est une constante caractéristique du corps considéré. On l'appelle *chaleur de fusion* ou *chaleur de solidification*, suivant le changement d'état considéré ; on peut donc la définir ainsi :

La chaleur de fusion (ou de solidification) d'un corps est la quantité de chaleur qu'il faut fournir (ou soustraire) à l'unité de poids de ce corps amené à la température de fusion pour le fondre (ou le solidifier) sans changer sa température.

173. Surfusion. — Nous avons dit que, sauf à la température de fusion, un corps ne peut exister sous les deux états : il en est ainsi, du moins en général ; mais, en se plaçant dans des conditions particulières, on peut obtenir un résultat différent pour quelques corps.

Prenons de l'eau à l'état liquide et soumettons-la à l'action d'un mélange réfrigérant de manière que le refroidissement se fasse lentement, que le liquide soit maintenu absolument tranquille et qu'il ne puisse recevoir à sa surface les corps en suspension dans l'atmosphère, condition à laquelle on arrive soit en recouvrant l'eau d'une légère couche d'huile, soit en se servant de ballons Pasteur. On reconnaît alors que la température peut s'abaisser au dessous de 0° et même notablement sans que la solidification se produise : le corps reste liquide à une température à laquelle normalement il devrait être solide, il est *surfondu*. Mais cette surfusion ne correspond pas à un état stable ; il semblerait que les molécules aient conservé des positions qui, pour cette température, correspondent à un équilibre instable, et une action même légère détruira cet état et ramènera le corps aux conditions normales, c'est-à-dire à l'état solide. Il suffit pour provoquer ce changement, qui se fait alors brusquement, d'un choc, d'une secousse, quelquefois du contact de l'air, et surtout du contact d'une particule solide du corps surfondu. Mais alors, au moment de cette solidification, la température remonte parce que le liquide abandonne de la chaleur par suite du changement d'état.

L'eau a pu rester surfondue jusqu'à — 20° ; le phosphore dont le point de fusion est 44° a été obtenu à l'état liquide à — 5° ; le soufre (point de fusion à 120°) à la température ordinaire.

M. Gernez a étudié la manière dont se produit la solidification dans un corps surfondu ; opérant sur du soufre surfondu dans des tubes fins, il a reconnu que la masse se solidifie de proche en proche et a mesuré la vitesse de propagation de ce changement d'état ; il est parvenu à des résultats curieux.

Il convient de rapprocher ce phénomène de la sursaturation.

176. Détermination du point de fusion. — La détermination du point de fusion est assez délicate lorsque l'on veut opérer avec précision ; il faut avoir soin notamment d'agiter la masse et de déterminer sa température alors qu'elle contient des parties solides et des parties liquides, sans quoi la température peut n'être pas la même en tous les points.

Pour la plupart des corps, le point de fusion à la pression ordinaire, par exemple, est constant, quelles que soient les conditions auxquelles ces corps aient été soumis d'autre part. Mais il n'en est pas toujours ainsi : M. Gernez a reconnu, par exemple, que la température de solidification du soufre varie avec la température à laquelle il a été porté auparavant. Ce phénomène est singulier, et il faut probablement l'attribuer à ce qu'il existe plusieurs espèces de soufre qui se produisent en proportions variables par ces manipulations antérieures, de telle sorte que l'on n'opère pas, en réalité, sur un corps qui, au point de vue physique, soit toujours identique à lui-même.

177. Influence de la pression. — Lorsque l'on fait varier la pression à laquelle un corps est soumis, le point de fusion change : il change assez peu pour que les modifications normales de la pression atmosphérique puissent être considérées absolument comme sans effet; mais les différences deviennent appréciables quand les changements de pression atteignent plusieurs atmosphères.

L'influence de l'augmentation de pression, d'ailleurs, n'est pas toujours la même ; tantôt, comme pour l'eau, elle abaisse le point de fusion, tantôt, comme pour la cire, le blanc de baleine, elle l'élève.

M. Mousson a vérifié le fait pour l'eau en employant un vase cylindrique en acier à parois très épaisses muni d'un piston à vis. L'appareil étant rempli d'eau, on y mettait un petit cylindre de métal et après avoir soigneusement chassé l'air on fermait le cylindre à l'aide du piston.

L'appareil était alors soumis à un froid de — 20° et l'eau se congelait, car on ne pouvait entendre de bruit en agitant le cylindre, ce qui prouvait que l'index de métal était emprisonné. On tournait le piston à vis, ce qui produisait une pression évaluée à plus de 10,000 atmosphères. L'agitation faisait alors entendre un bruit indiquant que l'index était libre. On tournait alors la vis en sens contraire pour diminuer la pression, mais après avoir renversé l'appareil ; le liquide revenant à la pression normale se solidifiait et apparaissait solide quand le piston était enlevé ; mais l'index métallique se retrouvait à la partie basse du bloc de glace, ce qui prouvait bien, d'une seconde manière, que pendant l'opération le corps était passé à l'état liquide.

Cette expérience ne permet pas de mesures précises, mais elle est intéressante parce qu'elle met nettement le fait en évidence.

D'autres recherches ont été faites sur l'eau par sir William Thomson, qui mesurait la température de fusion de la glace dans un appareil à compression analogue au piézomètre d'Œrsted contenant de la glace et de l'eau distillée : le thermomètre était placé dans un tube fermé de manière à être soustrait à la pression extérieure.

Bunsen étudia, d'autre part, la fusion du blanc de baleine et de la paraffine dans un vase clos contenant le corps en expérience et du mercure qui, par sa dilatation, produisait une compression que l'on mesurait à l'aide d'un manomètre à air comprimé.

Voici quelques uns des résultats obtenus :

Températures de fusion à diverses pressions.

EAU		PARAFFINE		BLANC DE BALEINE	
Pression	Température	Pression	Température	Pression	Température
1atm	0°	1atm	46°,3	1atm	47°,7
8	—0°,049	100	49°,9	156	50°,9
16	—0°,129				

Il est à remarquer que les corps pour lesquels l'augmentation de pression abaisse le point de fusion sont ceux qui possèdent un volume plus grand à l'état solide qu'à l'état liquide, tandis que les corps pour lesquels l'augmentation de pression élève le point de fusion sont ceux qui possèdent un volume plus petit à l'état solide qu'à l'état liquide.

Ce n'est point là une coïncidence fortuite et il y a entre ces deux phénomènes une relation intime, ainsi qu'on l'a démontré en s'appuyant sur les théorèmes de la thermodynamique.

178. — Le fait que, pour l'eau, par exemple, le point de fusion est abaissé par l'augmentation de pression, montre que lorsque l'on refroidit ce liquide au-dessous de 0° dans un vase résistant, l'eau étant alors fortement comprimée ne doit pas se solidifier. En effet, lorsque le vase se brise, les parties que l'on observe à l'état solide ont bien la forme qui convient à un liquide qui est sorti brusquement et qui s'est solidifié pendant ce mouvement.

Enfin cette même remarque permet d'expliquer certaines particularités curieuses que présente la glace, telles que le regel, la plasticité apparente que présente ce corps dans les glaciers et dans certaines expériences, bien qu'il soit cassant en réalité.

Le regel que l'on peut mettre en évidence de diverses manières consiste, au fond, en ce que, dans une atmosphère à 0°, en pressant l'un contre l'autre deux morceaux de glace, ils se soudent complètement. La plasticité est rendue manifeste dans l'expérience de Tyndall où l'on soumet à une forte pression un moule en bois que l'on a rempli, et au-delà, de morceaux de glace. Après l'action de la pression on retrouve un bloc homogène, transparent, et ayant exactement la forme du moule.

Ces effets paraissent pouvoir s'expliquer parce que, sous l'influence de la pression, une petite partie de glace passe à l'état d'eau qui se solidifie en cimentant les parties voisines dès que la pression est revenue à la valeur normale.

179. Détermination de la chaleur de fusion. — La détermination de la chaleur de fusion d'un corps est une application des méthodes calorimétriques générales. On peut employer la méthode du puits de glace, mais plus souvent on emploie le calorimètre à eau, utilisant ainsi la méthode des mélanges.

Bien qu'il n'y ait pas grande différence au fond, on peut distinguer deux cas suivant que le corps considéré est solide ou liquide à la température ordinaire.

I. Le corps est solide à la température ordinaire : on le chauffe à une température t supérieure à son point de fusion T; soient p son poids, C et C' ses chaleurs spécifiques à l'état liquide et à l'état solide et λ sa chaleur de fusion. Soient, d'autre part, M la masse du calorimètre tout réduit en eau, t_0 sa température initiale et soit enfin θ la température finale.

Le calorimètre s'échauffe continuement de t_0 à θ ; mais pour le corps on doit considérer trois phases dans l'opération : 1° le corps liquide se refroidit de t à son point de solidification T ; 2° sans changer de température, il se solidifie ; 3° à l'état solide, il se refroidit de T à θ.

En écrivant que la chaleur gagnée par le calorimètre est égale à la chaleur perdue par le corps dans ces trois périodes, il vient immédiatement :

$$M(\theta - t_0) = pC'(t - T) + p\lambda + pC(T - \theta)$$

équation d'où l'on tire λ.

II. Le corps est liquide à la température ordinaire. On l'amène à l'état solide et on le plonge dans le calorimètre. Conservons les mêmes notations en remarquant que, dans ce cas, on a $t < T$ et qu'il faut que l'on ait $T < \theta$.

Par des considérations analogues aux précédentes, on a

$$M(t_0 - \theta) = pC(T - t) + p\lambda + pC'(\theta - T)$$

d'où l'on tire également λ.

Il est quelquefois possible de simplifier l'équation si l'on s'est arrangé pour que, au moment de son introduction dans le calorimètre, le corps soit précisément à la température de fusion. On a alors $t = T$ et l'équation devient

$$M(t_0 - \theta) = p\lambda + pC'(\theta - T)$$

Enfin s'il s'agit de la glace que l'on emploie à 0° comme alors C' est égal à 1, il vient simplement :

$$M(t_0 - \theta) = p\lambda + p\theta.$$

Il est à remarquer que si l'on a déterminé λ pour la glace en se servant de la dernière équation, on peut déterminer la chaleur spécifique C de la glace en effectuant une opération analogue après avoir amené la glace à une température t inférieure à 0°. On a alors l'équation :

$$M(t_0 - \theta) = -pCt + p\lambda + p\theta$$

qui permet de calculer C dont la valeur a été trouvée de à 0,504.

Voici quelques-uns des résultats obtenus pour la valeur de la chaleur de fusion de certains corps :

Eau..........	80c,	Soufre.........	9c,368
Zinc..........	28c,13	Plomb.........	5c,369
Argent........	21c,07	Phosphore.....	5c,034
Étain.........	14c,252	Mercure........	2c,83
Iode..........	11c,7	Brôme.........	1c,6.

180. Mélanges réfrigérants. — Lorsque l'on mélange deux corps à la même température dont l'un au moins est solide, et que par suite de l'action qui se produit ce corps passe à l'état liquide, il y a une absorption de chaleur. S'il y a eu action chimique et que celle-ci soit susceptible de dégager de la chaleur, c'est à cette source qu'est empruntée la chaleur nécessaire qui peut être moindre que la chaleur de combinaison, auquel cas la température du mélange s'élèvera : c'est ce que l'on observe notamment lorsque l'on fait agir de l'acide sulfurique sur une petite quantité de glace. Mais il peut arriver que la chaleur de combinaison soit inférieure à la chaleur de fusion, il peut même arriver qu'il n'y ait pas d'action chimique : alors si cependant le solide disparait, la température du mélange s'abaisse ainsi que celle des corps qui sont en contact avec lui, on a un *mélange réfrigérant ;* c'est le cas de l'acide sulfurique mélangé à une grande quantité de glace pilée ou de neige (dans le rapport de 1 à 4 en poids), ou celui d'un mélange de sel marin et de glace pilée ou de neige.

On comprend aisément que si l'action se produit, il doit y avoir refroidissement ; mais on ne voit pas pourquoi cette action se produit, ou pourquoi elle ne se produit pas toujours lorsqu'on mélange deux solides qui, à une autre température, pourraient former un mélange liquide. M. A. Potier a montré, en s'appuyant sur la thermo-dynamique, que ces actions sont régies par les valeurs des tensions de vapeur des corps considérés et de celle de leur mélange à l'état liquide.

181. Volatilisation, sublimation. — Un corps solide peut passer à l'état gazeux sans passer par l'état liquide comme cela se produit le plus souvent, et inversement. C'est ce qui arrive pour la glace par exemple, pour le camphre, pour l'iode, pour l'arsenic et d'une manière générale pour les corps odorants solides.

On sait que, par exemple, on observe dans les Alpes, par certains vents, la disparition de grandes masses de glace, disparition qui se produit sans production de liquide.

On sait que l'iode émet des vapeurs à la température ordinaire ; que ce corps, ainsi que l'arsenic, chauffé à l'air libre se réduit en vapeurs sans se liquéfier, etc.

L'effet inverse se produit également, notamment dans les opérations de sublimation ; la vapeur de soufre passe brusquement à l'état solide pour donner la fleur de soufre ; l'iode et l'arsenic repassent également de l'état gazeux à l'état solide sans passer par l'état liquide.

Les lois qui président à ces changements d'état n'ont pas encore été étudiées ; on prévoit d'ailleurs qu'il y aurait lieu de tenir compte de l'influence de la pression. A la pression ordinaire, au-dessus d'une certaine température, l'iode et l'arsenic, par exemple, ne peuvent exister qu'à l'état gazeux, tandis qu'à une température plus basse ils peuvent exister à l'état solide et à l'état gazeux. Au-dessous de son point de fusion l'eau peut bien exister à l'état solide et à l'état gazeux, mais au-dessus elle peut exister à l'état liquide et à l'état gazeux. En opérant en vases clos, à des pressions élevées, l'iode et l'arsenic se comportent comme l'eau à la température ordinaire et ont un point de fusion.

182. Point d'ébullition, point critique. — A une pression donnée, pour les températures inférieures à une certaine valeur, un corps peut exister simultanément à l'état liquide et à l'état gazeux ; mais au-dessus de cette valeur particulière qui est ce que l'on nomme le *point d'ébullition à la pression considérée*, le corps ne peut plus exister à l'état liquide, mais seulement à l'état gazeux.

Il résulte de là que, pour une pression considérée, si l'on échauffe progressivement un liquide, il arrivera une température pour laquelle il disparaîtra et se réduira totalement en vapeur, si l'on s'arrange pour que la pression ne croisse pas malgré la formation de celle-ci. Et, inversement, si l'on refroidit cette vapeur au-dessous de cette température, la pression étant maintenue constante, une partie de la vapeur sera amenée à l'état liquide.

Comme, ainsi que nous le dirons plus loin avec détail, la température d'ébullition varie dans le même sens que la pression, on peut, en général du moins, provoquer le changement d'état d'une autre manière : pour une température donnée, on peut faire passer complètement le liquide à l'état de vapeur en diminuant convenablement la pression à laquelle il est soumis ; et, inversement, étant donné un corps à l'état gazeux, on peut augmenter la pression suffisamment pour qu'une partie de ce gaz apparaisse à l'état liquide.

Mais ce dernier résultat ne peut pas toujours être obtenu : il existe pour chaque corps gazeux une température appelée *point critique* au-dessus de laquelle il ne semble pas qu'on puisse produire la liquéfaction, quelque grande que soit la pression à laquelle le gaz est soumis.

Considérons pour une certaine masse d'un corps gazeux la relation $F(V, P, t) = 0$ qui lie les trois éléments caractéristiques de cette masse ; nous avons dit qu'elle peut être regardée comme caractérisant une surface que nous pouvons représenter en employant la méthode des plans cotés, c'est-à-dire en figurant un point par ses coordonnées sur le plan des VP et par une cote donnant la valeur de t. Nous aurons une idée de cette surface, par exemple, en prenant les projections des courbes isothermes sur le plan des VP. Chacune de ces courbes sera représentée en vraie grandeur puisqu'elle correspond à une valeur constante de t et il suffira de donner la cote d'un quelconque de ses points.

Considérons une valeur de t inférieure au point critique : pour de très grandes valeurs de V le corps étant éloigné de son point de liquéfaction obéira à la loi de Mariotte, la courbe se confondra avec une hyperbole équilatère ; mais à mesure que V décroîtra, le gaz se rapprochant de son point de liquéfaction, la loi de Mariotte ne sera plus applicable et la courbe s'éloignera progressivement de l'hyperbole équilatère. Enfin, pour une certaine valeur de V, la liquéfaction se produira et nous savons qu'à partir de cet instant la pression restera constante et égale à la tension maxima pour la température considérée ; la courbe sera remplacée par une droite parallèle à l'axe des V.

Pour ce corps gazeux si nous considérons des valeurs de t très supérieures au point critique, nous pouvons admettre que le gaz suit la loi de Mariotte, les courbes isothermes correspondantes seront des hyperboles équilatères ayant pour équation $VP = V_0 P_0 (1 + \alpha t) =$ constante.

Lorsque les courbes isothermes se rapprochent de celles qui correspondent au point critique, elles se déforment, la loi de Mariotte cessant d'être exactement applicable; mais elles ne cessent pas d'avoir une forme générale analogue aux précédentes, elles ne présentent jamais cette particularité que la courbe est remplacée par une droite parallèle à l'axe des V.

Le point critique correspond donc à la courbe isotherme qui sépare sur la surface figurative $F(V, P, t) = 0$ les courbes isothermes continues de celles qui présentent une partie rectiligne parallèle à l'axe des V.

183. Vaporisation, évaporation, ébullition. — Considérons maintenant une masse de liquide que l'on introduit dans un espace plus grand que le volume du liquide, ou qu'on place dans un espace indéfini.

Le liquide, en partie ou en totalité, se réduit en vapeur ; il y a *vaporisation*. Mais le phénomène ne se produit pas toujours de la même manière, et deux cas sont à considérer :

1° La température du liquide est inférieure à la température d'ébullition correspondant à la pression qui surmonte le liquide, la production de vapeur est superficielle, il y a *évaporation* ;

2° La température du liquide est supérieure à la température d'ébullition correspondant à la pression qui surmonte le liquide : la production de vapeurs se fait au sein même de la masse de liquide, elle est tumultueuse, il y a *ébullition* ;

Nous aurons à étudier successivement ces deux modes de vaporisation et les lois qui y président.

184. Chaleur de vaporisation. — Lorsque l'on chauffe un liquide, on peut arriver plus ou moins aisément à maintenir sa température constante : si l'on a un moyen de mesurer la quantité de chaleur fournie, on reconnaît qu'elle est supérieure à celle qui résulte des pertes que l'appareil en expérience peut faire par conduction ou par radiation. Le corps a donc absorbé une certaine quantité de chaleur, qui n'a pas produit d'effet thermique. Mais si l'on a pesé le liquide avant et après l'expérience, on reconnaît qu'il a perdu une certaine partie de son poids, c'est-à-dire qu'une partie du liquide a passé à l'état de vapeur et s'est dégagée sous cette forme.

Nous sommes conduits, comme pour la fusion, à conclure qu'il y a une relation directe entre le changement d'état et la disparition d'une certaine quantité de chaleur. On s'explique d'ailleurs ce fait de la même façon, cette chaleur s'étant transformée et ayant fourni le travail nécessaire à la désagrégation des molécules du liquide.

Lorsque, par contre, une vapeur passe à l'état liquide, elle abandonne une certaine quantité de chaleur. On peut même prévoir que si la vapeur revient à l'état liquide, à la même température que précédemment, la quantité de chaleur fournie par la liquéfaction sera égale à la chaleur absorbée pendant la vaporisation.

185. Lois de l'évaporation. — Occupons-nous du cas où la température du liquide est inférieure à la température d'ébullition pour la pression à laquelle on opère. Comme nous l'avons dit, les vapeurs se forment alors lentement à la surface et se diffusent peu à peu dans l'atmosphère qui surmonte le liquide.

Si le liquide est dans un espace clos, après un certain temps qui dépend des conditions de l'expérience, la quantité de vapeur produite est telle que sa pression individuelle est égale à la tension maxima pour la température de l'expérience. A ce moment toute action cesse et l'évaporation s'arrête.

Il n'en est pas ainsi si, dans l'espace où se répand la vapeur, il y a une partie maintenue à une température inférieure à celle du liquide ; en vertu du théorème de la paroi froide, de la vapeur se condense sur cette partie refroidie, la tension maxima ne peut être atteinte et l'évaporation continue, il y a *distillation*.

Si le liquide considéré est placé dans un espace indéfini la vapeur se forme comme précédemment et se diffuse au fur et à mesure dans l'atmosphère ; mais cette diffusion se continuant indéfiniment et la tension maxima ne pouvant dès lors être atteinte, l'évaporation continuera jusqu'à ce que tout le liquide ait été transformé à l'état de vapeur.

Dalton a étudié les conditions desquelles dépend la rapidité de l'évaporation, en pesant à des instants déterminés un vase plein d'un liquide placé dans des conditions qu'il faisait varier.

Si l'on appelle dp le poids de liquide évaporé dans le temps infiniment petit dt; si S est la surface d'évaporation, P la pression de l'atmosphère qui surmonte le liquide, f la tension actuelle de la vapeur considérée dans cette atmosphère, F la tension maxima de cette vapeur pour la même température (on a pour l'état hygrométrique e à cet instant : $e = \frac{f}{F}$), et si enfin K est une constante dépendant de la nature du liquide, on a, comme conséquence des expériences de Dalton

$$dp = K\frac{S(F-f)}{P}dt = \frac{KSF(1-e)}{P}dt.$$

Il est important de remarquer que, bien qu'elle n'intervienne pas directement dans la formule, la température θ modifie les conditions de l'évaporation, parce que F dépend de θ.

Si l'on opère dans une atmosphère indéfinie, alors, malgré la production de vapeur, e ne change pas et le rapport $\frac{dp}{dt}$, que Dalton appelait *vitesse d'évaporation*, reste constant. Dans ce cas, on a immédiatement :

$$p = \frac{KSF(1-e)}{P}t$$

Il résulte de cette formule que dans le cas où l'évaporation a lieu à l'air libre, la quantité de vapeur produite pendant l'unité de temps est :

1° Proportionnelle à la surface ; cette remarque est fréquemment appliquée dans l'industrie lorsque l'on veut produire une évaporation rapide ;

2° Proportionnelle à la tension maxima pour la température à laquelle on opère. L'évaporation est donc plus rapide à haute température qu'à basse température ;

3° Proportionnelle à $(1 - e)$, c'est-à-dire qu'elle diminue quand l'état hygrométrique augmente et inversement.

Cette remarque explique que l'agitation de l'air doive faciliter l'évaporation : en effet, la valeur de e qui intervient est évidemment celle des couches d'air qui sont en contact avec le liquide ; l'agitation de l'air, en disséminant les vapeurs, diminue nécessairement l'état hygrométrique de ces couches en le rapprochant de celui des parties éloignées ;

4° Inversement proportionnelle à P. On voit en particulier que la vitesse d'évaporation $\frac{dp}{dt}$ devient infinie si P est nul : aussi observe-t-on que les vapeurs se forment instantanément dans le vide, comme il arrive lorsque l'on introduit une goutte de liquide dans la chambre barométrique.

La loi élémentaire qui donne dp ou $\frac{dp}{dt}$ est applicable également lorsque l'évaporation se fait en vase clos ; mais il n'en résulte plus de loi simple pour la quantité de vapeur produite dans un temps fini, parce que la production même de vapeur change à la fois e et P ; ces quantités augmentent l'une et l'autre, de telle sorte que l'évaporation se ralentit progressivement.

186. Refroidissement accompagnant l'évaporation. — Les résultats que nous venons de signaler pour l'évaporation à l'air libre ne sont applicables, il faut le remarquer, que si, par un procédé quelconque, on maintient constante la température T du liquide. Mais si le liquide est simplement abandonné à lui-même, les choses se passent autrement : la production de la vapeur absorbe une certaine quantité de chaleur et le liquide se refroidit peu à peu.

Par suite la valeur de T change avec le temps et, si l'on peut toujours appliquer la loi élémentaire, on ne peut plus utiliser l'équation qui donne p directement.

En réalité même, l'action est complexe, parce qu'il faut tenir compte de la chaleur qui peut être fournie au liquide par l'atmosphère ambiante qui ne se refroidit pas en même temps.

Le refroidissement dû à l'évaporation est facile à reconnaître même sans appareil, dans un grand nombre de cas ; il suffit de verser sur la main un liquide volatil, de l'eau, de l'alcool, etc. Le froid éprouvé dépend de la vitesse d'évaporation et l'on vérifie aisément qu'il varie avec les conditions qui, d'après la formule, modifient celle-ci.

Si l'évaporation est très rapide, comme on peut l'obtenir dans certains pays où pendant la nuit l'air est très sec, l'absorption de chaleur par la vapeur qui se produit peut être assez notable pour qu'une partie du liquide se solidifie. On applique cette remarque au Bengale, paraît-il, pour obtenir de la glace.

187. Psychromètre. — La vitesse d'évaporation et par conséquent le refroidissement éprouvé par le liquide varient avec l'état hygrométrique de l'air. On a appliqué cette remarque à la construction d'un appareil qui permet de déterminer cette donnée, le *psychromètre*.

Le psychromètre consiste essentiellement en deux thermomètres placés parallèlement. Le réservoir de l'un d'eux est entouré d'un linge fin ou d'une mèche de coton que l'on maintient constamment humide ; l'eau s'évapore et se refroidit, aussi le thermomètre mouillé marque-t-il toujours une température inférieure à celle du thermomètre sec. La différence de température observée permet de calculer l'état hygrométrique.

Considérons l'appareil lorsqu'il est en équilibre de température, c'est-à-dire lorsque le thermomètre mouillé reçoit à chaque instant autant de chaleur de l'air ambiant qu'il en perd par évaporation. Soient θ la température du thermomètre sec, θ' celle du thermomètre mouillé.

La pression atmosphérique variant très peu, on peut écrire, en posant $\frac{kS}{P} = a$:

$$dp = aF(1 - e)\,dt$$

La quantité de chaleur dq perdue par le thermomètre est évidemment proportionnelle à dp et l'on peut poser

$$dq = a'F(1-e)\,dt.$$

Mais d'autre part, on peut admettre que la quantité de chaleur fournie par l'atmosphère est sensiblement proportionnelle à la différence de température $\theta - \theta'$ qui est faible ; elle peut être représentée par $b(\theta - \theta')\,dt$. Comme il doit y avoir égalité, puisqu'il y a équilibre de température, on a, en posant $A = \frac{b}{a'}$:

$$a'F(1-e) = b(\theta - \theta') \qquad \text{ou} \qquad f = eF = F - A(\theta - \theta')$$

A, constante de l'appareil, est déterminée expérimentalement en observant celui-ci dans une atmosphère pour laquelle e soit connu.

188. Lois de l'ébullition. — Lorsque l'on chauffe un liquide à l'air libre de manière à élever sa température, on observe, s'il n'est pas décomposé par l'action de la chaleur, qu'à partir d'une certaine température des bulles prennent naissance au sein du liquide, puis s'élèvent et viennent crever à la surface en laissant dégager la vapeur qui les constitue presque en totalité : c'est là le phénomène de *l'ébullition*, qui amène la vaporisation totale et plus ou moins rapide, suivant les conditions du liquide en expérience.

Il va sans dire que l'on n'arrive pas à produire l'ébullition si la quantité de chaleur qu'on fournit à chaque instant n'est pas suffisante pour subvenir à la fois à l'évaporation et à l'élévation de température ; le liquide disparaît alors par évaporation.

Lorsque l'on étudie l'ébullition de divers liquides en se plaçant dans des conditions variées, on arrive à reconnaître les lois suivantes qui régissent ce phénomène :

1re Loi. *L'ébullition d'un liquide commence à la température pour laquelle sa tension maxima est égale à la pression qui le surmonte : cette température est ce que l'on appelle le point d'ébullition du liquide sous la pression considérée ;*

2e Loi. *Pendant toute la durée de l'ébullition, la température du liquide reste constante quelle que soit la quantité de chaleur qui lui est fournie.*

Etudions ces lois, indiquons leurs conséquences et signalons les principales applications qu'on en a faites.

La 1re loi montre que, sous la pression atmosphérique normale, un corps déterminé entre en ébullition toujours à la même température ; cette température qui est caractéristique est ce qu'on appelle absolument le *point d'ébullition* du corps.

Cette loi présente quelques exceptions, au moins apparentes : en se plaçant dans des conditions déterminées, on reconnaît que l'on peut dépasser la température d'ébullition d'un liquide sans que cette ébullition se produise : c'est alors ce qu'on appelle un liquide *surchauffé*. Il est vrai que, lorsque l'ébullition se produira naturellement, ou lorsqu'on la provoquera par un artifice quelconque, la température du liquide reviendra au point d'ébullition normal ; et, comme alors une certaine quantité de chaleur sera dégagée par cet abaissement de température, il se produira brusquement une grande quantité de vapeur.

Nous trouvons donc ici un phénomène analogue à celui de la surfusion : la persistance de l'état liquide à une température où le corps ne devrait pas exister à cet état. Mais, comme pour la surfusion, ce n'est là qu'un état instable et une action presque insignifiante suffit pour ramener les conditions normales. Il y a là un caractère particulier de l'état liquide qu'il était intéressant de signaler.

189. Conditions de l'ébullition régulière. — Les conditions dans lesquelles on peut obtenir un liquide surchauffé et celles qui font cesser cet état s'expliquent aisément, lorsque l'on étudie l'ébullition normale et que l'on cherche ce qui détermine le commencement de ce phénomène.

On remarque que, au début de l'ébullition surtout, les bulles de vapeur partent de préférence de certains points déterminés ; que l'ébullition est facilitée si l'on projette dans le liquide des poudres inertes, des corps anguleux. On avait observé également que l'ébullition d'un liquide récemment bouilli, dans un vase où cette même opération avait été plusieurs fois provoquée se produisait irrégulièrement ; qu'au lieu d'une émission régulière et continue de bulles, il y avait de brusques saccades. Ces faits et d'autres du même genre ont été expliqués de la façon suivante :

La condition de l'ébullition normale c'est qu'il y ait de l'air ou, d'une manière plus générale, un gaz dans le liquide chauffé ; par l'action de la chaleur une petite partie de ce gaz cesse d'être en dissolution dans le liquide, ou d'être condensée sur la paroi, et forme une petite bulle. Il se produit à l'intérieur de celle-ci une évaporation qui en augmente le volume et détermine son ascension.

Cette idée rend bien compte des faits que nous signalions précédemment ; il n'y a pas d'air, en effet, dans un liquide récemment bouilli, et le fait qu'un vase a déjà servi à plusieurs ébullitions a dû dégager les gaz condensés à sa surface. On comprend que, au contraire, la présence d'un corps pulvérulent introduise une certaine quantité de gaz retenu entre les particules ou même condensé à sa surface. On sait, aussi, que dans les dissolutions gazeuses, la présence de corps anguleux facilite le dégagement du gaz. Enfin le fait que les bulles proviennent de certains points déterminés s'explique parce qu'une bulle, en se dégageant, laisse sur la paroi une partie du gaz qui la formait et qui sert de point de départ pour une autre bulle.

190. — Mais, indépendamment de ces remarques, on a des expériences directes qui montrent la vérité de cette explication. C'est ainsi que M. Donny soumit à l'action d'une même température deux tubes en verre, recourbés à leurs extrémités; l'un contenait de l'eau qui avait été bouillie dans le tube que l'on avait fermé lorsque le dégagement de vapeur eût entraîné tout l'air; l'autre renfermait de l'eau ordinaire contenant par conséquent de l'air en dissolution et était en communication avec un manomètre à mercure. Pour ce dernier, l'ébullition se produisit à 113°, température qui correspond bien à la pression que supportait le liquide ; l'autre, au contraire, ne donna aucune bulle à cette température, bien que la pression y fut seulement celle de la tension maxima qui correspondait à la température ; rien ne se produisit jusque vers 130° ; mais à 138° une partie de l'eau se réduisit brusquement en vapeur.

Pour éviter l'action des parois, M. Dufour suspendit une goutte d'eau dans un liquide de même densité ; on put atteindre la température de 175° sans que l'ébullition commençât.

Mais si, à l'aide de fils de platine communiquant avec une pile et aboutissant à la goutelette, on venait à faire passer un courant électrique qui provoquait un dégagement de gaz, la goutelette se réduisait en vapeur presque instantanément.

M. Gernez enfin a fait une série d'expériences très démonstratives parmi lesquelles nous citerons seulement la suivante : Il chauffe un peu au-dessus de 100° de l'eau privée d'air, dans un vase dont les parois ont été soigneusement lavées à l'acide sulfurique puis à l'eau distillée, pour enlever les matières étrangères qui facilitent la condensation de l'air : la surchauffe se produit, il n'y a pas ébullition. Il introduit alors dans le liquide une baguette de verre courbée à son extrémité et portant une petite cloche soufflée dans le verre, cette baguette ayant été privée d'air par le procédé que nous venons d'indiquer. La cloche est plongée, son ouverture dirigée vers le bas, de manière qu'elle renferme une certaine quantité d'air, l'ébullition se produit alors, les bulles partant de la cloche. Mais si l'on retourne celle-ci de manière qu'elle laisse échapper l'air qu'elle contient, l'ébullition cesse aussitôt.

Il est donc bien prouvé que l'ébullition se produit normalement par suite de la présence de gaz dans le liquide.

On conçoit dès lors comment on arrive à faire cesser la surchauffe d'un liquide : il suffit d'y faire passer un gaz quelconque. Plus simplement même, on arrive à provoquer l'ébullition d'un liquide surchauffé en introduisant une baguette de verre, un fil de platine, à cause des gaz qui sont condensés à leur surface. Mais si l'on a préalablement chauffé la baguette ou le verre, l'action ne se produit pas parce que les gaz ont été dégagés par l'élévation de température.

Les phénomènes de surchauffe et la production brusque de vapeur qui leur succède quand la surchauffe cesse ont été invoqués dans quelques cas pour expliquer des explosions de chaudières à vapeur.

191. Caléfaction. — Il se produit des phénomènes particuliers lorsque l'on projette des gouttes d'un liquide sur une plaque chauffée notablement au-dessus de la température d'ébullition de ce liquide. Il n'y a pas ébullition, de telle sorte que l'on pourrait penser qu'il y a là une exception aux lois que nous étudions. Mais, en réalité, il n'en est rien; l'ébullition ne se produit pas parce que la goutte de liquide n'est pas à la température d'ébullition, ainsi qu'on peut s'en assurer en y introduisant le réservoir d'un très fin thermomètre. L'eau projetée sur une plaque chauffée à plus de 140° n'atteint que 96 ou 97°. Cette différence s'explique, par l'absence de contact entre la plaque et le liquide, l'échauffement se faisant par rayonnement et non par conduction; or d'une part le pouvoir émissif (voir RADIATIONS) de ces gouttes est faible, et d'autre part l'évaporation active qui se produit empêche l'élévation de température.

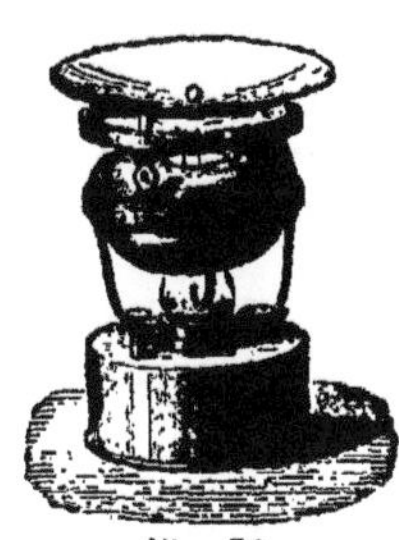
Fig. 78.

On peut s'assurer qu'il n'y a pas contact en employant une lame bien plane et dirigeant parallèlement un rayon visuel; on voit nettement un intervalle libre au-dessous de la goutte. On peut encore opérer avec une plaque percée de trous fins, l'eau à l'état de caléfaction ne s'écoule pas : on peut également produire la caléfaction de l'acide azotique sur une lame de cuivre, le métal n'est pas attaqué, ce qui se produirait certainement s'il y avait contact.

Mais si la plaque se refroidit, si, pour l'eau, elle tombe au-dessous de 140°, le contact s'établit, l'échauffement par conduction se produit, l'ébullition a lieu brusquement et la goutte disparait presque immédiatement.

On ne connait pas d'une manière certaine la cause qui empêche le contact.

La caléfaction peut s'établir sur une surface liquide : avec des gouttes d'éther, elle se produit sur l'eau chauffée au-dessus de 80°.

192. Ebullition des dissolutions. — Nous avons dit que la température d'ébullition (à la pression normale) est caractéristique pour un liquide donné. A cet égard une dissolution d'un solide dans un liquide constitue un corps particulier, qui a un point d'ébullition spécial : ce point d'ébullition dépend d'ailleurs de la proportion de matière dissoute. Le tableau suivant donne les points d'ébullition de quelques dissolutions saturées, de telle sorte que la composition reste constante.

Chlorure de potassium ..	104°,2	Nitrate de potassium....	115°,9
Carbonate de sodium ...	104°,6	Carbonate de potassium.	135°,0
Phosphate de sodium ...	106°,5	Chlorure de calcium....	179°,5
Chlorure de sodium.....	108°,4		

Ces dissolutions sont souvent utilisées pour obtenir des bains à températures constantes.

La vapeur qui se dégage de ces dissolutions a la même température qu'elles ; mais elle se refroidit rapidement et à une petite distance, elle reprend la température d'ébullition du liquide pur.

193. Variation du point d'ébullition avec la pression. — Nous nous sommes occupé dans ce qui précède du cas où la pression reste constante, et spécialement de celui où elle est la pression normale. Examinons maintenant les conséquences qui résultent de l'application de la première loi lorsque l'on considère l'influence de la pression.

Nous nous occuperons d'abord du cas où le liquide est placé dans un espace indéfini, ou dans des conditions telles que la production de vapeur ne change pas la pression qui surmonte le liquide, comme cela arrive par exemple lorsqu'on condense ces vapeurs ou qu'on les absorbe au fur et à mesure de leur production.

Le point d'ébullition d'un liquide sous une pression déterminée est la température pour laquelle sa tension maxima est égale à la pression de l'atmosphère qui le surmonte. Il résulte de là que le point d'ébullition s'élève quand la pression croît, qu'il s'abaisse quand la pression décroît.

Le point d'ébullition de l'eau bouillant en vase ouvert n'est donc pas un élément absolument invariable, puisque la pression atmosphérique n'est pas constante.

En un même lieu, le point d'ébullition varie d'un jour à l'autre. Le point 100° du thermomètre correspond à la température d'ébullition de l'eau sous la pression de 760^{mm} : à Paris où la pression moyenne est de 756^{mm} et où l'on observe des écarts qui ont été jusqu'à $+13^{mm}$ et -18^{mm}, c'est-à-dire où les pressions oscillent de 769^{mm} à 738^{mm}, la température d'ébullition varie entre les températures 100°,3 et 99°,2 qui dans la table des tensions correspondent à ces valeurs.

194. Influence de l'altitude. — Nous avons déjà signalé que ces variations doivent être prises en ligne de compte lorsqu'on gradue un thermomètre.

Mais les différences sont plus considérables lorsque l'on considère des points situés à des altitudes différentes, puisque par ce fait même la pression barométrique varie d'un point à l'autre. Pour tous les points situés au-dessus du niveau de la mer, sur des collines, sur des montagnes, la température sera inférieure à 100°; elle sera au contraire supérieure à cette valeur au fond des puits de mines où la pression est supérieure à 760^{mm}. On trouvera dans chaque cas la température d'ébullition, en cherchant dans la table des tensions maxima la température qui correspond à une tension égale à la pression barométrique au lieu de l'observation.

On trouve ainsi par exemple qu'à Quito où la pression barométrique est de 553^{mm} (altitude 2720^{m}) le point d'ébullition est 91°,35, il est 87°,1 à Antisana où la pression barométrique est de 470^{mm} (altitude 3800^{m}) et 84,5 au sommet du mont Blanc où la pression est 420^{mm} (altitude 4.816^{m}); au Puy-de-Dôme où la pression est de 630^{mm} (altitude 1465^{m}) le point d'ébullition est 95°.

Comme on sait que la pression barométrique en un lieu dépend de son altitude, on en conclut qu'il existe une relation entre le point d'ébullition et l'altitude du lieu. On peut utiliser cette remarque pour déterminer l'altitude; on se sert pour cela d'un thermomètre dit *hypsométrique* comprenant dans le voisinage de 100° une partie de l'échelle pouvant donner le centième de degré. On le place dans une petite étuve qui contient à la partie inférieure de l'eau que l'on fait bouillir. Le point d'ébullition ainsi déterminé, la table des tensions de vapeurs donne la pression correspondante, et l'on en peut déduire l'altitude par l'emploi de la formule barométrique. Mais il est plus simple d'avoir une table spéciale, dressée à l'avance, donnant directement l'altitude en regard de la température d'ébullition.

195. Ebullition aux basses températures. — En faisant usage de pressions obtenues artificiellement, on peut obtenir l'ébullition à des températures très variables. On utilise par exemple l'ébullition à basse température, à des pressions inférieures à l'atmosphère dans ce que l'on appelle la distillation dans le vide, pour les substances qui s'altèrent facilement lorsqu'on les chauffe.

On peut même, et c'est là une expérience classique, faire bouillir de l'eau à la température ordinaire : on place le liquide sur un support mauvais conducteur de la chaleur sur la platine de la machine pneumatique, à côté d'un vase contenant de la pierre ponce imbibée d'acide sulfurique ; on recouvre le tout d'une cloche et on fait le vide. Non seulement l'évaporation devient plus active, mais l'ébullition ne tarde pas à se produire ; elle se continue d'ailleurs parce que les vapeurs qui se produisent sont absorbées par l'acide sulfurique. En même temps, l'eau se refroidit et peut arriver à la congélation.

L'appareil de M. Carré pour obtenir des carafes frappées est la réalisation pratique de cette expérience : la carafe est reliée à un réservoir contenant de l'acide sulfurique et dans lequel on fait le vide avec une pompe à gaz.

196. — On pourrait arriver à provoquer l'ébullition de l'eau, par exemple, à des températures supérieures à 100°, en adoptant une disposition analogue dans laquelle on utiliserait une pompe de compression au lieu d'une machine pneumatique, mais à la condition de conserver un absorbant de la vapeur pour éviter l'élévation de la pression. On pourrait employer l'acide sulfurique ; mais, en général, on empêche l'accumulation de vapeur par l'emploi d'un *condenseur*, partie refroidie où la vapeur vient se liquéfier et qui, par application du théorème de Watt, maintient partout la pression de la vapeur à la valeur qui correspond à sa température.

Il faut dire que, en réalité, cette disposition est rarement appliquée ; la pression s'accroît par la formation de la vapeur et il n'y a pas ébullition ; nous reviendrons sur ce point.

On trouve cette disposition dans une expérience également classique : le bouillant de Franklin. L'appareil consiste dans un ballon à moitié plein d'eau que l'on fait bouillir de manière à chasser l'air par le dégagement de la vapeur ; on le bouche alors et on le retourne pour éviter la rentrée de l'air. La température de l'eau étant devenue inférieure à 100°, l'ébullition a cessé ; mais on peut la faire reparaître en refroidissant le sommet du ballon, partie qui fait alors l'office de condenseur. Seulement, l'ébullition ne saurait continuer ; par le fait même de la production de vapeurs, la température du liquide s'abaisse progressivement. Lorsqu'elle est devenue égale à celle du condenseur, le phénomène cesse nécessairement.

197. Mesure de la tension maxima des vapeurs. — La relation qui existe entre la température d'ébullition et la tension de la vapeur a été utilisée par Regnault pour l'étude des tensions des vapeurs.

L'appareil consiste essentiellement en une chaudière en cuivre rouge dans laquelle est placé le liquide en expérience ; des tubes de fer fermés y pénètrent et reçoivent les thermomètres qui donneront la température. De la partie supérieure de la chaudière part un tube incliné, entouré d'une enveloppe à l'intérieur de laquelle on fait circuler un courant d'eau froide ; la vapeur produite par l'ébullition s'y condense et retombe dans la chaudière. Par son autre extrémité, le tube aboutit à un réservoir métallique plongé dans un bain d'eau à température constante et que l'on peut faire communiquer à une machine pneumatique ou avec une machine de compression, de manière à pouvoir y établir et y maintenir une pression quelconque.

Pour faire une expérience on établit dans l'appareil une pression déterminée mesurée par un manomètre ; puis on chauffe la chaudière : la température s'élève d'abord ; mais à partir d'un certain instant elle devient constante, ce qui montre que l'ébullition a commencé. On note alors la température et, d'après la 1re loi de l'ébullition, on sait que pour cette température la tension maxima de la vapeur est égale à la pression que l'on avait établie dans l'appareil. On recommence alors en changeant la pression.

Les mesures peuvent se faire avec précision, car l'expérience peut être prolongée; la température reste constante, d'une part, et, d'autre part, la quantité de liquide de la chaudière ne diminue pas, comme nous l'avons dit.

On a donc là une méthode applicable dans tous les cas, et qui permet d'étudier la relation qui existe entre la tension maxima et la température.

Il est intéressant de remarquer que cette relation, représentée par une équation de la forme $f(F, t) = 0$ peut être résolue indifféremment par rapport à l'une des variables t ou F et donner soit $F = \varphi(t)$, soit $t = \psi(F)$. Or, tandis que dans la méthode de Dalton la température est véritablement la variable indépendante au point de vue physique, dans les expériences de Regnault, c'est la pression qui est cette variable indépendante physique : les deux méthodes correspondent donc à ces deux équations $F = \varphi(t)$ et $t = \psi(F)$.

Il n'arrive pas toujours en physique que l'on puisse ainsi changer de variable effective.

198. Liquide chauffé en vase clos. — Lorsque l'on chauffe un liquide dans un vase clos dont toutes les parties sont à la même température, il ne saurait y avoir ébullition; à chaque instant, en effet, la vapeur qui se produit de plus en plus rapidement par l'élévation de température accroît la pression qui surmonte le liquide et que ne saurait atteindre la tension maxima de la vapeur. La température continue à s'élever jusqu'à ce que la quantité de chaleur fournie par le foyer soit égale aux pertes diverses : elle devient alors stationnaire.

Cette remarque est utilisée dans un certain nombre de cas où, pour produire des actions chimiques ou pour provoquer des dissolutions, on veut employer un liquide à une température supérieure à son point d'ébullition. On emploie alors des appareils de formes diverses (marmites de Papin, autoclaves) très résistants, à fermeture hermétique et qui pour éviter les accidents doivent être munis d'une soupape de sûreté.

Dans d'autres cas, la même remarque est utilisée pour obtenir de la vapeur à une pression supérieure à celle de l'atmosphère ; c'est le cas général des chaudières à vapeur. Lorsque la vapeur est obtenue dans les conditions cherchées, on la fait se dégager partiellement vers le point où elle doit être utilisée : à cet instant la pression diminue dans la chaudière et il pourrait y avoir un commencement d'ébullition qui la rétablirait ; mais, en général, il n'y a pas ébullition et la vapeur nécessaire pour maintenir la pression est rapidement fournie par la vive évaporation qui se produit à cette température.

Il est clair que dans ce cas, la quantité de chaleur à fournir ne doit pas seulement être égale aux pertes par rayonnement et par conductibilité, mais qu'elle doit leur être supérieure de la quantité nécessaire à la formation de la vapeur nouvelle.

Si la quantité de vapeur entraînée à chaque instant était grande par rapport à la quantité totale qui existe dans la chaudière, les choses se passeraient différemment et la pression pourrait être assez diminuée pour qu'il y eût, non seulement évaporation mais même ébullition pendant un certain temps, jusqu'à ce que la pression fût rétablie.

199. Passage total d'un liquide à l'état gazeux. — Lorsque l'on chauffe un liquide dans un vase clos de manière à élever la température, il n'y a pas ébullition, mais à un certain moment le liquide disparaît entièrement et se réduit en vapeur, ou du moins, car on a donné d'autres explications du phénomène, il n'y a plus de séparation entre le liquide et la vapeur. Cagnard Latour a montré que l'alcool et l'éther se réduisent entièrement en vapeur dans un espace double de celui qu'occupe le liquide ; l'expérience réussit très difficilement avec l'eau ; mais elle est très nette avec l'acide carbonique, que l'on trouve maintenant dans des tubes de verre à l'état liquide. Il suffit de chauffer ces tubes à la main pour que, à un certain moment, le liquide disparaisse complètement, pour que la surface de séparation cesse d'exister. Dans ce cas, ce changement est précédé d'une véritable ébullition, ce qui ne paraît pas se présenter pour les liquides qui ont été signalés précédemment.

Le passage de l'état liquide à l'état gazeux se faisant brusquement, il faut en conclure que le changement d'état se produit presque sans absorption de chaleur; nous reviendrons plus loin sur cette circonstance particulière et nous nous bornerons à dire ici que la température pour laquelle on l'observe correspond à ce que nous avons déjà désigné sous le nom de *point critique*.

200. Chaleur de vaporisation. — La 2e loi de l'ébullition indique que pendant toute la durée du phénomène la température reste constante. La chaleur que l'on fournit ne produit donc pas d'effet thermique ; c'est ce que nous avons indiqué précédemment avec quelques détails : la chaleur est alors utilisée à produire le changement d'état.

Il importe de remarquer qu'il n'est pas indifférent cependant de fournir peu ou beaucoup de chaleur : dans les deux cas, il est vrai, la température est la même, mais dans le premier cas il se produit peu de vapeur dans un temps donné, dans l'autre il s'en produit beaucoup.

La quantité de chaleur nécessaire pour faire passer un corps de l'état liquide à l'état gazeux, sans changement de température, est proportionnelle à son poids. On appelle *chaleur de vaporisation* la quantité de chaleur nécessaire pour faire passer l'unité de poids du corps de l'état liquide à l'état gazeux sans changement de température ; c'est une donnée caractéristique du corps considéré.

Remarquons que la liquéfaction, dans les mêmes conditions, du même poids du corps devra dégager la même quantité de chaleur : on la désigne quelquefois sous le nom de *chaleur de condensation*.

Contrairement à des opinions (Southern) qui ont régné autrefois, on sait que la chaleur de vaporisation d'un corps varie avec la température à laquelle se fait le changement d'état.

On considère quelquefois, au moins pour l'eau, la quantité de chaleur qu'il faut fournir à l'unité de poids à 0° pour l'amener à l'état de vapeur saturée à une certaine température, c'est-à-dire à l'état de vapeur lorsque l'ébullition se fait à cette température : c'est ce que l'on appelle la chaleur *totale* de vaporisation. Watt pensait que cette quantité est constante pour un liquide donné, mais il n'en est rien.

201. — On peut déterminer d'une manière générale la chaleur de vaporisation d'un liquide de la manière suivante :

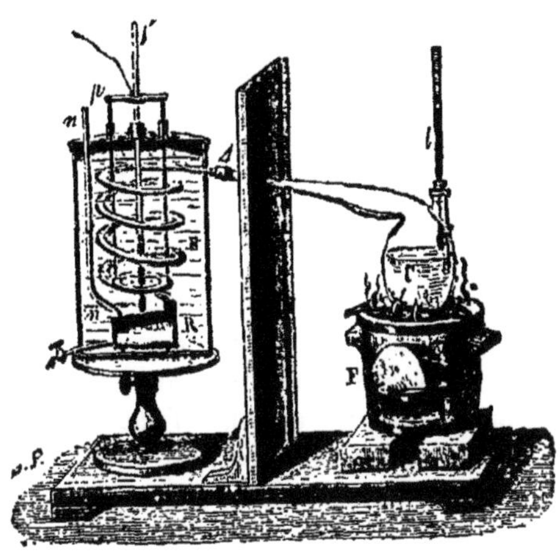

Fig. 79.

Le liquide est amené à l'ébullition dans une cornue C (fig. 79) dont le col est incliné de manière à faire retomber dans le vase les gouttes de liquides qui pourraient se condenser dans ce col. Un thermomètre t passe dans une tubulure et donne la température d'ébullition T. La vapeur produite arrive dans un serpentin S placé dans un calorimètre et s'y condense ; le serpentin est muni d'un robinet par lequel, à la fin de l'opération, on fait écouler le liquide condensé : soit p son poids ; soient encore c sa chaleur spécifique, q sa chaleur de vaporisation. Soient d'autre part M le poids de l'appareil calorimétrique réduit en eau, t_0 sa température initiale, θ la température finale. Pendant l'opération le calorimètre s'échauffe continûment ; pour le liquide, il faut considérer deux périodes ; dans la première, il change d'état sans changer de température ; dans la deuxième, il passe de la température T à la température θ. En écrivant qu'il y a égalité entre la chaleur gagnée et la chaleur perdue, on a :

$$M(\theta - t_0) = pq + pc(T - \theta)$$

d'où l'on déduit q.

Il y a bien entendu à faire les corrections que nous avons signalées dans l'emploi du calorimètre pour la recherche des chaleurs spécifiques.

Regnault a fait une série d'expériences pour déterminer la chaleur de vaporisation de l'eau et de quelques autres liquides à diverses températures.

L'appareil consiste en une chaudière destinée à produire la vapeur; elle est munie de thermomètres dans des tubes de fer pour donner la température de la vapeur ; elle communique avec un réservoir en tôle dans lequel on peut maintenir invariable une pression déterminée; on dispose à la partie supérieure une prise de vapeur telle que l'on enlève seulement de la vapeur sèche, c'est-à-dire ne contenant pas d'eau condensée; le tube de communication, entouré d'une chemise de vapeur pour éviter tout refroidissement, arrive à un robinet distributeur de forme particulière mais remplissant en somme le même rôle qu'un robinet à trois voies.

Ce robinet communiquait avec deux appareils identiques, symétriquement placés, et dont chacun était formé : d'un tube de communication reliant le robinet à une sphère creuse débouchant dans une autre sphère creuse qui présentait inférieurement un ajutage muni d'un robinet. De cette sphère partait un tube enroulé en hélice qui se continuait supérieurement ; les sphères et le serpentin étaient tenues dans un calorimètre à eau. A la partie supérieure, les deux tubes se réunissaient et aboutissaient à une pièce d'où partaient également trois autres tubes de communication : un allant à un manomètre qui mesurait la pression dans l'appareil, un autre allant au réservoir de gaz qui produisait la pression, le troisième à un condenseur où aboutissait également un tuyau venant de la chemise de vapeur. La présence du condenseur était nécessitée par la condition de maintenir le liquide en ébullition dans cet ensemble absolument clos, pour que la température restât constante.

Pour faire une expérience, on remplit le réservoir à la pression à laquelle on veut opérer ; puis les calorimètres étant hors du circuit on chauffe la chaudière, la température s'élève jusqu'à atteindre le point d'ébullition, elle devient alors constante. On tourne le robinet et l'on envoie la vapeur dans un des calorimètres ; après un certain temps, on recueille le liquide condensé et l'on tourne le robinet de manière à envoyer la vapeur dans l'autre calorimètre ; on recommence ainsi plusieurs fois l'opération. Dans chaque période, on note de minute en minute la température des deux calorimètres ; les variations éprouvées par celui qui ne reçoit pas de vapeur, et qui sont dues au rayonnement et à la conductibilité, servent à établir les termes de correction applicables à celui qui reçoit la vapeur.

Dans un autre modèle, Regnault avait adopté un seul calorimètre ; dans ce cas, on établissait les corrections d'après l'observation du calorimètre dans deux périodes de 10 minutes dont l'une précédait et dont l'autre suivait la période d'opération réelle.

Divers auteurs ont adopté d'autres formes d'appareils, mais sans rien changer au principe de la méthode.

202. — Les résultats obtenus par Regnault pour l'eau ont permis d'établir la relation suivante entre la chaleur totale de vaporisation Q et la température T à laquelle l'ébullition se produit :

$$Q = 606,5 + 0,305\,T.$$

Il est dès lors facile de trouver la chaleur de vaporisation q, en remarquant qu'il faut très sensiblement T calories pour amener l'unité de poids d'eau de 0 à T°. On a en effet alors $Q = q + T$ et par suite

$$q = 606,5 - 0,695\,T = 0,695\,(873 - T).$$

Cette formule ne peut représenter la relation d'une manière absolue, puisqu'elle donne pour q des valeurs négatives pour les valeurs de T supérieure à 873°, ce qui ne se comprend pas. Elle montre en tout cas que la chaleur qu'il faut fournir à une masse donnée d'eau, pour la transformer en vapeur à une température T, décroît à mesure que T s'élève ; et que pour une certaine température cette chaleur de vaporisation est nulle ou au moins très petite. Cette conséquence est d'accord avec le fait signalé du passage brusque à l'état de vapeur d'un liquide dont on élève suffisamment la température en vase clos.

Voici quelques nombres représentant les chaleurs de vaporisation de divers liquides bouillant à la pression normale :

	Point d'ébullition	Chaleur de vaporisation
Essence de térébenthine	157°	67^c
Ether sulfurique..............	38°	91^c,1
Ether acétique	74°	105^c,8
Alcool amylique..............	131°,5	121^c,3
Alcool éthylique..............	78°	208^c,9
Alcool methylique	65°,5	263^c,8
Eau........................	100°	536^c,5

Opérant sur d'autres liquides, Regnault a reconnu que la chaleur totale de vaporisation pouvait, en général, être donnée par une expression de la forme

$$Q = A + Bt + Ct^2$$

et il a déduit de ses expériences les valeurs des coefficients A, B et C, dans quelques cas.

	A	B	C
Eau......................	606,5	0,305	»
Chloroforme...............	67,0	0,1375	»
Sulfure de carbone.........	90,0	0,146	$-1,123.10^{-4}$
Ether.....................	94,0	0,450	$-5,555.10^{-4}$
Benzine...................	109,0	0,2443	$-1,315.10^{-4}$
Acétone...................	140,5	0,3664	$-5,16\ .10^{-4}$

203. — Connaissant la chaleur de vaporisation, on peut trouver la chaleur spécifique d'une vapeur. On amène dans un serpentin placé dans un calorimètre de la vapeur à une température t supérieure à son point d'ébullition, elle se refroidit et se condense ; son poids p est déterminé par le poids du liquide recueilli dans le serpentin ; soient C' sa chaleur spécifique à l'état gazeux, C sa chaleur spécifique à l'état liquide. Soient, d'autre part, M le poids du calorimètre, t_0 sa température initiale, θ sa température finale. On a en écrivant que la chaleur gagnée est égale à la chaleur perdue :

$$M(\theta - t_0) = \mu C'(t - T) + \mu . q + \mu c (T - \theta)$$

équation d'où l'on déduit C'.

204. — La propriété que possèdent les vapeurs de fournir de grandes quantités de chaleur lors de leur condensation a été utilisée dans un grand nombre de cas. On l'emploie notamment pour chauffer des récipients contenant des liquides à une température absolument déterminée, en évitant avec certitude les coups de feu qui peuvent se produire lorsqu'on chauffe à feu nu.

On a également utilisé la vapeur comme moyen de chauffage des bâtiments, des maisons. D'une chaudière à vapeur placée dans la cave partent des tuyaux qui, protégés convenablement contre tout refroidissement, se dirigent vers les points qu'il s'agit de chauffer. La vapeur se condense en ces points et un autre système de tuyaux ramène à la chaudière l'eau de condensation, de telle sorte qu'il se produit une circulation continue.

Quelquefois on a combiné les systèmes de chauffage à la vapeur et de chauffage par l'eau chaude. On chauffe par la vapeur une série de réservoirs d'eau qui sont le point de départ d'un système de circulation d'eau chaude.

D'autre part la propriété que possède la vapeur de prendre une pression supérieure à la pression atmosphérique lorsqu'on la produit en vase clos et de fournir du travail mécanique lorsqu'elle se refroidit, dans des conditions déterminées est le principe sur lequel reposent les machines à vapeur sur lesquelles nous n'avons pas à insister ici.

205. Liquéfaction des gaz et des vapeurs. — Bien qu'il n'y ait en réalité aucune différence, on désigne souvent par le mot de *liquéfaction* le passage à l'état liquide d'un gaz, c'est-à-dire d'un corps qui est à l'état gazeux dans les conditions ordinaires de température et de pression, et on emploie plus souvent le mot de *condensation*, lorsqu'il s'agit d'une vapeur.

Ainsi que nous l'avons déjà dit, deux cas sont à considérer pour les corps gazeux :

1° Leur température est maintenue supérieure au point critique. Dans ce cas, quelle que soit la valeur attribuée à la pression, on ne pourra amener la liquéfaction ; le volume du gaz diminuera en suivant à peu près exactement la loi de Mariotte. C'est ce qu'a montré M. Andrews, dans une série d'expériences qui ont porté d'abord sur l'acide carbonique ; c'est ce qui est également d'accord avec les expériences de Cagniard-Latour et d'autres expérimentateurs qui ont montré que, à une certaine température, et malgré l'accroissement de pression qui en résultait, un liquide passe entièrement à l'état de vapeur dans un espace triple ou quadruple de son volume primitif.

C'est ce cas qui se présentait autrefois pour les gaz que l'on regardait comme permanents : on ne parvenait pas à les liquéfier, malgré l'action de pressions énergiques, parce que leurs points critiques sont non seulement au-dessous de la température ordinaire, mais même au-dessous des températures auxquelles on les refroidissait et qui ne dépassaient pas — 40°, en général ;

2° La température du corps gazeux considéré est inférieure au point critique. Si l'on opère à température constante, en diminuant le volume d'une masse donnée ou en introduisant une nouvelle masse de gaz dans une capacité donnée, on augmentera la pression : à un certain moment celle-ci atteindra la valeur de la tension maxima du corps pour la température à laquelle on opère. On est alors à la limite et toute diminution du volume aura pour effet de produire la liquéfaction d'une partie du gaz. La quantité de liquide obtenu est telle, d'ailleurs, que la partie qui subsiste à l'état gazeux conserve la valeur de la tension maxima. Si, dans les mêmes conditions, on introduit une nouvelle masse de gaz, celle-ci se liquéfie sans que la pression subisse de modification. Il importe de remarquer que, par la liquéfaction même, une certaine quantité de chaleur est mise en liberté et qu'elle tend à élever la température : si donc on veut opérer à température constante, il faut absorber la chaleur, à l'aide d'un appareil réfrigérant quelconque, au fur et à mesure qu'elle est mise en liberté.

Il est évident qu'il y a tout intérêt pour cette opération à faire choix d'une température très basse, car alors la tension maxima est faible et faible aussi la pression à laquelle il faut soumettre le gaz.

On peut vouloir opérer à pression constante, quoique cela soit moins facile à réaliser dans la pratique : dans ce cas, la température étant abaissée progressivement au-dessous du point critique, il arrivera un moment où la tension maxima qui tend vers 0 quand la température décroît, deviendra égale à la pression à laquelle on opère : si à partir de cet instant on continue de refroidir, la liquéfaction continuera de manière que, à chaque instant, la pression du gaz qui subsiste soit égale à la tension maxima correspondant à la température actuelle.

206. — On peut énoncer la loi suivante relative à la liquéfaction :

Un gaz commence à se liquéfier à la température pour laquelle sa pression est égale à la tension maxima du liquide qu'il forme : c'est un point de liquéfaction pour la pression considérée.

En comparant cette loi à celle que nous avons donnée pour la vaporisation, on voit que le point d'ébullition et le point de liquéfaction ont la même valeur pour la même pression.

On pourrait donner une deuxième loi analogue à la deuxième loi de l'ébullition ; mais elle s'appliquerait seulement au cas à peu près irréalisable où le gaz serait en quantité indéfinie de manière que la pression ne varit pas.

Ce que l'on désigne souvent sous le nom de point de liquéfaction est, en réalité, caractérisé par deux éléments qui se correspondent, la température et la pression ; lorsque l'on ne précise pas, on entend parler de la liquéfaction sous la pression normale.

Il importe de le remarquer : ce n'est pas seulement parce qu'un liquide est arrivé à son point d'ébullition que l'ébullition commence ; c'est parce que, après l'avoir amené à cette température, on continue à lui fournir de la chaleur.

De même, ce n'est pas seulement parce qu'un gaz est arrivé à son point de liquéfaction qu'il se liquéfie ; c'est, si on ne change pas la pression, parce que, après l'avoir amené à cette température on lui enlève de la chaleur.

On pourrait, d'ailleurs, provoquer ces changements à cet instant en diminuant la pression dans le premier cas, en l'augmentant dans le second.

207. — Ce que nous avons dit de la liquéfaction en général donne l'explication des procédés employés dans les divers cas.

On provoque quelquefois la liquéfaction d'un gaz par un simple refroidissement ; c'est ainsi qu'on liquéfie l'acide sulfureux en le faisant passer dans un tube entouré d'un mélange réfrigérant à — 16° environ.

On obtient également la liquéfaction par une augmentation de pression, obtenue soit en comprimant du gaz à l'aide d'une pompe dans un espace clos, soit plus souvent en faisant dégager le gaz d'une combinaison ou d'une dissolution dans une capacité limitée. C'est le principe de l'appareil de Thilorier, dans lequel l'acide carbonique, dégagé d'un carbonate par l'action d'un acide, se liquéfie sous sa propre pression. Mais dans ce cas, comme nous l'avons dit, la température tend à s'élever par suite de la liquéfaction même ; aussi est-il bon de refroidir l'appareil ou tout au moins de l'empêcher de s'échauffer : c'est ce qui se présente dans le tube de Faraday, tube coudé et fermé. On y a introduit préalablement soit une dissolution du gaz, soit un corps solide ayant occlus une proportion notable de ce gaz ; on chauffe l'extrémité qui contient cette dissolution ou ce solide pour en dégager le gaz qui se comprime lui-même, et l'on refroidit légèrement l'autre extrémité où se produit la liquéfaction.

Enfin, en général, on fait agir simultanément le refroidissement et l'augmentation de pression. Mais les conditions ne sont pas toujours les mêmes. Il peut arriver en effet que le refroidissement ait simplement pour but de diminuer la valeur de la pression qu'il faut employer ; c'est une facilité, ce n'est pas une nécessité. C'est ce qui se présente par exemple pour le bioxyde d'azote qui, dans l'appareil de Bianchi, est refoulé par une pompe de compression dans un réservoir refroidi à l'aide d'un mélange réfrigérant.

208. — Tous les cas dont nous venons de parler se rapportent aux gaz dont le point critique est au-dessus de la température du laboratoire où l'on opère ; dans le cas contraire, il faut refroidir, non pour faciliter l'opération, mais pour la rendre possible. Aussi la liquéfaction de certains gaz considérés comme permanents n'a-t-elle pu être obtenue que lorsqu'on est arrivé à produire des températures très basses, leurs points critiques étant bien inférieurs aux températures que l'on obtenait autrefois.

En 1877, M. Cailletet à Paris et M. Pictet à Genève parvinrent par des procédés différents à obtenir la liquéfaction des gaz permanents en agissant sur ceux-ci par pression à une température très basse.

Le procédé de M. Pictet présente quelque analogie avec la méthode de Faraday que nous avons indiqué, on prépare le gaz par une réaction chimique convenable dans un vase métallique à parois très épaisses, qui communique avec un tube refroidi par l'évaporation du protoxyde d'azote dans une atmosphère raréfiée, ce qui donne une température évaluée à — 140° par M. Pictet.

Pour obtenir cette évaporation du protoxyde d'azote sans dépense de ce corps, le manchon qui entoure le tube à refroidir et dans lequel se produit l'évaporation communique à une extrémité avec le tuyau d'aspiration d'un système de pompes aspirantes et foulantes, et à l'autre avec un tube réservoir relié au tuyau de refoulement du même système de pompes ; le tube réservoir est refroidi par l'évaporation d'acide sulfureux liquide. Il y a alors une véritable circulation de protoxyde d'azote : sous l'influence de l'aspiration, ce corps se vaporise, passe dans les pompes et est refoulé dans le tube réservoir où il se liquéfie sous l'influence simultanée de la pression et du froid : il circule alors à l'état liquide dans le manchon où il doit s'évaporer. On peut, dans une certaine mesure, abaisser la température produite par l'évaporation en produisant une aspiration plus énergique.

L'acide sulfureux dont l'évaporation produit l'abaissement de température du tube réservoir à protoxyde d'azote est renfermé dans un système à circulation absolument semblable à celui que nous venons d'indiquer ; la température produite par l'évaporation de l'acide sulfureux dans ces conditions atteint — 70°.

Le tube où se réunit le gaz à liquéfier est muni d'un manomètre et d'un robinet : lorsqu'il est refroidi on provoque le dégagement du gaz dans l'appareil producteur, la pression croît pendant un certain temps puis devient invariable ; à ce moment le gaz se liquéfie au fur et à mesure de sa production, et la pression constante observée mesure la tension maxima pour la température à laquelle on opère. En ouvrant le robinet, on voit d'ailleurs s'écouler un jet liquide ; on observe même la production de particules solides provenant de la congélation du liquide, par suite du froid dû à l'évaporation.

209. — M. Cailletet obtient le refroidissement par un procédé très ingénieux et complètement différent.

Un tube en verre assez large est terminé d'une part par un tube fin recourbé, de l'autre par un tube à parois très épaisses et d'un petit diamètre. On fait passer un courant de gaz dans ce tube pour le dessécher et en chasser complètement l'air.

On ferme alors le tube droit au chalumeau. On redresse le tube, qui jusque-là avait été placé horizontalement, et une goutte de mercure qu'on avait introduite à l'avance et qui était restée dans la partie large vient par ce mouvement dans la courbure inférieure et isole le gaz. Le tube est alors placé dans un vase métallique très résistant contenant du mercure et y est maintenu solidement par une garniture métallique à vis, qui ferme le vase d'une manière hermétique. Enfin le vase est mis en communication avec une presse hydraulique qui permet d'y exercer une très forte pression en y injectant de l'eau. Il faut remarquer que le large réservoir plonge tout entier dans le mercure et qu'il ne tarde pas à se remplir, de telle sorte qu'il n'est soumis qu'à une pression modérée ; il n'en est pas de même de la partie étroite, où se réunit le gaz au fur et à mesure qu'il se comprime.

Lorsque le gaz a été réduit à un très petit volume, ce qui correspond à une pression considérable qui est indiquée par un manomètre, on ouvre un robinet à vis qui est fixé sur la presse hydraulique ; une partie du liquide s'écoule, la pression diminue, le gaz se détend et par cette détente même produit un refroidissement très énergique. A cet instant le tube, qui n'avait pas cessé d'être transparent pendant la compression, se remplit d'un brouillard visible formé par des particules liquides ou même solides du gaz en expérience.

CHAPITRE III

OPTIQUE

§ 1. *Optique géométrique. Propagation de la lumière : réflexion.* — § 2. *Réfraction. Diffusion.* — § 3. *Théorie générale des radiations.*

§ I

Généralités. Hypothèse de l'émission ; rayons lumineux : faisceaux. Propagation rectiligne : ombres. Réflexion. Miroirs plans. Miroirs courbes.

210. Des sensations lumineuses. — Parmi les sensations que nous font éprouver les corps extérieurs, une des plus nettes et des plus importantes est celle que nous fournit l'œil : c'est la sensation visuelle ou sensation lumineuse.

En général, en analysant cette sensation on voit qu'elle nous fournit trois éléments distincts : l'intensité de la sensation même, la notion de forme (qui entraîne celle de position, de mouvement ou de repos) et la sensation de couleur ; ces notions sont généralement réunies ; cependant, il résulte d'observations dues au professeur Charpentier que, quand l'intensité lumineuse est faible, la notion de couleur disparaît. Ajoutons encore que, exceptionnellement, quelques personnes n'ont aucune notion des couleurs, ou n'en ont que des notions très incomplètes.

Nous nous occuperons d'abord des conditions qui permettent de concevoir que nous puissions avoir la notion de forme et nous étudierons ensuite les conditions auxquelles sont dues les notions de couleurs et les notions d'intensité.

On appelle optique l'ensemble des questions qui se rattachent à ces sensations visuelles, auxquelles, comme nous le dirons, on est conduit à joindre l'étude des radiations en général.

211. Causes hypothétiques des phénomènes lumineux. Théorie de l'émission. — Nous dirons plus tard à quelle cause on attribue la production des phénomènes lumineux et comment on les rattache à des vibrations de l'éther; il y a là une hypothèse très vraisemblable qui donne l'explication des faits les plus délicats. Ce ne sont pas ceux-ci qu'on a à étudier au début, et ceux dont on s'occupe ne sont pas observés avec une grande précision : disons même qu'il n'y aurait aucun intérêt à ce qu'ils le fussent. Mais il résulte de là que l'hypothèse acceptée ne se prête pas bien à l'exposé de ces faits qu'on étudie incomplètement. Aussi a-t-on encore recours pour cet exposé à l'emploi d'expressions empruntées à une théorie abandonnée ; nous allons l'indiquer et nous nous en servirons pour énoncer les faits, mais non pour les expliquer: l'explication sera donnée ultérieurement, alors que nous pourrons indiquer les principales raisons qui militent en faveur de l'hypothèse des ondulations, raisons que nous ne pourrions faire comprendre au début de l'optique.

L'hypothèse de l'*émission*, qui est fort ancienne et qui a compté Newton parmi ses défenseurs, consistait à admettre que les corps lumineux *émettent*, envoient dans toutes les directions et d'une manière continue des particules très nombreuses et très fines qui se meuvent dans l'espace et qui, directement ou après avoir subi des changements de direction en choquant les corps ou en les traversant, arrivent au fond de notre œil où, par leur rencontre avec la rétine, elles produisent la sensation lumineuse. La substance de ces globules était appelée *lumière*.

212. — La lumière se propage dans le vide et dans les corps (suivant une loi et avec une vitesse qu'il est inutile de préciser actuellement); les corps ne produisent pas à cet égard tous le même effet : les uns, *corps transparents*, permettent de distinguer exactement la forme et la couleur des objets devant lesquels ils sont placés ; d'autres, *corps translucides*, permettent de reconnaître la présence d'un objet, sans qu'on puisse en avoir une idée complète. Enfin d'autres sont *opaques* : interposés entre un objet et l'œil, ils ne permettent la production d'aucune sensation qu'on puisse rapporter à cet objet.

Nous aurons d'ailleurs à revenir sur ces notions qui ont besoin d'être complétées, et nous nous bornerons à dire que l'on peut observer tous les états intermédiaires entre la transparence parfaite et l'opacité absolue.

212. Rayons lumineux : faisceaux lumineux. — Si l'on imagine la trajectoire parcourue par une particule lumineuse, il faut remarquer qu'elle sera suivie également par une série de particules émises successivement par le même point du corps dans les mêmes conditions. Cette trajectoire constitue ce que l'on appelle un *rayon lumineux* ; nécessairement, dans un milieu parfaitement homogène, une semblable trajectoire doit être rectiligne, par raison de symétrie.

On appelle *faisceau lumineux* l'ensemble d'un certain nombre de rayons émanés primitivement d'un même point : dans un milieu homogène un point lumineux ne peut donner que des faisceaux coniques ou cylindriques suivant que ce point lumineux est placé à une distance finie ou infinie. Ces faisceaux changent de forme en rencontrant des milieux différents : ils peuvent prendre des formes très complexes, ou bien au contraire prendre la forme cylindrique ou la forme conique : dans ce dernier cas les rayons qui constituent le faisceau peuvent aller en s'écartant les uns des autres dans le sens où se propage la lumière, ou bien au contraire, ils peuvent aller en se rapprochant. Le faisceau est dit *divergent* dans le premier cas, *convergent* dans le second.

Il est évident qu'un faisceau convergent qui se continue devient divergent.

Les faisceaux coniques, convergents ou divergents, et cylindriques sont désignés ensemble sous le nom de *faisceaux homocentriques*. On appelle *centre d'homocentricité* ou plus simplement *sommet* le point situé à une distance finie ou à une distance infinie où passent les *directions* de tous les rayons; les rayons eux-mêmes peuvent n'y pas passer.

214. Images virtuelles, images réelles. — Lorsqu'un point lumineux est placé devant notre œil, pourvu que la distance ne soit pas trop petite, non seulement, en général, nous voyons ce point, mais en outre nous apprécions la distance à laquelle il se trouve (ce qui est sans doute un effet de l'éducation).

Cela revient à dire que lorsqu'un faisceau cylindrique ou conique divergent tombe sur notre œil, nous avons la notion plus ou moins précise de la position du centre d'homocentricité de ce faisceau.

On conçoit que l'effet produit sur une surface quelconque ne peut dépendre de la forme du faisceau dans toute sa longueur, mais seulement de la direction que possèdent en arrivant à cette surface les rayons qui constituent ce faisceau.

Si donc, par un procédé quelconque, nous constituons un faisceau de rayons émanés d'une surface quelconque mais homocentrique, ce faisceau se comportera dans tout le reste de son étendue comme s'il venait du centre d'homocentricité, où pourtant il n'existe rien qui donne effectivement naissance à des effets lumineux.

En particulier, si ce faisceau pénètre dans l'œil d'un observateur, celui-ci sera impressionné comme si le faisceau entier existait et comme s'il existait effectivement un point lumineux à son sommet.

Ce centre d'homocentricité, ce point qui n'a qu'une existence géométrique mais qui est tel que le faisceau se comporte effectivement comme s'il en venait, c'est ce que nous appellerons une *image virtuelle*.

Nous avons dit que, en général, l'œil ne perçoit qu'une sensation vague de lumière lorsqu'il reçoit un faisceau convergent qui ne fournit ainsi directement aucune notion précise. Mais si l'on vient à placer un écran sur le trajet de ce faisceau, on aura une tache lumineuse d'autant plus vive et d'autant plus lumineuse que l'écran sera plus rapproché du sommet; au sommet même, elle se réduira à un point qui sera très vivement éclairé. Ce point est ce que l'on appelle une *image réelle*.

Après l'image réelle le faisceau devient divergent et un observateur, à l'œil duquel il parviendrait, serait impressionné comme s'il existait effectivement un point lumineux à ce sommet.

Il importe de remarquer que cette image réelle ne se comporte pas absolument comme le ferait un point lumineux. Celui-ci, en effet, envoie de la lumière dans toutes les directions et l'observateur peut le voir quelle que soit sa position. L'image réelle ne peut être vue que si l'œil de l'observateur est à l'intérieur du cône qui est le prolongement du cône incident qui lui a donné naissance. Mais lorsque l'œil est placé dans ces conditions, il est impressionné absolument comme s'il recevait de la lumière d'un point lumineux existant effectivement.

215. Les rayons lumineux n'existent pas. — La définition même des faisceaux indique dans quelles conditions il conviendrait de se placer pour les observer.

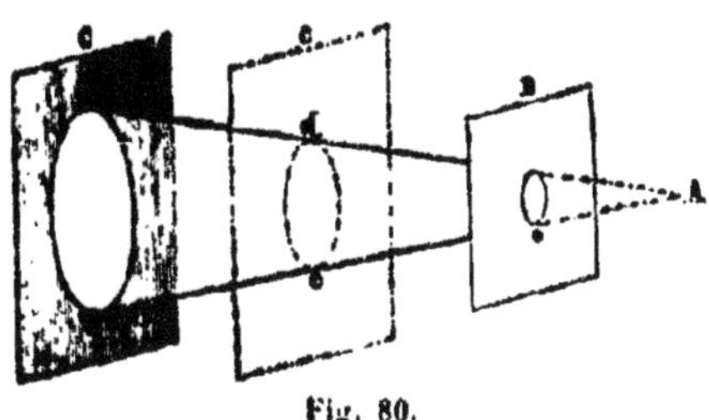

Fig. 80.

Soit un point lumineux A (fig. 80) qui envoie de la lumière dans toutes les directions; plaçons à une certaine distance un écran opaque B percé d'une ouverture : les seuls rayons correspondant à cette ouverture pourront passer ; au-delà de l'écran on aurait donc un faisceau limité qui aurait cette ouverture pour base et qui serait conique (divergent) ou cylindrique, suivant que la distance du point à l'écran serait finie ou infinie.

Si nous supposons dans le cas du faisceau cylindrique que l'ouverture diminue indéfiniment de grandeur sans cependant devenir nulle, on conçoit que le faisceau devrait tendre vers ce que nous avons appelé un rayon de lumière.

Voyons si l'expérience confirme ces prévisions.

Une observation incomplète montre des faits analogues à ceux que nous venons de signaler : un corps lumineux A de petites dimensions étant placé dans le voisinage d'une ouverture *o* pratiquée dans un écran B, il se produit derrière cet écran un faisceau ayant sensiblement la forme prévue ainsi qu'on le reconnaît en interposant sur le trajet de ce faisceau un écran blanc *c*, C sur lequel il produit une tache lumineuse *de*, DE se détachant sur un fond obscur et en observant les variations de forme et de grandeur de cette tache suivant la position de l'écran.

On reconnaît d'abord que, sensiblement, ces parties éclairées ont la forme et les dimensions qui correspondraient à l'existence d'un faisceau lumineux compris comme nous l'avons défini. Mais en examinant avec soin, on reconnaît que cette concordance n'est qu'approximative et que, de plus, la partie éclairée au lieu d'être nettement délimitée se termine sur les bords par une zone où l'éclairement diminue progressivement.

On pourrait attribuer ces différences entre la conception théorique et la réalité à ce que l'on a, non un point, mais un corps lumineux. Mais cette explication, qui suffirait pour quelques détails, ne peut être acceptée, car ces différences deviennent de plus en plus grandes lorsque le corps lumineux a des dimensions qui diminuent jusqu'à permettre de le comparer a un point : nous reviendrons plus tard sur ce cas particulier en parlant de la diffraction.

Il n'existe donc pas de faisceaux constitués absolument comme on l'imagine dans la théorie de l'émission : il n'y a pas davantage de rayon lumineux.

Sur le trajet d'un faisceau cylindrique, émané d'un point lumineux très éloigné, plaçons successivement des écrans dans lesquels sont percées des ouvertures de plus en plus petites. A la suite de ces écrans on observera des faisceaux à peu près cylindriques et de sections décroissantes tant que l'ouverture ne sera pas trop petite ; mais au-dessous de certaines dimensions on obtiendra des phénomènes complexes, la lumière se répandant dans un espace de plus en plus grand à mesure que l'ouverture devient plus petite, de telle sorte qu'on s'éloigne de plus en plus d'avoir un rayon au fur et à mesure qu'on se rapproche davantage des conditions où on devrait l'observer.

Il importe de remarquer que, d'après ce que nous venons de dire, l'idée de l'existence de faisceaux lumineux se rapproche beaucoup plus de la réalité que l'idée de l'existence de rayons ; on ne peut jamais, expérimentalement, rien obtenir qui ressemble à un rayon.

La considération de rayons est commode cependant, aussi nous en servirons-nous dans la première partie de l'optique. Mais il est bien entendu que tout énoncé se rapportant à un rayon n'est que l'extension, à un cylindre de rayon infiniment petit, d'un fait observé sur un faisceau présentant la forme cylindrique et ayant une section finie.

216. Propagation rectiligne de la lumière. Ombres. — Nous avons indiqué que, dans un milieu complètement homogène, les rayons doivent être rectilignes, la lumière doit se propager en ligne droite. En est-il ainsi, en réalité ?

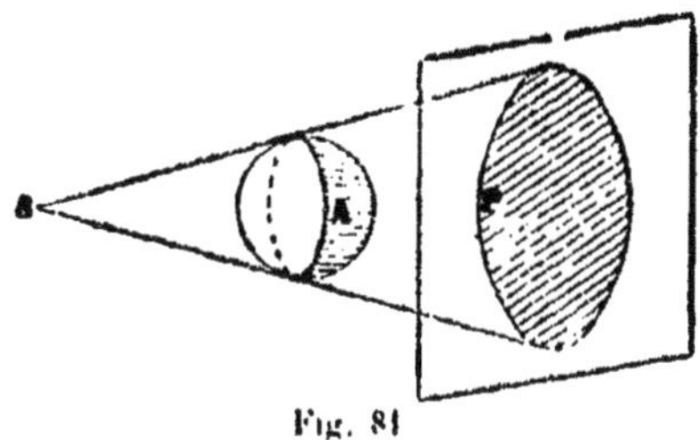

Fig. 81

Les expériences que nous venons de rapporter sur l'existence des faisceaux montrent qu'il n'en est pas rigoureusement ainsi, ce qui s'explique puisqu'il n'existe pas de rayons lumineux, bien que comme approximation, cette notion puisse être adoptée. Il existe d'ailleurs d'autres faits qui confirment cette opinion, et notamment tous ceux qui se rapportent à la formation des ombres.

Lorsque dans le voisinage d'un point lumineux S (fig. 81) on place un corps opaque A de forme quelconque, il arrête la lumière qui peut seulement passer latéralement : si la lumière se propage par rayons rectilignes, on obtient aisément la limitation de la partie où ne parvient pas la lumière. Il suffit en effet de mener par le point lumineux une série de droites qui s'appuient sur les bords du corps ou qui lui soient tangentes ; la partie comprise à l'intérieur de l'espace limité par ces droites ne doit recevoir aucune lumière, elle constitue le *cône d'ombre*. La partie du corps qui est dans ce cône d'ombre est dans l'obscurité, c'est *l'ombre propre* du corps. Enfin sur les corps que ce cône rencontre, il se manifeste également des parties obscures P qui constituent *l'ombre portée*. Il est facile de déterminer les ombres dans tous les cas, c'est un problème de géométrie qu'on peut résoudre par divers procédés.

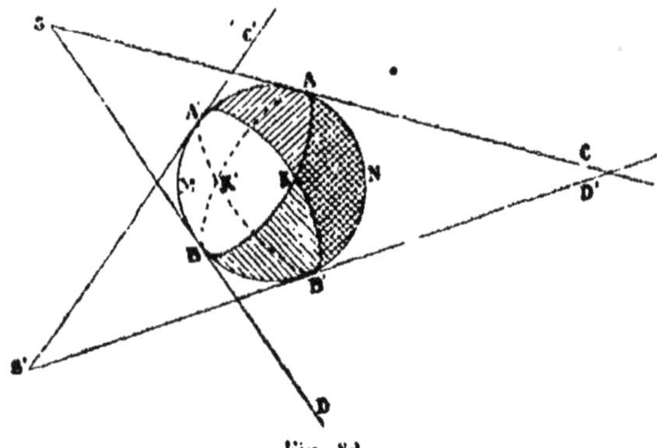

Fig. 82.

217. — Il est aisé de voir ce qui arriverait si l'on avait deux points lumineux S,S' (fig. 82) : on pourrait construire le cône d'ombre correspondant à chacun d'eux CSD, C'S'D' ; mais il n'y aurait véritablement dans l'ombre que les points situés dans la partie commune à ces deux cônes. Les parties non communes recevraient de la lumière provenant de l'un des deux points et seraient moins éclairées que celles qui, étant extérieures aux deux cônes, reçoivent de la lumière des deux points.

Ces différences se manifestent à la surface du corps où la partie postérieure ANB′ est dans l'ombre; la partie antérieure A′KBK′ est éclairée par les deux points lumineux, et chacun des fuseaux AKA′K′, BKB′K′ ne reçoit de lumière que d'un seul point.

Même observation si l'on a 3.4...*n* points lumineux distincts. Concevons le cône d'ombre correspondant à chacun d'eux: la partie commune à tous ces cônes ne recevra aucune lumière, elle sera dans l'ombre: la partie de l'espace extérieure à tous les cônes recevra de la lumière de tous les points, tandis que dans les parties appartenant à un cône ou communes à plusieurs mais non à tous, il arrivera de la lumière provenant de $n-1$, $n-2$... 2, 1 points lumineux; ces parties présenteront donc des éclairements divers, mais moindres que celui qu'on observe en dehors des cônes.

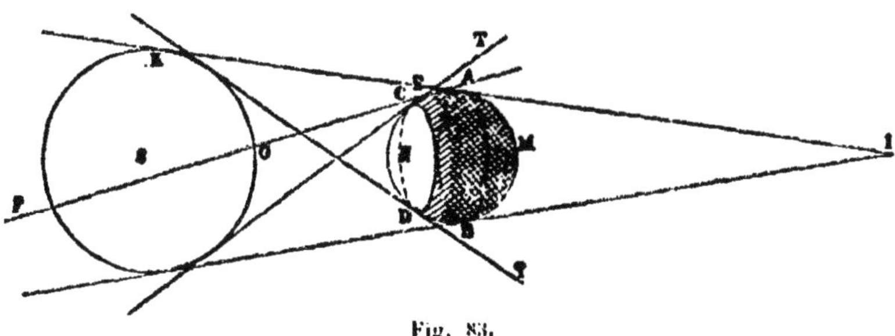

Fig. 83.

Si l'on a un corps lumineux S (fig. 83), on peut le considérer comme formé par la réunion d'un grand nombre de points lumineux et on étend sans difficulté à ce cas les conséquences que nous venons d'indiquer. On reconnaît qu'il y a une partie de l'espace AIB qui est absolument dans l'ombre, une autre qui reçoit de la lumière de la totalité du corps lumineux et une zône intermédiaire appelée *pénombre* qui n'est pas éclairée par le corps tout entier et qui est d'autant moins éclairée que l'on considère des points plus rapprochés de l'ombre.

218. — On reconnaît aisément que l'ombre est limitée à un cône (ou plus généralement à une surface réglée) qui est l'enveloppe des plans tangents communs extérieurement au corps lumineux et au corps éclairé, tandis que la pénombre est constituée d'une manière analogue par les plans tangents intérieurement. Il résulte de là que le cône de pénombre est toujours divergent ; mais que, suivant les grandeurs relatives du corps lumineux et du corps éclairé, le cône d'ombre peut être convergent ou divergent ; s'il est convergent, la partie à considérer est seulement celle qui est limitée au sommet du cône.

Si l'on interpose un écran, ces cônes donnent une pénombre portée et une ombre portée ; cette dernière, seulement si le cône d'ombre est coupé dans sa partie efficace.

Sur le corps éclairé, il y a toujours une partie AMB qui est dans l'ombre, c'est l'ombre propre du corps ; il peut y avoir (il y a toujours s'il s'agit d'un corps rond) une pénombre propre ABCD.

Il importe de remarquer que si un observateur est placé dans le cône d'ombre, il ne peut voir le corps éclairé ; il le voit en partie s'il est dans le cône de pénombre, il le voit en entier s'il est hors de ce dernier cône. Ceci est évident, car la condition est la même pour qu'un point soit éclairé ou pour qu'un œil placé en ce point puisse fournir une sensation lumineuse : il faut qu'un rayon lumineux puisse parvenir en ce point.

219. — L'observation justifie sensiblement les résultats que nous venons d'indiquer : les ombres des corps éclairés par le soleil ou par une source lumineuse quelconque sont bien sensiblement celles qu'indique la théorie (sauf que l'ombre n'est pas absolue dans toute son étendue, qu'il y a un *reflet* dû à l'action de la lumière réfléchie, diffusée par l'atmosphère, mais ceci ne change rien aux limites de l'ombre et de la pénombre).

De même également la question des éclipses, qui est basée sur la même théorie, donne des résultats conformes à ceux qui correspondraient à la propagation rectiligne de la lumière.

Mais, il importe de remarquer que cette concordance n'est pas absolue : au fur et à mesure que le corps lumineux a une moindre étendue, qu'il se rapproche d'être un point lumineux, les résultats, au lieu de se simplifier, s'éloignent de plus en plus des effets simples que l'on devrait obtenir, ainsi que nous le dirons en parlant de la diffraction : on ne peut donc considérer, à ce point de vue, la théorie de l'émission comme satisfaisante.

Au point de vue de la pratique, au point de vue auquel nous avons à étudier les phénomènes optiques tout d'abord, bien qu'on ne se serve pas de *points* lumineux, on peut cependant raisonner comme s'il existait des faisceaux constitués par des rayons rectilignes, à la condition, bien entendu, de ne pas étendre à des cas limites les conclusions auxquelles on est conduit.

220. Partage de la lumière à la surface de séparation de deux milieux. — Considérons deux milieux successifs ayant une surface commune qu'on appelle *surface de séparation* et considérons un faisceau, le *faisceau incident*, qui vient rencontrer cette surface qui le coupe suivant une courbe quelconque.

D'une manière générale la section faite ainsi se comporte, dans une certaine mesure, comme un corps lumineux et il se produit trois effets distincts.

Cette section envoie de la lumière dans toutes les directions, c'est la *lumière diffusée* :

Elle donne naissance à un faisceau limité qui se propage dans le second milieu, c'est le *faisceau réfracté*. Si le second milieu est cristallisé, il peut y avoir deux faisceaux réfractés;

Elle donne naissance à un faisceau limité qui se propage dans le premier milieu en s'éloignant de la surface de séparation : c'est le *faisceau réfléchi*.

Ces trois effets ne se manifestent pas toujours : si la surface de séparation est parfaitement polie, il n'y a pas de lumière diffusée ; si, au contraire, elle est rugueuse il peut ne pas y avoir de faisceau réfléchi ; il n'y a pas de faisceau réfracté non plus dans ce cas ; enfin il n'y a pas de faisceau réfracté si le second milieu est opaque.

Nous nous occuperons d'abord de la lumière réfléchie puis de la lumière réfractée, étant bien entendu, une fois pour toutes, que les lois que nous énonçons pour les rayons sont l'extension théorique à des faisceaux de section infiniment petite de faits observés pour des faisceaux à section finie.

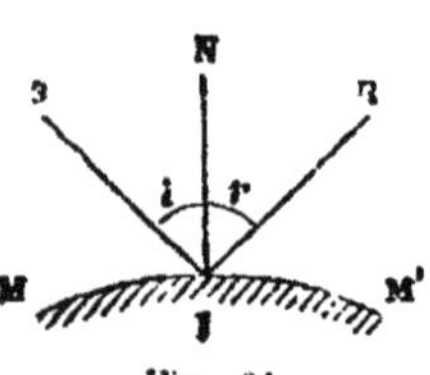

Fig. 84.

Dans tous les cas, on définit la position SI (fig. 84) d'un rayon qui vient rencontrer une surface MM', en donnant :

Le *point d'incidence* I, point où il rencontre la surface ;

Le *plan d'incidence*, plan qui passe par ce rayon et par la normale IN à la surface au point d'incidence ;

L'*angle d'incidence* SIN, angle du rayon avec la normale ; cet angle est nécessairement au plus égal à 90°.

Lorsque la lumière subira une modification dans la direction de sa propagation, il faudra définir la nouvelle direction que prend le rayon. Comme il est astreint à passer par le point d'incidence, il reste donc deux éléments à préciser.

221. Lois de la réflexion. — Considérons le cas où la surface sur laquelle tombe la lumière est polie et étudions le phénomène qui produit la lumière réfléchie, sans nous occuper actuellement des autres effets qui peuvent se manifester.

Si cette surface polie est géométriquement définie, elle reçoit en général le nom de *miroir*.

Quelle que soit la forme de la surface réfléchissante, on peut considérer sa direction au point d'incidence comme définie par sa normale en ce point. C'est par rapport à cette normale que l'on définit également la position du rayon réfléchi IR qui est caractérisé, outre qu'il passe au point d'incidence, par :

Le *plan de réflexion*, plan qui passe par ce rayon et par la normale ;

L'*angle de réflexion* NIR, angle du rayon réfléchi et de la normale, angle aigu ou droit.

Ces éléments sont donnés par les deux lois suivantes :

1re Loi. *Le plan de réflexion coïncide avec le plan d'incidence* ;

2e Loi. *L'angle de réflexion est égal à l'angle d'incidence, ces angles étant situés de part et d'autre de la normale* [1].

Il va sans dire que l'on ne peut démontrer directement ces lois, puisque l'on ne peut obtenir de rayons lumineux.

222. — On peut vérifier expérimentalement une loi analogue pour les faisceaux cylindriques, en se servant du théodolithe L, appareil constitué essentiellement par une lunette (fig. 85) se mouvant dans le plan d'un cercle vertical et qui permet de mesurer l'angle que fait l'axe de la lunette avec la verticale OZ.

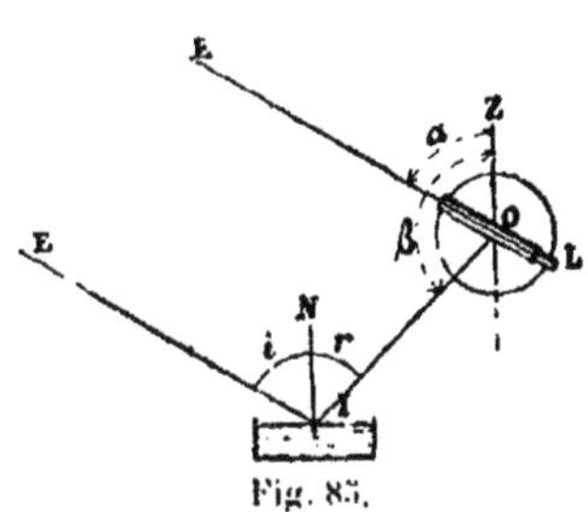

Fig. 85.

Comme nous le dirons plus loin, lorsqu'un faisceau lumineux tombe sur une lunette parallèlement à son axe, on obtient un point lumineux qui coïncide avec la croisée des fils du réticule et inversement.

On dirige la lunette L vers une étoile E, qui placée à l'infini envoie des rayons parallèles, jusqu'à ce que l'on observe un point lumineux en coïncidence avec la croisée des fils du réticule. On mesure l'angle α que fait l'axe de la lunette OE avec la verticale OZ, c'est aussi l'angle que fait avec la verticale la direction de la lumière.

Sans déplacer le cercle vertical qui règle le mouvement de la lunette, dirigeons celle-ci vers un bain de mercure placé à quelque distance et au-dessous du théodolithe. Si sa position est convenablement choisie, on parviendra à recevoir dans la lunette un faisceau IO qui partant de l'étoile s'est réfléchi sur le mercure en I, et on pourra amener le point lumineux qui se forme à coïncider avec la croisée des fils du réticule. L'angle β que fait l'axe de la lunette avec la verticale

1. On peut énoncer cette loi autrement, en convenant de donner un signe aux angles à partir de la normale. On peut dire alors que le rapport des angles d'incidence et de réflexion est égal à — 1.

Cet énoncé est peu employé : il a l'avantage de donner des formes analogues aux lois de la réflexion et à celles de la réfraction.

est aussi l'angle que fait avec la verticale la lumière venant du bain de mercure, c'est-à-dire de la lumière venant de l'étoile en faisant avec la normale à la surface réfléchissante un angle i et réfléchie vers la lunette en faisant avec la même normale un angle r.

L'expérience montre que l'on a toujours $\alpha + \beta = 180°$. Mais si l'on remarque que les rayons venant de l'étoile sont tous parallèles et que la normale à la surface réfléchissante est verticale, on voit immédiatement que l'on a

$$i = \alpha \qquad \beta + r = 180°$$

ce qui conduit immédiatement à $i = r$ et donne, par conséquent, une vérification de la deuxième loi ; le fait que le cercle n'a pas été déplacé démontre la première loi.

223. Réversibilité de la marche des rayons lumineux. — L'égalité des angles d'incidence et de réflexion et la coïncidence des plans montrent immédiatement que, étant donnés un rayon incident et le rayon réfléchi correspondant, si l'on considère un autre rayon qui arriverait dans la direction du rayon réfléchi, il aurait après la réflexion précisément la direction du précédent rayon incident.

Cette propriété importante constitue ce que l'on appelle la *réversibilité* de la lumière dans la réflexion.

On conclut de là que si l'on fait une épure indiquant la marche d'un rayon qui subit une ou plusieurs réflexions, l'épure sera la même quel que soit le sens dans lequel on suppose que la lumière se propage.

Il est utile de remarquer que cette réversibilité ne doit être appliquée, dans ce cas comme dans les autres que nous aurons à signaler, qu'au point de vue de la direction des rayons. Mais il peut se produire par la réflexion des modifications dans certaines propriétés des rayons, et à ce point de vue il ne serait pas indifférent de supposer que la lumière se propageât dans un sens ou dans l'autre.

224. Réflexion sur les miroirs plans. — La connaissance de ces lois, qui, s'appliquant à des rayons, peuvent être considérées comme des lois élémentaires, permet de déterminer ce que devient après réflexion sur une surface quelconque un ensemble de rayons lumineux également quelconques, puisqu'il suffira d'appliquer ces lois à chacun d'eux. Mais on peut parvenir à des résultats simples pour des faisceaux homocentriques lorsque la surface réfléchissante jouit de certaines propriétés géométriques. Nous allons étudier les cas les plus importants en nous occupant d'abord des miroirs plans. Dans ce cas la surface réfléchissante a la même direction dans tous ses éléments, les normales aux divers points sont parallèles.

On peut dans ce cas remplacer les lois que nous avons indiquées par un autre énoncé qui est équivalent et qui permet d'arriver plus rapidement à certains résultats :

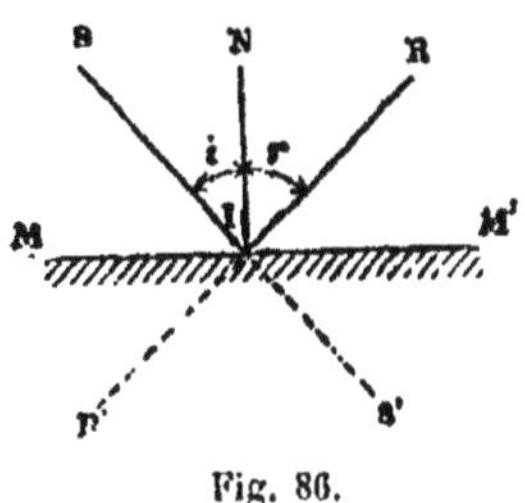

Fig. 86.

Le rayon réfléchi IR (fig. 86) *est symétrique du prolongement* IS' *du rayon incident au delà de la surface réfléchissante.*

Ou ce qui revient au même :

Le rayon réfléchi IR *est le prolongement de la droite* IR' *symétrique du rayon incident par rapport à la surface réfléchissante.*

Cette loi s'applique à un assemblage quelconque de rayons et conduit très aisément à des résultats importants. Examinons notamment ce que deviennent les faisceaux homocentriques après leur réflexion sur une surface plane.

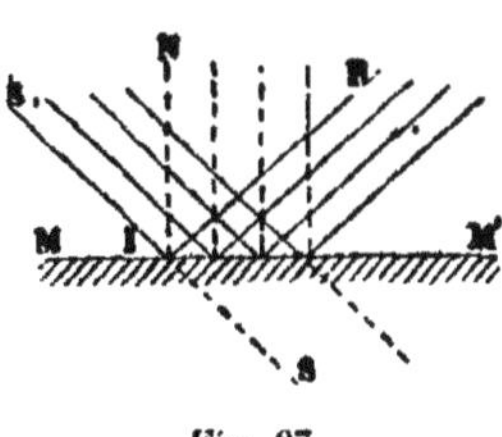

Fig. 87.

225. — On voit immédiatement (fig. 87) qu'un faisceau cylindrique ayant pour symétrique un faisceau cylindrique donnera naissance par la réflexion à un faisceau cylindrique de même section. Les directions du faisceau incident et du faisceau réfléchi obéiront à la deuxième loi.

Si nous considérons un faisceau incident conique divergent

ayant son sommet en A (fig. 88), le faisceau réfléchi sera évidemment conique, divergent, et aura son sommet en A′ symétrique de A par rapport au miroir. Bien entendu ce faisceau n'existera pas entre A′ et le miroir, mais seulement au delà ; il n'en aura pas moins la forme géométrique que nous indiquons.

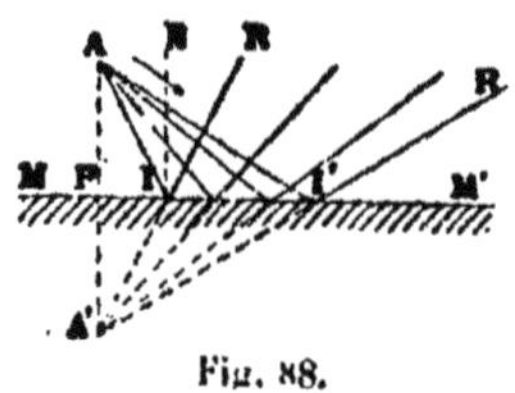

Fig. 88.

Soit maintenant un faisceau conique convergent SS′A (fig. 89) : interposons un miroir plan MM′ avant son sommet A. La loi de symétrie que nous avons énoncée montre que le faisceau réfléchi sera convergent et aura son sommet en A′, symétrique de A : au delà de A′ il deviendra divergent, comme d'ailleurs le faisceau incident le serait devenu au delà de A.

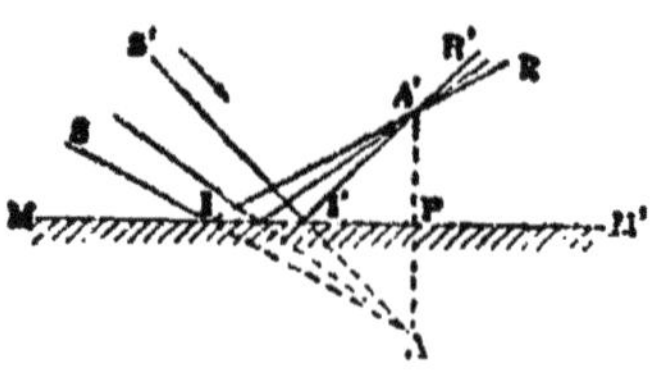

Fig. 89.

Ajoutons que dans le cas de faisceaux coniques, l'angle entre les rayons extrêmes, angle que l'on peut prendre pour mesure de la convergence ou de la divergence, est le même avant et après la réflexion. On peut donc dire que, dans le cas de réflexion de faisceaux homocentriques, la direction est changée mais que le caractère du faisceau (parallélisme, convergence, divergence) est conservé et que le degré de convergence ou de divergence l'est également.

290. — Il s'agit maintenant d'interpréter au point de vue physique les résultats géométriques que nous venons d'indiquer :

Un faisceau réfléchi divergent, comme nous l'avons dit en général, se comportera après la réflexion comme s'il venait effectivement du point A′ et non du point A, de telle sorte qu'on pourra opérer et raisonner comme si le faisceau partait en réalité de A′. En particulier, si un observateur reçoit dans l'œil le faisceau réfléchi, il sera impressionné absolument comme s'il existait en A′ un point lumineux.

Ce point A' d'où semble venir la lumière, qui vient en réalité de A, est ce que l'on appelle l'*image* du point lumineux A.

Dans ce cas, le centre d'homocentricité du faisceau incident est un point lumineux qui existe effectivement, c'est un point lumineux réel, et son image est virtuelle.

Si le faisceau considéré est parallèle, les conséquences sont analogues, seulement le point lumineux et son image sont l'un et l'autre à l'infini.

Enfin si le faisceau est convergent et qu'il soit coupé par le miroir, son sommet géométrique n'existe pas, mais on trouvera un faisceau réfléchi avec centre d'homocentricité réel, susceptible de donner une image sur un écran. Ici, il n'y a pas de point lumineux, à proprement parler; cependant en vue de généraliser certains énoncés il est commode de désigner sous le nom de *point lumineux virtuel* le sommet du faisceau conique intercepté : le sommet du faisceau réfléchi qui est réel est également dit l'image du point lumineux virtuel.

227. Images des objets. — Ainsi que nous l'avons déjà dit, on peut regarder les objets lumineux comme formés par la réunion de points lumineux et dès lors on conçoit aisément ce qui doit se passer quand un objet lumineux AB (fig. 90) est placé devant un miroir MM'. Chaque point donne naissance à un faisceau divergent qui se réfléchit, et un observateur O convenablement placé pour recevoir ces faisceaux réfléchis est impressionné comme s'il y avait des points lumineux à chaque sommet. L'ensemble de ces points constitue ce que l'on appelle l'*image* A'B' de l'objet, image virtuelle puisqu'elle est formée par les images virtuelles des divers points, image symétrique de l'objet, ayant par conséquent les mêmes dimensions.

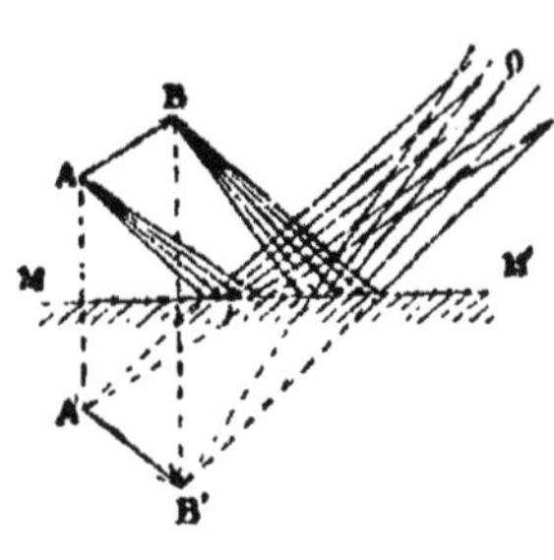

Fig. 90.

On dit qu'une image est de même sens que l'objet ou simplement qu'elle est *droite* lorsque les points qui se correspondent dans l'image et dans l'objet sont d'un même côté, par rapport à un observateur placé de manière à voir simultanément l'image et l'objet.

L'image virtuelle A'B' de l'objet AB est une image droite.

On peut concevoir un objet virtuel A'B' formé par l'ensemble des points de rencontre de faisceaux convergents arrêtés par le miroir avant leur sommet; par réflexion on aura nécessairement une image réelle AB, symétrique de l'objet.

Dans ce cas l'image est également droite.

On peut donc énoncer la loi suivante relative à la formation des images dans les miroirs plans :

Par la réflexion dans un miroir plan, l'image et l'objet sont de nature opposée, de même sens et à la même distance de part et d'autre du miroir.

228. Miroirs plans limités. — Les miroirs plans étant limités, il en est de même des faisceaux réfléchis; pour qu'un observateur puisse voir l'image d'un point A (fig. 91), il faut qu'il soit à l'intérieur du faisceau réfléchi $aMM'a_1$, faisceau que l'on obtient immédiatement en construisant le cône ou la pyramide qui a pour sommet l'image A' du point lumineux et pour base le miroir même.

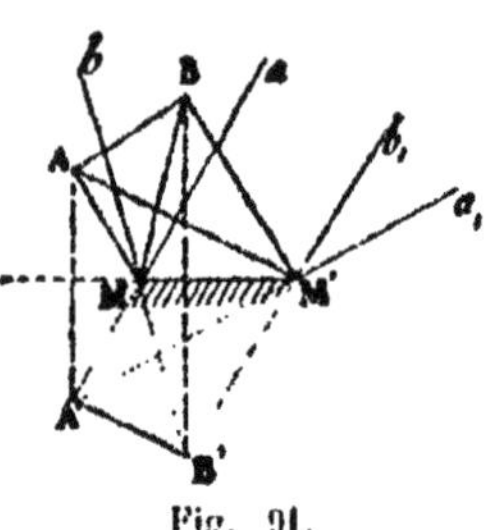

Fig. 91.

S'il s'agit non plus d'un point, mais d'un objet AB, celui-ci ne sera vu dans son entier que si l'œil de l'observateur peut être placé à l'intérieur de la partie $aMM'b$, commune aux divers cônes analogues, ayant pour sommets les symétriques des points qui constituent l'objet.

229. Miroirs angulaires. — Il arrive assez souvent qu'un faisceau lumineux se réfléchisse sur deux miroirs ou même sur un plus grand nombre. Il n'y a pas de difficultés à traiter ce cas : considérons un faisceau divergent déjà réfléchi sur $M_1M'_1$ (fig. 92) et rencontrant un miroir M_2M_2' ; on voit que ce faisceau se comporte comme s'il venait effectivement de son sommet A_1 quoique celui-ci soit virtuel; le faisceau réfléchi sur M_2M_2' aura donc la même forme et la même position que s'il venait de A_1; on aura donc aussi une image que l'on obtient en appliquant à A_1 qui est l'image de A la même règle que si c'était un point lumineux.

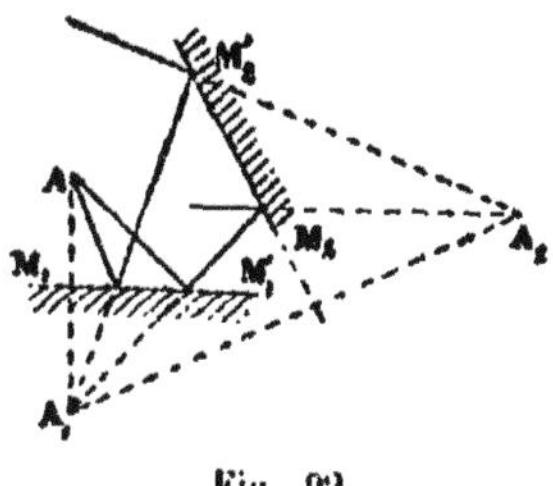

Fig. 92.

Examinons ce qu'on observe lorsqu'un point lumineux A est placé à l'intérieur de l'angle formé par deux miroirs MO et M'O qui se coupent (fig. 93).

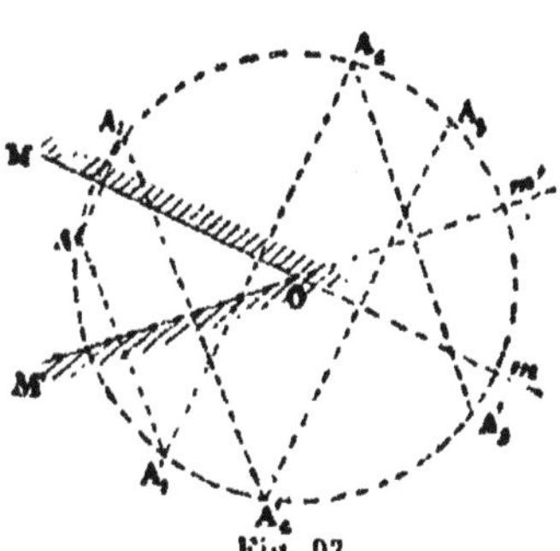

Fig. 93.

L'application de la règle générale nous permet d'obtenir successivement, d'une part :

L'image A_1 de A sur le miroir OM; l'image A'_2 de A_1 sur le miroir OM'; l'image A_3 de A'_2 sur le miroir OM et ainsi de suite.

D'autre part :

L'image A'_1 de A sur le miroir OM'; l'image A_2 de A'_1 sur le miroir OM; l'image A'_3 de A_2 sur le miroir OM' et ainsi de suite.

Il importe de remarquer que l'indice de la lettre qui représente une image fait précisément connaître le nombre de réflexions qu'a subies le faisceau, réflexions qui suivant les cas peuvent avoir commencé par l'un ou par l'autre miroir.

On reconnaît immédiatement que toutes ces images sont sur une circonférence ayant son centre en O. De plus elles forment deux séries partant de A en sens contraire, l'une A A_1 A'_2 A_3...., l'autre A A'_1 A_2 A'_3..... Les distances qui séparent les points considérés sont deux à deux égales entre elles et égales respectivement à AA_1 et AA'_1.

Il est donc facile de construire rapidement ces images sans passer par la construction des images symétriques.

En faisant cette construction, deux cas peuvent se présenter :

Si l'arc qui mesure l'angle des miroirs est une partie aliquote de la demi-circonférence, après que les deux séries d'images auront été prolongées simultanément de manière que leurs arcs aient une somme égale à une circonférence, ces deux séries seront confondues et l'application de la construction ne donnera aucun point nouveau.

Mais il n'en sera pas de même dans les autres cas. Si l'angle des miroirs est une partie aliquote impaire de la circonférence, la réunion des deux séries ne se produira que si la somme des arcs correspondant aux diverses images atteint deux circonférences.

Si l'angle des miroirs n'est pas une partie aliquote de la circonférence, il n'y a jamais réunion des deux séries.

Le nombre des points ainsi géométriquement définis est donc très différent suivant le cas ; mais il n'en est pas de même des images qu'il y a effectivement à considérer au point de vue physique. On reconnait en effet que lorsqu'une image tombe à l'intérieur de l'angle mOm' formé par le prolongement des miroirs, elle ne peut plus donner effectivement d'image ; elle est en effet derrière chacun des deux miroirs et le faisceau qui en émane ou qui parait en émaner ne peut se réfléchir sur ceux-ci.

On démontre par des considérations géométriques élémentaires que dès le premier tour, il y a une image de chaque série qui tombe dans l'angle formé par les prolongements des miroirs (secteur improductif) : le nombre des images physiques est donc toujours limité. Une discussion complète permet de reconnaitre que le nombre des images que peut fournir un point est $k-1$, k ou même $k+1$ suivant que l'on a

$$k\alpha = 2n\alpha = 2\pi \quad \text{ou} \quad k\alpha = (2n+1)\alpha = 2\pi$$

ou enfin que l'on a

$$k\alpha < 2\pi < (k+1)\alpha$$

230. Miroirs parallèles. — On étend aisément les remarques précédentes au cas où un point lumineux A (fig 94) est placé entre deux miroirs parallèles MN,M'N', c'est-à-dire entre deux miroirs faisant un angle nul.

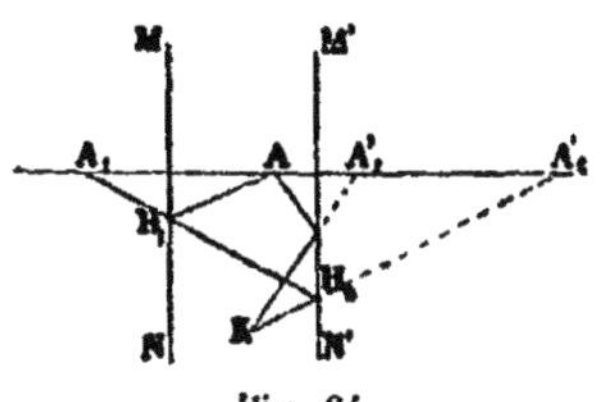

Fig. 94.

Dans ce cas les images sont toutes situées sur la perpendiculaire commune aux miroirs passant par le point considéré, elles forment deux séries indéfinies où les points sont distribués régulièrement, les distances étant alternativement égales au double des distances du point à chacun des deux miroirs.

231. Miroirs tournants. — Dans un certain nombre de cas, on fait usage de miroirs qui se déplacent et sur lesquels on fait tomber un rayon incident de direction fixe ; le rayon réfléchi se déplace aussi.

On voit immédiatement que si le miroir se déplace parallèlement à lui-même, le rayon réfléchi est également déplacé parallèlement à lui-même.

Quand le miroir tourne autour d'un axe fixe, le rayon réfléchi décrit un cône ou un hyperboloïde de révolution suivant que l'axe passe ou non par le point d'incidence.

Considérons le cas où l'axe passe par le point d'incidence et est perpendiculaire au plan d'incidence ; dans ce cas le rayon restera dans le plan d'incidence.

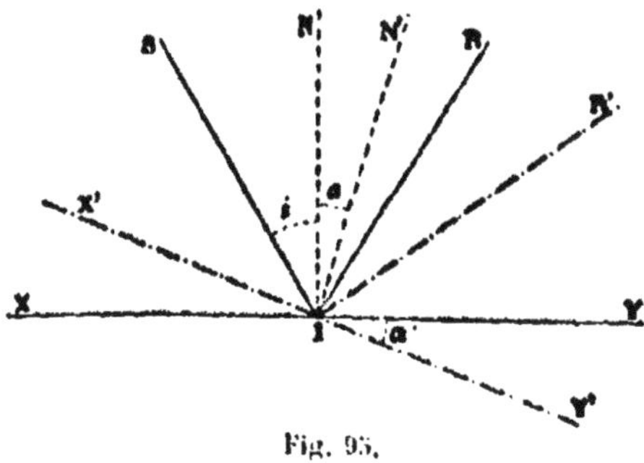

Fig. 95.

Soient SI (fig. 95) le rayon incident, XY, X'Y' deux positions du miroir tournant de l'angle α autour de l'axe projeté en I_1, soient d'autre part IN, IN' et IR, IR' les positions successives de la normale et du rayon réfléchi. Si nous appelons i l'angle d'incidence primitif, on a

$$RIS = 2NIS = 2i \quad \text{et} \quad R'IS = 2N'IS = 2(i + \alpha).$$

On aura donc pour l'angle φ dont tourne le rayon réfléchi :

$$\varphi = R'IS - RIS = 2\alpha$$

Le rayon réfléchi tourne d'un angle double de l'angle dont tourne le miroir.

En vertu de la réversibilité, on aurait une condition analogue si SI était le rayon réfléchi astreint à rester fixe, et si RI et R'I étaient deux directions du rayon incident.

222. Application des miroirs plans. — Les applications de la réflexion sur des miroirs plans sont, en général, trop simples et trop connues pour qu'il soit nécessaire d'insister, et nous nous bornerons à signaler deux appareils spéciaux reposant sur les lois de ce phénomène.

Lorsque l'on fait des expériences en optique, il est souvent nécessaire d'opérer avec un rayon ayant une direction fixe. Si l'on fait usage de la lumière solaire, cette condition n'est pas remplie ; outre que la direction de cette lumière n'est pas toujours commode à utiliser, sa direction change à chaque instant. Pour parer à ces deux inconvénients on emploie des appareils appelés *héliostats*. Ils consistent essentiellement en un miroir que l'on oriente de manière à donner la direction convenable au rayon réfléchi et qui est mû par un mécanisme d'horlogerie lui donnant un mouvement réglé sur le mouvement apparent du soleil et tel que la normale au miroir soit constamment bissectrice de l'angle formé par la direction choisie avec celle des rayons solaires ; le rayon réfléchi conserve alors une position invariable malgré le déplacement du soleil. Il existe plusieurs modèles d'héliostats : les plus employés sont ceux dus à Silbermann, à Foucault, etc.

223. — On utilise souvent la propriété des miroirs tournants pour mesurer des déplacements angulaires faibles de pièces mobiles. A cet effet, un miroir est fixé à la pièce mobile : à

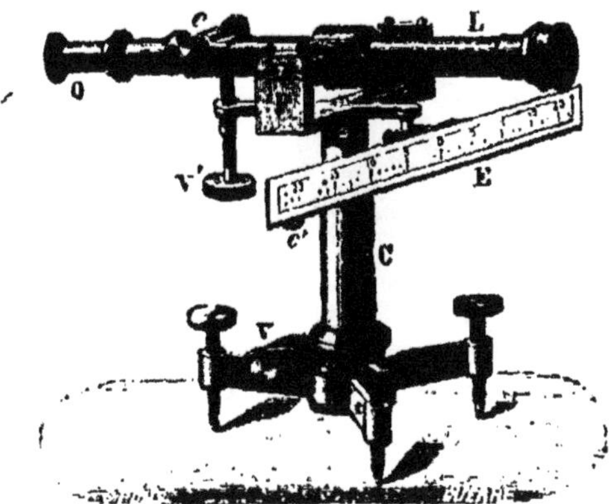

Fig. 96.

quelque distance se trouve une lunette OL (fig. 96) qui est dirigé sur le miroir et au dessous de laquelle est une échelle graduée E. Le miroir, au repos, est dirigé parallèlement à l'échelle et la lunette a une légère inclinaison de manière à voir l'image de l'échelle ; celle-ci est placée de telle façon que dans ces conditions son zéro est vu en coïncidence avec le réticule. Lorsque le miroir se déplace avec la pièce qui le porte, c'est une autre division qui est amené en coïncidence : le rapport entre la distance qui sépare cette division du zéro et la distance du zéro au miroir donne évidemment $tg.\alpha$, α étant l'angle du nouveau rayon incident avec l'ancien. Comme le rayon réfléchi a conservé la même direction, on en conclut que le miroir a tourné de l'angle $\frac{\alpha}{2}$.

231. Goniomètres. — Le goniomètre de Wollaston est destiné à mesurer les angles des cristaux : il se compose essentiellement d'un limbe vertical gradué A (fig. 97) tournant, devant un index *e* muni d'un vernier, autour d'un axe horizontal passant par son centre. Un bouton C sert à faire tourner le disque, et est traversé à frottement par une tige *ba* terminée

Fig. 97.

d'une part par un bouton *b* et d'autre part par des pièces articulées portant une petite palette sur laquelle on fixe le cristal avec un peu de cire. Cette tige peut tourner seule sans entraîner le limbe; mais, lorsqu'on agit sur le bouton C, on fait tourner à la fois le limbe et la tige. L'appareil est muni de vis calantes qui permettent de le placer verticalement.

On dispose le goniomètre en face de deux mires horizontales placées à une certaine distance l'une au-dessous de l'autre, de manière que l'axe soit parallèle à ces mires. On peut se contenter d'une seule mire, l'arête d'un toit, d'une corniche, située au dessus de l'appareil ; mais alors un petit miroir dont on règle à l'avance la direction parallèle à cette mire donne au dessous une image qui remplace la seconde mire.

Le cristal est placé de telle sorte que l'arête du dièdre que l'on étudie soit parallèle aux mires et passe par le centre du limbe. On peut s'assurer facilement que cette condition est remplie : à cet effet on fait tourner le cristal de manière à voir par réflexion sur une face la mire supérieure, et l'on cherche à amener son image en coïncidence avec la mire inférieure que l'on voit directement à l'aide d'un faisceau qui rase l'arête du cristal. Lorsque cette condition est remplie, la face considérée est parallèle à la mire. On répète la même opération sur la seconde face du dièdre ; quand la coïncidence a lieu, cette face est également parallèle à la mire, et dès lors l'arête est aussi parallèle à la même direction.

On ne peut s'assurer exactement que cette arête passe par le centre du limbe et il peut y avoir une excentricité ; mais il est possible de la rendre faible, avec un peu d'habitude.

On procède alors à la mesure. Pour cela on amène la coïncidence entre l'image de la mire supérieure vue par réflexion sur l'une des faces du cristal et la mire inférieure, et on note la position du limbe. Puis agissant sur le bouton B on fait tourner tout l'appareil de manière à obtenir la même condition sur la seconde face et on note également la position du limbe. Par différence on a l'angle dont a tourné l'appareil et, par suite, le cristal.

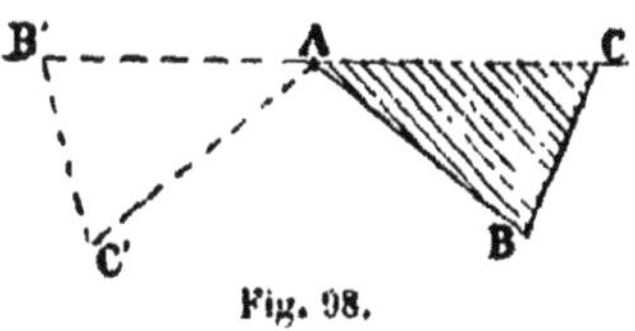

Fig. 98.

S'il n'y a pas excentricité, le cristal a tourné autour de son arête A et, l'effet de la réflexion étant le même dans les deux cas, on en conclut que la seconde face AB' (fig. 98) est venue sur le prolongement de la direction AC qu'occupait primitivement la première ; et, par conséquent, l'angle du cristal BAC est le supplément de l'angle BAB' dont celui-ci a tourné pour passer d'une position à l'autre.

S'il y a excentricité, les conséquences précédentes ne sont plus exactes, mais la différence est faible et l'erreur qui en résulte est petite. Si, par exemple, la mire est à 30^{m} une excentricité de 1^{mm}5 ne donne qu'une erreur de 1' environ, et l'on ne peut espérer une approximation plus grande avec cet appareil.

225. — Le goniomètre de Charles perfectionné par Babinet repose sur le même principe.

Il se compose d'un cercle horizontal AA (fig. 99), d'une alidade *a* mobile autour du centre et de deux lunettes dont l'une L est fixe et dont l'autre L' peut tourner également autour du centre. Des verniers a, b permettent de mesurer avec précision les déplacements des pièces mobiles.

Fig. 99.

L'alidade est munie à sa partie centrale d'un plateau, généralement en glace faisant miroir, sur lequel on fixe à l'aide d'un peu de cire molle le cristal ou le prisme que l'on étudie.

La lunette fixe L est un collimateur ; à son extrémité extérieure elle porte un écran muni d'une fente verticale derrière laquelle on place une lumière ; à l'aide de lentilles placées intérieurement, la lumière est transformée en un faisceau parallèle.

La lunette mobile porte un fil vertical servant de réticule.

Pour régler l'appareil, on vise un fil à plomb à l'aide de la lunette ; si le réticule est vertical on peut amener en coïncidence parfaite l'image du fil à plomb et le réticule ; s'il n'en est pas ainsi, on modifie la position de ce dernier.

On vise alors directement sur le collimateur et l'on voit une image de la fente ; si celle-ci est verticale, on peut amener son image à coïncider avec le réticule. Sinon, on déplace la fente jusqu'à produire la coïncidence.

On place le prisme sur le plateau central de manière que l'arête du dièdre étudié passe au centre et que son image vue dans le plateau soit sur son prolongement, ce qui assurerait que cet arête est perpendiculaire au miroir si on pouvait vérifier exactement cette condition. Mais on a une autre vérification.

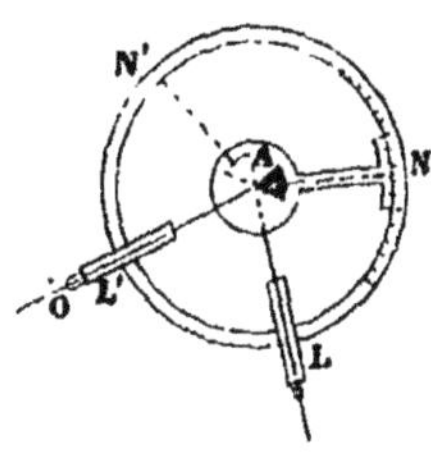

Fig. 100.

La lunette mobile L' (fig. 100) étant fixée invariablement (ses déplacements sont utilisés pour d'autres recherches), on tourne l'alidade de manière à voir par réflexion sur une face l'image de la fente du collimateur L et on modifie l'inclinaison du cristal A jusqu'à ce que cette image coïncide avec le réticule ; on opère de même pour l'autre face et, quand on est parvenu à réaliser ces deux conditions, on est assuré que l'arête est verticale.

On recommence alors à établir successivement ces deux coïncidences en notant l'angle dont tourne l'alidade pour passer d'une position AN à l'autre AN'.

Les conditions sont analogues ici à ce qu'elles sont pour le goniomètre de Wollaston : le faisceau incident a conservé la même direction et il en est de même du faisceau réfléchi ; dans les deux positions, les surfaces réfléchissantes avaient donc la même direction, et l'angle dont ont tourné l'alidade et le prisme pour passer d'une position à l'autre est égal au supplément de l'angle du dièdre considéré.

Fig. 101.

236. Réflexion sur des surfaces courbes : caustiques. — La réflexion sur les surfaces courbes des faisceaux de forme diverse donne des résultats très différents de ce que l'on observe pour des miroirs plans, parce que les normales aux divers points d'incidence ont des directions variées.

En général, lorsqu'un faisceau incident homocentrique AI_1I_3 (fig. 101) rencontre une surface courbe quelconque, les rayons réfléchis ne forment pas un faisceau homocentrique, mais ils forment par leurs intersections successives une surface qu'on appelle la *caustique par réflexion*. Les rayons réfléchis peuvent se couper effectivement et alors la caustique est réelle ; elle est virtuelle dans le cas où ce sont les prolongements de ces rayons qui se rencontrent.

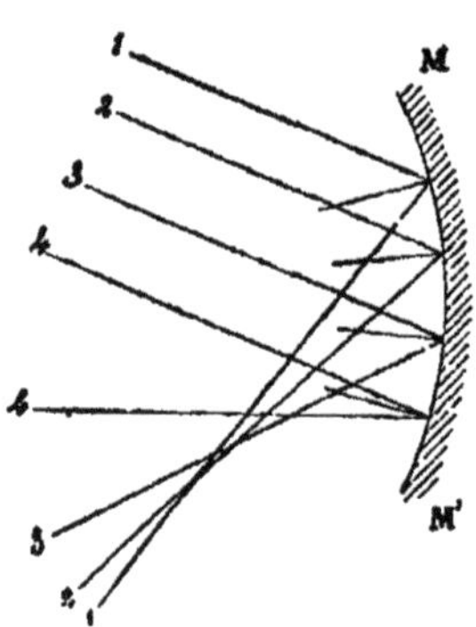

Fig. 102.

Dans le cas d'une caustique réelle (fig. 102), si l'on place un écran de manière à ce qu'il coupe la surface, on voit que la courbe d'intersection divise le plan en deux parties dont l'une est rencontrée par les rayons lumineux qui l'éclairent tandis que l'autre ne reçoit l'influence d'aucun rayon et reste dans l'ombre. D'ailleurs, dans le voisinage de la ligne qui sépare ainsi la partie éclairée de celle qui ne l'est pas, les rayons sont très rapprochés, de telle sorte que l'éclairement est vif.

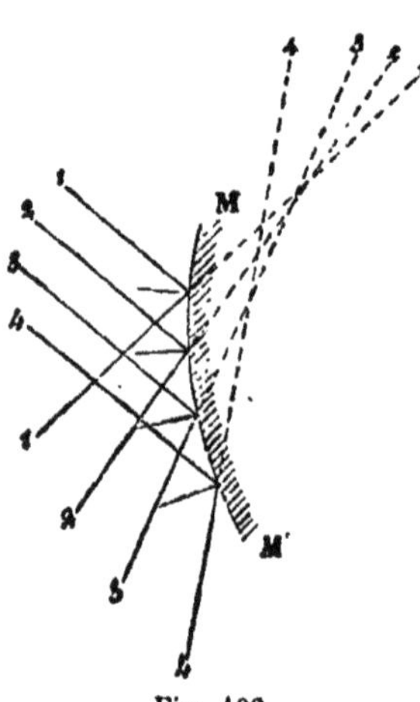

Fig. 103.

On n'observe bien entendu aucun effet de ce genre dans le cas d'une caustique virtuelle (fig. 103). Mais si un observateur place l'œil de manière à recevoir un certain nombre de rayons réfléchis, ceux qui pénètreront à travers la pupille formeront un pinceau qui s'écartera peu d'être homocentrique, et l'observateur sera impressionné comme s'il existait un point lumineux situé au sommet de ce faisceau qui peut être confondu avec le point d'intersection des deux rayons extrêmes ; à la limite, ce pinceau peut être confondu avec une droite et son sommet s'obtiendra en prenant le point de contact de la caustique avec la tangente menée par l'œil à cette courbe. Ce point sera une image virtuelle; pour une caustique donnée, sa position dépendra de celle de l'œil.

Le point ainsi obtenu est l'image virtuelle du point d'où émane le faisceau incident.

Dans le cas d'une caustique réelle si l'œil reçoit des rayons après que ceux-ci ont déjà constitué la surface enveloppe, le point de contact de la tangente est également l'image du point lumineux, mais c'est une image réelle.

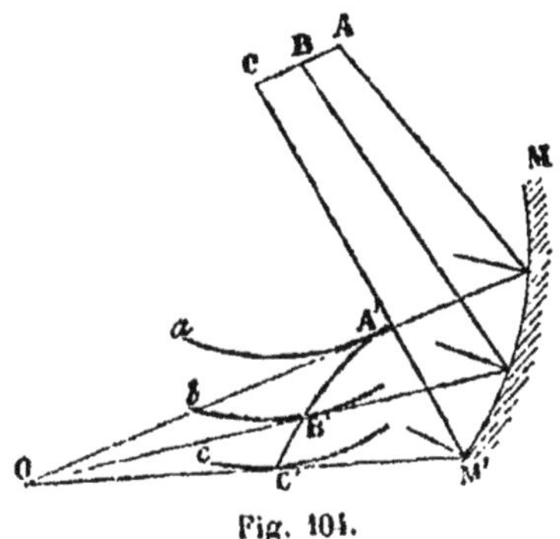

Fig. 104.

Si on considère un objet lumineux ABC (fig. 104) placé devant une surface courbe réfléchissante, on peut mener par chacun de ses points un faisceau incident qui, après la réflexion, donnera naissance à une caustique. Si par le point O occupé par l'œil de l'observateur on mène des tangentes à ces diverses caustiques a, b, c, l'ensemble des points de contact donnera l'image A'B'C', réelle ou virtuelle suivant le cas, de l'objet considéré. La forme et la position de cette image dépendront de la position de l'observateur.

Il peut arriver, exceptionnellement, que la caustique correspondant à un point lumineux se réduise à un point, c'est-à-dire que le faisceau réfléchi soit homocentrique; ce point est alors l'image, réelle ou virtuelle, du point lumineux et l'observateur la voit au même endroit quelle que soit sa position.

Nous nous occuperons seulement des cas où cette circonstance se présente.

Si l'on considère des faisceaux incidents parallèles $S_1I_1S_2I_2$

tombant sur une surface courbe, on reconnait immédiatement que les rayons réfléchis vont, d'une manière générale, en se rapprochant (fig. 105) ou en s'écartant (fig. 106) suivant que la partie réfléchissante est concave ou convexe. A cause de cela, on dit souvent que les surfaces concaves sont convergentes et les surfaces convexes, divergentes, bien qu'il puisse arriver que, pour des faisceaux incidents différents, les faisceaux réfléchis aient d'autres formes.

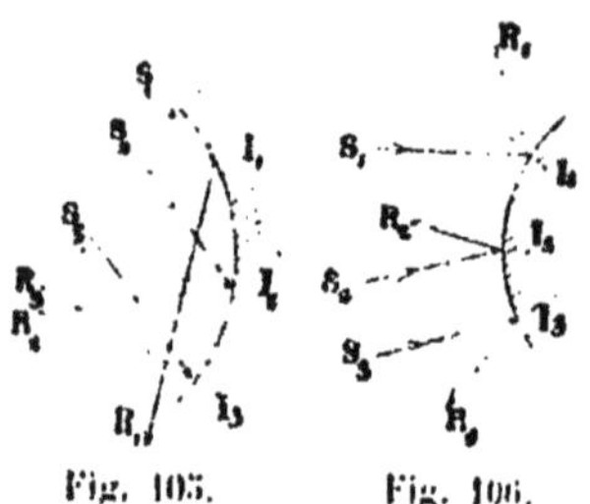

Fig. 105. Fig. 106.

237. — Parmi les cas particuliers simples qui peuvent donner lieu à quelques applications, nous signalerons ceux des surfaces de révolution dont la génératrice est une conique dont l'axe focal coïncide avec l'axe de révolution.

Dans ces cas et à cause des propriétés de la tangente et de la normale (la normale est bissectrice de l'angle des rayons vecteurs qui aboutissent à son pied), on reconnait immédiatement que tout faisceau incident homocentrique dont le sommet est à l'un des foyers donne naissance à un faisceau réfléchi homocentrique dont le sommet est à l'autre foyer.

Les deux foyers (ou le foyer et l'infini dans le cas de la parabole) sont donc tels que chacun d'eux peut être considéré comme l'image de l'autre pris comme point lumineux : on dit alors que ce sont deux *foyers conjugués*.

Suivant que la réflexion se fera sur la partie concave ou sur la partie convexe, l'image pourra d'ailleurs être réelle ou virtuelle.

Il est à remarquer que cette conservation de l'homocentricité, qui est rigoureuse quelle que soit l'étendue du faisceau incident dans le cas que nous venons d'indiquer, ne subsiste pas si le point lumineux occupe toute autre position que celle du foyer de la surface considérée.

Principalement à cause des difficultés de taille et de polissage on n'emploie presque jamais les surfaces elliptiques ou hyperboliques ; mais on emploie quelquefois les miroirs paraboliques, soit pour réunir en un même point la lumière qui arrive en faisceau parallèle soit, au contraire, pour transformer en faisceau parallèle la lumière émanée d'un point lumineux que l'on place au foyer de la parabole génératrice.

238. Miroirs sphériques. — Mais, à la condition de n'employer que des faisceaux incidents de peu d'amplitude, on peut obtenir par réflexion sur des surfaces courbes des faisceaux qui s'écartent assez peu d'être homocentriques pour qu'on puisse les regarder comme tels. C'est en particulier le cas des miroirs sphériques que nous allons étudier avec quelque détail.

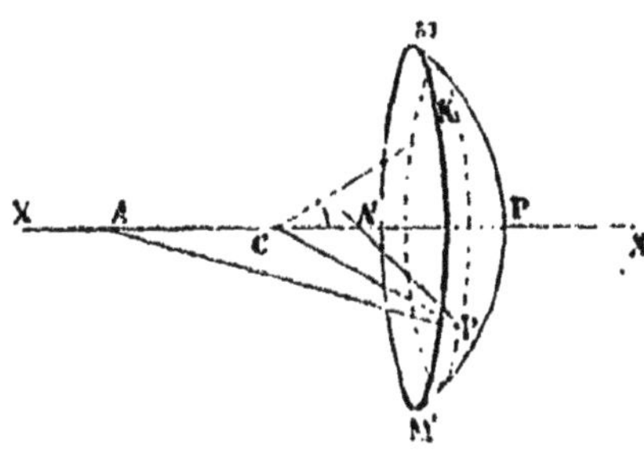

Fig. 107.

Ces miroirs (fig. 107) sont constitués par des zônes sphériques à une base. Soit MPM' un semblable miroir appartenant à une sphère dont le centre est en C : ce point est appelé *centre de courbure* ou simplement *centre* du miroir. Le plan MKM' qui limite le miroir est la *base*, la droite CP abaissée du centre sur cette base est *l'axe* principal du miroir ; elle rencontre sa surface en un point P qu'on appelle *centre de figure*, *sommet* ou mieux *pôle* du miroir. L'angle KCP que fait l'axe avec un rayon aboutissant en un point de la base est *l'amplitude* du miroir.

Tout diamètre de la sphère autre que CP est ce que l'on appelle un *axe secondaire* ; il est à remarquer que, au point de vue géométrique, tous les axes secondaires jouissent des mêmes propriétés que l'axe principal.

Considérons un point lumineux A situé sur l'axe principal et soit AP' un rayon qui en émane; le plan qui contient AP' et le rayon P'C qui est la normale est le plan d'incidence et de réflexion, et contient aussi le rayon refléchi P'A' et l'axe AP. Tous les rayons émanés de A et faisant le même angle avec l'axe rencontreront le miroir suivant une même circonférence et donneront des rayons réfléchis passant tous en A', par raison de symétrie. Il suffit donc d'étudier ce qui se passe dans une section méridienne quelconque.

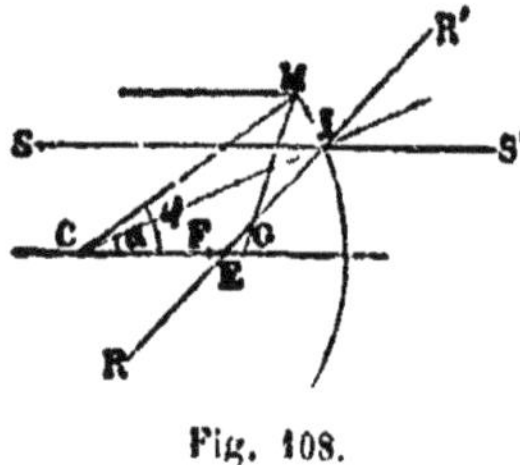

Fig. 108.

329. Foyer principal; aberrations. — Soient M (fig. 108) une section méridienne, CF l'axe principal, SI une parallèle à cet axe, CI la normale au point d'incidence, IR le rayon réfléchi, E le point où il coupe l'axe (si le miroir était convexe, S'I serait le rayon incident, IR' le rayon réfléchi, mais le point E subsisterait). Appelons α l'angle ICE; on a dans le triangle ICE qui est isocèle

$$CE = \frac{CI}{2\cos\alpha} = \frac{R}{2\cos\alpha}$$

La position du point E varie avec celle du point I; si donc on considère un faisceau parallèle à l'axe, le faisceau réfléchi ne sera pas homocentrique, les rayons couperont l'axe en des points compris entre le point F correspondant à $\alpha = 0$ et donné par la relation $OF = \frac{R}{2}$ et le point G correspondant aux rayons marginaux se réfléchissant sur le bord du miroir en M et donné par la relation $OG = \frac{R}{2\cos\varphi}$. φ étant l'amplitude du miroir. L'espace FG sur lequel se répartissent ainsi les divers points d'intersection est ce que l'on appelle l'*aberration longitudinale*; sa valeur est $FG = \frac{R}{2}\left(\frac{1}{\cos\varphi} - 1\right)$, elle diminue en même temps que φ et est très petite tant que φ ne dépasse pas 5 à 6°.

Il résulte de là que tant que l'amplitude du miroir sera petite, ne dépassera pas 5 à 6°, on pourra avec une très petite erreur admettre que toutes les lignes telles que IR rencontrent l'axe en un même point F qui est situé au milieu de la distance du point C au miroir.

Fig. 109.

Considérons dès lors un faisceau parallèle à l'axe (fig. 109 et 110) tombant sur la face concave du miroir ; les rayons réfléchis formeront un faisceau homocentrique convergent dont le sommet est en F ; inversement si on plaçait en F un point lumineux il enverrait sur le miroir

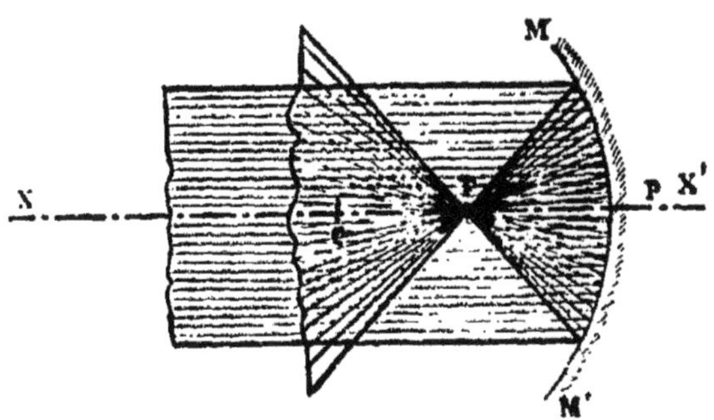

Fig. 110.

un faisceau divergent qui serait transformé après la réflexion en un faisceau parallèle à l'axe. Le point F est donc l'image conjuguée de l'infini : c'est ce que l'on appelle le *foyer principal* du miroir.

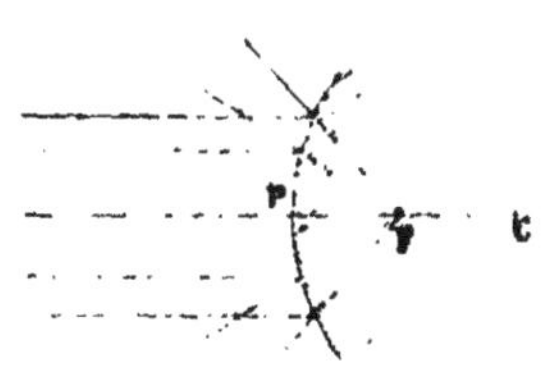

Fig. 111.

Dans le cas du miroir concave, ce foyer principal est réel.

Si le faisceau parallèle à l'axe tombe sur la face convexe du miroir (fig. 111 et 112) il est transformé en un faisceau homocentrique divergent dont le sommet est en F. Inversement si l'on fait tomber sur le miroir

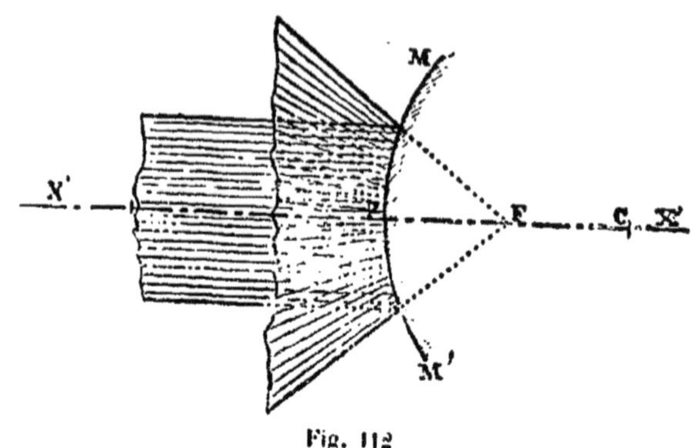

Fig. 112

un faisceau convergent dont le sommet serait en F, il est intercepté par le miroir avant ce point et transformé en un faisceau parallèle à l'axe. Le point F et l'infini sont donc deux foyers conjugués : c'est le foyer principal du miroir qui est virtuel dans ce cas.

240. Foyers secondaires : plan focal. — D'après ce que nous avons dit (238) sur l'identité des propriétés géométriques des axes principaux et secondaires nous pouvons con-

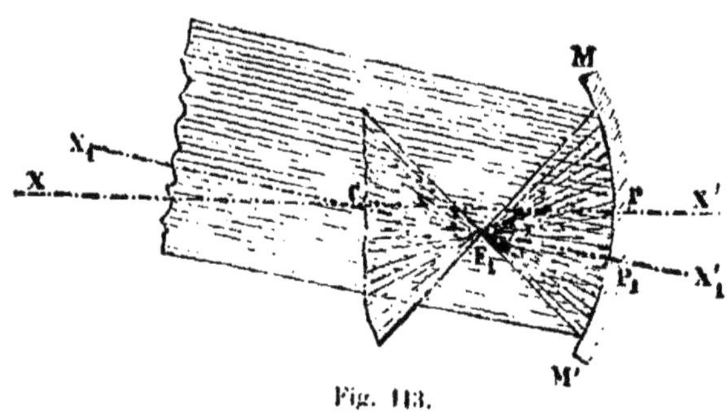

Fig. 113.

clure qu'il y a de même sur chaque axe secondaire $X_1X'_1$ (fig. 113 et 114) un point F_1 qui est le foyer pour le faisceau parallèle à cet axe secondaire : nous l'appellerons un foyer secondaire.

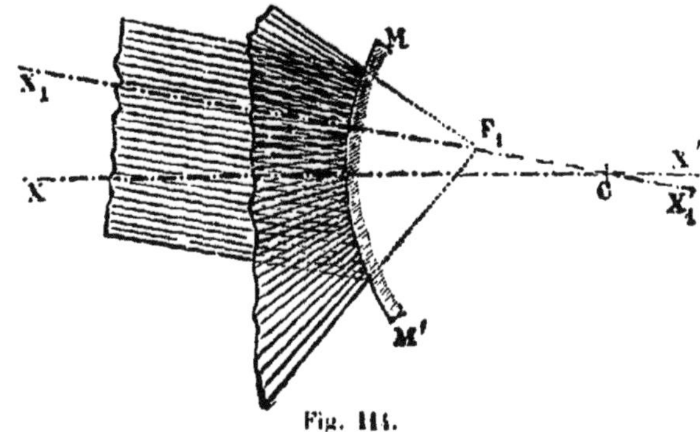

Fig. 114.

Le lieu de ces foyers secondaires est évidemment une calotte sphérique FF′F″ (fig. 115) concentrique au miroir et ayant un rayon égal à la moitié du rayon de celui-ci ; cette surface, lieu des foyers, est ce que l'on appelle une *surface focale*.

Fig. 115.

Cette surface a la même amplitude que le miroir : si cette amplitude est petite, on peut la remplacer par son plan tangent en F qu'on désigne sous le nom de *plan focal*. On reconnaît aisément que l'erreur que l'on commet est du même ordre de grandeur que celle qui consiste à négliger l'aberration.

241. Construction d'un rayon réfléchi. — Cherchons à déterminer le rayon réfléchi correspondant à un rayon incident donné, sans avoir à mesurer d'angle : on peut employer diverses méthodes[1].

1. Dans la plupart des questions relatives à la construction des rayons et des images, les figures sont faites pour les miroirs et les lentilles convergents et divergents : le texte convient aux deux cas.

I. On peut considérer le rayon incident SI (fig. 116 et 117) comme faisant partie d'un faisceau parallèle, et l'on sait que,

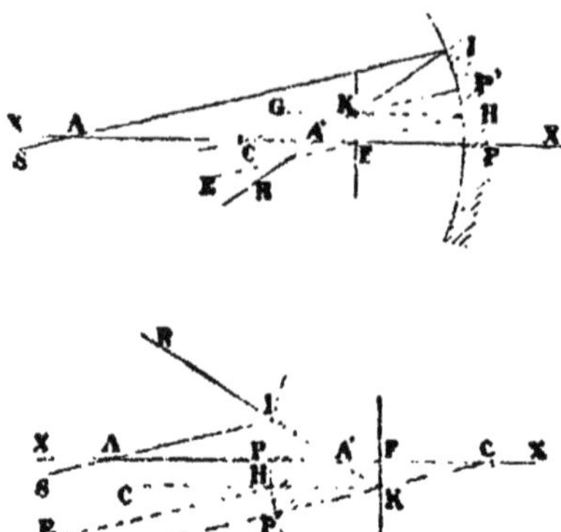

Fig. 116 et 117.

après la réflexion, tous les rayons (ou leurs directions) passent en un même point du plan focal; il suffit donc de trouver un rayon de ce faisceau dont on connaisse immédiatement le rayon réfléchi:

1° On peut utiliser l'axe secondaire CP' qui se réfléchit sur lui-même et dont l'intersection K avec le plan focal sera un point du rayon réfléchi cherché.

2° On peut utiliser le rayon EH ayant même direction que le rayon donné et passant par le foyer F; on sait que, après réflexion, ce rayon est rendu parallèle à l'axe; on peut donc le tracer immédiatement HG et il coupe le plan focal en un point K qui appartient au rayon réfléchi.

Dans ces deux constructions, le rayon réfléchi IKR est déterminé par son point d'incidence I et par un second point K.

II. On peut considérer le rayon incident SI (fig. 118 et 119) comme appartenant à un faisceau homocentrique ayant son sommet en K sur le plan focal; on sait que, après la réflexion, les divers rayons qui constituent ce faisceau sont rendus parallèles; il suffit donc de 'rouver un rayon incident appartenant à ce faisceau et dont on connaisse immédiatement le rayon réfléchi.

3° On peut utiliser l'axe secondaire CP' passant en K qui se réfléchit sur lui-même et dont la direction donne celle du faisceau réfléchi.

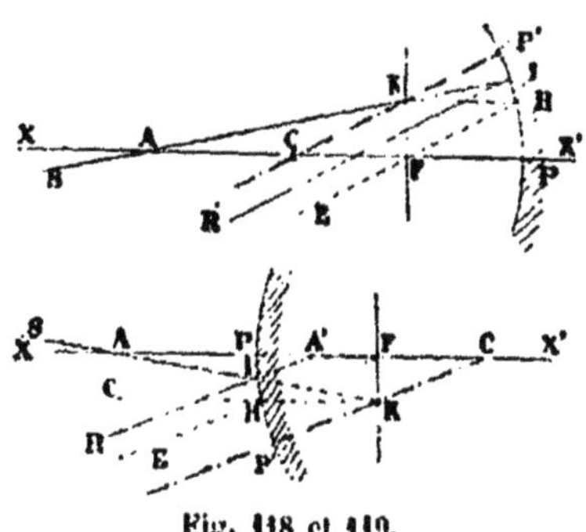

Fig. 118 et 119.

4° On peut utiliser le rayon KH passant par K et parallèle à l'axe. Après la réflexion il passe en F, il est donc déterminé et sa direction HFE donne celle du faisceau réfléchi et du rayon cherché.

Dans ces deux constructions, le rayon réfléchi IR est déterminé par son point d'incidence I et par sa direction.

Il est intéressant de remarquer que les constructions 3 et 4 peuvent se déduire par réversion de la figure des constructions 1 et 2 et réciproquement.

212. Conservation de l'homocentricité. — En employant une des constructions I et une des constructions II, on détermine un point du rayon réfléchi, puis sa direction, il est donc complètement connu : cette remarque peut être utilisée lorsque l'on n'a pas le point d'incidence dans la figure.

Cette construction est particulièrement commode par l'emploi des axes secondaires CE, CE' (fig. 120 et 121) qui avec les rayons incident SI et réfléchi IR forment un parallélogramme.

Soient A et A' les points où un rayon incident SI et le rayon réfléchi correspondant IR rencontrent l'axe : il existe une relation simple entre la position de ces deux points.

Supposons que le rayon réfléchi soit déterminé par la dernière construction que nous venons d'indiquer : les triangles AEC et CE'A' sont semblables ; les hauteurs EF et E'F déterminent sur les bases des segments proportionnels, on a donc :

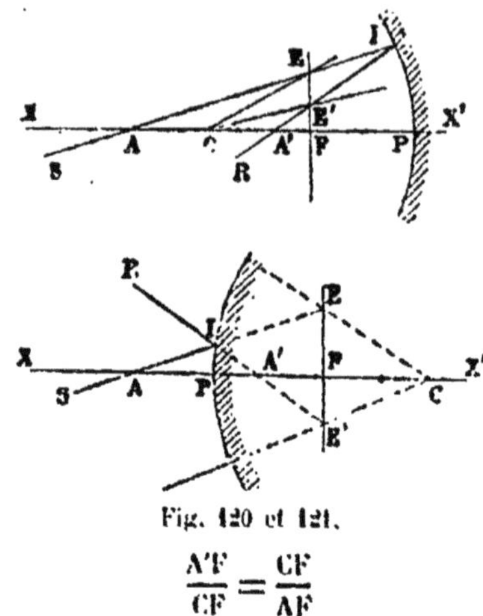

Fig. 120 et 121.

$$\frac{A'F}{CF} = \frac{CF}{AF}$$

Si le point A est donné, on voit que la position de A' est indépendante des points I, E, E', en un mot de tout ce qui caractérise la position du rayon incident SI.

Si donc on considère un faisceau constitué par des rayons incidents passant tous par A, tous les rayons réfléchis couperont l'axe au même point A', le faisceau réfléchi sera homocentrique et son sommet A' sera l'image de A.

Par réversibilité, A peut être considéré comme l'image de A' ; les points A et A' sont des foyers conjugués.

Il importe de remarquer que ce résultat simple n'est vrai que dans le cas où la surface focale peut être remplacée par le plan focal, c'est-à-dire dans le cas de surface de peu d'amplitude.

Les axes secondaires jouissant des mêmes propriétés géométriques que l'axe principal, on peut étendre à ces axes le résultat que nous venons de trouver, pourvu que ces axes secondaires fassent de petits angles avec l'axe principal : tous les rayons incidents qui passent en un même point d'un axe secondaire donnent après réflexion des rayons qui passent en un même point de cet axe.

On conclut donc de là, d'une manière générale, que :

A tout faisceau homocentrique incident correspond un faisceau réfléchi homocentrique, les centres d'homocentricité et le centre de courbure sont sur une même droite (cette propriété n'est applicable que si cette droite fait un petit angle avec l'axe).

Suivant les circonstances chaque centre d'homocentricité peut être réel ou virtuel.

Ces centres sont des foyers conjugués, car chacun d'eux peut être regardé comme l'image de l'autre.

242. Images des objets. — On n'a pas, en général, à considérer un point lumineux, mais un objet ; on trouverait le résultat en considérant un certain nombre des points qui le composent et leur appliquant la construction précédemment indiquée ; on aurait autant d'images de points dont l'ensemble représenterait l'image de l'objet.

Considérons d'abord le cas particulier où l'objet serait un petit arc de cercle AB (*fig.* 122) concentrique au miroir. Chacun de ses points aura une image sur l'axe secondaire correspondant; comme ils sont tous à la même distance du centre et que les axes secondaires jouissent des mêmes propriétés géométriques, toutes les images seront à la même distance du centre, c'est-à-dire que ces diverses images seront sur un arc de cercle concentrique au miroir ; cet arc de cercle A'B' sera l'image de l'arc AB.

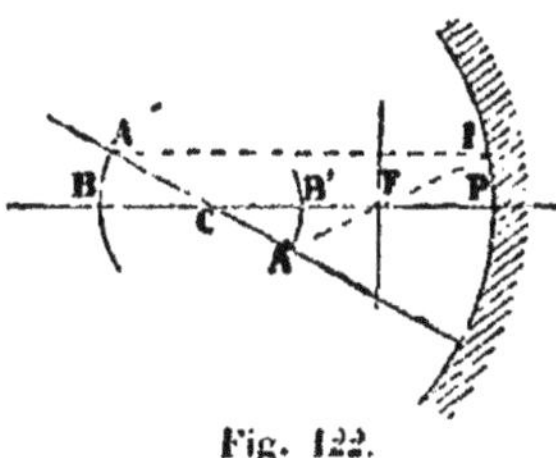

Fig. 122.

Si l'extrémité A de l'arc AB s'éloigne très peu de l'axe, la courbe diffère peu de la tangente avec laquelle on peut la confondre ; il en est de même de l'arc A'B' que l'on peut confondre avec sa tangente. On voit alors que l'image d'une petite droite perpendiculaire à l'axe est une petite droite perpendiculaire à l'axe.

Nous considérerons seulement le cas où l'objet est une semblable droite.

L'erreur commise en remplaçant l'arc AB par la tangente est du même ordre de grandeur que celle que l'on commet en négligeant l'aberration.

244. Variations de grandeur et de position des images. — Si l'on considère un objet lumineux, droite AB perpendiculaire à l'axe, son image sera complètement déterminée si l'on connaît l'image du point B. Il suffira donc de mener par B deux rayons et de chercher le point où les rayons réfléchis correspondants se rencontrent ; ce point sera l'image B' de B et A'B' perpendiculaire à l'axe sera l'image cherchée.

Au lieu de prendre deux rayons quelconques passant par B et pour lesquels il faudrait faire une construction, il est préférable de choisir des rayons dont on puisse tracer immédiatement les rayons réfléchis correspondants. Il y a trois rayons ainsi particulièrement commodes (fig. 123 et 124) :

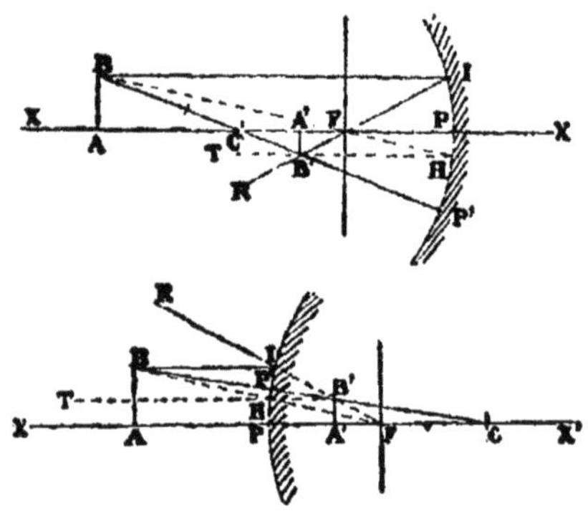

Fig. 123 et 124.

L'axe secondaire BCP' passant par B, parce que l'image B' doit se trouver sur cet axe :

Le rayon BI parallèle à l'axe, qui se réfléchit en passant par le foyer, suivant IFR ;

Le rayon BFH passant par le foyer, qui se réfléchit parallèlement à l'axe suivant HT.

La première ligne est surtout commode au point de vue graphique : les deux autres se prêtent particulièrement à la discussion des divers cas qui peuvent se présenter, parce que les longueurs PI et PH sont respectivement égales (toujours avec la même approximation) à l'objet AB et à l'image A'B'.

La considération des triangles semblables ABF, FPH et A'B'F, FPI donne en tenant compte de cette remarque

$$\frac{\mathrm{A'B'}}{\mathrm{(IP)\,AB}} = \frac{\mathrm{FA'}}{\mathrm{FP}} \qquad \text{et} \qquad \frac{\mathrm{A'B'(HP)}}{\mathrm{AB}} = \frac{\mathrm{FP}}{\mathrm{FA}}$$

d'où l'on conclut comme précédemment :

$$\frac{\mathrm{FA'}}{\mathrm{FP}} = \frac{\mathrm{FP}}{\mathrm{FA}}.$$

Ces équations, dans chaque cas particulier, déterminent la position et la grandeur de l'*image* [1].

215. — En discutant pour chaque miroir, d'après cette construction géométrique, les différents cas qui peuvent se présenter lorsque l'objet occupe successivement toutes les positions sur l'axe, on arrive aux résultats suivants :

Lorsque l'objet est en contact avec le miroir, il coïncide avec son image qui lui est égale ; le miroir, confondu avec son plan tangent dans ce cas, est appelé à ce point de vue *plan principal.*

Lorsque l'objet est dans le plan qui passe par le centre de courbure, l'image est dans ce plan, elle est égale à l'objet, mais elle est de sens contraire : ce plan est désigné sous le nom de *plan principal inverse* ou *plan anti-principal.*

1. La position et la grandeur de l'image peuvent être déterminées dans *tous les cas* à l'aide des formules générales suivantes qu'on déduit immédiatement de ces équations :

$$ll' = \varphi^2 \qquad \frac{\mathrm{I}}{\mathrm{O}} = \frac{\varphi}{l} = \frac{l'}{\varphi}$$

dans lesquelles l, l' et φ sont les abscisses, comptées à partir du foyer F, de l'objet, de l'image et du pôle du miroir, ces abscisses étant prises positivement dans un certain sens à partir de ce point (par exemple du côté d'où vient la lumière) et négativement dans le sens opposé ; O et I représentent les ordonnées des extrémités de l'objet et de l'image, ordonnées comptées positivement au-dessus de l'axe, par exemple, et négativement au dessous. Ces formules se prêtent aisément à la discussion des divers cas.

Le foyer est au milieu de la distance qui sépare le plan principal du plan anti-principal.

L'image est droite (c'est-à-dire de même sens que l'objet) lorsqu'elle est de nature opposée à l'objet ; elle est renversée si elle est de même nature.

Si l'on déplace l'objet, l'image se déplace toujours en sens contraire.

A ces règles générales applicables aux miroirs concaves et convexes, il convient de joindre des règles particulières pour chacune des espèces.

En réalité, l'objet dont on cherche l'image doit être en avant du miroir ; mais afin de généraliser certains résultats et pour faire rentrer dans la discussion les cas où les faisceaux incidents sont convergents, nous examinerons aussi les cas où l'objet est derrière le miroir, c'est-à-dire le cas où l'objet est virtuel.

Dans chaque miroir l'espace est divisé en quatre régions par les plans principaux et par le plan focal ; mais l'ordre dans lequel se rencontrent ces plans n'est pas le même pour le miroir concave ou pour le miroir convexe. En suivant le sens de la lumière, on les rencontre dans l'ordre suivant :

Miroir concave : plan anti-principal ; plan focal ; plan principal (miroir) ;

Miroir convexe : Plan principal (miroir); plan focal ; plan anti-principal.

216. — Indiquons maintenant le résumé de la discussion géométrique qui se fait aisément dans chaque cas[1] :

MIROIRS CONCAVES (fig. 125) :

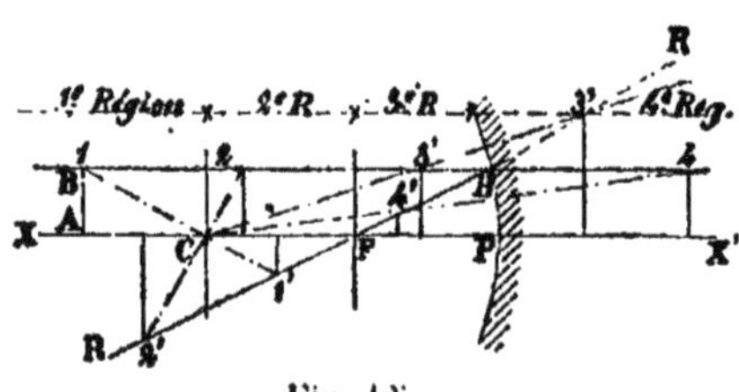

Fig. 125.

1. Dans les deux figures les chiffres indiquent des positions successives d'un même objet AB dans les divers régions et les chiffres marqués d'un accent représentent les images correspondantes.

I. 1re *région, de l'infini (du côté d'où vient la lumière) au plan anti-principal* C. — Image réelle, renversée, plus petite que l'objet, située dans la 2e région, d'autant plus petite et plus rapprochée du foyer que l'objet est plus éloigné.

II. *Plan anti-principal.* — Image réelle, renversée, égale à l'objet, située dans le même plan.

III. 2e *région, du plan anti-principal* C *au plan focal* F. — Image réelle, renversée, agrandie, située dans la 1re région, d'autant plus grande et plus éloignée que l'objet est plus près du foyer.

IV. *Plan focal.* — Il n'y a pas d'image à proprement parler; chaque point donne naissance à un faisceau qui devient cylindrique après réflexion. Par généralisation, on dit qu'il y a une image à l'infini.

V. 3e *région, du plan focal* F *au plan principal* P *(miroir).* — Image virtuelle, droite, agrandie, située dans la 4e région; d'autant plus grande et plus éloignée que l'objet est plus près du foyer.

VI. *Plan principal (miroir).* — Image virtuelle, droite, égale à l'objet, située dans le même plan.

VII. 4e *région, du plan principal* P *(miroir) à l'infini (du côté où va la lumière).* — L'objet est virtuel. Image réelle, droite, plus petite que l'objet, située dans la 3e région, d'autant plus petite et plus rapprochée du foyer que l'objet est plus loin.

On pourrait simplifier la discussion et les énoncés en remarquant que les cas I, III d'une part, V et VII de l'autre dérivent les uns des autres par réversibilité.

Miroirs convexes (fig. 126) :

I. 1re *région, de l'infini (du côté d'où vient la lumière) au plan principal* P *(miroir).* — Image virtuelle, droite, plus petite que l'objet, située dans la 2e région, d'autant plus petite et plus rapprochée du foyer que l'objet est plus éloigné.

II. *Plan principal (miroir).* — Image virtuelle, droite, égale à l'objet, située dans le même plan.

III. 2e *région, du plan principal* P *(miroir) au plan focal* F. — L'objet est virtuel. Image réelle, droite, plus grande que l'objet, située dans la 1re région, d'autant plus grande et plus éloignée que l'objet est plus près du foyer.

IV. *Plan focal.* — Objet virtuel. Il n'y a pas d'image ; par généralisation, comme précédemment, on dit qu'il y a une image à l'infini.

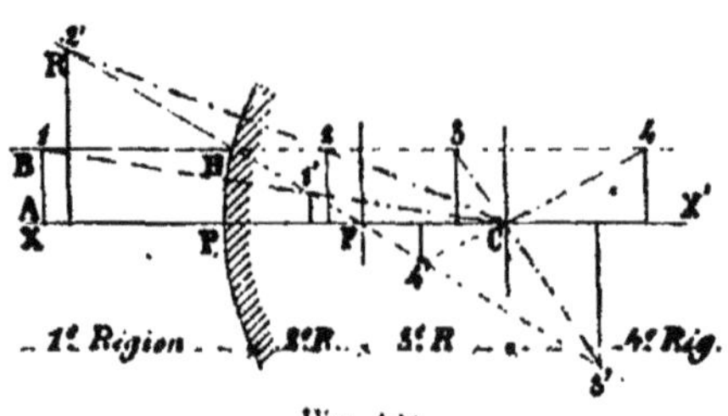

Fig. 126.

V. 3e *région, du plan focal* F *au plan anti-principal* C. — Objet virtuel. Image virtuelle, renversée, plus grande que l'objet, située dans la 4e région, d'autant plus grande et plus éloignée que l'objet est plus près du foyer.

VI. *Plan anti-principal* — Objet virtuel. Image virtuelle, renversée, égale à l'objet, située dans le même plan.

VII. 4e *région, du plan anti-principal* C *à l'infini (du côté où va la lumière).* — Objet virtuel. Image virtuelle, renversée, plus petite que l'objet, située dans la 3e région, d'autant plus petite et plus rapprochée du foyer que l'objet est plus éloigné.

Il y a réversion entre les cas I et III, V et VII.

§ II

RÉFRACTION; DIFFUSION.

Lois de la réfraction. Réfraction à travers une ou plusieurs surfaces ; dioptres, lames à faces parallèles, prismes, lentilles, systèmes centrés. Diffusion.

247. Lois de la réfraction. — Lorsque l'on considère un faisceau qui traverse la surface de séparation de deux milieux on reconnaît que, en général, il change de forme et de direction ; c'est là ce qui constitue le phénomène de la *réfraction.*

Pour étudier les modifications que les faisceaux éprouvent par la réfraction, nous les considérerons comme constitués par des rayons, et nous indiquerons les lois élémentaires qui régissent la réfraction d'un rayon, toutes réserves faites sur la réalité du phénomène physique correspondant.

Un rayon réfracté est défini de la même façon qu'un rayon incident ou un rayon réfléchi, par : le *point d'incidence*; le *plan de réfraction* qui contient le rayon réfracté et la normale : et l'*angle de réfraction*, angle du rayon réfracté et de la normale.

Jusqu'à ce que le contraire soit spécifié, nous supposerons que la lumière employée est simple, monochromatique (297) et que le 2e milieu est homogène.

Les lois élémentaires de la réfraction sont les suivantes :

1re Loi : *Le rayon réfracté est dans le plan d'incidence ;*

2e Loi : *Le rapport des sinus des angles d'incidence et de réfraction est constant pour deux milieux considérés ;*

3e Loi : *Il y a réversibilité dans la réfraction.*

La 1re loi, sur laquelle il est inutile d'insister, montre qu'il est possible de représenter les phénomènes de la réfraction à l'aide de figures planes dans les cas simples.

Si nous considérons un rayon SI (fig. 127) passant d'un milieu A à un milieu B, si i est l'angle d'incidence, r l'angle de réfraction et n une constante, la 2e loi s'écrit

$$\frac{\sin i}{\sin r} = n$$

n est l'*indice de réfraction* du milieu B par rapport au milieu A. Si le milieu A était le vide, la quantité n serait l'*indice absolu de réfraction.*

318. — Deux cas peuvent se présenter :

1° $n > 1$: on a $\sin i > \sin r$ et par suite $i > r$ (parce que les angles i et r sont moindres que 90°) : en passant dans le 2d milieu, le rayon IR (fig. 127) se rapproche de la normale. On dit alors que le 2d milieu est plus réfringent que le premier [1].

1. Dans les figures relatives à l'étude de la réfraction, le milieu le plus réfringent sera indiqué par des hachures.

2° $n < 1$: on a alors $\sin i < \sin r$ et $i < r$; en passant dans le 2d milieu, le rayon IR (fig. 128) s'éloigne de la normale. On dit que le 2d milieu est moins réfringent que le premier.

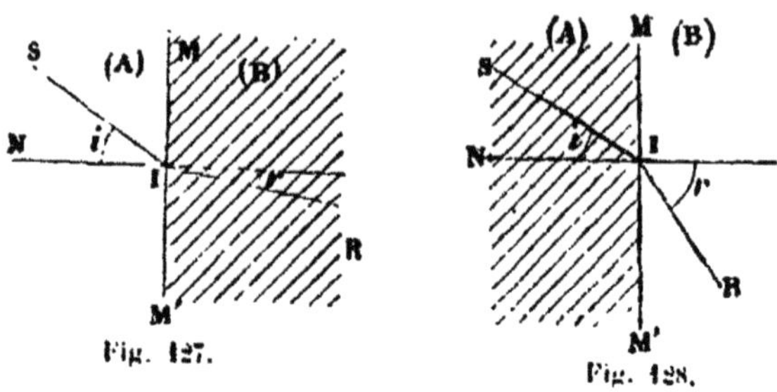

Fig. 127. Fig. 128.

Si l'on avait $n = 1$, ce qui conduirait à $i = r$, il n'y aurait pas réfraction et, bien qu'il y ait deux milieux différents, la lumière se comporterait comme s'il n'y en avait qu'un.

249. — Si l'on considère des rayons lumineux arrivant dans toutes les directions en un même point d'une surface réfringente, que deviennent-ils dans le second milieu? le résultat n'est pas le même pour toutes les valeurs de n :

$n > 1$. — Quelle que soit la valeur attribuée à i, il y a toujours une valeur correspondante de r : à chaque rayon incident correspond toujours un rayon réfracté (fig. 129). Lorsque i atteint 90° (valeur extrême que l'on ne peut rencontrer réellement, car alors le rayon I n'entrerait pas dans le second milieu, il n'y aurait pas de point d'incidence), on a pour l'angle de réfraction la plus grande valeur possible; soit λ cette valeur, elle est donnée par la relation

$$\sin \lambda = \frac{1}{n}$$

L'angle ainsi déterminé s'appelle *l'angle limite*.

Il résulte de là que lorsque la lumière arrive en un point dans toutes les directions, elle forme dans le second milieu B, plus réfringent que le premier A, un cône de révolution ayant pour sommet le point d'incidence I, pour axe la normale et pour angle au sommet l'angle limite.

Si la surface réfringente est recouverte d'un écran opaque percé d'une petite ouverture par laquelle pénètre la lumière, le second milieu sera éclairé seulement à l'intérieur du cône que nous venons de définir; aucune lumière ne pénètrera dans l'espace extérieur à ce cône.

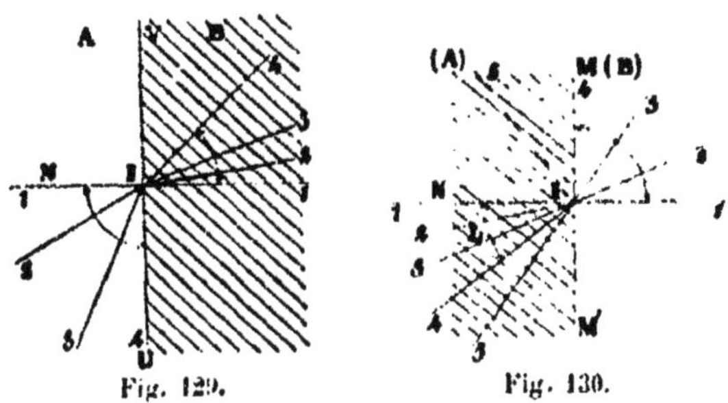

Fig. 129. Fig. 130.

$n<1$. — La valeur de l'angle d'incidence ne peut être quelconque (fig. 130) et la loi n'est applicable que lorsque la valeur de cet angle est inférieure à une quantité que l'on appelle *l'angle limite*, L, et qui est définie par l'équation

$$\sin L = n$$

car il faut que la valeur du sinus de l'angle de réfraction ne dépasse pas 1.

Lorsque l'angle d'incidence prend toutes les valeurs comprises entre 0 et L, le rayon réfracté prend toutes les directions possibles, puisque l'angle r varie de 0 à 90°. C'est-à-dire que, en supposant la surface réfringente recouverte d'un écran opaque percé d'une petite ouverture, pour éclairer le second milieu dans tous ses points, il suffit de faire arriver de la lumière comprise dans un cône de révolution ayant L pour angle et ayant son sommet à l'ouverture.

La loi ni, par conséquent, la formule n'apprennent rien sur ce qui se produit lorsque, ce qui n'offre aucune difficulté pratique, on fait arriver sur la surface réfringente un rayon dont l'angle d'incidence est plus grand que L. L'expérience, qui peut seule renseigner, montre que ce rayon 5 se réfléchit suivant les lois ordinaires de la réflexion (221) : on dit alors qu'il y a *réflexion totale*.

Il est très important, pour comprendre ce phénomène, de remarquer qu'il ne s'agit pas là d'une modification brusque dans l'action subie par la lumière : comme nous l'avons déjà indiqué, il y a toujours réflexion en même temps que réfraction et pour un rayon incident donné, il y a un rayon réfléchi en même temps qu'un rayon réfracté. Seulement l'intensité du rayon réfléchi est variable ; elle croît en même temps que l'angle d'incidence, tandis que naturellement l'intensité du rayon réfracté décroît ; l'effet observé lorsque l'angle d'incidence est l'angle limite n'est donc que la suite de ce phénomène général : cet angle est celui à partir duquel l'intensité du rayon réfracté est devenue nulle.

230. Réversibilité dans la réfraction. — Soit SI (fig. 127) un rayon incident dans le milieu A et IR le rayon réfracté correspondant dans le milieu B. On a la relation :

$$\frac{\sin i}{\sin r} = n_{AB}$$

n_{AB} étant l'indice de réfraction pour ce cas.

Si la lumière se meut en sens inverse, passant du milieu B au milieu A, on a en appelant n_{BA} l'indice de réfraction correspondant :

$$\frac{\sin i'}{\sin r'} = n_{BA}$$

La loi de réversibilité correspond à ce que si l'on prend $i' = r$, on doit avoir $r' = i$, la même figure représentant ainsi la marche de la lumière dans l'un et l'autre sens. En introduisant ces relations dans les équations précédentes, on arrive, pour exprimer la réversibilité, à la condition :

$$n_{AB} \cdot n_{BA} = 1$$

On ne peut vérifier avec précision les lois de la réfraction d'une manière directe; la démonstration de ces lois résulte de l'accord que l'on observe entre les conséquences très variées que l'on en déduit pour des cas complexes (prismes, lentilles, instruments d'optique) et les mesures que l'on peut effectuer dans ces divers cas. Seule, la loi de réversibilité peut être vérifiée, sinon directement, du moins par la vérification de l'équation que nous en avons déduite, à l'aide de l'expérience suivante, qui donne d'ailleurs une formule générale utile dans divers cas.

Nous avons déjà dit que la lunette astronomique permet de reconnaître qu'un faisceau parallèle a une direction déterminée, celle de l'axe de la lunette. On vise une étoile avec une lunette, de manière à amener l'image de l'étoile au centre du réticule; puis on interpose devant la lunette une plaque transparente formée par la juxtaposition de lames diverses à faces parallèles. On reconnaît que l'image n'a pas été déplacée: le faisceau n'a donc pas changé de direction par son passage à travers cette plaque; ce passage a *déplacé* les rayons, le faisceau, mais sans les dévier, les rayons sont sortis parallèlement à leur direction incidente.

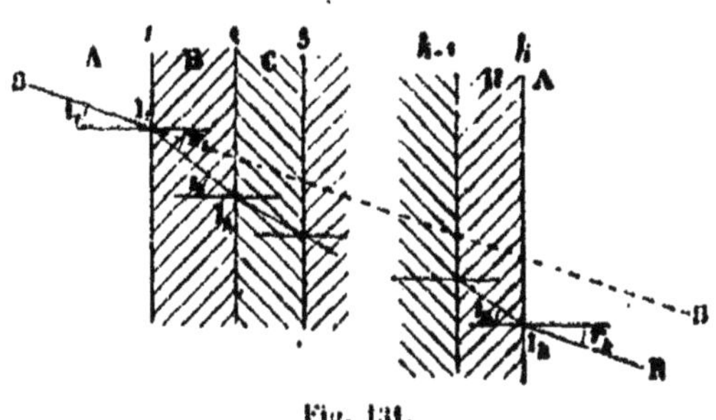

Fig. 131.

Soient A (fig. 131) le premier milieu, l'air, qui est également le dernier, B, C, D...., H, les milieux successifs au nombre de $k-1$: il y a k surfaces de séparation que nous caractériserons par un indice. On aura en se servant toujours des mêmes notations les relations générales :

$$\frac{\sin i_1}{\sin r_1} = n_{AB}, \qquad \frac{\sin i_2}{\sin r_2} = n_{BC} \ldots . \qquad \frac{\sin i_k}{\sin r_k} = n_{HA},$$

Comme les faces successives sont parallèles, on a :

$$r_1 = i_2 \qquad r_2 = i_3 \;\ldots\ldots\; r_{k-1} = i_k$$

et comme le rayon émergent est parallèle au rayon incident, on a aussi :

$$i_1 = r_k.$$

Multipliant alors toutes les égalités précédentes terme à terme, il vient :

$$n_{AB} \cdot n_{BC} \cdot n_{CD} \ldots\ldots n_{HA} = 1$$

L'expérience, naturellement, peut se faire avec une seule lame à faces parallèles et donne le même résultat. L'équation se simplifie dans ce cas et devient :

$$n_{AB} \cdot n_{BA} = 1$$

condition qui caractérise précisément la réversibilité qui se trouve ainsi vérifiée.

Appliquons la formule générale au cas de trois milieux A, B, C ; on aura

$$n_{AB} \cdot n_{BC} \cdot n_{CA} = 1$$

d'où l'on déduit

$$n_{AC} = n_{AB} \cdot n_{BC} \qquad \text{et} \qquad n_{BC} = \frac{n_{AC}}{n_{AB}}.$$

La dernière formule montre qu'il n'est pas nécessaire de chercher directement les indices de réfraction pour toutes les combinaisons de milieux qui peuvent se présenter. Il suffit de chercher les indices de réfraction des divers milieux par rapport à un même milieu, l'air par exemple. On voit en effet que connaissant n_{AB} et n_{AC} indices de réfraction des milieux B et C par rapport à l'air A, on a par une simple division l'indice n_{BC} du milieu C par rapport au milieu B.

Nous indiquerons ultérieurement les procédés que l'on emploie pour mesurer les indices de réfraction.

Si, au point de vue des applications, il est commode de déterminer les indices de réfraction des divers corps par rapport à l'air, il est utile, dans les recherches théoriques, de faire usage des indices des divers milieux par rapport au vide, c'est ce que l'on nomme les *indices absolus des corps*.

On calcule aisément ces indices si l'on connaît les indices par rapport à l'air et l'indice absolu de l'air. Dans l'équation générale précédente supposons que le milieu A soit le vide, B l'air et C le corps étudié ; on voit que :

L'indice absolu de réfraction d'un corps est égal à son indice par rapport à l'air multiplié par l'indice absolu de réfraction de l'air.

252. Construction graphique du rayon réfracté. — Il peut être commode d'utiliser une construction géométrique qui permette de trouver le rayon réfracté correspondant à un rayon incident donné : voici deux procédés simples :

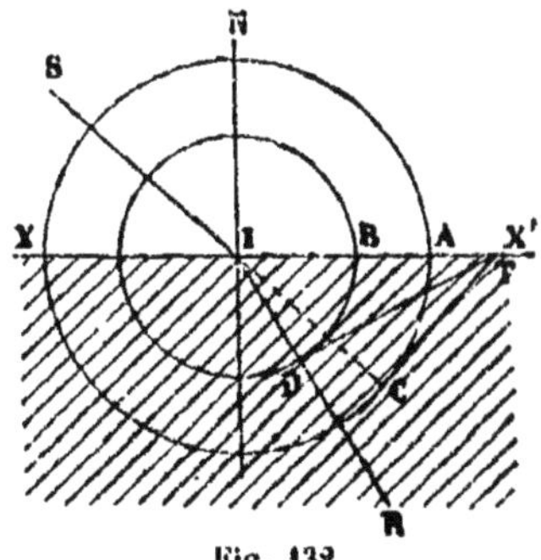

Fig. 132.

Soit I (fig. 132) le point d'incidence, IN la normale, XX' la surface de séparation (ou le plan tangent au point d'incidence si la surface est courbe). Traçons deux circonférences telles que le rapport des rayons soit égal à l'indice de réfraction : $\frac{IA}{IB} = n$. Prolongeons le rayon incident SI jusqu'en C, point d'intersection avec la circonférence IA, menons la tangente CT qui coupe en T le plan XX' ; traçons la tangente TD à la circonférence IB, le point de contact D est un point du rayon réfracté. En effet, les angles CTI et DTI étant respectivement égaux à i et r, on a :

$$\sin i = \frac{IC}{IT} \qquad \text{et} \qquad \sin r = \frac{ID}{IT}$$

On a donc, puisque IC = IA et ID = IB :

$$\frac{\sin i}{\sin r} = \frac{IA}{IB} = n$$

qui est bien la relation qui doit exister entre les directions du rayon incident et du rayon réfracté.

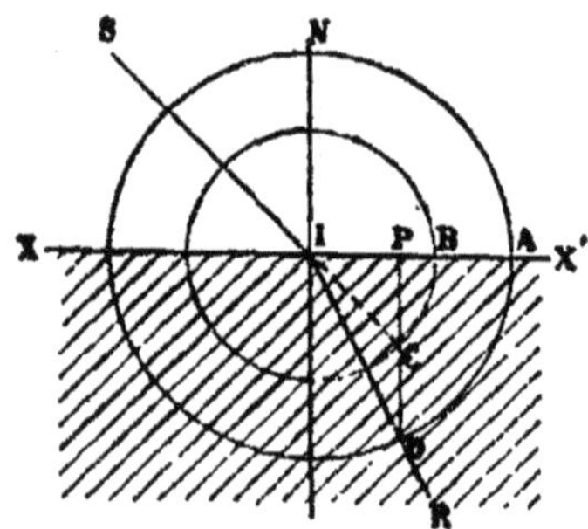

Fig. 133

La construction suivante (fig. 133) est plus commode dans la pratique :

Les données étant les mêmes et les circonférences étant tracées comme précédemment, prolongeons le rayon incident SI jusqu'en C où il rencontre la circonférence IB. Menons PCD parallèle à la normale, elle rencontre la circonférence A en un point D qui appartient au rayon réfracté.

On a en effet :

$$\sin i = \frac{IP}{IC} \qquad \text{et} \qquad \sin r = \frac{IP}{ID}$$

donc, à cause de IC = IB et ID = IA :

$$\frac{\sin i}{\sin r} = \frac{IA}{IB} = n$$

252. Réfraction des faisceaux à travers une surface plane. — Nous étudierons la réfraction à travers une surface en commençant par le cas où la surface est plane. Cherchons donc ce que devient un faisceau homocentrique qui passe, d'un milieu à un milieu d'une autre réfringence, à travers une surface plane.

Si le faisceau incident est parallèle, les angles d'incidence des divers rayons qui le composent sont tous égaux entre eux; la réfraction se produira donc de la même façon pour tous, les angles de réfraction seront tous égaux, et comme les normales sont parallèles les rayons réfractés seront parallèles. Le parallélisme sera donc conservé par la réfraction à travers une surface plane, mais en général la direction du faisceau a changé, il en est de même de la grandeur de sa section droite. Dans le cas où le faisceau incident est normal, la direction et la section droite ne sont pas modifiées par la réfraction.

Si l'on considère un faisceau incident conique convergent ou divergent, on reconnait aisément que les rayons réfractés sont convergents dans le 1er cas, divergents dans le 2e cas : la disposition générale des rayons est donc conservée par la réfraction à travers une surface plane; il faut étudier si l'homocentricité l'est également.

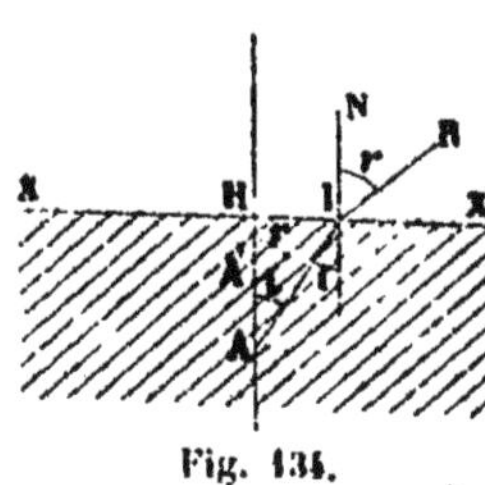

Fig. 134.

Considérons un faisceau incident conique et soit A (fig. 134) son sommet : il est évident, par raison de symétrie, que si le faisceau réfracté est homocentrique, son sommet sera sur la normale AH.

Soient AI un rayon incident, IR le rayon réfracté correspondant et soit A' le point où il coupe AH : appelons i et r les angles d'incidence et de réfraction, et n l'indice de réfraction. On a, immédiatement :

$$\text{HI} = \text{AH} \operatorname{tg} i \qquad \text{et} \qquad \text{HI} = \text{A'H} \operatorname{tg} r$$

ce qui conduit à

$$\text{A'H} = \text{AH} \frac{\operatorname{tg} i}{\operatorname{tg} r}$$

Eliminons r entre cette relation et l'équation de la réfraction :

$$\frac{\sin i}{\sin r} = n$$

on a :

$$A'H = AH \operatorname{tg} i \frac{\sqrt{1 - \sin^2 r}}{\sin r} = AH \sqrt{\frac{n^2 - 1}{\cos^2 i} + 1}$$

La valeur de A'H varie donc avec i. Les divers rayons émanés de A, faisant des angles différents avec la normale, ne se rencontrent pas en un même point : le faisceau réfracté n'est pas homocentrique.

Mais, si comme il arrive dans un grand nombre d'applications, on prend seulement des rayons s'écartant peu d'être normaux à la surface, la valeur de $\cos^2 i$ diffère très peu de 1 et l'on peut poser approximativement

$$A'H = AH.n$$

Le faisceau réfracté est homocentrique.

On peut admettre également que le faisceau réfracté est homocentrique si on le réduit à un *pinceau* étroit, c'est-à-dire à un ensemble de rayons faisant entre eux de très petits angles, quelle que soit la direction de celui-ci ; seulement alors la position du sommet ne sera pas donnée par une relation simple comme ci-dessus. Les rayons réfractés correspondant aux rayons incidents qui passent par A donnent naissance à une caustique par réfraction dont la formation s'explique comme nous l'avons dit pour les miroirs courbes ; cette caustique est réelle ou virtuelle suivant les cas. Si l'on considère un pinceau incident, le sommet du pinceau réfracté sera le point de contact de cette caustique avec la tangente menée parallèlement au pinceau réfracté.

La formule $A'H = n\, AH$ montre que si un point lumineux est placé dans un milieu transparent, le faisceau réfracté sera plus divergent ou plus convergent que le faisceau incident, suivant que le second milieu sera moins ou plus réfringent que le premier ; dans le premier cas, l'image virtuelle du point sera plus près de la surface que le point ; elle sera plus éloignée dans le second cas.

Le premier cas est celui qui se présente lorsqu'un corps est placé dans l'eau : on sait, en effet, que les corps plongés paraissent plus rapprochés de la surface qu'ils ne sont en effet. Le rapprochement est proportionnel à la profondeur du point considéré, ce qui explique que lorsqu'on plonge obliquement une tige dans l'eau elle paraît brisée au point où elle pénètre dans le liquide.

254. Réfraction à travers une surface courbe. Dioptres. — Etudions maintenant le cas où deux milieux réfringents sont séparés par une surface courbe ; nous nous bornerons à examiner le cas où cette surface est une calotte sphérique de peu d'amplitude ; c'est là ce qui constitue un *dioptre*.

Les définitions et remarques générales sont les mêmes que pour les miroirs sphériques.

Bien que les dioptres puissent être intéressants dans certains cas, nous ne les étudierons pas en détail et nous nous bornerons à établir des formules qui seront utiles par la suite.

Remarquons qu'il y a quatre espèces de dioptres suivant : 1° que le premier milieu est plus ou moins réfringent que le second ; et, 2° que la surface est concave ou convexe du côté d'où vient la lumière. Mais, en s'appuyant sur la réversibilité, on peut se borner à étudier deux formes distinctes.

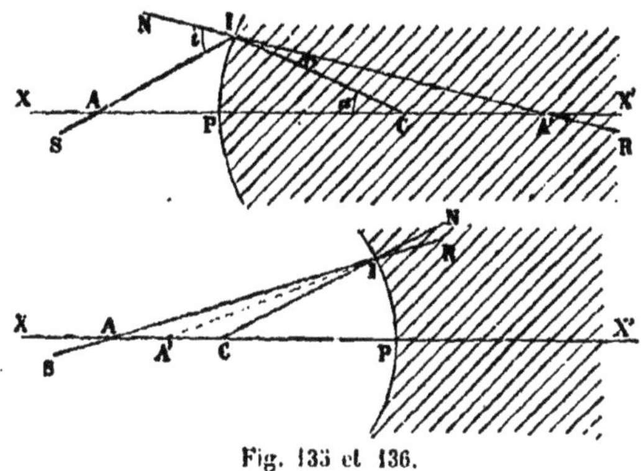

Fig. 135 et 136.

Les formules que nous allons indiquer sont d'ailleurs absolument générales. Nous supposerons seulement que les angles sont assez petits pour qu'il soit possible de remplacer le rapport des sinus par le rapport des angles.

Soit SI (fig. 135 et 136) un rayon incident qui coupe l'axe en A ; soit IR le rayon réfracté qui rencontre l'axe en A' ; soit CI la normale en I qui fait l'angle α avec l'axe : soient i et r les angles d'incidence et de réfraction ;

Dans les triangles AIC et CIA' on a, approximativement :

$$\frac{CA}{CI} = \frac{i}{i-\alpha}, \qquad \frac{CA'}{CI} = \frac{r}{\alpha - r}$$

Entre ces équations et la relation de réfraction $\frac{i}{r} = n$, on peut éliminer α, i et r ; il vient

$$\frac{CA}{CA'} = n\frac{CA - CI}{CI + CA'} = n\frac{CA - CP}{CA' + CP}$$

Cette équation montre que, A étant donné, le point A' est déterminé et qu'il est indépendant de i, r et α, c'est-à-dire du rayon incident AI.

On conclut de là que si l'on considère un faisceau incident homocentrique formé de rayons passant tous en A, les rayons réfractés passeront tous en A', et formeront un faisceau homocentrique.

A cause de la réversibilité, tout faisceau incident ayant son sommet en A' donne un faisceau réfracté ayant son sommet en A.

Comme les propriétés de l'axe principal peuvent être étendues aux axes secondaires qui s'en écartent peu, et comme un point est toujours sur un axe secondaire, on conclut immédiatement que :

Tout faisceau incident homocentrique est transformé par la réfraction en un faisceau homocentrique :

Les sommets de ces faisceaux et le centre du dioptre sont en ligne droite.

On peut exprimer par une formule absolument générale la relation qui existe entre les positions des points A et A' qui sont deux foyers conjugués, chaque point pouvant être regardé comme l'image de l'autre.

Appelons p et p' les abscisses des points A et A', et R l'abscisse du centre, ces abcisses étant comptées à partir de P, positivement, par exemple, du côté d'où vient la lumière, négativement du côté opposé.

L'équation précédente peut s'écrire (fig. 135) :

$$\frac{\text{PA} + \text{CP}}{\text{PA}' - \text{CP}} = n \frac{\text{PA}}{\text{PA}'}$$

ou

$$\frac{p - \text{R}}{-p' + \text{R}} = n \frac{p}{-p'}$$

qui devient après réduction :

$$\frac{n}{p'} - \frac{1}{p} = (n - 1)\frac{1}{\text{R}}.$$

On trouverait cette même formule dans le cas du dioptre divergent (fig. 136) ; elle est absolument générale.

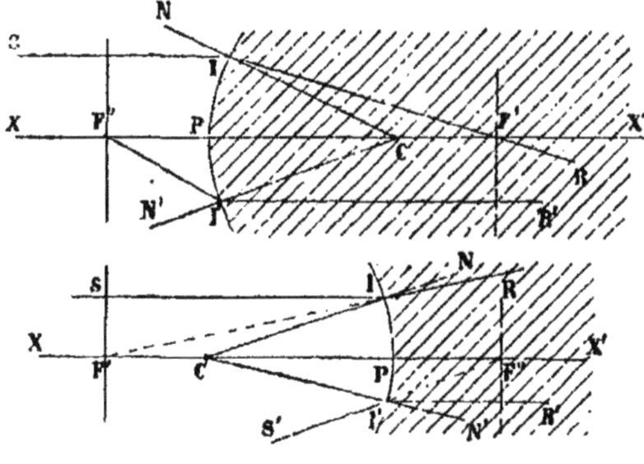

Fig. 137 et 138.

255. Foyers principaux. Plans focaux. — Si nous considérons un faisceau incident parallèle (fig. 137 et 138), pour lequel on a $p = \infty$, et si nous appelons f' l'abscisse du sommet F' du faisceau réfracté (fig. 139 et 140), sommet qui est le *premier foyer principal*, on a immédiatement :

$$f' = \frac{n}{n - 1}\text{R}.$$

Nous pouvons au contraire rechercher quel doit être le faisceau incident pour que le faisceau réfracté soit parallèle. On doit alors avoir $p' = \infty$; appelons f'' l'abscisse du sommet F'' du faisceau incident correspondant, sommet que nous appellerons le *second foyer principal*. On a :

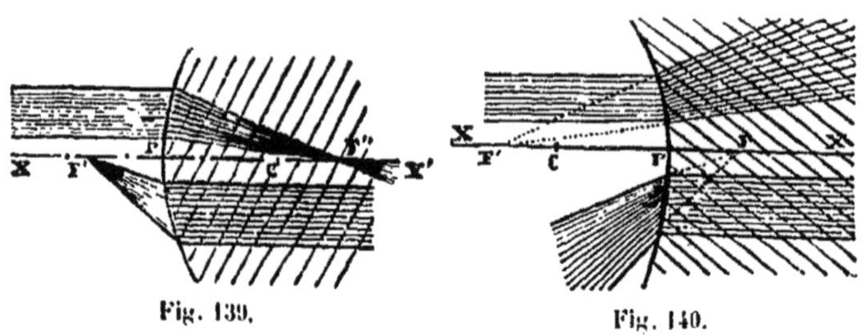

Fig. 139. Fig. 140.

$$f'' = -\frac{1}{n-1} R.$$

Il existe entre ces deux distances focales la relation simple suivante :

$$\frac{f'}{f''} = -n$$

Enfin on reconnait facilement que l'on a :

$$OF'' = PF' \qquad \text{et} \qquad OF' = PF''$$

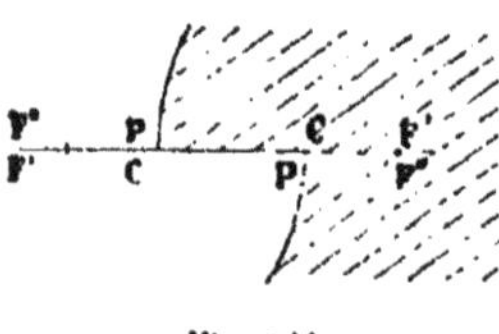

Fig. 141.

Il existe des relations simples de position des foyers pour deux dioptres de même rayon, l'un convergent, l'autre divergent, comme l'indique la figure 141.

Des considérations entièrement analogues à celles que nous avons indiquées pour les miroirs montreraient que :

Il existe sur chaque axe deux foyers secondaires ;

Les lieux de ces foyers sont deux surfaces sphériques concentriques au dioptre ; on peut les remplacer par leurs plans tangents qui sont le *premier et le deuxième plan focal* ;

L'image d'un petit arc lumineux concentrique au dioptre est un petit arc ayant même centre et même amplitude ;

L'image d'une petite droite perpendiculaire à l'axe est une petite droite perpendiculaire à l'axe.

On pourrait, par des constructions géométriques analogues à celles que nous avons données, trouver le rayon réfracté correspondant à un rayon incident ; chercher l'image d'une droite ; discuter les divers cas qui peuvent se présenter, etc. Il n'y a pas lieu d'insister.

256. Réfraction à travers plusieurs surfaces. Lames à faces parallèles. — On a le plus souvent à considérer la marche des faisceaux à travers plusieurs milieux dont le nombre est supérieur à deux, et est presque toujours égal à trois : la lumière passant de l'air à un milieu réfringent pour ressortir dans l'air. Nous examinerons les cas les plus importants qui peuvent se présenter, en commençant par celui où les diverses surfaces de séparation sont planes.

Nous nous occuperons spécialement du cas où il n'y a que deux surfaces de séparation, le troisième milieu étant identique au premier, et nous étudierons successivement le cas où les surfaces réfringentes sont parallèles (lames à faces parallèles) et celui où elles forment un angle (prisme).

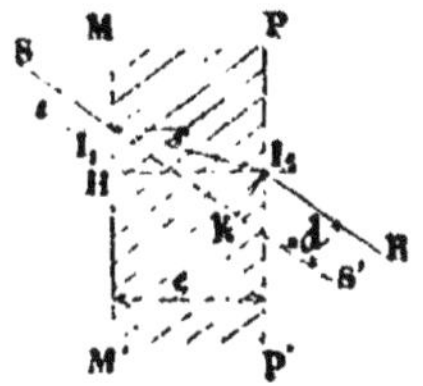

Fig. 142.

Considérons d'abord le cas d'une lame à faces parallèles.

Nous savons (250) qu'un rayon SI, (fig. 142) qui y pénètre est dévié à l'intérieur de la lame, mais qu'il sort en I_2R parallèlement à sa direction initiale : il n'y a pas déviation.

Cherchons à évaluer le déplacement d qu'il subit.

Soient e l'épaisseur HI_2 de la lame, i et r les angles d'incidence et de réfraction. On a :

$$\frac{\sin i}{\sin r} = n \qquad d = I_1I_2 \sin(i - r) \qquad \text{et} \qquad I_1I_2 = \frac{e}{\cos r}$$

ce qui conduit à

$$d = e\,\frac{\sin(i - r)}{\cos r}.$$

On pourrait éliminer r, mais le calcul n'offre aucun intérêt. Nous voyons, c'est le point intéressant, que d décroît avec e : le déplacement du rayon est proportionnel à e et devient négligeable quant cette quantité est très petite. Autrement dit, un rayon qui passe à travers une lame à faces parallèles infiniment mince sort sur le prolongement du rayon.

Si le faisceau incident est parallèle, on peut lui appliquer les mêmes conclusions qu'à un rayon isolé. S'il est conique, le faisceau réfracté n'est pas homocentrique ; il peut cependant être considéré comme tel, s'il constitue seulement un pinceau.

237. Prisme : déviation ; déviation minima. — Considérons maintenant le cas du prisme : c'est le cas où la lumière traverse un milieu réfringent terminé par deux faces planes non parallèles, c'est-à-dire à proprement parler un angle dièdre solide. L'arête de ce dièdre est ce que l'on nomme le *sommet* du prisme, la partie opposée, qui peut être quelconque, constitue la *base*.

Nous étudierons seulement le cas où le prisme est constitué par un milieu plus réfringent que celui avec lequel il est en contact.

Nous chercherons ce que devient un rayon qui tombe sur le prisme seulement dans le cas où ce rayon incident se trouve dans une section droite du prisme : il y reste, dans le prisme et à la sortie, et la figure correspondante est plane.

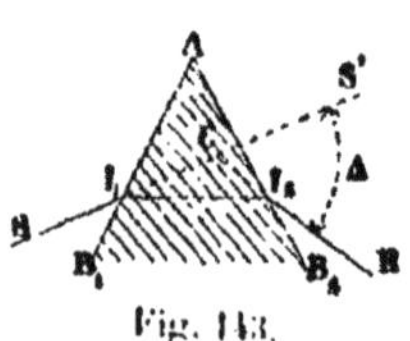

Fig. 143.

Dans les conditions que nous indiquons, on voit immédiatement que le rayon SI_1 (fig. 143) pénètre dans le prisme B_1AB_2 en subissant une réfraction (sauf le cas particulier où il est normal) ; il n'y a pas à s'occuper du cas où le rayon réfracté ne rencontrerait pas la deuxième face d'émergence. Mais s'il la rencontre, il peut arriver que l'angle d'incidence soit supérieur à l'angle limite ; il y a alors réflexion totale et le rayon est rejeté vers la base, ne traversant pas le dièdre que l'on considère. Si au contraire l'angle d'incidence sur la deuxième face est inférieur à l'angle limite, le rayon sort du prisme dans une direction I_2R différente de celle du rayon incident : il y a *déviation*. La déviation est l'angle Δ que font les directions du rayon incident I_1S' et du rayon émergent I_2R.

On se rend aisément compte de toutes les circonstances qui peuvent se présenter à l'aide d'une construction géométrique, en appliquant celle que nous avons donnée (252), pour la première face du prisme, et la construction inverse pour la deuxième face où les milieux se présentent en ordre inverse.

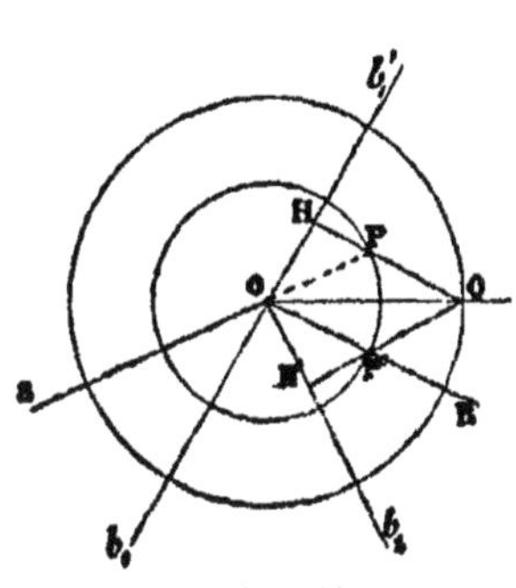

Fig. 144.

Soit SI_1 (fig. 143) un rayon qui tombe sur la face AB_1 d'un prisme B_1AB_2. En un point quelconque menons les deux circonférences auxiliaires et par le centre O (fig. 144) menons b_1b_1', parallèle à la face d'incidence AB_1, et SO parallèle au rayon incident SI_1. La construction générale donne le point Q comme appartenant au rayon réfracté, dont la direction est alors OQ ; dans le prisme, le rayon réfracté sera I_1I_2 parallèle à OQ. Soit alors Ob_2 parallèle à la face d'émergence AB_2 ; la construction générale prise en ordre inverse (puisqu'on passe du milieu le plus réfringent à l'air) donne le point P' comme appartenant au rayon émergent qui est alors OP'R et, dans le prisme, il est I_2R, parallèle à cette direction.

On voit immédiatement que lorsque le rayon sort du prisme il est dévié du côté de la base du prisme. La discussion de la figure géométrique permet de reconnaître quelles sont les conditions auxquelles doit satisfaire le rayon incident pour qu'il y ait émergence sur la deuxième face.

Si au lieu d'un rayon on avait un faisceau parallèle, il est évident qu'il sortirait sous la forme d'un faisceau parallèle, qui subirait la même déviation que le rayon que nous avons considéré.

Si le faisceau incident est conique, il ne reste homocentrique ni à l'intérieur du prisme ni à l'émergence ; cependant s'il s'agit seulement d'un pinceau on peut considérer que l'homocentricité est sensiblement conservée. Dans ce cas, si l'on a un point lumineux L (fig. 145) qui émet un faisceau divergent, le faisceau aussi divergent à l'émergence est dévié et son sommet L′ est déplacé, par rapport au point lumineux, du côté du sommet du prisme ; un observateur qui regarde à travers le prisme voit le point lumineux déplacé du côté du sommet.

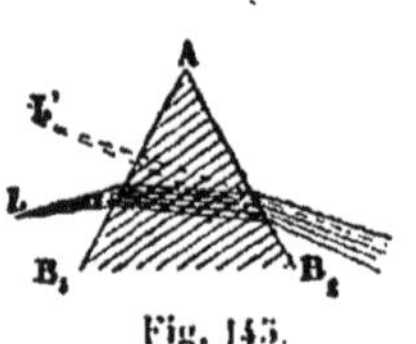

Fig. 145.

258. — La déviation que subit un rayon traversant un prisme varie avec diverses données, ainsi que le montre aisément la figure 144, dans laquelle POP′ représente précisément la déviation, et PQP′ = b_1Ob_2 l'angle du prisme.

La déviation varie avec l'angle du prisme, toutes choses égales d'ailleurs. En effet lorsque cet angle change, les points P et Q restent invariables, mais le point P′ se déplace avec la droite Ob_2 et fait varier la direction du rayon réfracté OR : la déviation augmente avec l'angle du prisme, jusqu'au moment où l'émergence ne peut plus se produire, ce que l'on reconnaît à ce que la droite QP′ ne rencontre plus la circonférence intérieure.

La déviation varie avec l'indice de réfraction du prisme. La variation de l'indice est caractérisée par celle du rayon de la circonférence extérieure, la circonférence intérieure restant fixe. On voit que le point P′ s'écarte d'autant plus de P, et par suite que la déviation, est d'autant plus grande, que la circonférence extérieure a un plus grand rayon, c'est-à-dire que l'indice de réfraction est plus considérable.

Enfin la déviation dépend de l'angle d'incidence, et par suite de l'angle OPH : on voit que l'arc PP′, qui mesure la déviation, est l'arc intercepté sur la circonférence intérieure par l'angle HQH′, égal à l'angle du prisme, qui se déplace parallèlement à lui-même, son sommet décrivant la circonférence extérieure. La grandeur de l'arc intercepté varie avec la position du point Q.

On le reconnaît plus aisément en remarquant que ces variations sont les mêmes que celles que l'on observerait si l'angle HQH' tournait autour de son sommet Q. Nous allons démontrer que la valeur de l'arc intercepté, et par suite la valeur de la déviation, passe par un minimum lorsque la droite OQ est bissectrice de l'angle HQH'.

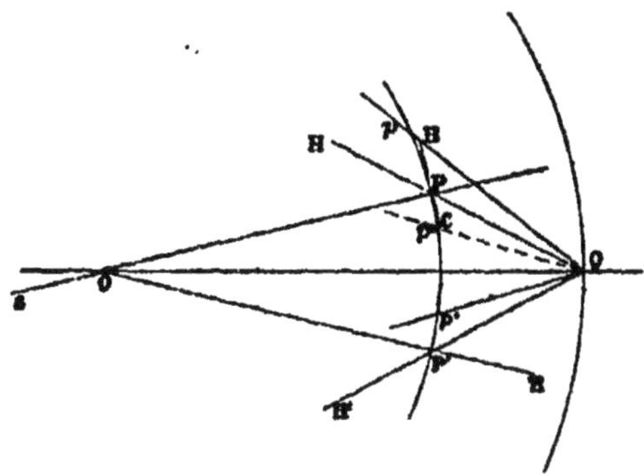

Fig. 146.

Soit en effet l'angle HQH' (fig. 146) dans cette position moyenne où il a OQ comme bissectrice ; soient P,P' les points où ses côtés rencontrent la circonférence, l'arc PP' mesure la déviation. Faisons tourner l'angle autour de Q et amenons-le en pQp' ; l'arc pp' mesure la déviation nouvelle, et je dis que l'on a $pp' > PP'$.

Prenons, en effet, Qp'' symétrique de Qp' ; on aura $Pp'' = P'p''$; menons en P la tangente à la circonférence O ; elle rencontre en B et C les côtés Qp et Qp''. La droite QP étant bissectrice de l'angle pQp'' par construction, on a :

$$\frac{CP}{BP} = \frac{QC}{QB}$$

mais comme on a $QC < QB$, il vient aussi

$$PC < PB$$

La considération des obliques Pp, PB et Pp'', PC conduit à

$$\text{corde } Pp > PB \qquad \text{corde } Pp'' < PC$$

Donc, à fortiori :

$$\text{corde } Pp'' < \text{corde } Pp$$

et aussi

$$\text{arc } Pp'' < \text{arc } Pp$$

et à cause de l'égalité $Pp'' = P'p'$

$$\text{arc } P'p' < \text{arc } Pp$$

Ajoutons, de part et d'autre, arc Pp' :

$$\text{arc } PP' < \text{arc } pp'$$

L'arc PP' est donc le plus petit de ceux que peut donner la construction indiquée ; la déviation correspondant à cette position moyenne de l'angle HQH' est donc une déviation minima.

On voit immédiatement que, de part et d'autre de cette position moyenne, la déviation prend symétriquement les mêmes valeurs.

Il résulte de la construction même que, pour cette position moyenne, qui correspond à la déviation minima que peut donner le prisme :

La direction du rayon réfracté dans le prisme fait des angles égaux avec les faces ; elle est perpendiculaire à la bissectrice de l'angle du prisme ;

Les rayons incident et émergent sont également inclinés sur les deux faces du prisme ; ils font des angles égaux avec le rayon réfracté à l'intérieur du prisme.

En s'appuyant sur ces résultats, on peut calculer la valeur de la déviation minima Δ en fonction de l'angle du prisme α. Dans le triangle OPQ, lors de la position qui correspond à ce cas, l'angle POQ (fig. 144) est égal à $\frac{\Delta}{2}$ et l'angle PQO est égal à $\frac{\alpha}{2}$; on a alors pour l'angle OPQ la valeur $\pi - \frac{\alpha + \Delta}{2}$ et il vient :

$$\frac{\sin \frac{\alpha + \Delta}{2}}{\sin \frac{\alpha}{2}} = \frac{OQ}{OP} = n.$$

puisque, par construction, le rapport des rayons des circonférence est égal à l'indice de réfraction.

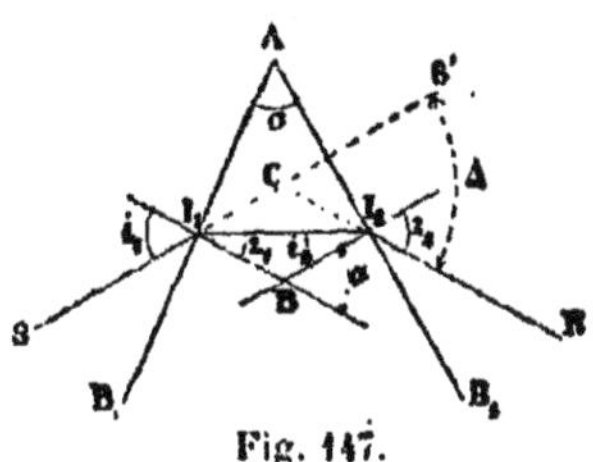
Fig. 147.

On peut écrire les équations générales qui permettent de traiter la question par le calcul. On a, en effet, en employant les notations ordinaires (fig. 147)

$$\frac{\sin i_1}{\sin r_1} = n \qquad \frac{\sin i_2}{\sin r_2} = \frac{1}{n}$$

et dans les triangles BI_1I_2 et CI_1I_2 :

$$\alpha = r_1 + i_2 \qquad \text{et } \Delta = (i_1 - r_1) + (r_2 - i_2) = i_1 + r_2 - \alpha$$

Ces quatre équations permettent d'éliminer r_1, i_2 et r_2, ce qui donne la déviation Δ en fonction de α, de n et de i.

En effectuant les calculs, qui ne présentent aucune difficulté, on arrive à l'équation :

$$\sin(\Delta + \alpha - i_1) = \sin\alpha\sqrt{n^2 - \sin^2 i_1} - \sin i_1 \cos\alpha$$

qui se prête mal à la discussion.

Dans le cas où l'angle du prisme est petit ainsi que l'angle d'incidence (et par conséquent aussi l'angle d'émergence), on peut calculer facilement la déviation ; les formules générales deviennent :

$$\frac{i_1}{r_1} = n \quad \frac{i_2}{r_2} = \frac{1}{n} \quad \alpha = r_1 + i_2 \quad \Delta = i_1 + r_2 - \alpha .$$

L'élimination de r_1, i_1, r_2 fait également disparaître i, et il reste la valeur simple :

$$\Delta = (n - 1)\alpha.$$

259. Mesure des indices de réfraction. — C'est en s'appuyant sur la valeur de la déviation minima que l'on détermine en général la valeur de l'indice de réfraction des corps.

Le corps étant amené à l'état de prisme, on mesure l'angle réfringent α, puis l'on cherche la valeur de la déviation minima Δ et l'équation précédente donne n. On peut, par exemple, se servir du goniomètre de Babinet qui permet d'abord, comme nous l'avons dit, de mesurer l'angle réfringent.

Pour mesurer la déviation minima, on rend libre la lunette L' (fig. 100), puis on l'amène à recevoir le faisceau réfracté, ce qui permet d'observer l'image de la fente ; on fait tourner l'alidade N qui entraîne le prisme et avec la lunette on suit le mouvement du faisceau. On arrive alors aisément à observer la déviation minima qui a lieu quand, l'alidade se mouvant toujours dans le même sens, on arrive à une position où pour suivre l'image il faut changer le sens du déplacement de la lunette. La position de la lunette est bien déterminée parce que, dans le voisinage de ce minimum, les variations de position du prisme ne produisent que des déplacements infiniment petits du faisceau réfracté et par suite de la lunette. On fixe alors la lunette et l'on fait une lecture qui détermine sa position.

On enlève le prisme réfringent et on déplace la lunette jusqu'à recevoir directement le faisceau sortant du collimateur L : la lunette prend alors la direction du faisceau incident. On fait une lecture qui détermine cette nouvelle position. La différence des deux lectures donne Δ : on connaît α, on peut donc calculer n.

Lorsqu'il s'agit d'un liquide, on le place dans un flacon prismatique dont les parois sont des lames à faces parallèles ; on s'assure à l'avance que le flacon vide ne produit aucune déviation.

L'indice de réfraction des gaz se détermine par une méthode analogue : on emploie seulement un prisme d'un très grand angle parce que les déviations sont faibles. Ce prisme est constitué par un cylindre coupé par des sections très obliques et fermé par des lames à faces parallèles ; on fait le vide et on introduit le gaz dont on mesure la pression, l'indice variant notablement avec cette donnée. On vise à l'aide d'un cercle répétiteur une mire éloignée dans la position de la déviation minima (qui est remplacée par la déviation maxima si le gaz est moins réfringent que l'air) ; puis on retourne l'appareil et l'on fait une nouvelle visée dans les mêmes conditions ; la variation de l'angle mesure le double de l'angle cherché.

Comme les lames de verre ne sont pas rigoureusement parallèles, il est nécessaire d'évaluer l'effet qu'elles produisent: on y arrive en recommençant la même opération en laissant l'intérieur du tube en communication avec l'air extérieur; la déviation est alors produite seulement par les lames de verre et la valeur trouvée doit, suivant le sens, s'ajouter à la déviation trouvée dans l'expérience principale ou s'en retrancher.

260. Réfraction à travers les surfaces centrées. — Etudions maintenant le cas où la lumière traverse plusieurs milieux réfringents séparés par des surfaces planes ou courbes : nous examinerons seulement le cas des systèmes dits *centrés*. On désigne ainsi un nombre quelconque de surfaces sphériques de peu d'amplitude, dont tous les centres sont sur une même droite qui est l'axe du système : on peut avoir, comme cas particulier, des surfaces planes perpendiculaires à l'axe du système.

Nous étudierons plus spécialement les lentilles qui constituent le plus simple des systèmes centrés. On désigne sous le nom de *lentille* un bloc de matière réfringente limité par deux surfaces géométriques dont l'une au moins est courbe.

Plusieurs lentilles peuvent être réunies et former un système centré si les centres des diverses surfaces sont sur une même droite.

Les propriétés générales que nous indiquerons, pour les systèmes centrés quelconques, seront évidemment applicables aux lentilles et aux combinaisons de lentilles.

Un faisceau homocentrique pénétrant dans un système centré donne un faisceau émergent qui est également homocentrique.

En effet, le passage à travers le premier dioptre produit un faisceau réfracté qui est homocentrique (254) et qui est le faisceau incident tombant sur le deuxième dioptre, où l'homocentricité est également conservée. Le même raisonnement se répète à chaque surface de séparation jusqu'à celle où se produit l'émergence, à la suite de laquelle l'homocentricité existe encore.

Un raisonnement du même genre permet de conclure que :

L'image d'une petite droite perpendiculaire à l'axe à travers un système centré est une petite droite également perpendiculaire à l'axe.

261. — Un système centré a deux foyers :

Considérons, en effet, un faisceau parallèle à l'axe tombant sur la première surface ; il donnera dans le deuxième milieu un faisceau homocentrique qui se transformera en traversant les surfaces suivantes sans cesser d'être homocentrique. Le sommet du faisceau émergent sera le premier foyer du système.

Il existe également un deuxième foyer, c'est-à-dire un point tel que le faisceau qui en émane se transforme à l'émergence en un faisceau parallèle. Pour le reconnaître, il suffit, en se basant sur la réversibilité, de considérer un faisceau parallèle arrivant en sens contraire sur la dernière surface et d'appliquer à ce faisceau le raisonnement précédent.

Les divers faisceaux parallèles qui tombent sous des directions différentes sur le premier dioptre donnent naissance à un plan focal d'où vont émaner des faisceaux ; ce plan focal aura dès lors une image à travers la deuxième surface, image qui sera également un plan perpendiculaire à l'axe ; et ainsi de suite de proche en proche jusqu'à l'émergence où les sommets des divers faisceaux émergents (qui sont les foyers secondaires du système) se trouvent dans un même plan qui est le premier plan focal.

On voit immédiatement, sans qu'il soit nécessaire d'insister, qu'il y a également un deuxième plan focal.

Donc :

Un système centré a deux plans focaux perpendiculaires à l'axe qui sont les lieux respectivement des premiers et des seconds foyers secondaires du système.

262. Lentilles. — Il existe diverses formes de lentilles, suivant que les deux faces sont courbes, ou une seule, et suivant que les faces courbes sont concaves ou convexes. On a l'habitude de caractériser la concavité ou la convexité des deux faces non par rapport à une direction donnée, mais par rapport à l'extérieur de la lentille.

Le nombre des lentilles de forme diverse est nécessairement limité : on n'en saurait trouver plus de 10, savoir :

	1re face.	2e face.	Nom.
1.	Convexe	Convexe	Lentille biconvexe.
2.	Convexe	Plane	Lentille plan convexe.
3.	Convexe	Concave coupant la 1re face	Ménisque convergent.
4.	Convexe	Concave ne coupant pas la 1re face	Ménisque divergent.
5.	Plane	Convexe	Lentille plan convexe.
6.	Plane	Concave	Lentille plan concave
7.	Concave	Convexe coupant la 1re face	Ménisque convergent.
8.	Concave	Convexe ne coupant pas la 1re face	Ménisque divergent.
9.	Concave	Plane	Lentille plan concave.
10.	Concave	Concave	Lentille biconcave.

Mais ces dix formes ne sont pas distinctes : les formes 2 et 5 ne diffèrent que par le retournement de la lentille ; il en est de même de 3 et 7, de 4 et 8, de 6 et 9 ; de telle sorte qu'il n'existe en réalité que 6 espèces de lentilles réellement différentes.

Au point de vue de la forme générale, ces lentilles se divisent en deux groupes :

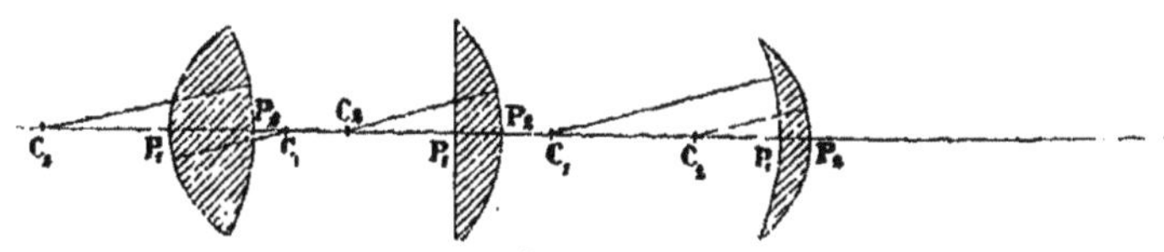

Fig. 148.

Le premier (fig. 148) comprend les lentilles 1, 2, 3 ; il est caractérisé par ce que le centre de la lentille est plus épais que les bords ; les surfaces se coupent, ou du moins peuvent se couper géométriquement, et alors les bords sont tranchants.

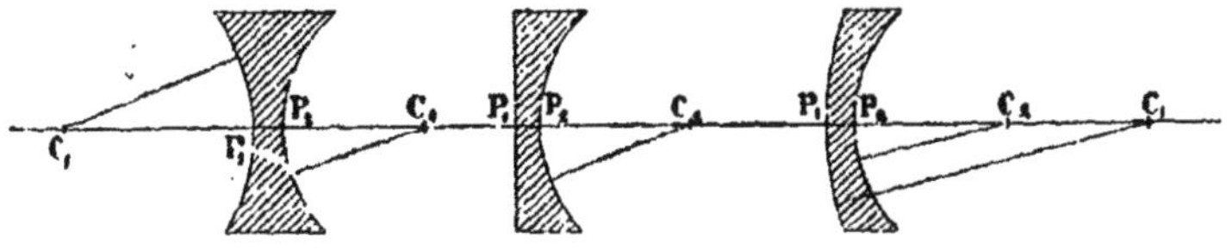

Fig. 149.

Le deuxième groupe (fig. 49) comprend les lentilles 4, 6, 10 ;

elles sont caractérisées par ce que le centre est moins épais que les bords; ceux-ci sont mousses, les surfaces ne pouvant jamais se couper.

On reconnaît que cette division en deux groupes correspond à des différences de propriétés optiques : le premier groupe est formé de lentilles convergentes, le deuxième de lentilles divergentes.

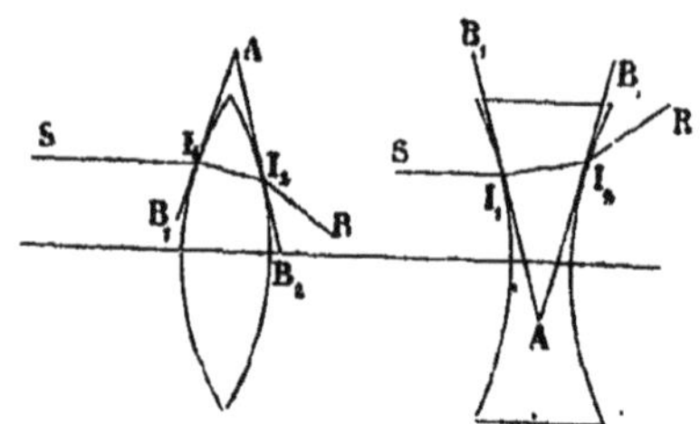

Fig. 150 et 151.

Si, en effet, on considère un rayon SI, parallèle à l'axe tombant sur la lentille (fig. 150 et 151), il subit une réfraction à l'entrée en I_1 et une deuxième réfraction à la sortie en I_2 ; on peut, par la pensée, remplacer les faces par les plans tangents B_1A, B_2A aux points d'incidence et d'émergence, et le rayon considéré se comporte comme s'il traversait un prisme B_1AB_2 qui serait limité à ces plans tangents, c'est-à-dire qu'il est dévié du côté de la base du prisme. Or, ce prisme a sa base du côté de l'axe pour les lentilles du premier groupe (fig. 150) qui, dès lors, ramènent vers l'axe les rayons qui arrivent parallèlement, c'est-à-dire les fait converger; tandis que, au contraire, ce prisme a son sommet dirigé vers l'axe pour les lentilles du 2e groupe (fig. 151) qui font, dès lors, diverger les rayons qui arrivent parallèlement.

263. Centre optique ; points nodaux. — Soit une lentille dont C_1 et C_2 sont les centres des deux faces et dont P_1 et P_2 sont les pôles (fig. 152 et 153).

Menons par les centres deux droites parallèles quelconques $C_1 I_1$ et $C_2 I_2$, et joignons les points $I_1 I_2$; la droite ainsi tracée coupe l'axe en O, point indépendant de la direction choisie pour les lignes $C_1 I_1$ et $C_2 I_2$. On a, en effet :

$$\frac{OC_2}{OC_1} = \frac{C_2I_2}{C_1I_1} = \frac{C_2P_2}{C_1P_1}$$

le point O partage C_1 C_2 proportionnellement aux rayons des deux faces. Ce point est appelé *centre optique* de la lentille. Considérons I_1 I_2 comme un rayon lumineux qui traverse la lentille, soient SI_1 et I_2R les directions du rayon incident et du rayon émergent correspondant. Ces droites sont parallèles, car les normales en I_1 et I_2 le sont et le rayon considéré se comporte comme s'il traversait une lame à faces parallèles. Il n'y a donc que déplacement du rayon considéré par son passage à travers la lentille, déplacement qui est proportionnel à l'épaisseur traversée I_1 I_2. Si, comme on peut le supposer pour les applications que nous aurons à traiter, il est possible de regarder cette épaisseur comme négligeable, il en sera de même du déplacement : le rayon considéré qui passe par le centre optique traversera donc la lentille sans changement.

Les rayons qui se trouvent dans ces conditions constituent ce que l'on appelle des *axes secondaires*.

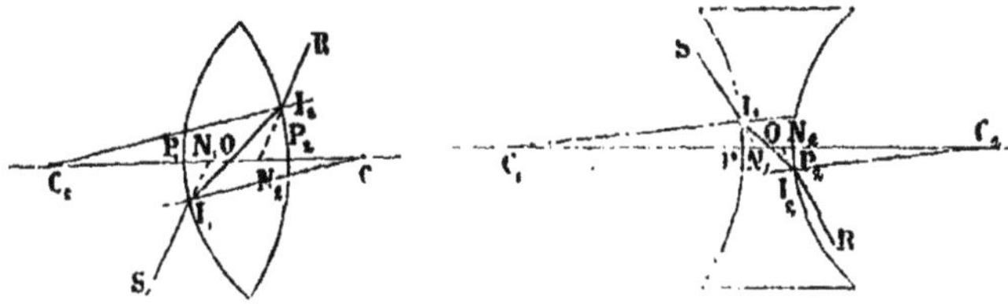

Fig. 152 et 153

Prolongeons les rayons SI_1 et I_2 R (fig. 152 et 153) respectivement jusqu'aux points N_1 et N_2 où ils coupent l'axe ; ces points sont également fixes, indépendants de la direction choisie, car ils sont respectivement les images du centre optique O (fig. 154) par rapport aux dioptres que représentent la première et la deuxième faces ; on les appelle des *points nodaux*.

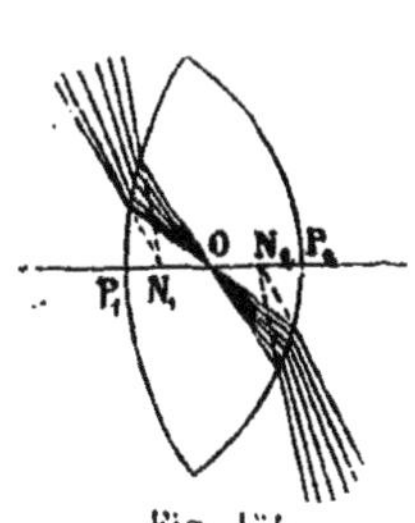

Fig. 154.

On voit que, par définition même, tout rayon SI_1 qui arrive de manière à passer par N_1 sort en passant par N_2 parallèlement à sa direction primitive. Les droites ainsi obtenues sont appelées *droites de direction* ; lorsque l'on veut tenir compte de l'épaisseur de la lentille, elles remplacent pour les constructions géométriques les axes secondaires qui n'existent plus alors.

On peut déterminer exactement la position des points nodaux. Nous nous bornerons à signaler la relation suivante :

$$\frac{C_1N_1}{C_1I_1} = \frac{C_2N_2}{C_2I_2} \qquad \text{et par suite} \qquad \frac{C_1N_1}{C_1O} = \frac{C_2N_2}{C_2O}.$$

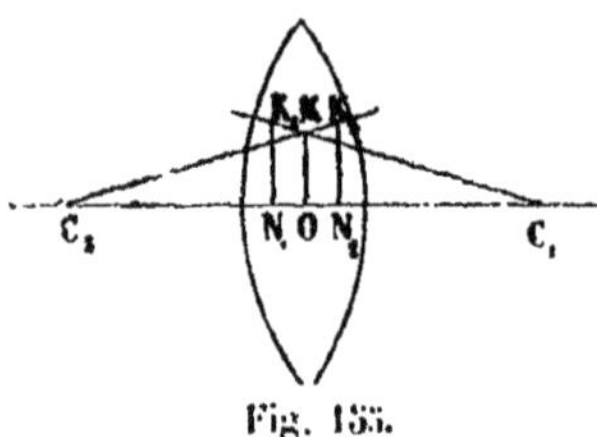

Fig. 155.

Considérons maintenant un objet KO (fig. 155) (objet *virtuel* nécessairement) qui serait placé au centre *optique* ; nous savons que ses images par rapport aux deux dioptres qui limitent la lentille sont respectivement en N_1 et N_2 ; de plus, elles sont nécessairement limitées aux axes secondaires correspondants C_1K, C_2K : ce sont donc immédiatement N_1K_1 et N_2K_2. On a entre ces quantités les relations suivantes :

$$\frac{N_1K_1}{OK} = \frac{C_1N_1}{C_1O} \qquad \text{et} \qquad \frac{N_2K_2}{OK} = \frac{C_2N_2}{C_2O}.$$

Mais les seconds membres étant égaux, il faut que $N_1K_1 = N_2K_2$; les deux images considérées sont égales.

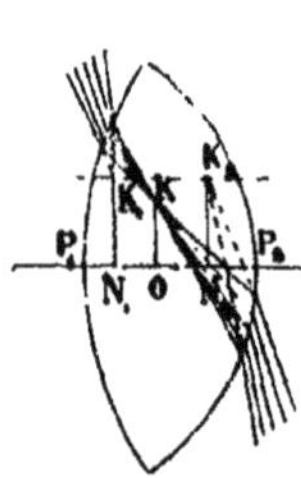

Fig. 156.

Or le point K_1 (fig. 156) est le sommet virtuel d'un faisceau qui arrivant sur la lentille y serait transformé en un faisceau dont le sommet serait K, qui deviendrait à la sortie de la lentille, un faisceau qui aurait K_2 pour sommet. Ceci revient à dire que tous les rayons qui *rencontrent à une certaine hauteur* le plan vertical mené par N_1 sortent en coupant à la même hauteur le plan vertical mené par N_2. Ces plans, dont la considération est utile dans un grand nombre de cas, sont appelés *plans principaux*.

264. Etude des lentilles infiniment minces. — Considérons l'effet produit par la 1re face et cherchons la position de l'image qu'elle ferait d'un point situé sur l'axe ; elle serait déterminée (254) par l'équation

$$\frac{n}{p'_1} - \frac{1}{p_1} = \frac{n-1}{R_1}$$

Pour la seconde face, l'image d'un point serait donnée par une équation analogue, mais il faudrait remplacer n par $\frac{1}{n}$, car la lumière passe cette fois du milieu réfringent à l'air. On aurait donc

$$\frac{\frac{1}{n}}{p'_2} - \frac{1}{p_2} = \frac{\frac{1}{n} - 1}{R_2}$$

ou

$$\frac{n}{p_2} - \frac{1}{p'_2} = \frac{n-1}{R_2}.$$

Si nous voulons avoir l'image d'un point par rapport à la lentille, il faudra chercher son image par rapport au premier dioptre, puis l'image de celle-ci par rapport au second dioptre. Si nous négligeons l'épaisseur de la lentille (c'est-à-dire la distance des faces des dioptres) on a évidemment $p'_1 = p_2$ et si nous appelons p et p' les abscisses du point lumineux et de son image ($p = p_1$ et $p' = p'_2$), nous aurons :

$$\frac{1}{p'} - \frac{1}{p} = (n-1)\left(\frac{1}{R_1} - \frac{1}{R_2}\right)$$

équation absolument générale, comme celles qui ont servi à la déterminer.

265. — On peut chercher les foyers :

Si l'on fait $p = \infty$, le point que l'on obtiendra sera le premier foyer; désignons son abscisse par f', elle sera donnée par la formule

$$\frac{1}{f'} = (n-1)\left(\frac{1}{R_1} - \frac{1}{R_2}\right)$$

En faisant au contraire $p' = \infty$, on aura le second foyer, et si f'' est son abscisse, il vient :

$$\frac{1}{f''} = -(n-1)\left(\frac{1}{R_1} - \frac{1}{R_2}\right).$$

Les deux foyers sont donc situés à la même distance de part et d'autre de la lentille, car ces valeurs sont égales et de signes contraires.[1]

On écrit souvent la formule générale en introduisant la distance focale, on a alors :

$$\frac{1}{p'} - \frac{1}{p} = \frac{1}{f} = -\frac{1}{f''}$$

Enfin, on peut avantageusement transformer cette relation. Les points sont encore déterminés par des abscisses comptées positivement ou négativement suivant le sens : nous adopterons pour sens positif celui du côté d'où vient la lumière, comme précédemment. Mais l'abscisse l du point lumineux est comptée à partir du 2ᵉ foyer principal, et l'abscisse l' de l'image est comptée à partir du 1ᵉʳ foyer principal. Enfin nous appellerons *distance focale* φ l'abscisse de la lentille comptée à partir du 2ᵉ foyer principal.

On a alors entre ces éléments et ceux qui entrent dans la formule précédente les relations générales :

$$\varphi = -f'' \qquad p = l - \varphi \qquad p' = l' + \varphi$$

Substituant dans l'équation précédente, il vient :

$$\frac{1}{l' + \varphi} - \frac{1}{l - \varphi} = \frac{1}{\varphi}$$

ce qui donne, après réduction, la formule très simple :

$$ll' = -\varphi^2.$$

266. — On peut directement, en se servant de la valeur de la distance focale, reconnaître les conditions de convergence ou de divergence d'une lentille.

1. Dans le cas où l'on veut tenir compte de l'épaisseur de la lentille, les distances focales doivent être comptées à partir des points nodaux.

Lorsque la valeur de l'abscisse du 1er foyer est négative, ce foyer, d'après nos conventions, se trouve du côté opposé à celui d'où vient la lumière ; le faisceau émergent est convergent, le foyer réel, la lentille convergente. Elle est divergente au contraire si l'abscisse du 1er foyer est positive. Il suffit donc de chercher les conditions pour que l'expression

$$\frac{1}{f'} = (n-1)\left(\frac{1}{R_1} - \frac{1}{R_2}\right)$$

soit positive ou négative.

La discussion n'offre aucune particularité ; elle conduit à retrouver les 10 formes de lentilles que nous avons indiquées déjà et à les diviser en deux groupes.

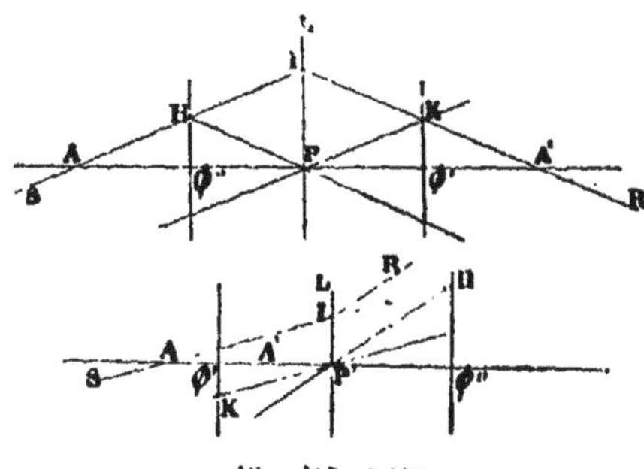

Fig. 157 et 158.

267. — Connaissant les foyers d'une lentille Φ'Φ'' (fig. 157 et 158), les deux plans focaux sont déterminés : ces plans peuvent être utilisés dans un grand nombre de cas. Ils servent notamment à trouver le rayon émergent correspondant à un rayon incident donné : on emploie des constructions qui présentent une grande analogie avec ce que nous avons indiqué pour les miroirs ; il nous paraît inutile d'insister et nous signalerons seulement la construction suivante.

Menons par le centre optique P la parallèle PK au rayon incident SI ; elle coupe le plan focal Φ' en un point K qui appartient au rayon émergent. D'autre part, soit H le point où le rayon incident SI rencontre le plan focal Φ'' ; joignons HP ; cette droite est parallèle au rayon émergent, qui est dès lors complètement déterminé.

Remarquons que si l'on a le point I, l'une de ces deux constructions suffit.

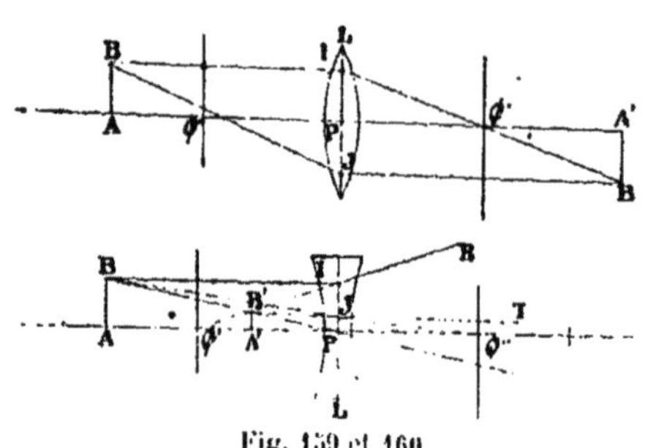

Fig. 159 et 160.

268. Images des objets. — L'image d'une droite AB (fig. 159 et 160) fournie par une lentille est une droite, comme nous l'avons dit pour les systèmes centrés en général; si nous limitons cette droite à l'axe en A, son image sera complètement déterminée si l'on connaît l'image de l'autre extrémité B; on est donc conduit à déterminer l'image d'un point.

Pour y arriver, il suffit de considérer deux rayons partant de ce point et de construire les rayons réfractés correspondants; le point de rencontre de ces rayons sera l'image cherchée.

Au lieu de prendre deux rayons quelconques, ce qui serait possible, il est plus commode de faire choix de rayons particuliers dont les rayons réfractés se trouvent immédiatement. Comme pour les miroirs, les trois rayons suivants fournissent des résultats simples :

Le rayon qui joint le point considéré au centre optique ou axe secondaire passant par le point considéré : il traverse la lentille sans déviation ;

Le rayon BI parallèle à l'axe passant par le point considéré; il se réfracte en passant par le 1er foyer principal Φ' ;

Enfin le rayon $B\Phi''$ qui joint le point considéré au 2e foyer principal ;il se réfracte parallèlement à l'axe.

Le premier rayon est commode au point de vue graphique, les autres se prêtent très bien à la discussion.

Il est facile d'étudier les différents cas qui peuvent se présenter pour les lentilles convergentes et pour les lentilles divergentes en s'appuyant sur la construction géométrique : la marche est entièrement analogue à celle que nous avons indiquée pour les miroirs. Nous ne nous y arrêterons pas et nous ferons cette discussion en partant des formules.

269. — Nous avons déjà donné (265) la formule $ll' = -\varphi^2$ qui lie les positions des foyers conjugués. L'une des constructions indiquées pour trouver l'image fournit une relation entre sa grandeur et celle de l'objet. On a, en effet, immédiatement (fig. 159 et 160), en remarquant que $IP = AB$ et $JP = A'B'$

$$\frac{A'B'}{AB} = \frac{P\Phi''}{\Phi''A} \qquad \text{et} \qquad \frac{A'B'}{AB} = \frac{\Phi'A'}{P\Phi'}$$

Remplaçant ces quantités par les lettres qui servent à désigner les abscisses et les ordonnées, on arrive aux relations suivantes qui sont absolument générales, comme on peut le vérifier :

$$\frac{I}{O} = \frac{\varphi}{l} = -\frac{l'}{\varphi}$$

Les équations $ll' = -\varphi^2$ et $\frac{I}{O} = \frac{\varphi}{l}$ permettent de faire très rapidement la discussion.

Remarquons d'abord que :

Si l'on fait $I = O$, on a $l = \varphi$ et $l' = -\varphi$: l'image est alors égale à l'objet et de même sens ; les valeurs de l et l' nous apprennent que l'objet et l'image sont en coïncidence avec la lentille supposée réduite à un plan. Ce plan est dit *plan principal*[1].

On peut avoir $I = -O$, l'image renversée a la même dimension que l'objet. On a alors $l = -\varphi$, l'objet est situé dans un plan qui est le symétrique du plan principal par rapport à ce

1. Lorsque l'on veut tenir compte de l'épaisseur de la lentille, il y a deux plans principaux passant par les points nodaux : quand l'objet coïncide avec l'un, on a dans l'autre une image droite et égale à l'objet.

2e foyer : on a, d'autre part, $l' = \varphi$, l'image est située dans un plan symétrique du plan principal par rapport au 1er foyer.

Ces deux plans qui sont à la même distance, de part et d'autre de la lentille, sont appelés plans antiprincipaux.

Les deux plans antiprincipaux, les deux plans focaux, le plan principal (ou la lentille) divisent l'espace en six régions qu'il faut examiner séparément pour la discussion. Cette discussion doit être faite successivement pour les deux espèces de lentilles.

270. Lentilles convergentes. — La distance focale φ étant l'abscisse de la lentille par rapport au 2e foyer est négative dans le cas des lentilles convergentes (fig. 161).

L'objet fournit effectivement une image lorsqu'il est du côté de la lentille d'où vient la lumière, c'est-à-dire tant que son abscisse est plus grande que φ. Si l'on veut donner à l'abscisse de l'objet des valeurs moindres que φ, l'objet ne peut être placé au point correspondant ; la lumière, marchant toujours dans le même sens, ne rencontrerait pas la lentille. Dans ce cas, il faut admettre des objets virtuels (226).

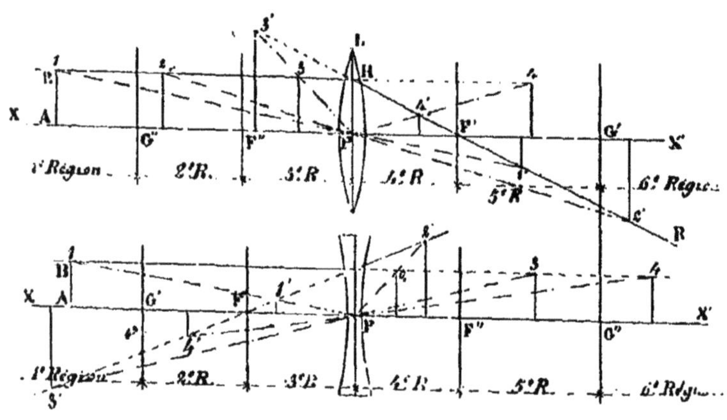

Fig. 161 et 162.

L'image sera réelle si elle se forme au-delà de la lentille dans le sens où marche la lumière, c'est-à-dire si son abscisse est moindre que $-\varphi$; elle sera virtuelle dans le cas contraire, si son abscisse est plus grande que $-\varphi$.

L'image sera droite ou renversée suivant que le rapport $\frac{I}{O}$ sera positif ou négatif ; la valeur de ce rapport indiquera immédiatement la grandeur comparée de l'image et de l'objet.

La discussion algébrique des formules n'offre aucune difficulté ; on reconnaît immédiatement les valeurs particulières qu'il faut donner à φ. Les remarques que nous venons de faire permettent d'interpréter aisément les résultats que nous résumons dans le tableau suivant :

OBJET			IMAGE			Image comparée à l'objet	
l	Position	Nature	l'	Position	Nature	$\frac{I}{O}$	Sens.
$+\infty$			0	1er Pl. focal.		0	
	1re région			5e région			
$-\varphi$	2e Pl. antiprinc.		φ	1er Pl. antiprinc.	Réelle	-1	Renversée.
	2e région	Réel		6e région			
0	2e Pl. focal.		$\mp\infty$			$\mp\infty$	
	3e région			1re, 2 et 3e rég.	Virtuelle		
φ	Pl. principal.		$-\varphi$	Pl. principal.		$+1$	Droite.
	4e, 5e, 6e rég.	Virtuel		4e région	Réelle		
$-\infty$			0	1er Pl. focal.		0	

271. Lentilles divergentes. — Dans ces lentilles les foyers sont virtuels ; le 2e foyer est donc du côté de la lentille opposé à celui d'où vient la lumière, et l'abscisse φ de la lentille par rapport à ce foyer est positive (fig. 162).

L'objet est réel tant qu'il est par rapport à la lentille du côté d'où vient la lumière, c'est-à-dire tant que son abscisse est plus grande que φ ; il est virtuel dans le cas contraire.

L'image est réelle tant que, par rapport à la lentille, elle est du côté opposé à celui d'où vient la lumière, c'est-à-dire tant que son abscisse est moindre que celle de la lentille par rapport au 1er foyer, moindre que $-\varphi$; elle est virtuelle dans le cas contraire.

Il n'y a rien à signaler de spécial pour le rapport $\frac{I}{O}$.

Il importe de remarquer que les régions portant le même numéro dans les deux cas ne sont pas limitées par les plans correspondants, car les plans cardinaux ne se présentent pas dans le même ordre pour les deux groupes de lentilles.

Le tableau suivant résume la discussion qui se fait sans difficulté.

OBJET			IMAGE			Image comparée à l'objet.	
l	Position	Nature	l'	Position	Nature	$\frac{I}{O}$	Sens.
$+\infty$			0	1er Pl. focal.		0	
	1, 2, 3e rég.	Réel		3e région.	Virtuelle		
φ	Pl. principal.		$-\varphi$	Pl. principal.		1	Droite.
	4e région			4, 5, 6e rég.	Réelle.		
0	2e Pl. focal.		$\mp\infty$			$\pm\infty$	
	5e région.	Virtuel		1re région.			
$-\varphi$	2e pl. antiprinc.		φ	1er Pl. antiprinc.	Virtuelle	-1	Renversée.
	6e région.			2e région.			
$-\infty$			0	1er Pl. focal.		0	

La comparaison de ces deux tableaux permet d'énoncer les règles suivantes qui sont absolument générales :

Dans une lentille quelconque, lorsque l'on déplace l'objet, l'image se déplace dans le même sens ;

L'image est droite quand elle est de nature opposée à l'objet : elle est renversée quand elle est de même nature.

272. Aberration de sphéricité. — La conservation de l'homocentricité des faisceaux dans les lentilles n'est pas rigoureusement vraie, elle ne le serait qu'à la limite si l'amplitude des dioptres qui composent les lentilles tendait vers zéro. En réalité, pour les lentilles comme pour les dioptres, l'homocentricité n'existe pas réellement, les divers rayons réfractés ne coupent pas l'axe en un même point, même dans le cas simple où le faisceau incident est cylindrique ; il y a à considérer une aberration comme pour les miroirs. On la désigne sous le nom d'aberration de sphéricité : on reconnaît aisément qu'elle provient de ce que les rayons qui arrivent sur les bords de la lentille (fig. 163), rayons marginaux, viennent après réfraction couper l'axe plus près de la lentille que les rayons centraux.

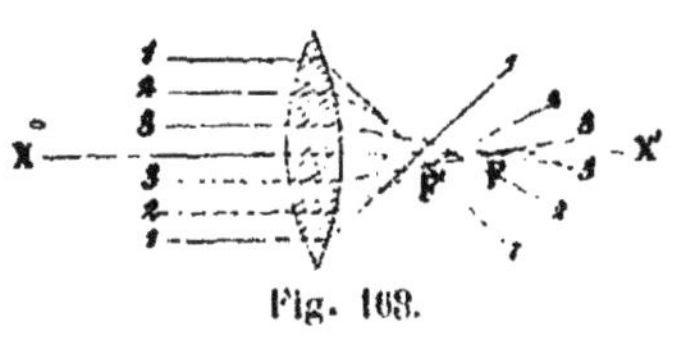

Fig. 163.

On peut supprimer l'aberration, pour un faisceau incident déterminé, en remplaçant l'une des surfaces sphériques par une surface différente. Foucault a construit ainsi deux lentilles *aplanétiques*, sans aberration de sphéricité pour des faisceaux incidents parallèles ; mais la taille de ces lentilles présente de très grandes difficultés et nous ne croyons pas qu'on ait recommencé cette opération. Ajoutons d'ailleurs qu'une lentille n'est aplanétique que pour un faisceau incident déterminé et présente une aberration pour tous les autres faisceaux.

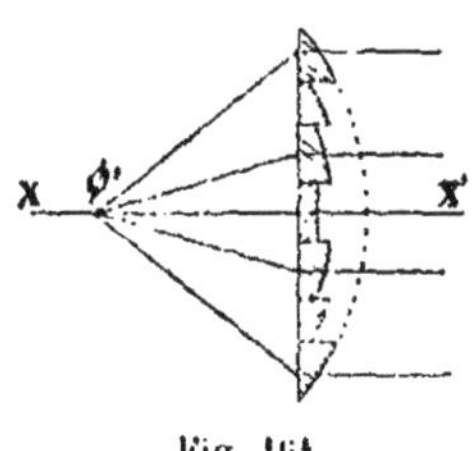

Fig. 164.

273. — En général, comme nous le dirons, on diminue l'aberration en employant des combinaisons de lentilles. Mais dans quelques cas, notamment lorsqu'il s'agit de lentilles de grandes dimensions qui ne peuvent être obtenues d'un seul morceau comme pour les lanternes de phare, on emploie avantageusement les *lentilles à échelons* imaginées par Fresnel. Ces lentilles sont constituées par des parties annulaires juxtaposées (fig. 164) ; la courbure n'est pas la même pour toutes et varie d'un anneau à l'autre, de telle manière que les foyers des divers anneaux se fassent en un même point.

La fragmentation de la lentille a, en outre, l'avantage de permettre de réduire l'épaisseur de la matière traversée par la lumière à la partie centrale, et par conséquent, de diminuer l'absorption et l'affaiblissement d'intensité du faisceau.

274. Combinaison de deux lentilles. — L'effet produit par la réunion d'un système de deux ou plusieurs lentilles, constituant un système centré, peut être aisément déterminé en appliquant de proche en proche les constructions ou les formules que nous avons données.

On peut trouver une formule générale, s'appliquant à une combinaison quelconque de deux lentilles, et qui peut être utilement employée.

Fig. 165.

Nous conserverons pour les abscisses les notations déjà adoptées en les affectant d'un indice suivant qu'elles se rapporteront à la première ou à la deuxième lentille. Nous désignerons par λ la distance des deux lentilles (fig. 165).

L'objet AB donnera dans la première lentille une image A_1B_1 caractérisée par les équations

$$l_1 l'_1 = -\varphi_1^2 \qquad \frac{I_1}{O_1} = \frac{\varphi_1}{l_1} = -\frac{l'_1}{\varphi_1}$$

Cette image joue le rôle d'objet par rapport à la deuxième lentille et donne une image A'B', qui est l'image cherchée, déterminée par les équations

$$l_2 l'_2 = -\varphi_2^2 \qquad \frac{I_2}{O_2} = \frac{\varphi_2}{l_2} = -\frac{l'_2}{\varphi_2}$$

Mais il faut exprimer que l'image fournie par la première lentille sert précisement d'objet pour la deuxième, ce qui introduit les conditions :

$$\lambda = -\varphi_1 - l_1 + l_2 - \varphi_2 \qquad I_1 = O_2$$

Les relations cherchées s'obtiendront en éliminant toutes les données relatives à l'image intermédiaire qu'il n'y a en général aucune utilité à considérer, c'est-à-dire qu'il faut éliminer l'_1, l_2, I_1 et O_2. On a immédiatement :

$$\lambda = -\varphi_1 - \varphi_2 + \frac{\varphi_1^2}{l_1} - \frac{\varphi_2^2}{l'_2} \qquad \frac{I_2}{O_1} = -\frac{\varphi_1}{\varphi_2} \cdot \frac{l'_2}{l_1}.$$

275. — Il est utile dans certains cas de déterminer les foyers d'un système de lentilles : on y arrive aisément à l'aide de la formule précédente en y faisant successivement l_1 puis l'_2 égaux à l'infini ; appelons L' et L'' les abscisses correspondantes, on aura immédiatement :

$$L' = -\frac{\varphi_2^2}{\lambda + \varphi_1 + \varphi_2} \qquad \text{et} \qquad L'' = \frac{\varphi_1^2}{\lambda + \varphi_1 + \varphi_2}.$$

Il peut être plus commode de déterminer les abscisses f' et f'' à partir des faces de lentilles correspondantes. On a alors:

$$f' = \varphi_2 + L' \qquad f'' = L'' - \varphi_1$$

ce qui donne :

$$f' = \frac{(\lambda + \varphi_1)\,\varphi_2}{\lambda + \varphi_1 + \varphi_2} \qquad f'' = \frac{-(\lambda + \varphi_2)\,\varphi_1}{\lambda + \varphi_1 + \varphi_2}$$

relations qui peuvent se mettre sous la forme simple :

$$\frac{1}{f'} = \frac{1}{\varphi_2} + \frac{1}{\lambda + \varphi_1} \qquad -\frac{1}{f''} = \frac{1}{\varphi_1} + \frac{1}{\lambda + \varphi_2}.$$

Les plans focaux du système sont dès lors déterminés.

On peut démontrer qu'un système quelconque de lentilles possède deux plans principaux et deux plans antiprincipaux et qu'on peut dès lors lui appliquer les procédés de construction que l'on donne pour les lentilles épaisses.

On a fréquemment à considérer le cas de deux lentilles en contact ; si on les suppose infiniment minces, toutes les formules précédentes leur seront applicables en faisant $\lambda = 0$.

En particulier, il vient pour déterminer la position des foyers du système :

$$\frac{1}{f'} = \frac{1}{\varphi_2} + \frac{1}{\varphi_1} \qquad -\frac{1}{f''} = \frac{1}{\varphi_1} + \frac{1}{\varphi_2}$$

c'est-à-dire que les deux foyers sont placés à la même distance de part et d'autre du système qui, dès lors, se comportera exactement comme une seule lentille ayant pour distance focale $f' = \frac{\varphi_1 \varphi_2}{\varphi_1 + \varphi_2}$.

276. Puissance dioptrique des lentilles. — Si l'on ne s'occupe pas de l'aberration, mais seulement des effets de convergence ou de divergence produits par une lentille, la forme et les courbures des faces qui la constituent sont sans intérêt et, seule, la distance focale intervient : elle suffit pour caractériser une lentille.

Cette donnée présente quelques inconvénients cependant, notamment celui que les effets produits par une lentille est d'autant plus considérable que la distance focale est plus petite. Cet inconvénient n'existe pas si l'on convient de caractériser une lentille par l'inverse de sa distance focale $\frac{1}{\varphi}$: c'est cette donnée qui sert maintenant exclusivement et qui mesure ce que l'on appelle la *puissance* d'une lentille. On est convenu également d'évaluer toujours dans cette formule la distance focale en mètres ; on a alors en désignant par P la puissance

$$P = \frac{1}{\varphi^m}$$

L'unité de puissance a été appelée *dioptrie* ; elle s'obtient en prenant $\varphi = 1^m$. La dioptrie est donc la puissance d'une lentille dont la distance focale est de 1^m.

La puissance d'une lentille, évaluée en dioptries, doit être affectée d'un signe qui fait connaître la nature de la lentille, convergente ou divergente.

Ce signe est déterminé par la même convention que celui de la distance focale.

L'introduction de la puissance des lentilles simplifie certains énoncés. C'est ainsi que l'équation qui donne la distance focale de deux lentilles superposées peut s'écrire $P = P_1 + P_2$ en désignant par P, P_1 et P_2 les puissances du système et des lentilles qui le composent. On a donc l'énoncé :

La puissance d'un système formé en accolant deux lentilles est égale à la somme algébrique des puissances des lentilles qui le composent.

277. Mesure des distances focales. — Lorsque l'on connaît les rayons de courbure des faces d'une lentille et l'indice de réfraction de la matière qui la compose, la formule générale (265) permet de calculer la puissance ou la distance focale

$$P = \frac{1}{f} = (n - 1)\left(\frac{1}{R_1} - \frac{1}{R_2}\right)$$

Mais on peut également déterminer expérimentalement ces données.

On fait cette détermination très rapidement si l'on a à sa disposition une *boîte d'optique*, c'est-à-dire une collection de lentilles convergentes et divergentes dont les puissances sont connues ; ces puissances doivent varier par dioptrie pour les lentilles faibles, par demie ou par quart de dioptrie pour les lentilles fortes.

Pour déterminer la puissance inconnue d'une lentille, on cherche à y adjoindre une lentille de nature opposée telle que le système ainsi constitué ait une puissance nulle ; les puissances des deux lentilles contraires ont alors la même valeur numérique à cause de la relation

$$P = P_1 + P_2$$

qui devient dans ce cas

$$P_1 + P_2 = 0.$$

Pour s'assurer que le système formé par les deux lentilles

accolées à une puissance nulle, il suffit de le déplacer devant un objet que l'on regarde au travers. Tant que le système joue le rôle de lentille, l'image que l'on voit et qui est sur l'axe secondaire passant par l'objet se déplace quand on fait mouvoir la lentille dont le centre optique entraîne l'axe secondaire qui par son extrémité est fixe. Lorsque le système n'a plus d'effet convergent ou divergent, il n'y a plus d'image à proprement parler, il n'y a plus d'axe ni de centre optique; le déplacement du système ne produit aucune modification dans la sensation que l'on éprouve. On essaie donc successivement les diverses lentilles de la boite jusqu'à ce qu'il s'en trouve une qui forme avec la lentille considérée un système de puissance nulle.

On peut également déterminer directement la distance focale d'une lentille; l'opération est simple surtout pour les lentilles convergentes qui sont d'ailleurs celles qui sont le plus souvent employées.

Lentille convergente. En exposant la lentille aux rayons du soleil ou d'une source lumineuse très éloignée, on peut recueillir sur un écran le faisceau émergent et chercher la position pour laquelle la tache lumineuse se réduit à un point; l'écran est alors en coïncidence avec le plan focal, dont il suffit de mesurer la distance à la lentille.

Prenant une flamme ou un corps vivement éclairé comme source de lumière, on cherche à recueillir son image nette sur un écran; on mesure les distances p et p' de l'objet et de l'image à la lentille, et l'on a la distance focale f par la relation

$$\frac{1}{f} = \frac{1}{p'} - \frac{1}{p}$$

Mais la méthode la plus commode et la plus précise consiste à déterminer les plans anti-principaux. A cet effet, on prend comme objet une ligne tracée sur une plaque translucide et divisée en parties égales : on l'éclaire fortement par derrière et on recueille son image sur un écran présentant des divisions égales. On déplace l'objet et l'écran jusqu'à ce que l'image et l'objet soient égaux, ce dont on s'assure aisément car alors les divisions de l'image peuvent coïncider exactement avec celles de l'objet. La distance de l'objet à l'écran est alors égale à 4 fois la distance focale.

On a construit sous le nom de *focomètres* ou *phakomètres* des appareils qui permettent d'effectuer aisément l'opération que nous venons d'indiquer.

On peut opérer plus exactement ainsi qu'il suit : on cherche la position de l'écran pour laquelle l'image est égale à l'objet, puis celle pour laquelle l'image est double de l'objet : la distance de ces deux positions mesure la distance focale.

Soient en effet l'_1 et l'_2 les abscisses de ces deux positions correspondant la 1re à $I = O$, la 2e à $I = 2O$. La formule générale $\frac{I}{O} = -\frac{l'}{\varphi}$ donne $\varphi = -l'_1$ et $2\varphi = -l'_2$ d'où $l'_1 - l'_2 = \varphi$.

Lentille divergente. La meilleure méthode consiste à obtenir un faisceau convergent par un procédé quelconque, miroir ou lentille convergente, et à bien déterminer la position de son sommet ; à interposer la lentille de manière à ce que le faisceau émergent soit encore convergent et à déterminer la position du sommet : la formule générale $\frac{1}{f} = \frac{1}{p'} - \frac{1}{p}$ dans laquelle p' et p sont pris avec le même signe donne la valeur de la distance focale.

On peut encore opérer autrement : on place devant la lentille ou mieux sur l'une de ses faces un écran opaque AB (fig. 166) percé de deux petites ouvertures A,B dont on connaît la distance d. On fait tomber sur la lentille un faisceau parallèle qui donne deux pinceaux émergents qui vont en divergeant ; on les coupe par un écran MM' sur lequel ils forment deux taches lumineuses A', B' et l'on déplace l'écran jusqu'à ce que la distance des centres des deux taches soit égale à 2 d. On voit immédiatement que la distance PQ de la lentille a l'écran est précisément égale à la distance focale Pφ'.

Fig. 166.

278. Diffusion. — Nous avons dit que lorsqu'un faisceau

lumineux tombe sur la surface de séparation de deux milieux, outre le faisceau réfléchi et le faisceau réfracté, il y a de la lumière dite diffusée qui est envoyée dans toutes les directions. Cette lumière diffusée n'a pas la même intensité dans toutes les directions, comme nous le dirons plus loin ; mais, comme nous ne nous occupons actuellement que des lois qui régissent la direction des rayons, nous n'avons pas à nous arrêter à ces variations.

Nous nous bornerons à faire remarquer l'importance de ce phénomène : c'est, en effet, la lumière diffusée qui nous fait connaître l'existence des corps. Lorsqu'un corps dont les surfaces ne diffusent pas est interposé entre une source de lumière et notre œil, nous ne le distinguons pas : c'est le cas d'une glace à faces bien polies et bien propres mise à une fenêtre ; mais il suffit qu'il y ait quelques irrégularités, quelques poussières, un peu de vapeur condensée, pour qu'il y ait diffusion et que nous soyons assurés de l'existence de la glace.

S'il n'y avait pas diffusion, les corps non transparents se diviseraient en deux groupes : les corps qui réfléchissent la lumière et ceux qui ne la réfléchissent pas. Les premiers donneraient des faisceaux réfléchis qui parviendraient à l'œil et lui fourniraient la notion de l'image du corps sans aucune indication sur le changement de direction qu'a subi le faisceau, ni sur la surface où ce changement s'est effectué : c'est ce que l'on observe quelquefois dans le cas de miroirs plans ou courbes parfaitement polis. Quant aux corps non diffusifs qui ne produiraient pas la réflexion, ils ne renverraient à l'œil aucune lumière et, par suite, ne pourraient être vus.

Le rôle de la diffusion explique l'avantage qu'il y a à recevoir sur un écran les images réelles que l'on veut montrer à plusieurs personnes. Pour voir une image réelle, il faut que l'œil de l'observateur soit situé dans le prolongement du faisceau conique qui fournit l'image, et le plus souvent ce faisceau a peu d'amplitude. Si l'on reçoit au contraire l'image sur un écran, celui-ci diffuse la lumière dans toutes les directions, et quelle que soit la position de l'observateur il peut voir l'image.

Il importe de signaler que l'air et l'eau contiennent en général en suspension des particules très fines sur chacune desquelles se produit le phénomène de la diffusion. La lumière ainsi diffusée n'est pas sans importance : c'est à elle, par exemple, qu'est dû le fait que dans l'atmosphère il n'y a jamais d'ombre absolue, c'est à elle que sont dues les variations d'éclairement que l'on observe dans les parties où la lumière directe n'intervient pas et qui renseignent sur la forme des corps.

Lorsqu'un faisceau de lumière traverse un corps parfaitement transparent, il provoque la sensation lumineuse chez un observateur dont l'œil le reçoit ; mais il ne saurait produire aucun effet sur un œil placé latéralement et qui regarde le chemin qu'il parcourt. Si le milieu, au contraire, présente des particules en suspension, s'il est diffusif dans sa masse, une partie de la lumière est envoyée dans toutes les directions et parvient à un œil placé latéralement : l'observateur voit donc alors la trace du faisceau lumineux. C'est ce qui arrive par exemple, dans l'air en général, et notamment dans l'air rempli de poussières.

Tyndall a basé sur cette remarque un procédé pour s'assurer si une masse gazeuse est complètement débarrassée de toute matière en suspension. Le même procédé a été utilisé pour s'assurer de la pureté absolue de l'eau filtrée.

§ III.

DOUBLE RÉFRACTION.

Phénomènes généraux. — Lois. — Applications.

239. Double réfraction. — Les phénomènes de changement de direction, qui se produisent quand un faisceau lumineux passe d'un milieu à un autre se compliquent lorsque le second milieu est cristallisé dans un système autre que le système cubique ; si l'on considère un rayon lumineux incident, on reconnaît qu'il se dédouble en pénétrant dans le cristal : un des rayons suit les lois de Descartes, l'autre, sauf pour quelques cas particuliers, ne suit pas ces lois ; pour cette raison le premier est désigné sous le nom de *rayon ordinaire*, l'autre sous le nom de *rayon extraordinaire*.

Les deux faisceaux provenant du dédoublement du faisceau incident jouissent en outre de propriétés particulières sur lesquelles nous reviendrons plus tard (Voir **Polarisation**) ; nous ne nous occuperons actuellement que de la question de la direction des rayons.

Nous ne traiterons pas d'ailleurs la double réfraction d'une manière absolument générale, et nous étudierons spécialement les effets produits par une substance cristallisée fréquemment employée en optique : le spath d'Islande

La forme cristalline du spath est le rhomboèdre, solide compris entre six losanges égaux : parmi les quatre diagonales qu'il possède, il y en a une qui fait des angles égaux avec les trois arêtes aboutissant au même sommet, arêtes qui sont d'autre part également inclinées l'une sur l'autre. Cette droite est l'*axe* du cristal.

Étant donné un fragment de cristal taillé d'une façon quelconque, on peut en chaque point considérer une droite qui serait parallèle à l'*axe* du cristal auquel appartiendrait ce fragment, ce qui définit la direction de cette droite. Cette direction fixe pour un même cristal est ce que l'on nomme l'*axe optique*.

Étant donnés une face sur laquelle tombe un rayon lumineux et son point d'incidence, on appelle *section méridienne*, *plan méridien*, tout plan contenant l'axe optique qui passe par le point d'incidence. On appelle *section principale* le plan méridien normal à la face d'incidence, contenant par conséquent la normale à cette face et l'axe optique passant par le point d'incidence.

Le rayon ordinaire suit les lois de Descartes ; il n'y a pas lieu de définir d'une façon spéciale son indice que nous appellerons *indice ordinaire*. Il y a un cas particulier, comme nous le dirons plus loin, dans lequel le rayon extraordinaire suit aussi les lois de Descartes ; il a alors indice de réfraction, mais il n'est pas le même que celui du rayon ordinaire : nous le désignerons sous le nom *d'indice extraordinaire* du cristal.

Il n'existe aucune relation de grandeur nécessaire entre les indices de réfraction d'un cristal : pour le spath d'Islande, l'indice de réfraction ordinaire est plus grand que l'indice extraordinaire.

280. Construction des rayons réfractés. — Huygens a donné une construction qui permet dans tous les cas de trouver à la fois le rayon ordinaire et le rayon extraordinaire correspondant à un rayon incident donné. Nous verrons que cette construction se trouve en relation avec la cause qui sert à expliquer le phénomène ; il nous suffit actuellement de l'indiquer sans en rechercher l'origine.

La construction exige l'emploi de trois surfaces auxiliaires qui sont (fig. 167) :

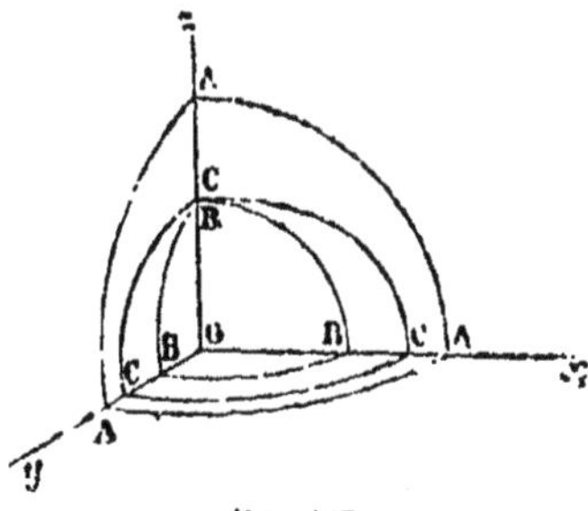

Fig. 167.

Une sphère A dont le rayon est l'inverse de l'indice de réfraction absolu de l'air ;

Une sphère B dont le rayon est l'inverse de l'indice de réfraction ordinaire absolu du cristal ;

Un ellipsoïde de révolution C ayant pour axe Oz l'axe optique, pour rayon polaire OB le rayon de la sphère B (à laquelle il est tangent naturellement) et pour rayon équatorial OC l'inverse de l'indice de réfraction extraordinaire absolu du cristal.

Dans le cas du spath, le rayon équatorial est plus grand que le rayon polaire, l'ellipsoïde est donc extérieur à la sphère B. Il est intérieur à la sphère A.

Soient alors P (fig. 168) la face d'incidence du spath, I le point d'incidence d'un rayon quelconque SI. Considérons l'axe

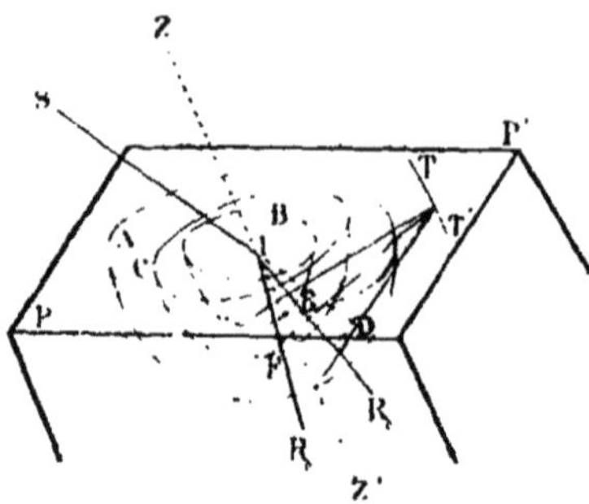

Fig. 168.

optique ZIZ' passant par ce point et supposons tracées les trois surfaces auxiliaires autour de cet axe. On prolonge le rayon incident jusqu'en D, point où il rencontre la sphère A et par ce point on mène le plan tangent à cette surface; ce plan coupe la face d'incidence suivant la droite TT'.

Par cette droite TT' menons : 1° le plan tangent à la sphère B, le point de contact E est un point du rayon réfracté ordinaire R_o qui est alors complètement défini (cette construction est identique à celle qui a été indiquée pour la réfraction simple) ; 2° le plan tangent à l'ellipsoïde C, le point de contact F est un point du rayon réfracté extraordinaire R_e qui est alors IF.

Ajoutons que lorsque le rayon extraordinaire sort du cristal dans l'air il change de direction, en obéissant à la loi de *réversibilité*, c'est-à-dire qu'il prend alors une direction telle que si un rayon incident se propageant en sens contraire tombait sur le cristal suivant cette même ligne, il se dédoublerait et que le rayon extraordinaire prendrait la direction qu'avait le rayon incident précédemment considéré. Nous avons à peine besoin de dire que la réversibilité existe également pour le rayon ordinaire.

La construction d'Huygens peut être vérifiée à l'aide de la disposition suivante indiquée par Malus.

On trace sur une feuille de papier, rendue parfaitement

horizontale, deux droites AB, BC (fig. 169) faisant entre elles un petit angle et sur lesquelles on trace des divisions égales.

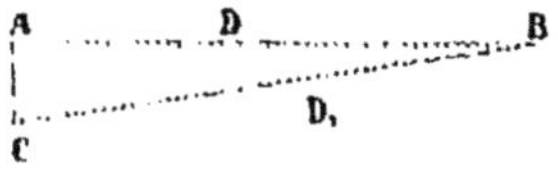

Fig. 169.

A quelque distance (fig. 170) on installe un théodolite ON et on dispose l'angle BAC (fig. 169) de manière que la droite BA par exemple reste en coïncidence avec le centre du réticule, lorsqu'on déplace la lunette dans le plan du cercle. On fixe alors la lunette de manière à amener l'image du sommet B au centre du réticule. On met sur le papier le cristal que l'on choisit le plus épais possible et on vise l'angle à travers le cristal. On observe une double image ABC, A'B'C' (fig. 171) et on amène sur le réticule le point de croisement D des deux droites qui se coupent. Dans ces conditions, il arrive dans

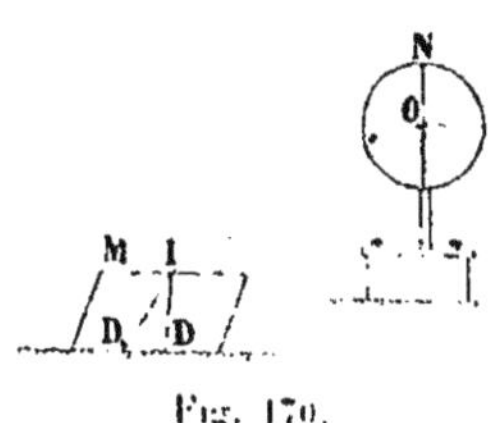

Fig. 170.

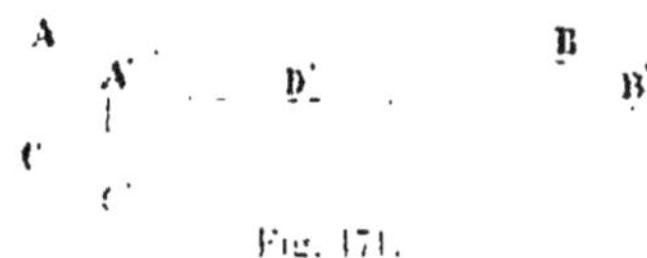

Fig. 171.

le théodolite et dans la direction ID (fig. 170) de l'axe de la lunette deux rayons qui coïncident extérieurement en partant d'un même point I et qui à l'intérieur du cristal partent en réalité de deux points différents, D situé sur le côté AB et D_1 situé sur le côté BC et qui ont donc par conséquent des directions bien déterminées ID et ID_1.

Inversement, par suite, un rayon qui tomberait sur le cristal dans la direction CI se dédoublerait et donnerait deux rayons ID et ID_1. On connaît l'angle d'incidence qui est donné par le théodolite : la position du point I peut être déterminée, ainsi que celle de sa projection sur une feuille de papier. On connaît la position des points D et D_1 puisque l'observation permet de voir à quelles divisions des côtés AB et BC ils correspondent. La direction des lignes ID et ID_1 est alors facile à préciser et peut être comparée à celle du rayon incident.

Bien qu'il soit possible de s'assurer que les valeurs ainsi obtenues coïncident bien avec la construction d'Huygens, les vérifications sont peu aisées dans le cas général ; elles se font au contraire facilement dans les cas particuliers que nous allons indiquer.

281. — Il y a quelques cas dans lesquels la règle d'Huygens conduit à des constructions planes, le rayon réfracté extraordinaire se trouvant alors dans le plan d'incidence ainsi que le rayon ordinaire.

1° Considérons le cas où le plan d'incidence contient l'axe optique au point d'incidence, où il est par conséquent une section principale. Dans ce cas si l'on fait la construction, on voit que le plan tangent en D est perpendiculaire au plan d'incidence qui est un plan méridien : que la droite TT' est elle-même perpendiculaire à ce plan. Si alors par TT' je mène un plan tangent à l'ellipsoïde, le point de contact se trouvera aussi dans le plan méridien. Soit donc ce plan méridien pris comme plan de la figure toutes les lignes devront s'y trouver : les sphères A et B, seront coupées suivant des cercles concentriques, (fig. 172) l'ellipsoïde C suivant une ellipse : menons la tangente

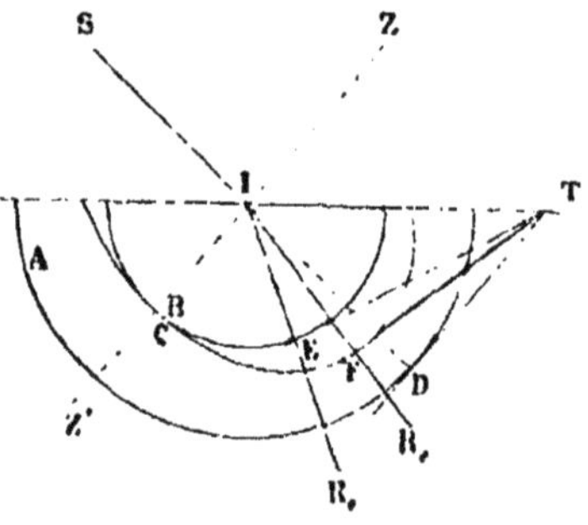

Fig. 172.

DT qui définira le plan tangent correspondant au rayon incident et par T traçons la tangente à l'ellipse qui sera la trace du plan tangent correspondant au rayon extraordinaire ; le point de contact F appartient à ce rayon qui est ainsi déterminé.

On reconnait immédiatement que la loi des sinus n'est pas applicable dans ce cas et que le rapport $\frac{\sin i}{\sin r_e}$ varie avec i.

Il n'y a bien entendu rien de particulier à dire sur le rayon ordinaire IER_o ;

2° Considérons maintenant le cas où la face sur laquelle se fait l'incidence contient l'axe optique et où le plan d'incidence est perpendiculaire à cet axe. Si l'on considère les surfaces auxiliaires, on reconnait que le plan d'incidence est alors le plan équatorial et qu'il coupe les trois surfaces suivant trois cercles concentriques. Dans ce cas le plan tangent à D (fig. 173)

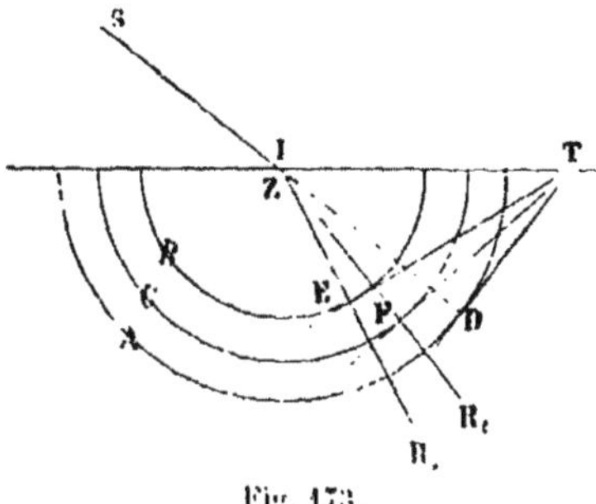

Fig. 173.

ainsi que la droite TT' sont perpendiculaires au plan de la figure : le plan tangent à l'ellipsoïde passant par T contiendra la tangente menée dans ce plan : menons cette tangente TF, le rayon extraordinaire sera IF dans le plan de la figure qui est le plan d'incidence. De plus on aura dans les triangles ITF et ITD :

$$\sin ITD = \frac{ID}{IT} \qquad \sin ITF = \frac{IF}{IT}$$

et comme

$$ID = IA \qquad \text{et} \qquad IF = IC$$

il vient

$$\frac{\sin i}{\sin r_e} = \frac{IA}{IC} = \frac{b_e}{a}$$

Donc, dans ce cas, le rayon extraordinaire suit bien les lois de Descartes ; il se comporte comme le fait d'autre part le rayon ordinaire, seulement l'indice de réfraction par rapport à l'air $\frac{k_e}{a}$ n'est pas le même que celui qui correspond au rayon ordinaire qui, d'après une démonstration tout analogue, est $\frac{k_o}{a}$.

282. — Examinons quelques conséquences de ces lois et considérons d'abord le cas d'une lame à faces parallèles.

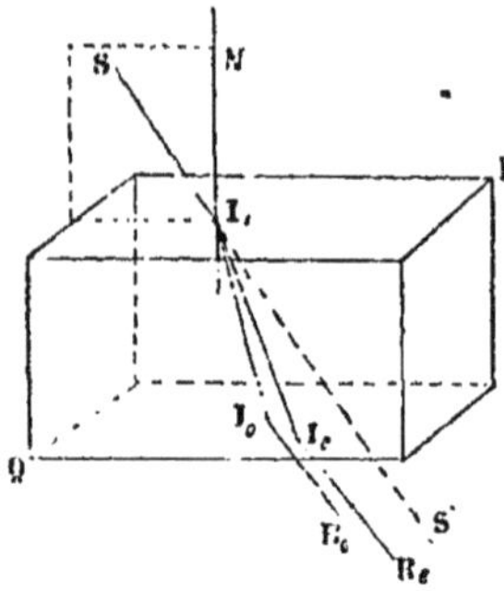

Soit le rayon incident SI; en pénétrant dans le cristal, au point I, il se divise en deux : 1° le rayon ordinaire II_o qui est dans le plan d'incidence SIN; il rencontre en I_o la face Q et sort en I_oR_o parallèlement à la direction primitive SS'; 2° le rayon extraordinaire II_e qui, en général, n'est pas dans le plan d'incidence; il rencontre la 2e face Q en I_e et, par suite de la réversibilité, sort en I_eR_e parallèlement au rayon incident et, par suite, parallèlement au rayon émergent ordinaire.

Considérons maintenant le cas d'un rayon ou d'un faisceau tombant normalement sur la face PQ: à l'entrée ce faisceau se divise en deux : 1° le faisceau ordinaire qui passe sans déviation et qui, tombant normalement sur la seconde face, sort également sans déviation : 2° le faisceau extraordinaire qui change de direction dans le cristal, mais qui à la 2e face, à cause de la réversibilité, reprend sa direction primitive et sort parallèle au faisceau incident.

Si les faisceaux ne sont pas trop larges, ils se trouveront séparés complètement à la sortie : on reconnaît aisément que leur écartement est proportionnel à l'épaisseur de la lame. Si celle-ci n'était pas assez grande ou si les faisceaux étaient trop larges, ils resteraient superposés partiellement.

Si l'on vient à faire tourner la lame autour d'une normale, le faisceau ordinaire reste invariable et le faisceau extraordinaire tourne autour du faisceau ordinaire, en même temps que le cristal. Si l'on a interposé un écran sur le trajet des faisceaux émergents, on a deux taches lumineuses et quand le cristal tourne, l'image extraordinaire décrit une circonférence autour de l'image ordinaire.

Si la lame était taillée parallèlement à l'axe (c'est-à-dire si ses faces étaient parallèles à l'axe optique), le résultat ne serait pas le même : Le rayon incident étant normal, on serait dans le deuxième cas particulier précédemment étudié : le faisceau extraordinaire suivrait les lois de Descartes, il ne serait donc dévié ni à l'incidence ni à l'émergence et ne se séparerait pas du rayon ordinaire : il n'y aurait pas dédoublement.

Examinons ce qui se passe lorsque l'on regarde un objet à travers une lame biréfringente à faces parallèles : il nous suffit évidemment d'examiner ce qui se passe pour un point.

D'une manière générale on voit deux images A_1, A_2 (fig. 175) de l'objet ou du point considéré A, même lorsqu'on le regarde normalement à la lame (à moins que la lame ne soit taillée parallèlement à l'axe) : ce résultat dépend de la division des rayons en rayons ordinaires et rayons extraordinaires à l'entrée dans le cristal. Mais il importe de remarquer que les rayons qui arrivent à l'œil et donnent les deux images A_1 et A_2 sont le rayon ordinaire OH et le rayon extraordinaire OK' correspondant à deux rayons incidents différents AI et AI' ; le rayon extraordinaire IK de AI et le rayon ordinaire I'H' de AI' sont rejetés de côté et ne tombent pas dans l'œil de l'observateur.

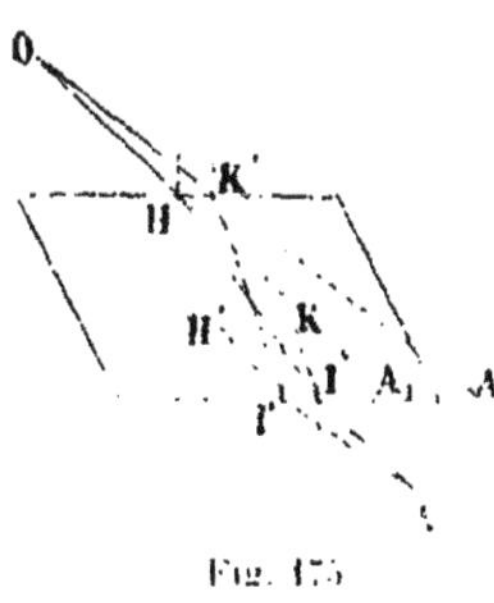

Fig. 175

Il résulte de là que les rayons qui arrivent utilement à l'œil O se sont croisés à l'intérieur du cristal. On met le fait en évidence en glissant un écran opaque entre le cristal et l'objet et observant que lorsque l'écran se déplace de droite à gauche par exemple, c'est l'image de gauche qui disparaît la première.

Comme on le conçoit aisément, la séparation de deux images que l'on voit est d'autant plus grande que le cristal est plus épais.

283. Effets des prismes biréfringents. — Considérons maintenant le cas d'un prisme taillé dans un cristal biréfringent : lorsqu'un rayon SI (fig. 176) tombera sur un cristal, à l'entrée il se dédoublera en général et les deux rayons IH, IK qu'il fournira tomberont sur la deuxième face en faisant des angles d'incidence inégaux.

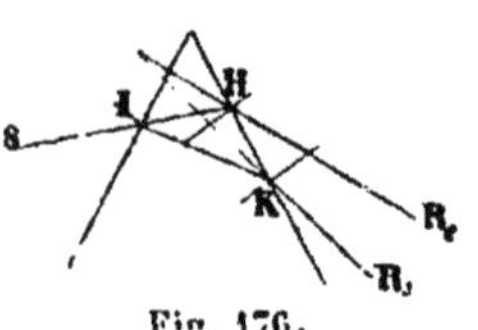

Fig. 176.

Il pourra arriver que ces deux angles soient tous les deux plus petits ou tous les deux plus grands que les angles limites correspondant respectivement à l'indice ordinaire et à l'indice extraordinaire. Dans le deuxième cas, ils subiront l'un et l'autre la réflexion totale, il n'y aura pas émergence ; dans le premier cas, ils sortiront tous les deux en HR_e, KR_o, mais en se réfractant chacun d'après la règle particulière qui le concerne, de telle sorte qu'ils n'auront pas la même direction et qu'ils feront entre eux un certain angle qui dépendra non seulement de l'angle d'incidence, de l'angle du prisme et des indices de réfraction des deux rayons, mais aussi de la manière dont le prisme a été taillé dans la masse cristalline, c'est-à-dire de la direction de l'axe optique par rapport aux faces d'incidence et d'émergence.

Enfin, il peut arriver que l'angle d'incidence de l'un des rayons sur la deuxième face soit plus grand que l'angle limite correspondant, tandis que l'angle d'incidence du deuxième rayon est plus petit que l'angle limite correspondant. Dans ce cas, le deuxième rayon émerge seul et le premier rayon subit la réflexion totale. Dans le cas du spath d'Islande, c'est le rayon ordinaire qui subit ainsi la réflexion totale, tandis que le rayon extraordinaire sort seul.

284. Prismes de Nicol et de Foucault. — L'emploi d'un prisme dans ces conditions permet donc de séparer le rayon ordinaire du rayon extraordinaire, l'un des deux étant renvoyé dans une direction absolument différente : cette disposition peut être avantageusement employée quand on veut étudier, comme nous le dirons plus loin, les propriétés des faisceaux provenant ainsi du dédoublement par l'action des corps cristallisés. Mais elle présente l'inconvénient pratique que le rayon émergent n'a pas la même direction que le rayon incident, ce qui complique la réalisation de certaines expériences ?

Pour l'éviter, on emploie soit le prisme de Nicol, soit le prisme de Foucault.

Dans le prisme de Nicol (fig. 177), on coupe un rhomboèdre en deux par un plan diagonal, puis on réunit les deux fragments à l'aide de baume de Canada et le tout est placé dans une bonnette en laiton présentant à ses extrémités deux diaphragmes munis d'une ouverture. Lorsque l'on fait arriver un faisceau de lumière SI_1 d'un côté, il se dédouble ; il résulte de l'angle de la section diagonale et de l'indice de réfraction du baume de Canada que le faisceau ordinaire I_1I_0 subit la réflexion totale et se perd latéralement tandis que le faisceau extraordinaire I_1I_e traverse la couche de baume, puis le second morceau, et arrive en I_2 à la face d'émergence. En somme, il traverse une lame à faces parallèles et sort en I_2K parallèlement à sa direction primitive.

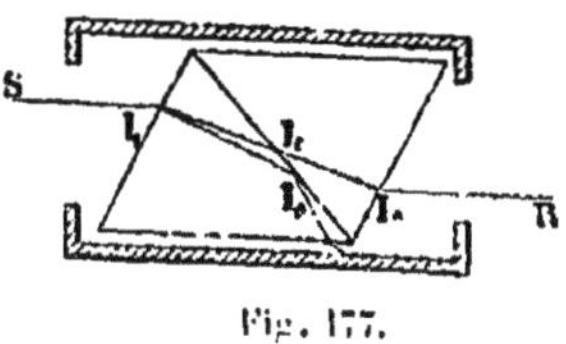

Fig. 177.

Cet appareil, connu sous le nom de *nicol*, est très fréquemment utilisé dans les expériences sur la lumière polarisée.

Foucault a proposé une disposition analogue remplissant le même but : les deux fragments sont rapprochés de manière à laisser entre eux une mince couche d'air. L'effet est le même, mais il n'est pas nécessaire que la section présente une obliquité aussi grande, de telle sorte qu'il n'est pas nécessaire d'employer des morceaux d'aussi grandes dimensions que pour le nicol.

385. Prisme de Rochon. — Le prisme de Rochon est, à proprement parler, un parallélépipède formé par la réunion de deux prismes égaux réunis en sens contraire par leur face hypoténuse ; l'un de ces prismes P_1 (fig. 178), celui sur lequel arrive la lumière, est taillé de telle sorte que l'axe optique soit perpendiculaire à l'arête réfringente, tandis que pour le second prisme P_2 l'axe optique est parallèle à cette arête.

Considérons un rayon SI tombant normalement sur la première face : le plan d'incidence se confond alors avec la section principale et la construction plane (281, 1°) peut être appliquée. On reconnaît immédiatement que dans ce cas spécial le rayon ne se dédouble pas et n'est pas dévié : il arrive alors en I' sur la face de séparation, sur laquelle il tombe en faisant un angle d'incidence égal à l'angle α du prisme. Là, en vertu d'un phénomène qui sera expliqué plus loin (Voir **Polarisation**), le rayon extraordinaire est arrêté et le rayon ordinaire pénètre seul dans le second prisme, le rayon ordinaire continue et sort normalement, le rayon extraordinaire subit une réfraction à l'entrée et une à la sortie en I_2.

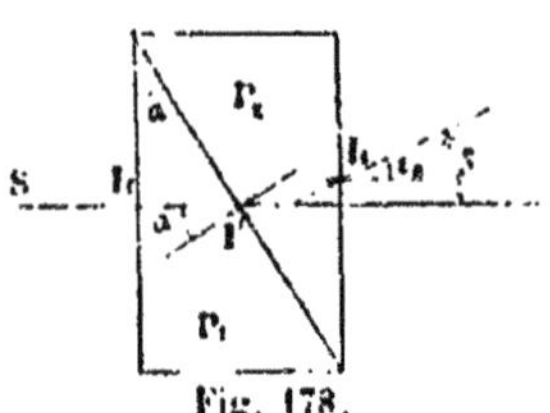

Fig. 178.

Calculons l'angle δ que font entre eux les rayons émergents : en conservant les notations ordinaires, on a immédiatement :

$$\frac{\sin \alpha}{\sin r_1} = \frac{k_e}{k_o} \qquad \frac{\sin i_2}{\sin r_2} = \frac{1}{k_e}$$

avec

$$\delta = r_2 \qquad \text{et} \qquad \alpha = r_1 + i_2$$

ce qui conduit à

$$\sin r_1 = \frac{k_o}{k_e} \sin \alpha \qquad \text{et} \qquad \sin \delta = k_e \sin (\alpha - r_1)$$

et à

$$\sin \delta = k_e \left[\sin \alpha \sqrt{1 - \frac{k_o^2}{k_e^2} \sin^2 \alpha} - \frac{k_o}{k_e} \sin \alpha \cos \alpha \right]$$

$$\sin \delta = \sin \alpha \left[\sqrt{k_e^2 - k_o^2 \sin^2 \alpha} - k_o \cos \alpha \right] = \sin \alpha \frac{k_e^2 - k_o^2}{\sqrt{k_e^2 - k_o^2 \sin^2 \alpha} + k_o \cos \alpha}$$

Si l'on suppose que α soit petit, ce qui est le cas ordinaire, on trouve la valeur approximative simple

$$\sin \delta = \alpha (k_e - k_o)$$

§ IV

THÉORIE GÉNÉRALE DES RADIATIONS

Mesure des intensités calorifiques, lumineuses, actiniques. Spectre solaire. Émission des radiations, propagation. Transformation des radiations. Refroidissement. Achromatisme des prismes et des lentilles. Spectroscopie. Photographie.

286. Des radiations en général. — Le soleil est une source de lumière; directement ou indirectement, il donne naissance à des sensations lumineuses qui résultent de la mise en action de l'œil. Mais on peut observer des effets d'autre nature : on sait, par exemple, que sous l'influence des faisceaux solaires qui produisent ces sensations lumineuses, nous pouvons éprouver également la sensation de chaleur et qu'un thermomètre indique une élévation de température.

Outre ces effets que nous apprécions directement parce qu'ils correspondent à des sensations spéciales, il en est d'autres dont nous n'avons connaissance qu'indirectement; ce sont des modifications que subissent certains corps dans des conditions déterminées. C'est ainsi que sous l'influence des faisceaux solaires on peut observer des actions chimiques, des combinaisons (chlore et hydrogène) ou des décompositions (chlorure d'argent). D'autre part encore, ces faisceaux produisent des phénomènes lumineux particuliers, dits de phosphorescence ou de fluorescence, sur des corps convenablement choisis, le sulfate de quinine, le sulfure de calcium, l'esculine, la fluorescéine, phénomènes que nous étudierons plus loin.

Ces phénomènes sont incontestablement différents; mais on ne peut dire a priori si les différences sont dues à la diversité des causes qui les produisent, ou si elles proviennent seulement de la diversité des organes qui interviennent ou de la diversité des corps qui sont le siège de ces actions.

Ils semble tout d'abord que ces phénomènes sont indépendants les uns des autres, sauf cependant les actions chimiques et les actions de phosphorescence qui se présentent toujours ensemble et que pour cette raison on réunit sous le nom de phénomènes *actiniques*. Mais un vase rempli d'eau bouillante dans une chambre close donne lieu seulement à des actions calorifiques ; les étoiles produisent des sensations lumineuses sans action calorifique : un faisceau qui a traversé un verre rouge produit des effets lumineux, mais non des effets actiniques.

On conçoit donc que l'on ait pu admettre que trois causes différentes intervenaient pour produire ces effets distincts. Mais cette hypothèse n'est pas nécessaire car l'absence d'un effet déterminé peut provenir seulement d'une sensibilité insuffisante de l'organe ou du corps sur lequel l'action se produit.

Il résulte de l'étude des conditions de production de ces diverses actions, comme nous allons le dire, que les mêmes lois y président d'une manière absolue, que les variations d'intensité sont proportionnelles, etc. Aussi a-t-on été conduit à penser qu'une seule cause pouvait être invoquée pour expliquer la mise en action d'organes divers ou les changements produits dans des corps différents. La cause qui, agissant sur l'œil, donne la sensation lumineuse, produira la sensation calorifique en agissant sur la peau, etc.

Cette identité ne peut pas être démontrée directement, mais elle est d'accord avec les phénomènes observés, lesquels d'ailleurs ne renseignent pas sur la nature de la cause. Comme nous le dirons plus loin, d'autres phénomènes tendent à faire croire qu'il s'agit d'un mouvement, le mouvement vibratoire de l'éther. Nous admettrons, par anticipation, qu'il en est ainsi pour simplifier quelques explications et donner une raison de la liaison qui existe entre des phénomènes distincts.

Nous désignerons d'une manière générale sous le nom de *radiations* la cause des effets que nous venons d'indiquer. Il est utile de remarquer que nous ne pouvons affirmer que les radiations ne produisent pas d'autres effets ; seulement, s'ils existent, ils n'ont pas encore été signalés, analysés.

Les radiations doivent être considérées à divers points de vue et d'abord, comme nous l'avons dit pour la lumière, au point de vue de leur direction seulement, au point de vue géométrique. La question est très simple, car dans tous les cas on peut appliquer à un faisceau quelconque, qu'on le considère au point de vue calorifique ou actinique, toutes les lois que nous avons indiquées pour la lumière. Il ne se manifeste de différence que dans les valeurs de certaines constantes numériques.

Les lois élémentaires étant les mêmes dans tous les cas, les résultats de l'action des miroirs, des prismes, des lentilles sont nécessairement aussi les mêmes.

287. Mesure des intensités des effets produits par les radiations. — Une sensation déterminée peut être forte ou faible ; il en est de même d'un effet calorifique ou actinique ; cette différence correspond à ce que l'on appelle *l'intensité* de la cause, l'intensité de la radiation au point de vue considéré.

Il peut y avoir, d'autre part, une différence dans la nature de la sensation ou de l'effet ; c'est ainsi que les sensations lumineuses peuvent correspondre à des colorations différentes ; c'est ainsi encore qu'un même corps soumis à diverses radiations ne subit pas dans tous les cas les mêmes effets de phosphorescence ou de fluorescence. Les radiations doivent donc présenter certains caractères différentiels correspondant à ces variations dans les effets observés. Nous dirons plus loin à quoi correspondent ces différences.

Disons toutefois que ces différences, qui existent certainement, ne semblent pas produire de variations d'effets au point de vue calorifique, pour lequel les différences d'intensité paraissent seules avoir une influence.

Nous nous occuperons ultérieurement de la diversité des effets produits ; recherchons maintenant comment on peut arriver à effectuer des mesures au point de vue de l'intensité.

288. — Occupons-nous d'abord des effets calorifiques.

La mesure d'un effet calorifique quelconque, qu'il soit produit par des radiations ou par une cause d'une autre nature (contact d'un corps chaud, changement d'état, etc.), est toujours la quantité de chaleur qui se manifeste. 25

Mais les mesures calorimétriques étant peu aisées on les a remplacées par des mesures thermométriques : on pourrait faire agir les radiations observées sur un thermomètre déterminé pendant un certain temps et les quantités de chaleur seraient proportionnelles aux variations de température. En général, on opère autrement en observant les températures manifestées lorsque le thermomètre est arrivé à l'état stationnaire, c'est-à-dire lorsqu'il y a équilibre entre la chaleur fournie par les radiations et la chaleur perdue par le thermomètre. Comme la quantité de chaleur perdue par unité de temps est proportionnelle à l'excès de la température du thermomètre sur la température ambiante (316), au moins tant que cet excès est peu considérable, celui-ci peut être pris comme mesure de la quantité de chaleur fournie par les radiations.

Il importe évidemment que l'appareil indique seulement les variations qui sont dues aux radiations, et que ses indications soient indépendantes de celles du milieu ambiant puisque c'est l'excès seulement qui doit intervenir. Aussi faut-il employer dans ces recherches des thermomètres différentiels.

Nous avons déjà décrit les thermomètres de Leslie et de Rumford ; disons seulement, en outre, que la pile thermo-électrique peut être utilisée comme thermomètre différentiel.

289. Photométrie. — Lorsque l'on examine deux surfaces de même couleur placées devant un observateur dans des conditions identiques, elles peuvent donner la même sensation lumineuse : on dit alors qu'elles ont même *éclairement*. Elles ont au contraire des éclairements différents lorsque la sensation lumineuse n'est pas la même et l'éclairement est le plus intense pour la surface qui produit la sensation la plus vive.

On dit que deux lumières ont même *éclat apparent* [1] lorsque, aux distances où elles se trouvent, elles produisent successivement, ou mieux simultanément, le même éclairement sur deux surfaces placées dans des conditions identiques. Elles ont des éclats apparents différents dans le cas contraire.

Divers appareils nommés *photomètres* permettent de déter-

1. On dit quelquefois aussi *éclat total*.

miner les conditions dans lesquelles deux lumières données ont le même éclat apparent.

1° *Photomètre de Bouguer.* — Cet appareil consiste essentiellement en une paroi verticale translucide MN (fig. 179), sur

Fig. 179.

le milieu de laquelle s'appuie perpendiculairement une lame mince P dont les faces sont noircies. On place les lumières à comparer L, L' dans les dièdres verticaux ainsi constitués, de manière que chacune d'elles n'éclaire qu'une des moitiés de la lame translucide. En éloignant l'une ou l'autre des sources, on arrive à produire l'égalité d'éclairement des deux moitiés.

2° *Photomètre de Foucault.* — C'est un perfectionnement du précédent : la surface éclairée est de moindre dimension, afin de restreindre les variations d'intensité qui se manifestent sur de grandes étendues ; c'est une lame de verre sur laquelle on a déposé très régulièrement une couche d'amidon, ce qui fournit une lame translucide parfaitement homogène. Enfin la paroi opaque médiane peut se déplacer en s'écartant légèrement de la surface translucide *mm'* (fig. 181), afin de faire disparaître la bande noire produite par la tranche *ab* (fig. 180) de cette partie opaque, bande obscure qui en s'interposant entre les deux plages éclairées rend moins aisée la comparaison des éclairements.

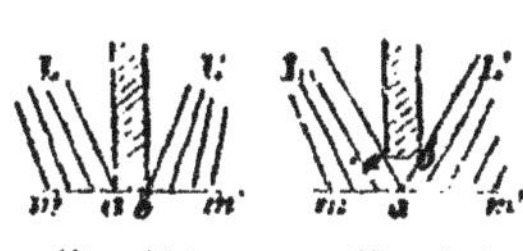

Fig. 180. Fig. 181.

Photomètre de Bunsen. — Cet instrument consiste en une

feuille de papier blanc très fort, tendue sur un cadre et présentant à son centre une tache d'huile qui rend le papier translucide. Ce cadre est placé perpendiculairement à la ligne qui joint les lumières à comparer. Pour faire une comparaison, on place d'un côté une lumière constante, à une distance invariable, et de l'autre côté on place l'une des lumières en expérience L : en faisant varier sa distance, on observe que tantôt la tache centrale paraît obscure sur un fond lumineux et tantôt lumineuse sur un fond obscur. Mais il existe une position pour laquelle cette tache cesse d'être visible : soit d la distance correspondante. On recommence la même expérience avec la deuxième lumière L′ et l'on trouve également la distance d' pour laquelle on cesse de percevoir la tache. Les deux lumières L et L′ placées à des distances qui sont respectivement d et d' ont le même éclat apparent puisqu'elles ont produit le même effet.

Il existe de nombreux autres systèmes de photomètres sur lesquels nous ne pouvons nous arrêter.

390. — L'expérience montre que l'œil apprécie avec une grande sensibilité les égalités ou les inégalités d'éclairement ; mais il ne fournit aucune appréciation numérique lorsqu'il y a inégalité. On arrive cependant à concevoir des éclairements qui sont dans un rapport donné à l'aide des considérations suivantes :

On dit qu'une lumière L a un éclat apparent double, triple..... d'une autre L′, lorsque l'éclairement produit par L est le même que celui qui résulterait de l'action simultanée de deux, trois... lumières ayant le même éclat apparent que L′.

D'une manière plus générale, en étendant cette idée, on dit que deux lumières L et L′ ont des éclats apparents qui sont dans le rapport de m à n quand elles produisent des éclairements égaux à ceux que produiraient les actions simultanées, respectivement, de m et de n lumières ayant même éclat apparent.

Comme nous le dirons plus loin, on démontre que les éclats apparents d'une même lumière varient en raison inverse du carré de la distance. On a donc, en appelant e et e' les éclats apparents aux distances d et d'

$$\frac{e}{e'} = \frac{d'^2}{d^2}$$

Pour arriver à des mesures numériques, il faut faire choix d'une unité de lumière. On n'est pas encore absolument fixé sur cette unité : on fait quelquefois usage de la bougie comme unité photométrique, mais cette unité est mal définie. En France on emploie généralement une lampe Carcel de dimensions déterminées et brûlant 42 gr. d'huile à l'heure. Enfin on a proposé, mais cette unité n'a pas encore été adoptée dans la pratique, une surface de platine amenée à la température de fusion et ayant une aire de 1^{cmq} ; à égale distance elle équivaut à 2,08 carcel (Violle).

L'unité d'éclat apparent pour une distance donnée sera l'éclat apparent de l'unité photométrique placée à cette même distance.

Dans l'équation précédente, e et e' peuvent alors représenter les nombres qui mesurent les éclats apparents, et l'on en déduit :

$$ed^2 = e'd'^2 = \ldots\ldots$$

Le produit de l'éclat apparent d'une lumière par le carré de la distance à laquelle elle se trouve est une quantité constante. On peut donc le prendre comme caractérisant cette lumière ; c'est ce qu'on appelle *l'éclat absolu* de cette lumière. Désignons-le par E, on a :

$$E = ed^2$$

On peut dire que l'éclat absolu (que l'on désigne quelquefois sous le nom d'*intensité* de la lumière) est mesuré par l'éclat apparent de cette lumière à l'unité de distance. On évaluera dès lors cet éclat absolu en unités photométriques.

Pour comparer les éclats absolus E et E' de deux lumières, on cherchera, à l'aide d'un photomètre quelconque, les distances d et d' auxquelles ces lumières produiront le même éclairement, et auront par conséquent le même éclat apparent e. On aura donc :

$$E = ed^2 \qquad E' = ed'^2$$

d'où

$$\frac{E}{E'} = \frac{d^2}{d'^2} ;$$

Les éclats absolus de deux lumières sont proportionnels aux carrés des distances auxquelles elles produisent le même éclairement.

La source lumineuse peut quelquefois être assimilée à un point : mais le plus souvent elle présente une certaine étendue. Soit s sa surface ; $\frac{e}{s}$ et $\frac{E}{s}$ sont les éclats rapportés à l'unité de surface ; on les appelle *l'éclat apparent intrinsèque* et *l'éclat absolu intrinsèque*. Si nous désignons ce dernier par ε, on a les relations :

$$\frac{e}{s} = \frac{\varepsilon}{d^2} \qquad \text{et} \qquad e = \frac{\varepsilon s}{d^2}$$

qui donnent l'éclat apparent et l'éclairement dans des circonstances déterminées.

La considération de l'éclat apparent intrinsèque peut être utile dans quelques circonstances, notamment lorsque l'on étudie l'action directe des diverses lumières sur l'œil.

291. Actinométrie. — L'intensité actinométrique n'a guère été étudiée qu'au point de vue chimique et encore assez incomplètement. On l'a évaluée tantôt en déterminant la décoloration produite en un temps donné dans un mélange de chlore et d'hydrogène ; tantôt en appréciant la coloration plus ou moins intense d'un papier photographique ; tantôt en utilisant la décomposition de l'oxalate de fer, etc.

Dans un autre ordre d'idées, M. Becquerel a construit un *actinomètre électro-chimique*, appareil dans lequel l'action actinique est mesurée par l'intensité du courant électrique qui prend naissance lorsque le sous-chlorure d'argent est décomposé par l'action de la radiation. Deux plaques d'argent recouvertes de ce chlorure sont placées dans un liquide conducteur, de l'eau acidulée par exemple, et sont reliées aux lames d'un galvanomètre. Dans l'obscurité, il n'y a aucune action chimique et aucun courant ; mais l'action chimique qui se produit quand une des lames reçoit un faisceau de radiations produit un courant qui est accusé et mesuré par le galvanomètre.

Il faut reconnaître que jusqu'à présent les mesures prises

au point de vue de l'intensité actinique présentent peu de précision.[1]

292. Spectre solaire : diversité des radiations. — Les actions produites par les radiations seraient impossibles à expliquer s'il fallait admettre qu'elles ne peuvent différer entre elles que par l'intensité ; les effets observés reçoivent, au contraire, une explication plausible si l'on remarque qu'il existe entre les radiations d'autres différences que les expériences suivantes mettent en évidence.

Dans une chambre obscure, par une ouverture dans laquelle est enchassée une lentille convergente, on fait arriver un faisceau solaire qui produit une image réelle sur la paroi opposée MN, en S (fig. 182). En ce point, un observateur voit une tache blanche qui est l'image du soleil ; un thermomètre dénote une élévation de température ; un papier photographique subit une modification caractéristique, du sulfate de quinine devient phosphorescent.

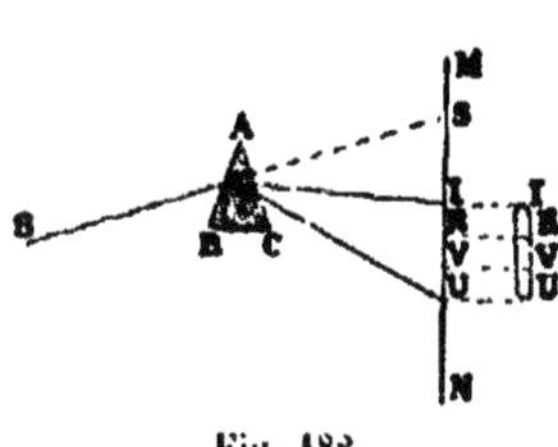

Fig. 182.

Sur le trajet du faisceau, interposons un prisme BAC à arêtes horizontales, par exemple, et ayant son sommet dirigé en haut. Immédiatement se manifestent des changements directement appréciables par l'œil : on voit une image lumineuse qui est abaissée et qui a changé de forme et d'apparence. Cette image est une bande lumineuse RV ayant la même largeur que l'image circulaire primitive, mais ayant une hauteur beaucoup plus grande ; de plus, au lieu de présenter une coloration blanche uniforme elle présente des colorations variées d'une extrémité à l'autre. C'est là ce que l'on nomme le *spectre solaire lumineux*.

Si l'on explore l'espace avec un thermomètre de petites dimensions que l'on déplace le long de l'écran, on observe des ma-

1. On désigne également sous le nom d'*actinomètres* des appareils destinés à mesurer soit la température des espaces interplanétaires, soit la quantité de chaleur fournie par le soleil dans un temps donné.

nifestations calorifiques non-seulement dans la partie lumineuse, mais sur une bande RI où l'œil ne distingue rien et qui est située au-dessus du spectre lumineux. Si donc l'observation par l'œil faisait défaut, on aurait par le thermomètre la connaissance d'un *spectre solaire calorifique* qui n'aurait pas les mêmes limites que le spectre lumineux.

L'étude faite à l'aide d'une substance actinique, papier photographique ou matière phosphorescente, montre que les effets actiniques se produisent dans la presque totalité du spectre lumineux et se manifestent également dans une bande VU qui s'étend au-dessous de ce spectre : cette expérience, exécutée seule, conduirait à la notion d'un *spectre actinique* différent des spectres précédemment délimités.

Disons d'ailleurs que pour que l'expérience réussisse convenablement, il faut employer une lentille et un prisme de sel gemme ; on verra plus loin la raison de cette disposition.

Comme nous l'avons déjà dit, nous admettons que les actions diverses ne correspondent pas à des agents différents ; ce sont des radiations de même nature que l'on observe depuis le point où, en haut, on commence à percevoir des effets calorifiques, jusqu'au point où, en bas, on cesse d'observer des effets actiniques. Ces radiations diffèrent entre elles, puisque, produisant leurs effets à des hauteurs différentes, elles ont été diversement déviées, mais elles sont de même nature ; si les effets observés dans les différentes régions ne sont pas semblables, c'est que les corps ou les organes sur lesquels ces radiations agissent ne sont pas également sensibles et réagissent d'une façon spéciale pour ces diverses radiations.

L'ensemble des points où l'on peut observer des effets d'une nature quelconque constitue le *spectre solaire complet*. Nous ne connaissons pas les limites absolues de ce spectre, qui dépendent de la sensibilité des corps ou des appareils dont on fait usage pour l'étudier.

On désigne sous le nom de *dispersion* le phénomène qui étale ainsi le faisceau de radiations et qui donne naissance au spectre.

293. — L'explication de la formation du spectre, que Newton a donnée pour le spectre lumineux et qu'il suffit d'étendre au spectre complet, est simple.

Le fait que des effets se produisent à diverses hauteurs, que les radiations, qui arrivent dans la même direction, sortent du prisme avec des déviations différentes, montre évidemment que les radiations émergentes ont des indices de réfraction différents. L'hypothèse, c'est que ces radiations de réfrangibilités différentes préexistaient dans le faisceau incident, qui était ainsi un faisceau complexe, et que ces différences n'ont pas été produites par le prisme.

Fig. 183.

Nous pouvons actuellement nous borner à cette indication; nous aurons, plus tard seulement, à chercher à pénétrer plus intimement dans la connaissance de la cause des radiations et de leurs différences.

Nous reviendrons sur les expériences qui peuvent servir à vérifier l'hypothèse de Newton, mais nous devons d'abord étudier les spectres, au moins sommairement, ou plus exactement étudier les effets divers produits par le spectre.

294. — Après le fait de l'étalement de l'image, le phénomène le plus frappant, c'est la variété des colorations qui se manifestent d'une extrémité à l'autre (fig. 283); ces colorations se modifient d'ailleurs d'une manière absolument continue, depuis l'extrémité la moins déviée qui est rouge jusqu'à la partie la plus déviée qui est violette. Il est impossible d'observer aucune limite précise à ces nuances qui se fondent les unes dans les autres. On a admis autrefois, arbitrairement, et l'on conserve sans raison une division du spectre en sept couleurs, savoir :

Violet, indigo, bleu, vert, jaune, orangé, rouge.

Cette division sans base certaine est peu commode et il serait préférable de prendre six couleurs seulement, en réunissant en deux les trois nuances qui ont reçu les noms de bleu, indigo et violet.

Ces colorations ne permettent pas de spécifier dans le spectre une région déterminée ; nous dirons plus loin que l'on peut arriver à cette spécification par les raies de Fraunhofer, d'une manière immédiate ; mais on comprend dès à présent que chaque partie du spectre est complètement caractérisée par l'indice de réfraction correspondant.

295. — Tant qu'il s'agit seulement d'une indication sans précision absolue, on peut désigner les radiations par la couleur qu'elles produisent ; nous appellerons, dans leur ensemble, *radiations lumineuses*, ou mieux *radiations moyennes*, toutes les radiations qui concourent à former le spectre lumineux.

Les limites de la partie visible du spectre n'ont rien d'absolu ; elles dépendent de l'observateur et des conditions de l'expérience. Pour expliquer que les radiations situées en deçà du rouge ou au-delà du violet ne produisent pas de sensations lumineuses, on peut admettre soit que ces radiations ne parviennent pas à la rétine, partie sensible, parce qu'elles sont arrêtées sur leur trajet, soit que la rétine a une constitution telle qu'elle ne peut être mise en action que pour certaines radiations et non pour toutes. Cette dernière explication qui parait moins simple que la première, peut être considérée comme corroborée par ce qui se passe pour l'oreille qui ne donne naissance à la sensation sonore que pour des vibrations dont la durée est comprise entre deux limites bien déterminées.

Il n'est pas possible, avons-nous dit, de comparer les intensités de lumières de colorations différentes ; on ne peut donc pas, à proprement parler, évaluer les intensités relatives des diverses parties du spectre. Mais en spécifiant un effet déterminé, en cherchant, par exemple, à quelle distance maxima on peut placer des caractères d'imprimerie dans les diverses parties du spectre sans cesser de les lire distinctement, on arrive à dire que le jaune est la partie la plus éclairante du spectre, les autres régions étant de part et d'autre d'autant moins éclairantes qu'on s'éloigne davantage du jaune.

L'étude du spectre au point de vue calorifique montre que, depuis le point le moins dévié où l'action se manifeste, les effets vont en croissant jusqu'à un maximum, qui peut être situé avant la limite rouge de la partie visible, et décroissent ensuite pour devenir nuls ou à peu près avant même la limite violette de la partie visible.

Nous désignerons sous le nom de *radiations infrà-rouges* ou *calorifiques obscures* l'ensemble des radiations qui produisent la partie du spectre complet comprise depuis la limite la moins déviée jusqu'au rouge.

L'étude du spectre au point de vue actinique montre que, d'une manière générale, les actions sont nulles dans la partie infrà-rouge, dans le rouge et l'orangé et commencent seulement dans le jaune ou le vert. Elles croissent en présentant un ou même deux maxima, puis décroissent jusqu'à la limite la plus déviée du spectre complet : on obtient des modes divers de répartition suivant les substances employées.

Nous désignerons sous le nom de *radiations ultrà-violettes* ou *actiniques obscures* l'ensemble des radiations qui produisent la partie du spectre complet comprise depuis la limite du violet jusqu'à la partie la plus déviée.

298 — La vérification de l'hypothèse de Newton comprend plusieurs parties pour lesquelles de très nombreuses expériences ont été indiquées. Nous nous bornerons à en signaler quelques-unes choisies parmi celles qui sont absolument probantes.

Les diverses radiations qui constituent le spectre sont simples. Pour le prouver, il suffit de limiter, à l'aide d'une étroite ouverture pratiquée dans un écran opaque, une faible étendue du faisceau qui donne le spectre et de placer un prisme sur le pinceau qui traverse cette ouverture. On reconnaît, en recevant ce pinceau sur un écran, qu'il y a une déviation ; mais il n'y a pas dispersion, la tache lumineuse ne change pas d'étendue et elle présente partout la même coloration.

L'absence de dispersion se manifeste également, bien entendu, si on emploie le thermomètre ou le papier photographique.

Les diverses radiations simples ont des réfrangibilités différentes. On peut dire que l'étalement même du faisceau, la formation du spectre est la preuve certaine de ce fait ; mais on peut le vérifier directement en répétant l'expérience précédente sur les diverses parties du spectre, et mesurant chaque fois l'indice de réfraction à l'aide d'un goniomètre.

On vérifie également que les indices ainsi mesurés correspondent bien effectivement aux diverses déviations observées dans le spectre pour les différentes radiations.

297. — Le faisceau incident ne diffère pas de celui que l'on obtient en réunissant, en mélangeant les radiations dispersées qui donnent naissance au spectre. Il est plusieurs manières de réunir les radiations émergeant du prisme ; on peut y arriver notamment en faisant tomber le faisceau dispersé I_2RV (fig. 184) sur un miroir concave ; toutes les radiations vont alors se réunir de manière à former l'image conjuguée S' de la section du faisceau lumineux par la face du prisme. A l'endroit où se produit cette image, on observe absolument tous les effets qui se manifestent dans la tache fournie directement par le faisceau incident. On observe les mêmes effets calorifiques et actiniques, et, ce qui paraît plus singulier, c'est qu'on reproduit aussi la coloration blanche.

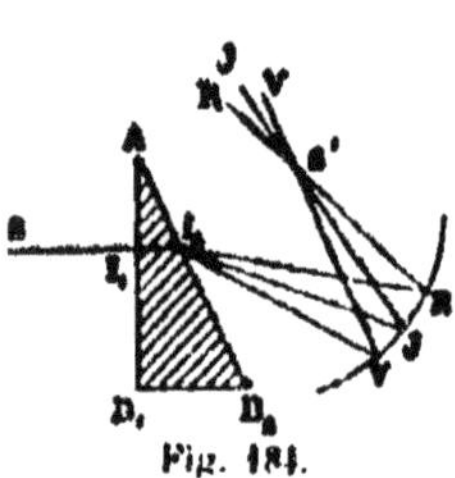

Fig. 184.

On peut d'ailleurs montrer que l'ensemble de toutes les radiations est nécessaire pour reproduire cette coloration, car si, à l'aide d'un écran opaque, on arrête une étendue plus ou moins considérable du faisceau dispersé, on a une tache d'une coloration variable suivant les circonstances.

Cette expérience de la recomposition de la lumière blanche, ainsi qu'on la désigne ordinairement, montre que, en ce qui concerne la coloration, l'œil est incapable d'analyser la sensation ; il perçoit une couleur sans savoir si elle correspond à un faisceau simple ou à un faisceau complexe, ni, dans ce dernier cas, sans pouvoir apprécier les éléments qui le constituent.[1]

298. Etude des radiations. Emission. — Etant entendu comme nous l'avons dit que, au point de vue géométrique, les radiations de toute nature obéissent aux mêmes lois, nous n'avons rien à ajouter à cette question pour l'étude générale des radiations. Mais nous avons à faire cette étude à d'autres points de vue. Dans quelles circonstances les radiations sont-elles émises par les corps ? De quoi dépendent leur nature et leur intensité ? Comment se propagent-elles à travers l'espace vide ? Comment à travers la matière ? Que se produit-il aux surfaces qui limitent les milieux dans lesquels elles se meuvent ?

Enfin, nous aurons à signaler quelques actions importantes qui se rattachent aux radiations.

Les résultats expérimentaux et les lois sont simples lorsque l'on étudie un faisceau composé de radiations d'une seule réfrangibilité, un faisceau que nous appellerons *monochromatique* (rigoureusement, ce nom ne devrait s'appliquer qu'aux radiations étudiées au point de vue des effets lumineux). Les questions sont très complexes lorsque les faisceaux sont composés de radiations diverses comme c'est le cas qui se présente ordinairement dans les observations.

L'émission est le phénomène par lequel un corps donne naissance à des radiations qui se propagent ensuite à travers

1. Nous ne signalons pas ici l'expérience classique du disque de Newton parce que, en réalité, elle correspond à un autre ordre d'idées : elle montre l'effet produit par la fusion des *sensations* colorées diverses, mais non l'effet d'un mélange de radiations différentes.

l'espace. On conçoit la nature du phénomène en admettant que les molécules des corps se meuvent, vibrent autour de leurs positions d'équilibre. L'émission est la transmission aux molécules d'éther voisines d'une partie de la force vive que ces molécules matérielles possèdent : si elles ne récupèrent pas cette force vive d'une façon quelconque, des changements se produiront dans le corps.

Le mouvement communiqué à l'éther se transmettra de proche en proche ; il constituera précisément les radiations.

Bien que, comme nous le dirons, on doive concevoir qu'un corps émet constamment des radiations, les effets produits ne sont observables que si le corps est à une température supérieure à celle du milieu ambiant ; c'est ce que nous supposerons.

Deux éléments interviennent pour déterminer les radiations au point de vue de leur nature : la nature du corps qui émet, la température à laquelle ce corps est porté. La constitution du faisceau émis, qui est complexe en général, est déterminée par l'étude du spectre auquel il donne naissance.

299. — Lorsque le corps qui émet les radiations est solide ou liquide, on obtient un spectre plus ou moins étendu, mais continu ; entre les limites où l'on peut observer les effets des radiations, on ne peut reconnaître aucun point où ces effets ne se produisent ; il n'y a aucune lacune.

Si, au contraire, on a comme source de radiations un corps à l'état gazeux, le spectre se compose d'un nombre plus ou moins considérable de parties où l'on peut observer des effets appréciables séparées par des lacunes plus ou moins étendues où aucun effet ne se manifeste : le spectre est discontinu. Si on l'examine au point de vue des effets lumineux, il apparaît sous forme de raies brillantes se détachant sur un fond obscur. Les raies que l'on observe, par leur coloration, leur intensité, leur groupement, sont caractéristiques de la nature des gaz incandescents qui les ont fournies ; cette remarque est la base de l'analyse spectrale dont nous parlerons plus loin.

Le spectre solaire ne rentre ni dans l'une ni dans l'autre des catégories que nous venons d'indiquer ; nous reviendrons sur les caractères spéciaux qu'il présente et nous en donnerons l'explication.

Si, d'autre part, on prend un même corps et qu'on examine le spectre qu'il produit à diverses températures, on reconnaît que son étendue est d'autant plus grande que la température est plus élevée. A basse température ce sont les radiations les moins réfrangibles qui se montrent seules et, à mesure que la température s'élève, on voit apparaître des radiations plus réfrangibles qui s'ajoutent à celles qui existaient précédemment. Autrement dit, au début, le spectre ne se compose que de radiations infra-rouges ; puis vers une température qui, pour tous les corps, semble être comprise entre 350 et 450°, on voit apparaître une bande rouge dans le spectre ; si la température continue à s'élever, on voit le spectre s'étendre de plus en plus, les diverses radiations moyennes et enfin les ultra-violettes apparaissant successivement.

300. Émission au point de vue de l'intensité. — Pour étudier l'émission au point de vue de l'intensité, il faut considérer d'abord le cas d'une radiation simple : connaissant la loi élémentaire correspondante, on arrive aisément à se rendre compte de ce qui se passe pour un faisceau complexe.

Si l'on appelle q_α l'intensité de la radiation émise par un élément de surface *s* porté à une température θ au-dessus du milieu ambiant, dans une direction faisant un angle α avec la normale à la surface d'émission, on peut écrire au moins approximativement :

$$q_\alpha = cs\theta \cos \alpha$$

c étant une constante dépendant du corps considéré.

Si q est l'intensité de la radiation émise normalement, on a :

$$q = cs\theta$$

et par suite

$$q_\alpha = q \cos \alpha.$$

En ce qui concerne la température, cette loi n'est applicable que tant que θ est petit, ne dépasse pas 80° environ; on ne pourra donc l'appliquer lorsqu'il s'agira de radiations considérées au point de vue lumineux ou actinique, parce que, alors, la valeur de θ est bien supérieure à cette limite.

La proportionnalité entre l'intensité de la radiation et le cosinus de l'inclinaison de la direction considérée avec la normale constitue ce qu'on nomme la *loi de Lambert*. On peut l'exprimer autrement en disant que si l'on considère à la même distance, des surfaces égales recevant des radiations émises dans diverses directions, ces surfaces en recevront la même quantité.

Soient, en effet, q la quantité de chaleur, par exemple, envoyée normalement par unité de surface, q_α la quantité envoyée dans une direction faisant l'angle α avec la normale ; soient d'autre part s la surface réceptrice considérée, S_α la surface qui, dans la direction α, envoie des radiations à s; on a pour la quantité de chaleur reçue normalement par la surface considérée qs et pour celle reçue dans la direction α, $q_\alpha S_\alpha$. Mais on a $s = S_\alpha \cos\alpha$, car s est la section droite d'un cylindre de base oblique S_α; et d'autre part, d'après la loi de Lambert, on a $q_\alpha = q\cos\alpha$. On a donc bien :

$$q_\alpha S_\alpha = qs.$$

C'est en s'appuyant sur cette remarque qu'on a démontré la loi de Lambert. C'est ainsi qu'une surface lumineuse courbe vue à une certaine distance paraît plane, que l'image photographique d'une sphère lumineuse par elle-même comme le soleil est analogue, au moins très sensiblement, à celle d'un disque. Les diverses parties du corps lumineux mn, pq (fig. 185) d'après la remarque précédente, envoient à la pupille ou à l'objectif de la chambre obscure la même quantité de radiations lumineuses ou actiniques et doivent par conséquent fournir une image uniforme.

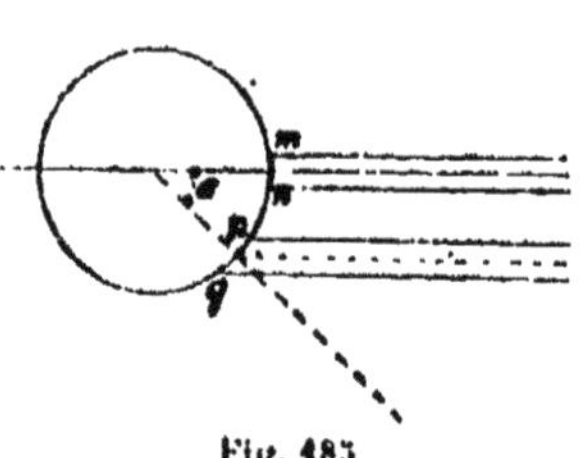

Fig. 185.

Leslie est arrivé à la même vérification pour les radiations calorifiques en prenant comme source de chaleur une face d'un vase cubique ABCD (fig. 186) (cube de Leslie) rempli d'eau chaude ; à l'aide d'ouvertures pratiquées dans des écrans, il limitait un faisceau de section droite invariable *mn* qui tombait sur une des boules T d'un thermomètre différentiel. Il observa que les indications de cet appareil restaient inva-

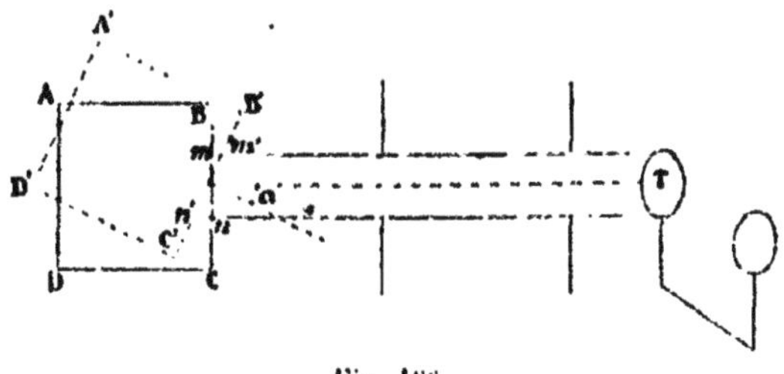

Fig. 186.

riables quelle que fût l'inclinaison du cube, ce qui d'après ce que nous venons de dire est d'accord avec la loi de Lambert.

301. Pouvoir émissif. — Le coefficient *e* qui entre dans la formule est ce qu'on nomme le *pouvoir émissif absolu* de la substance expérimentée.

Mais la formule n'est pas rigoureusement exacte, car elle n'est pas d'accord avec les mesures précises; ce qui revient à dire, si l'on veut conserver cette même forme, que le pouvoir émissif relatif n'est pas constant. Il varierait en réalité avec α et avec θ.

Leslie, opérant sur des faisceaux calorifiques obscurs, a introduit la notion de *pouvoir émissif relatif* qui est sans grand intérêt. Il désigne ainsi le rapport entre la quantité de chaleur émise par un corps et la quantité de chaleur émise par le noir de fumée dans les mêmes conditions de temps, de surface, de température et de direction.

On reconnaît aisément que le pouvoir émissif relatif est le rapport entre les pouvoirs émissifs absolus du corps considéré et du noir de fumée.

Si l'on opère sur un faisceau complexe de radiations, on ne peut trouver une formule qui représente d'une manière simple l'ensemble des effets obtenus que si l'on admet que les pouvoirs émissifs sont constants pour chaque radiation. En réalité, comme il n'en est pas ainsi, les résultats sont compliqués et Leslie n'est arrivé à des formules simples que parce qu'il avait pris comme source de radiations un vase rempli d'eau chaude qui émettait un faisceau s'éloignant peu d'être monochromatique.

Au lieu de considérer l'émission dans une direction déterminée, ce qui est intéressant au point de vue seulement des effets du faisceau considéré, il peut être utile de déterminer la quantité de chaleur émise par une surface donnée s dans toutes les directions; cette donnée est évidemment nécessaire à connaître au point de vue des changements qui surviennent dans le corps.

En appelant Q cette quantité par unité de temps, on aura évidemment

$$Q = \int_{-\infty}^{+\infty} es\theta \cos\alpha . d\alpha$$

que l'on peut écrire

$$Q = Es\theta$$

en posant

$$E = \int_{-\infty}^{+\infty} e \cos\alpha d\alpha$$

On peut désigner E sous le nom de *pouvoir émissif total.*

302. L'émission n'est pas seulement superficielle. — Comme nous l'avons dit, on s'explique l'émission par la transmission à l'éther ambiant du mouvement moléculaire des corps. On s'est assuré (Leslie, Rumford, Melloni) que, dans cette transmission, ce ne sont pas seulement les molécules superficielles qui interviennent, mais aussi celles qui se trouvent à une petite profondeur; pour le vérifier on mesure la quantité de chaleur émise par un corps; puis on fait la même mesure après avoir recouvert le corps d'une couche très mince d'un autre corps, vernis à la gomme laque, feuille d'or; l'émission est changée et cela doit être dans tous les cas. Si la communication de mouvement se fait uniquement par les molécules superficielles, une seconde couche ajoutée à la première ne doit rien changer ; l'émission doit être modifiée, au contraire, si la communication de mouvement dépend de molécules situées à une profondeur qui surpasse l'épaisseur de la couche surajoutée.

L'expérience montre que l'émission varie avec l'épaisseur de la couche surajoutée jusqu'à ce que celle-ci atteigne une épaisseur qui, en moyenne, est d'environ 50 μ ; telle serait donc la profondeur de la couche des molécules qui participent à l'émission.

303. Propagation des radiations dans le vide. — Les radiations se propagent dans le vide ; cela résulte de ce que nous recevons les radiations émises par le soleil. Rumford a vérifié le fait directement d'ailleurs, en construisant un baromètre terminé par un ballon, au centre duquel était fixé le réservoir d'un thermomètre (fig. 187) ; en séparant par un trait de chalumeau ce ballon, on a un espace clos et privé de matière, autant du moins qu'il est possible. On voit cependant le thermomètre, on peut le photographier : les radiations moyennes et les radiations actiniques traversent donc le vide ; de plus le niveau monte dans la tige quand on dirige sur le réservoir un faisceau calorifique : les radiations calorifiques traversent donc également le vide.

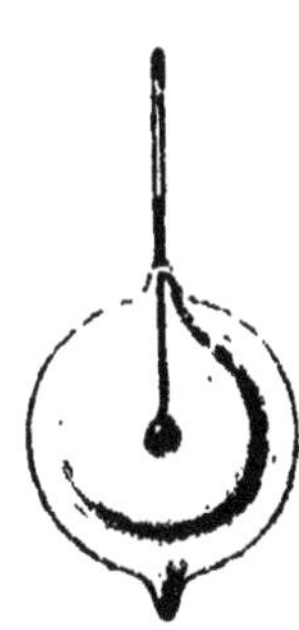

Fig. 187.

Lorsqu'un corps placé dans le vide transmet des vibrations à l'éther ambiant, le mouvement vibratoire se communique de proche en proche ; par raison de symétrie, à un même instant, la communication a lieu sur tous les points d'une surface sphérique ayant la source de radiations comme centre. Le rayon de cette surface croît avec le temps, et l'on a toutes raisons de penser qu'il croît proportionnellement au temps ; la propagation se fait d'un mouvement uniforme, dont la vitesse est ce que l'on appelle la vitesse de propagation des radiations.

Nous indiquerons plus tard comment on a pu mesurer la

vitesse de propagation des radiations dans le vide et dans les corps et nous nous occuperons seulement ici des variations de l'intensité avec la distance.

L'intensité des effets produits par des radiations paraît liée à la force vive transmise par unité de surface. En admettant que l'éther soit un corps absolument élastique, la force vive totale communiquée en un certain temps doit se transmettre sans réduction. La force vive reçue par unité de surface doit donc varier en raison inverse de la surface à laquelle elle est transmise à un instant donné, c'est-à-dire en raison inverse du carré du rayon ou de la distance du point considéré à la source des vibrations. Telle doit être la loi qui régit la variation de l'intensité des radiations.

Cette loi n'a pas été démontrée directement, au moins d'une manière rigoureuse, car on n'a pas opéré dans le vide, mais on a reconnu qu'elle est sensiblement vraie dans l'air qui, sur de petites longueurs, se comporte à peu près comme le vide.

Au point de vue des phénomènes lumineux, on vérifie aisément la loi suivante :

L'éclat apparent d'une lumière varie en raison inverse du carré de la distance.

On reconnaît, en effet, à l'aide d'un photomètre quelconque (209), que pour avoir le même éclairement que celui produit par une lumière à la distance d il faut :

4 lumières identiques à la première pour la distance $2d$
9 — — $3d$
....

c'est-à-dire que 1 lumière placée successivement aux distances $2d$, $3d$.... produit des éclairements qui sont seulement le $\frac{1}{4}$, le $\frac{1}{9}$.... de l'éclairement à la distance d, ce qui vérifie la loi.

Pour les actions calorifiques, Tyndall a employé l'ingénieuse disposition suivante (fig. 188) :

On place une pile thermo-électrique, munie d'un cône qui limite les faisceaux qui y parviennent, en face d'une surface plane maintenue à une température constante et l'on observe que les indications fournies par la pile sont indépendantes de la distance.

Ceci démontre la loi : en effet, désignons par q et q' les quantités de chaleur transmises dans un même temps par l'unité de surface aux distances d et d' ; soient d'autre part S et S' les surfaces MN, M'N' qui envoient effectivement des radiations

Fig. 188.

sur la pile et qui sont des sections d'un même cône faites à des distances d et d' du sommet. La constance des effets montre que l'on a

$$qS = q'S'$$

mais d'autre part

$$\frac{S}{S'} = \frac{d^2}{d'^2}$$

donc il vient bien :

$$\frac{q}{q'} = \frac{d'^2}{d^2}$$

Aucune recherche précise n'a été faite sur les intensités actiniques : il ne paraît pas douteux qu'elles ne suivent la même loi.

Cette loi ne saurait bien entendu s'appliquer aux faisceaux de radiations convergents ou parallèles ; l'intensité dans le dernier cas serait indépendante de la distance considérée.

314. Propagation des radiations dans les milieux homogènes. — Considérons un faisceau de radiations parallèles, dont la forme n'entraîne aucune variation d'intensité.

L'expérience montre que si ce faisceau traverse une substance matérielle quelconque sur une certaine épaisseur, il subit toujours un affaiblissement.

La loi la plus simple que l'on puisse concevoir est donnée par la relation élémentaire suivante :

$$dI = -kIdx$$

dans laquelle I est l'intensité en un point considéré et dI la perte subie par le faisceau à travers une épaisseur dx de matière : la variation d'intensité est en chaque point proportionnelle à l'intensité.

Cette relation élémentaire conduit à la relation

$$I = I_0 e^{-kx}$$

dans laquelle I_0 est l'intensité à l'origine des distances x, e la base des logarithmes népériens et k un coefficient qui caractérise le corps considéré et qui dépend de la nature de la radiation.

Si l'on avait $k = 0$, on aurait toujours $I = I_0$, il n'y aurait pas d'absorption, le corps serait *transparent* pour la radiation considérée. Si au contraire on avait $k = \infty$, on aurait $I = 0$, l'absorption serait complète quel que fût x, le corps serait *opaque* pour la radiation considérée (Melloni, au point de vue des radiations calorifiques, a employé les expressions correspondantes spéciales *diathermanes* et *athermanes*).

La connaissance de la valeur de k pour une radiation considérée ne renseigne en rien pour les autres radiations, de telle sorte que, d'une manière absolue, un corps peut être transparent pour certaines radiations et opaque pour d'autres, même voisines.

305. — En réalité, il n'y a pas de substances absolument transparentes ou absolument opaques ; k peut être très petit, il n'est jamais nul ; il peut être très grand, il n'est jamais infini.

Si k est très petit, on pourra toujours trouver une valeur de x assez grande pour que I devienne aussi petit qu'on le voudra, assez petit pour que l'existence des radiations ne puisse être mise en évidence ; l'effet sera le même que si le corps était opaque. C'est ce que l'expérience vérifie : l'eau, presque absolument transparente en couche mince, éteint absolument toutes les radiations sous une épaisseur inférieure à 100^m.

Si k est très grand, on peut trouver une valeur de x assez faible pour que I ait une valeur appréciable par nos organes ou nos instruments de mesure ; c'est-à-dire qu'un corps opaque peut être réduit en couche assez mince pour laisser passer une radiation déterminée. On sait, en effet, que, par exemple, l'or, l'argent, le platine, opaques dans les conditions ordinaires, laissent passer la lumière lorsqu'ils sont réduits en couches très minces.

806. — Les actions produites par une substance sur un faisceau comprenant des radiations différentes peuvent être très variables ; on ne pourrait les déterminer à l'avance que si l'on connaissait la valeur de k, *coefficient d'absorption* pour chacune des radiations qui composent le faisceau, ce qui n'est pas, en général.

Soit un faisceau comprenant des radiations diverses dont les intensités sont respectivement

$$I_0 \qquad I'_0 \qquad I''_0 \ldots\ldots$$

et les coefficients d'absorption

$$k \qquad k' \qquad k'' \ldots\ldots$$

Après une épaisseur x les intensités seront devenues

$$I_0 e^{-kx} \qquad I'_0 e^{-k'x} \qquad I''_0 e^{-k''x} \ldots\ldots$$

les rapports de ces intensités pourront n'avoir aucune relation avec les rapports primitifs. Il en résultera par exemple, au point de vue lumineux, que le faisceau donnera après son passage la sensation d'une couleur différente de celle qu'il donnait avant. Si la couleur primitive était le blanc, la couleur fournie par le faisceau émergent caractérise ce qu'on appelle la coloration du corps.

Il peut arriver que tous les coefficients d'absorption soient égaux $k = k' = k''$. Alors les rapports des intensités à l'émergence seront les mêmes qu'à l'incidence : le faisceau sera affaibli dans son intensité, il ne sera pas changé dans sa composition. En particulier, au point de vue des effets lumineux, les sensations produites par le faisceau incident et par le faisceau émergent fourniront la même couleur : on dit alors que le corps est incolore.

Le sel gemme peut être cité comme un exemple des corps qui présentent cette particularité.

307. — Il est aisé expérimentalement d'étudier l'absorption produite par une substance : il suffit de comparer le spectre complet produit par un faisceau à celui que fournira le même faisceau quand il aura traversé cette substance. Ce dernier spectre présentera alors des parties où il n'y aura plus aucun effet appréciable, les radiations correspondantes auront été complètement absorbées par le corps ; dans d'autres régions l'intensité aura peu changé, le corps sera transparent pour les radiations correspondantes ; enfin dans d'autres parties encore, il y aura affaiblissement notable des effets observés, par suite d'une absorption plus ou moins grande des radiations correspondantes.

Nous citerons quelques exemples qu'il peut être intéressant de connaître :

Les verres colorés par l'oxyde de cuivre ne laissent passer que les rayons rouges ; le verre d'urane que les rayons verts. En général, l'action est moins complète et les corps laissent passer non pas seulement une radiation, mais un groupe de radiations. Une mince couche d'argent déposée chimiquement sur le verre ne laisse passer que les radiations ultrà-violettes ; les radiations infrà-rouges passent seules à travers le sel gemme enfumé, à travers une dissolution d'iode dans le sulfure de carbone ; l'eau, l'alun, le verre laissent passer les radiations moyennes et les radiations ultrà-violettes, etc.

L'action des gaz sous une épaisseur assez grande se caractérise différemment : l'absorption se produit, en général, sur des radiations distinctes les unes des autres, de manière que l'on obtient un spectre sillonné de raies ou de bandes obscures (ou plutôt de bandes inactives, pour employer une expression plus générale).

308. — La coloration d'un corps transparent dépend, comme nous l'avons dit, de l'absorption que subissent les faisceaux de lumière blanche qui traversent ce corps, absorption qui, n'étant pas la même pour tous les rayons, change les rapports entre les intensités des diverses radiations. Il est clair que du moment où le corps n'est pas également transparent pour toutes les radiations, la composition du faisceau émergent doit changer avec l'épaisseur de la couche traversée, que les différences doivent s'accentuer avec cette épaisseur. C'est en effet ce que l'on observe : ainsi l'eau et le verre qui sont incolores sous de faibles épaisseurs présentent une coloration marquée lorsqu'on les regarde sous une grande épaisseur.

La coloration résultante peut changer complètement par suite des modifications qui résultent d'une absorption inégale ; on observe, en effet, des corps qui présentent des colorations entièrement différentes suivant l'épaisseur. On les désigne sous le nom de *corps dichroïques*.

On a expliqué la couleur des corps qui ne sont pas transparents par un effet d'absorption analogue ; la lumière pénétrerait jusqu'à une certaine profondeur, puis se diffuserait ; il y aurait absorption dans ce double trajet fait par la lumière. Cette explication peut soulever quelques objections.

Lorsqu'un faisceau traverse successivement deux lames de même substance ou de substances différentes, il se produit des effets variés qu'il est très aisé d'expliquer lorsqu'on examine le résultat de l'absorption pour chaque radiation simple. Ces effets, surtout au point de vue calorifique, semblaient singuliers, lorsqu'on ne tenait pas compte de la composition complexe du faisceau.

309. — Une remarque que l'on peut déduire de mesures prises dans des circonstances diverses et qui, comme nous l'avons dit, tend à justifier l'hypothèse de l'unité de nature des radiations, c'est que lorsqu'une radiation est susceptible de produire des effets divers, les variations d'intensité qu'elle subit à travers un corps ont proportionnellement la même valeur pour ces divers effets.

Il va sans dire que ce résultat n'est pas applicable au cas où il s'agirait d'un faisceau complexe.

310. Relations entre l'absorption et l'émission. — Il existe entre l'absorption et l'émission une relation importante (Foucault, 1849) dont on ne peut donner une explication simple. Elle consiste en ce que, si l'on considère un corps susceptible d'émettre des radiations et qu'on le fasse traverser par un faisceau complexe, *le corps considéré absorbera précisément les radiations qu'il a la propriété d'émettre.*

L'indication de l'expérience explique cet énoncé :

La flamme de l'alcool salé, peu intense, donne un spectre réduit à deux fines raies brillantes et très rapprochées. Plaçons derrière cette flamme un arc voltaïque, qui seul donnerait un spectre continu, de manière que le faisceau qui en émane traverse la flamme. On voit alors apparaître un spectre continu sur presque toute son étendue, présentant seulement deux raies obscures qui coïncident exactement comme position avec les raies brillantes émises par la flamme d'alcool salé. Les radiations seules qu'émettait cette flamme ont été seules absorbées par elle.

311. — Dans l'hypothèse que nous avons admise on se rend aisément compte de la nature de l'absorption que nous venons d'étudier sommairement : le mouvement vibratoire continue à se propager dans l'éther qui pénètre les corps, mais dans lequel sont les molécules matérielles ; celles-ci gênent plus ou moins la propagation de ce mouvement vibratoire de l'éther qui leur communique une partie de la force vive dont il est animé. Cette force vive, qui vient s'ajouter à celle que possédaient déjà les molécules matérielles, produit dans le corps des modifications variables suivant les cas : en général c'est une élévation de température, quelquefois une action chimique, quelquefois un phénomène de phosphorescence ou de fluorescence.

312. Réflexion des radiations. — Lorsqu'un faisceau de radiations tombe sur la surface de séparation de deux milieux, comme nous l'avons dit pour les faisceaux lumineux, il se divise en trois parties : il y a des radiations qui sont réfléchies, d'autres qui sont diffusées, d'autres enfin qui pénètrent dans le second milieu.

De nombreuses expériences prouvent l'existence de la réflexion pour toutes les radiations : il suffit de répéter toutes celles que nous avons indiquées en optique, en prenant comme récepteur non plus l'œil mais un thermomètre (fig. 189) ou un papier photographique.

Les mesures d'intensité montrent que, quel que soit l'effet

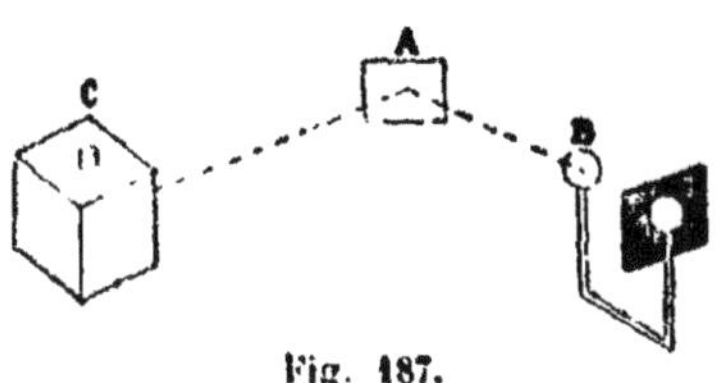

Fig. 187.

considéré, le faisceau réfléchi est plus faible que le faisceau incident. Pour une radiation donnée, tombant sous une incidence donnée sur une surface donnée, il y a proportionnalité entre les intensités du faisceau incident I_0 et du faisceau réfléchi I ; on peut donc écrire

$$I = rI_0$$

Le coefficient r est le *pouvoir réflecteur absolu* pour les conditions considérées.

Pour une substance et une radiation déterminées, le pouvoir réflecteur varie plus ou moins rapidement avec l'incidence.

On a obtenu d'ailleurs pour la réflexion sur le verre des nombres voisins pour les effets lumineux et pour les effets calorifiques ; cette remarque présente une réelle importance comme nous l'avons dit plus haut.

Leslie a désigné sous le nom de *pouvoir réflecteur relatif* le rapport entre les intensités des faisceaux réfléchis par un corps et par le laiton poli, le faisceau incident étant le même.

On démontre que ce pouvoir relatif est le rapport du pouvoir réflecteur absolu du corps considéré au pouvoir réflecteur absolu du laiton poli

318. Diffusions des radiations. — La diffusion se produit au point de vue lumineux ; on sait qu'on peut prendre l'image photographique d'un objet quelle que soit sa position par rapport à la source lumineuse. Il en est de même pour les radiations étudiées au point de vue calorifique : on envoie sur une surface plane quelconque un faisceau émané d'une source de chaleur, et l'on place dans le voisinage de cette surface une pile thermoélectrique ; quelle que soit la position de cette dernière, elle fournit l'indication d'une élévation de température : la surface plane envoie donc de la chaleur dans toutes les directions.

On pourrait expliquer cet effet sans invoquer la diffusion, en admettant que la plaque s'échauffe et émet alors de nouvelles radiations ; mais on peut démontrer qu'il n'en est pas ainsi. En effet, outre que l'effet produit est instantané, ce qui ne s'accorde pas avec l'échauffement de la plaque qui serait progressif, on peut reconnaître que, en employant un faisceau solaire et interposant une lame de verre avant la plaque en expérience et une lame de même nature avant la pile thermoélectrique, celle-ci continue à donner des indications ; dans ce cas, le verre arrêtant les radiations calorifiques obscures, il ne tombe sur la plaque que des radiations moyennes qui ne changent pas de nature par la diffusion et peuvent passer à travers la deuxième lame ; s'il y avait échauffement de la plaque, puis émission par celle-ci, les radiations émises seraient des radiations infra-rouges, car la plaque s'échaufferait peu, et comme elles ne pourraient traverser le verre, la pile ne devrait fournir aucune indication.

On sait peu de choses sur la diffusion des radiations au point de vue de l'intensité. On admet que, pour une radiation donnée, tombant sous une incidence donnée, sur une substance donnée et pour une direction donnée dans laquelle on étudie la diffusion, il y a proportionnalité entre l'intensité de la radiation diffusée i et celle de la radiation incidente I_0. On peut donc poser :

$$i = d\,I_0$$

d est ce qu'on appelle le *pouvoir diffusif élémentaire absolu* pour les conditions considérées. Il serait intéressant de connaître la manière dont il varie avec les conditions de l'expérience, surtout au point de vue lumineux et photographique ; au point de vue calorifique il est plus intéressant de connaître la quantité de lumière diffusée dans toutes les directions.

On aurait cette quantité en évaluant i pour toutes les directions de diffusion depuis $-90°$ jusqu'à $+90°$ et faisant la somme des valeurs obtenues. En désignant cette somme par I, on pourrait év' 'emment écrire :

$$I = DI_0$$

Le coefficient D est la somme de toutes les valeurs de d ; on l'appelle le *pouvoir diffusif total absolu*. Il varie avec la nature de la radiation, avec la nature du corps et avec l'angle d'incidence.

On ne connaît aucune valeur précise des pouvoirs diffusifs.

314. Disparition des radiations. — Considérons un faisceau de radiations monochromatiques tombant sur un corps ; soit I_0 son intensité lors de l'incidence. Une partie des radiations sera réfléchie et une autre diffusée ; les intensités de ces parties sont respectivement rI_0 et DI_0 de telle sorte que la quantité de radiations qui peut pénétrer dans le second milieu est

$$I_0 - rI_0 - DI_0 = I_0\,(1 - r - D)$$

Deux cas peuvent alors se présenter :

1° Le corps, dans les conditions de l'expérience, n'est pas transparent pour la radiation considérée ; les radiations qui pénètrent dans le second milieu sont détruites, elles disparaissent. Si nous désignons par I la quantité de radiations absorbées, on a $I = I_0\,(1 - r - D)$ que l'on peut écrire $I = aI_0$, le coefficient a étant égal à $1 - r - D$. Ce coefficient est ce qu'on appelle le *pouvoir absorbant absolu* pour les conditions de l'expérience. Il change naturellement avec celles-ci en même temps que r et D.

2° Le second milieu dont l'épaisseur est x est transparent ; si k est son coefficient d'absorption, le faisceau s'affaiblit en le traversant et n'a plus à la surface d'émergence qu'une intensité représentée par $I_0 (1 - r = D) e^{-kx}$.

Mais à cette surface il y a également, en général, réflexion et diffusion ; on évalue les quantités réfléchies et diffusées si l'on connait les pouvoirs absolus correspondants r' et D' et on a pour la quantité I de radiations absorbées,

$$I = I_0 (1 - r - D) e^{-kx} (1 - r' - D') = I_0 (1 - r - D) (1 - r' - D') e^{-kx}$$

quantité qui dépend de l'épaisseur traversée ; il n'y a donc pas lieu dans ce cas de faire intervenir un pouvoir absorbant caractéristique du corps considéré.

Leslie a étudié l'absorption en se plaçant dans le premier cas. Il faisait tomber un faisceau calorifique sur la boule d'un thermomètre différentiel recouverte successivement de diverses substances, et notait les élévations de température qui mesuraient les quantités de chaleur absorbée.

Il appela *pouvoir absorbant relatif* d'un corps, le rapport entre la quantité de chaleur absorbée par le corps et la quantité de chaleur absorbée par le noir de fumée. On reconnait aisément que ce pouvoir relatif est égal au rapport des pouvoirs absorbants absolus du corps et du noir de fumée.

Le pouvoir absorbant d'un corps change de valeur avec la source de chaleur employée parce que l'on observe seulement l'absorption totale et que celle-ci est la somme des absorptions pour les diverses radiations, absorptions qui ne sont pas les mêmes.

315. Égalité des pouvoirs émissif et absorbant. — Les nombres obtenues par Leslie montrent qu'il y a égalité entre les pouvoirs relatifs émissif et absorbant : on peut démontrer qu'il en est bien ainsi par une expérience directe.

On emploie un thermomètre de Leslie dont l'une des boules est recouverte de noir de fumée et l'autre de la substance à étudier. L'équilibre étant établi, on place entre ces boules et à égale distance un vase rempli d'eau chaude et dont les faces qui regardent les boules sont recouvertes l'une de noir de fumée, l'autre de la substance en expérience, de telle sorte que, par rapport au thermomètre, les surfaces en regard soient de natures différentes. On constate qu'il n'y a aucun déplacement du liquide du thermomètre : les deux boules ont reçu la même quantité de chaleur.

Si A est une constante dépendant de la température, e et e' les pouvoirs émissifs absolus du corps considéré et du noir de fumée, les quantités de chaleur émise par les deux faces seront respectivement Ae et Ae'. Si, d'autre part, B est une constante dépendant de la distance, a et a' les pouvoirs absorbants absolus du corps et du noir de fumée, on voit que le corps absorbera $Ae'.\ Ba$, et le noir de fumée $Ae.\ Ba'$. Il y a égalité ; donc $Ae'.\ Ba = Ae.\ Ba'$, d'où $\frac{a}{a'} = \frac{e}{e'}$; ce qui vérifie la remarque de Leslie, car $\frac{a}{a'}$ et $\frac{e}{e'}$ sont précisément les pouvoirs relatifs absorbant et émissif.

316. Refroidissement. — Ainsi que nous l'avons dit sommairement, un corps qui émet des radiations perd une certaine quantité de force vive moléculaire, ce qui d'après l'hypothèse admise correspond à un refroidissement. De plus, comme, en général, le corps est en contact avec l'air et avec des supports, il perd par là une certaine quantité de chaleur ; ce sont de nouvelles causes de refroidissement. Cette action du refroidissement est importante, car elle intervient comme correction dans un grand nombre de cas.

Le refroidissement par les radiations seules, par *rayonnement*, est déterminé par les lois mêmes de l'émission. Nous savons que la quantité de chaleur émise pendant le temps dt est donnée par la relation (300)

$$dQ = -Es\theta dt$$

Mais si on appelle p le poids du corps, c sa chaleur spécifique, la variation de température $d\theta$ est donnée par la relation

$$dQ = pcd\theta$$

Il vient donc

$$pcd\theta = -Es\theta dt$$

ou

$$\frac{d\theta}{dt} = -\frac{Es}{pc}\theta.$$

La quantité $\frac{d\theta}{dt}$ a été désignée par Newton sous le nom de vitesse de refroidissement ; on peut donc dire que d'après cette formule :

La vitesse de refroidissement est proportionnelle à l'excès de la température du corps sur celle du milieu ambiant.

Disons même que c'est en partant de vérifications de cette loi que l'on a été conduit à admettre la formule que nous avons indiquée précédemment. Mais des mesures plus précises ont montré que cette formule n'est qu'approximative et que, en réalité, il faut écrire :

$$dQ = -Esf(\theta)dt ;$$

la forme de la fonction $f(\theta)$ devant être fournie par l'expérience. On aurait alors la vitesse de refroidissement par la relation

$$\frac{d\theta}{dt} = -\frac{Es}{pc}f(\theta).$$

317. — Dulong et Petit ont fait des recherches à ce sujet. Le principe de leurs expériences consiste à avoir une enceinte constituée par un ballon recouvert intérieurement de noir de fumée, et placé dans un réservoir rempli d'eau que l'on maintient à une température invariable. On y introduit un thermomètre préalablement chauffé et dont la tige est recouverte d'une cloche vissée sur le ballon. On fait le vide aussi complètement que possible dans ce dernier, et l'on observe la marche du thermomètre.

Il résulte des mesures prises que la vitesse de refroidissement n'obéit pas à une loi aussi simple que celle que nous avions admise ; qu'elle dépend, comme on l'avait dit, de la nature du corps et de l'excès θ de sa température sur celle de l'enceinte, mais qu'elle dépend aussi de la température même de l'enceinte T ; de telle sorte que m étant une constante qui dépend du corps, et a un nombre constant 1,0077, on a :

$$\frac{d\theta}{dt} = ma^{T}(a^{\theta} - 1).$$

Connaissant la loi du refroidissement dans le vide, on peut chercher à déterminer l'influence des gaz au point de vue de la perte de chaleur qu'ils font éprouver aux corps. Il suffit, en effet, de répéter les expériences précédentes en remplissant le ballon de gaz ; on détermine la vitesse de refroidissement totale par des observations successives, et, en en retranchant la vitesse due au seul rayonnement, on a la vitesse due à l'action du gaz.

Des chiffres obtenus en faisant varier la nature et la pression du gaz, ainsi que la nature du corps et les conditions de température, Dulong et Petit ont été conduits à indiquer la relation :

$$\frac{d\theta}{dt} = np^{\gamma}\theta^{1,233}$$

dans laquelle n est un coefficient qui dépend à la fois de la nature du corps et de celle du gaz et γ un coefficient qui dépend du gaz seulement : il est de 0,45 pour l'air ; p représente la pression.

218. Équilibre mobile de température. — Les radiations émises par un corps se propagent dans le vide, et l'on admet, sans le démontrer directement, qu'elles ne subissent pas de pertes ; mais elles en subissent sous l'influence des corps matériels qu'elles traversent et sur lesquels elles s'arrêtent. Il y a absorption des radiations : que deviennent-elles alors ?

Le cas le plus simple est celui où un corps est placé dans le vide en face d'un corps chaud ; les actions observées sont alors seulement calorifiques, la température du corps qui absorbe les radiations s'élève, ce corps s'échauffe ; et cette élévation de température peut croître jusqu'à ce que les deux corps soient parvenus à la même température.

Lorsqu'un corps est placé dans une enceinte dont les parois sont à une température plus élevée, le corps se réchauffe progressivement, et l'on admet que la vitesse de réchauffement obéit à la même loi que la vitesse de refroidissement.

Si le corps et l'enceinte sont à la même température, il n'y a pas de changement. On ne saurait concevoir que ce résultat provient de ce que le corps cesse alors d'émettre des radiations ; il faut admettre qu'il continue à en émettre, mais qu'il en reçoit en quantités précisément égales, ce qui maintient la température invariable ; c'est là ce que l'on a appelé *l'équilibre mobile de température*.

319. Effets produits par les radiations absorbées. — Il y aurait à étudier également les modifications calorifiques subies par les corps qui absorbent une partie des radiations qui les traversent ; mais rien de précis n'a été fait à cet égard.

Les radiations qui disparaissent ainsi, absorbées par les corps, peuvent produire des effets autres que des effets calorifiques ; il peut se manifester, à la suite de cette absorption, des phénomènes chimiques ou des phénomènes lumineux. Dans les premiers, l'énergie des radiations change de nature, elle devient énergie potentielle ; il n'en est pas de même dans les derniers dont nous nous occuperons d'abord.

320. Phosphorescence, fluorescence. — Certains corps soumis à l'action de radiations acquièrent la propriété de devenir visibles dans l'obscurité, d'émettre par conséquent des radiations moyennes, bien que, cependant, leur température soit bien éloignée de celle à laquelle apparaissent les rayons rouges, soit 350° au minimum. Ces corps sont dits *phosphorescents* : la lumière qu'ils émettent a des colorations variées, mais présente un aspect particulier caractéristique : cette lumière obéit d'ailleurs aux lois ordinaires de l'optique et peut être analysée par le prisme.

Parmi les corps phosphorescents, nous citerons le sulfure de calcium, le sulfure de baryum.

Dans les mêmes conditions et sans élévation appréciable de température, certains corps présentent, sous l'influence de faisceaux de radiations déterminées, un éclat spécial, une coloration particulière qui rappellent l'éclat des corps phosphorescents ; seulement cette action ne se prolonge pas ; parmi ces corps, qu'on appelle *fluorescents*, nous citerons le sulfate de quinine, l'esculine, la fluorescéine.

Becquerel a démontré à l'aide d'un ingénieux appareil qu'il n'existe d'autre différence entre la phosphorescence et la fluorescence qu'une durée d'action : la phosphorescence dure plusieurs secondes, plusieurs minutes, plusieurs heures même ; la fluorescence dure une fraction de seconde de telle sorte qu'elle paraît cesser en même temps que le faisceau qui l'a produite.

L'appareil qu'il a employé consiste essentiellement en une boîte circulaire percée de deux fenêtres en regard, entre lesquelles on met la substance à étudier : deux disques comprenant des secteurs alternativement pleins et vides sont montés sur un même axe, de manière qu'il y ait opposition entre les pleins et les vides ; l'observateur place l'appareil devant une source de lumière et fait tourner les disques. La disposition de ceux-ci fait qu'il ne peut jamais voir directement la source de lumière ; s'il s'agit d'une substance fluorescente, en faisant croître la vitesse de rotation, on arrive cependant à distinguer une lueur continue. Cela tient à ce que l'effet de la lumière, la fluorescence, n'a pas cessé en même temps que cessait l'action même. D'après la vitesse de rotation, on peut même déduire la durée de la fluorescence qui, pour quelques corps, ne dépasse pas un millième de seconde.

Les phénomènes de phosphorescence et de fluorescence ne sont pas produits par toutes les radiations, mais surtout par les radiations les plus réfrangibles, bleu et violet dans la partie moyenne, et la partie ultra-violette. Ces radiations ne produisent l'action dont il s'agit que parce qu'elles sont absorbées ; cela explique qu'un faisceau ne peut produire la fluorescence que sur une certaine épaisseur au-delà de laquelle le phénomène ne se produit plus soit dans la même masse, soit dans une autre masse de même nature placée à la suite.

321. Transformation des radiations. — Dans le phénomène que nous signalons, des radiations très réfrangibles, ultrà-violettes même, disparaissent et il apparaît des radiations moyennes donnant naissance à la sensation lumineuse.

D'autre part, des radiations moyennes peuvent produire des actions calorifiques; mais, au moins en général, les corps soumis à ces radiations ne s'échauffent pas assez pour devenir incandescents ; ils émettent donc des radiations infrà-rouges.

On pourrait penser, d'après ces remarques, que lorsque des radiations sont absorbées par un corps, qui émet ensuite d'autres radiations pouvant être regardées comme résultant de la transformation des premières, les radiations produites sont toujours moins réfrangibles que celles qui leur ont donné naissance. Mais, quoi qu'il en soit souvent ainsi, il n'y a pas là une loi : Tyndall a montré, en effet, qu'un faisceau ayant traversé une dissolution d'iode dans le sulfure de carbone, et qui n'est plus composé que de radiations infrà-rouges, peut en tombant sur une lame de platine platinée amener celle-ci à l'incandescence, c'est-à-dire qu'elle émet alors des radiations moyennes, plus réfrangibles que celles qui leur ont donné naissance.

322. Actions chimiques. — Sous l'influence des radiations qui sont partiellement absorbées, on peut voir apparaître des modifications chimiques, sans que l'on connaisse les conditions dont elles dépendent. Tantôt en effet l'absorption des radiations provoque la combinaison de deux corps mélangés qui, en l'absence de ces radiations, ne réagissaient pas l'un sur l'autre ; tantôt elle produit la séparation d'éléments qui étaient combinés. Mais le plus souvent, il ne se manifeste aucun changement chimique.

Le premier cas est celui qui se présente pour un mélange de chlore et d'hydrogène ; l'action du chlore sur certaines matières organiques est également facilitée par l'absorption des radiations ; il en est de même de celle de l'oxygène sur le bitume de Judée, sur la résine de gaïac.

On observe, au contraire, des décompositions dans l'action des radiations sur certains sels métalliques, le métal se trouvant mis à l'état de liberté ; c'est le cas de beaucoup de sels d'argent, chlorure, cyanure, bromure, iodure, etc. : ces corps prennent une coloration foncée par suite de la production d'argent très divisé. On observe des faits analogues pour quelques autres métaux.

Il y a d'ailleurs des cas où les actions sont plus complexes : ainsi la gélatine et le bichromate de potassium, exposés isolément aux radiations, ne subissent aucune modification chimique ; lorsque ces corps sont mélangés, il se produit, au contraire, une oxydation de la gélatine par l'oxygène abandonné par le sel de potassium.

D'autres actions du même genre, mais qui n'ont pas été étudiées, sont celles que subissent certaines matières colorantes sous l'influence des radiations : on sait, en effet, que, suivant l'expression consacrée, beaucoup de couleurs *passent* à la lumière.

322. Effets lumineux dus à la dispersion des radiations. — Les applications des effets des radiations, des modifications qu'elles subissent ou qu'elles produisent, sont nombreuses ; nous en signalerons quelques-unes avec détail.

Occupons-nous d'abord des effets de la dispersion :

Considérons un faisceau parallèle de lumière blanche AB (fig. 190) tombant sur un prisme xOy : à chacune des radia-

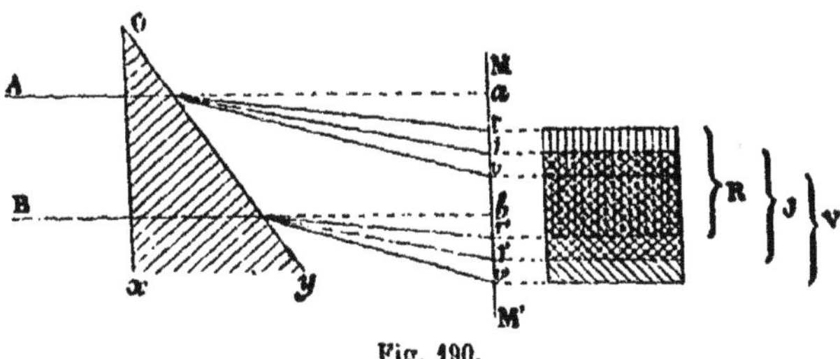

Fig. 190.

tions simples qui le composent, correspond à l'émergence un faisceau parallèle, mais les divers faisceaux n'auront pas la même direction ; ils se superposeront partiellement les uns aux autres. Si donc on reçoit sur un écran MM', ou dans l'œil, la lumière émergente, on observera du blanc sur la partie centrale vr', où toutes les radiations sont superposées, et sur les bords, des colorations variées provenant de la superposition de radiations diverses en nombre variable suivant le point considéré ; sur les limites seulement de la partie éclairée il y aura des couleurs correspondant à des radiations simples, du rouge sur le côté le moins dévié r, du violet sur le bord opposé v.

Ces zônes colorées qui accompagnent la partie blanche constituent ce que l'on appelle les *irisations*. Elles se manifestent, bien entendu, d'une façon analogue si la lumière au lieu d'être parallèle émane d'un corps lumineux ou éclairé ; on voit alors l'image de ce corps, irisée sur les bords.

Il est clair que la superposition des diverses radiations dépend de la largeur du faisceau et que, en chaque point du spectre, il y a un nombre de radiations d'autant moindre que le faisceau incident est plus étroit. Il n'y aurait qu'une seule radiation en chaque point et le spectre serait pur si le faisceau incident était infiniment étroit.

On doit chercher à se rapprocher de cette condition pour l'étude des spectres ; mais il convient de remarquer d'autre part que la diminution d'étendue du faisceau incident rend le spectre moins lumineux.

324. Achromatisme des prismes. — Lorsque de la lumière composée passe à travers un prisme, on observe à la fois une dispersion et une déviation. On mesure la dispersion par l'angle que font entre eux les rayons extrêmes, le rouge et le violet si la lumière incidente est blanche. La déviation varie naturellement avec la couleur étudiée à l'émergence ; on considère en général la déviation moyenne du faisceau, moyenne de la déviation des rayons extrêmes.

On ne peut avec un prisme produire la dispersion sans la déviation, ou inversement ; est-il possible d'y arriver par l'emploi de plusieurs prismes ? c'est possible, en effet, au moins dans des conditions particulières, comme nous allons le démontrer.

Nous admettons que les prismes employés ont un petit angle au sommet et que les angles d'incidence sont petits.

Considérons un rayon qui traverse successivement deux prismes d'angle α_1 et α_2 et soient n_1 et n_2 les indices de réfraction de ce rayon pour les substances qui constituent ces prismes. Nous savons (258) que, les angles étant petits, la déviation produite par le 1er prisme est $(n_1 - 1)\,\alpha_1$ et celle produite par le 2e prisme $(n_2 - 1)\,\alpha_2$; si nous appelons d la déviation subie par le rayon après son passage à travers les deux prismes, on a

$$d = (n_1 - 1)\,\alpha_1 + (n_2 - 1)\,\alpha_2$$

Pour un second rayon de nature différente, on aurait de même

$$d' = (n'_1 - 1)\,\alpha_1 + (n'_2 - 1)\,\alpha_2$$

Nous pouvons calculer la dispersion Δ et la déviation moyenne D pour ces deux rayons : on a

$$\Delta = d - d' = (n_1 - n'_1)\,\alpha_1 + (n_2 - n'_2)\,\alpha_2$$

$$D = \frac{d + d'}{2} = \frac{1}{2}\left[\alpha_1 (n_1 + n'_1 - 2) + \alpha_2 (n_2 + n'_2 - 2)\right]$$

On peut se proposer d'annuler la dispersion ; on doit avoir alors

$$\frac{\alpha_1}{\alpha_2} = -\frac{n_2 - n'_2}{n_1 - n'_1}$$

On peut donc arriver à ce résultat que les deux rayons sortent superposés, quoique déviés, en choisissant des prismes dont les angles correspondent à cette relation.

On reconnaît d'ailleurs que pour des valeurs de α_1 et de α_2 satisfaisant à cette condition, la déviation D n'est pas annulée.

Il n'existe pas de relation entre les indices des divers rayons dans deux substances différentes ; cependant d'une manière générale, l'ordre de réfrangibilité des diverses radiations est le même. Le second membre de la relation précédente est alors négatif ; il faut donc que α_1 et α_2 soient de signes contraires. On se rend compte aisément que ce résultat indique que les prismes employés doivent être dirigés en sens contraire : l'effet du second prisme sera donc de diminuer les déviations produites par le premier. Ce n'est qu'à cette condition que l'on peut faire disparaître la dispersion.

La lumière qui sort du système des deux prismes donne la même couleur que la lumière incidente ; on dit que le système des prismes est *achromatique*, qu'on a *achromatisé* les deux rayons.

Serait-il possible d'achromatiser un 3e rayon avec ce système ; ce rayon étant caractérisé par les indices n''_1 et n''_2, il faudrait que l'on eût :

$$\frac{\alpha_1}{\alpha_2} = \frac{n_2 - n''_2}{n_1 - n''}$$

ce qui exigerait la relation :

$$\frac{n_2 - n'_2}{n_1 - n'_1} = \frac{n_2 - n''_2}{n_1 - n''_1}$$

condition qui n'est pas réalisée ; elle exigerait que pour deux milieux les différences des indices de réfraction des diverses radiations fussent proportionnelles, ce qui n'est pas.

On pourrait arriver à achromatiser trois rayons à la condition d'employer trois prismes, on aurait alors deux relations entre les diverses quantités et il serait possible d'y satisfaire.

D'une manière générale pour achromatiser n rayons, il faudrait n prismes.

325. — La détermination de la relation qui doit exister

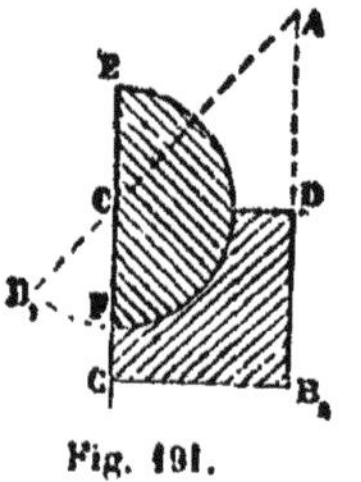

Fig. 191.

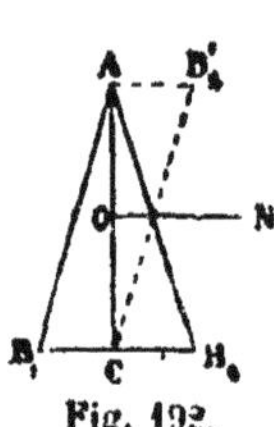

Fig. 192.

entre les angles des prismes résulte de la formule même, mais on peut arriver expérimentalement à trouver l'angle d'un prisme qui peut achromatiser un prisme donné : on fait usage d'un prisme à angle variable, que l'on place à la suite du prisme donné, et dont on fait varier l'angle jusqu'à ce que l'on soit arrivé à produire l'effet cherché.

Les prismes à angle mobile dont on fait usage sont connus sous le nom de *diasporamètres*.

Le diasporamètre de Boscovich (fig. 191) consiste en un bloc de flint glass BB_2D limité d'une part par une face plane et de l'autre par une rainure cylindrique ayant pour base un quart de circonférence. Dans cette rainure tourne un demi cylindre EF limité par un plan diamétral qui peut faire ainsi des angles variés avec la face plane du bloc.

Le diasporamètre de Rochon (fig. 192) est formé de deux prismes rectangulaires égaux AB_1C, ACB_1, adossés l'un à l'autre ; l'un d'eux peut tourner autour d'un axe ON perpendiculaire à la face commune. Si on appelle α l'angle de chacun de ces prismes, on voit aisément que l'angle que font entre elles les faces opposées varie de 0 à 2α.

Afin de conserver invariable la position du sommet du prisme, arête du dièdre formé par les deux faces AB_1, AB_2, on préfère disposer l'appareil de manière à ce que les deux prismes tournent simultanément d'angles égaux. On lit sur un cercle gradué l'angle de rotation et on en déduit l'angle des faces.[1]

326. Prismes à vision directe. — On peut se proposer le problème inverse de l'achromatisme : conserver la dispersion en rendant nulle la déviation moyenne.

Dans le cas de deux rayons et deux prismes, on aura immédiatement la solution de la question en posant (324) :

$$2D = \alpha_1(n_1 + n'_1 - 2) + \alpha_2(n_2 + n'_2 - 2) = 0$$

et l'on reconnaîtrait que la valeur correspondante du rapport $\frac{\alpha_1}{\alpha_2}$ n'annule pas Δ ; on ne détruit donc pas la dispersion.

Si l'on opère sur un faisceau composé d'un nombre quelconque de rayons, on aura la même relation, mais les indi-

1. On reconnaît que si l'on désigne par φ l'angle des deux faces, lorsque chaque prisme mobile a tourné de θ depuis la position où les faces sont parallèles, on a la relation

$$\sin\theta \sin\alpha = \sin\frac{\varphi}{2}.$$

ces de réfraction devront s'appliquer aux rayons extrêmes, par exemple aux rayons rouge et violet s'il s'agit de lumière blanche.

Dans ce cas, on obtient un spectre, mais la direction moyenne suivant laquelle on observe le spectre est la direction même du faisceau incident. Les combinaisons de prismes qui produisent cet effet constituent ce que l'on appelle les *prismes à vision directe*.

En général, pour ces appareils, on emploie plus de deux prismes afin d'augmenter la dispersion.

Il est clair que les diasporamètres peuvent être utilisés pour déterminer expérimentalement les conditions de construction d'un système à vision directe.

297. — Aberration de réfrangibilité dans les lentilles. — La dispersion de la lumière composée se produit également dans les lentilles et donne naissance à des effets particuliers, dont l'ensemble constitue *l'aberration de réfrangibilité*.

Nous avons trouvé pour la distance focale d'une lentille

$$\frac{1}{f} = (n-1)\left(\frac{1}{R_1} - \frac{1}{R_2}\right);$$

cette distance focale dépend de la réfrangibilité de la radiation considérée.

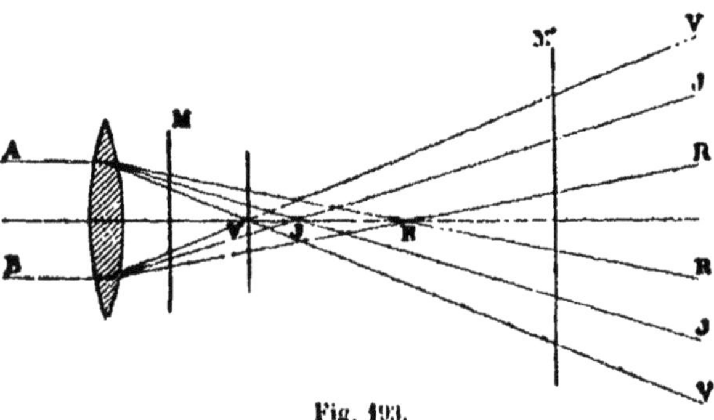

Fig. 193.

Si donc sur une lentille (fig. 193) on fait tomber un faisceau parallèle de lumière blanche AB, les diverses radiations simples qui constituent ce faisceau auront chacune un foyer, obtenu en donnant à n la valeur correspondante ; ces foyers ne se superposeront pas et ils se répartiront sur l'axe depuis le foyer V des rayons violets,qui est le plus rapproché puisque n a pour ces rayons la plus grande valeur, jusqu'au foyer R des rayons rouges qui est le plus éloigné.

Il y a donc une égale série de cônes correspondant chacun à une couleur déterminée, ayant tous pour base la lentille et ayant respectivement pour sommets les divers foyers : ces cônes ne se superposeront qu'en partie et déborderont les uns sur les autres. On voit aisément que si l'on coupe le faisceau par un écran, on n'aura nulle part un seul point blanc, foyer unique, mais des taches présentant des colorations variées, présentant des irisations. La partie centrale où toutes les couleurs sont superposées est blanche ; réduite à un point pour l'espace où se forment les foyers, cette partie présente une certaine étendue au-delà ou en deçà ; les irisations sont variées de couleur, mais terminées extérieurement par du rouge pur ou du violet pur, suivant que l'écran est placé en M avant ou en M' après le plan suivant lequel se coupent les cônes extrêmes rouge et violet.

Des effets du même genre se produisent quand la lumière émane de points lumineux ; les cônes à considérer ont leurs sommets aux foyers conjugués de ces points, les conséquences sont les mêmes et les images obtenues sont irisées sur les bords.

328. — Achromatisme des lentilles. — Il est possible, par des combinaisons diverses de lentilles, d'éviter, ou tout au moins de diminuer l'aberration de réfrangibilité. On peut y arriver, par exemple, en accolant des lentilles de nature diverse et de forme convenablement choisie ; étudions la question en supposant qu'on veuille réunir en un même point les foyers de deux radiations diversement réfrangibles.

On sait que l'on a

$$\frac{1}{f} = (n - 1)\left(\frac{1}{R_1} - \frac{1}{R_2}\right)$$

désignons par A la valeur de $\frac{1}{R_1} - \frac{1}{R_2}$ qui caractérise absolument, au point de vue géométrique, la lentille considérée et dont le signe notamment indique s'il s'agit d'une lentille convergente ou divergente.

Si l'on a deux lentilles, les distances focales pour le rayon considéré sont donc données par les relations :

$$\frac{1}{f_1} = (n_1 - 1) A_1 \qquad \text{et} \qquad \frac{1}{f_2} = (n_2 - 1) A_2.$$

Si l'on accole les deux lentilles (275) et si φ est la distance focale du système, on a

$$\frac{1}{\varphi} = \frac{1}{f_1} + \frac{1}{f_2} = (n_1 - 1) A_1 + (n_2 - 1) A_2$$

Si l'on considère un rayon d'une autre réfrangibilité, on a

$$\frac{1}{\varphi'} = (n'_1 - 1) A_1 + (n'_2 - 1) A_2.$$

Pour que les deux foyers coïncident il faut que l'on ait $\varphi = \varphi'$, donc

$$(n_1 - 1) A_1 + (n_2 - 1) A_2 = (n'_1 - 1) A_1 + (n'_2 - 1) A_2$$

ou

$$\frac{A_1}{A_2} = - \frac{n_2 - n'_2}{n_1 - n'_1}.$$

On verrait aisément que cette condition correspond à une valeur finie pour la distance focale commune φ.

On peut donc arriver à avoir un foyer commun pour les deux radiations considérées.

Ainsi que nous l'avons expliqué précédemment, les quantités A_1 et A_2 doivent être de signes contraires, c'est-à-dire que les lentilles doivent être de nature opposée, l'une convergente et l'autre divergente.

On dit, comme pour les prismes, que les lentilles forment un système achromatique.

L'équation à laquelle on est parvenu étant absolument de même forme que celle indiquée pour les prismes, les conclusions sont aussi les mêmes. Notamment, il faut autant de lentilles que l'on veut achromatiser de rayons différents.

La formule précédente permet de trouver la relation qui

doit exister entre les formes des lentilles si l'on connaît les indices de réfraction. Mais, en général, on détermine expérimentalement le rapport $\frac{\alpha_1}{\alpha_2}$ qui doit exister entre les angles de deux prismes de nature différente pour qu'il y ait achromatisme ; il y aura achromatisme entre deux lentilles respectivement de même nature que ces prismes, si l'on a :

$$\frac{A_1}{A_2} = \frac{\alpha_1}{\alpha_2}$$

de telle sorte que l'expérience faite sur les prismes renseigne également sur les lentilles.

Si nous appelons R_1, R_2, R'_1, R'_2 les rayons de courbure des quatre faces des lentilles, la condition précédente revient à

$$\alpha_2 \left(\frac{1}{R_1} - \frac{1}{R_2}\right) = \alpha_1 \left(\frac{1}{R'_1} - \frac{1}{R'_2}\right)$$

il y a indétermination, puisqu'il n'y a qu'une seule relation entre 4 quantités. En général, on s'arrange pour que l'accolement des lentilles soit complet, ce qui exige que

$$R_2 = R'_1$$

et l'on peut encore disposer de deux variables de manière, par exemple, à réduire l'aberration de sphéricité.

Dans un certain nombre d'appareils on emploie des systèmes de lentilles achromatiques, afin d'obtenir des images ne présentant pas d'irisation. L'expérience a montré qu'il n'est pas nécessaire d'employer plus de trois lentilles, que l'on choisit de manière à réunir en un même point les foyers du rouge, du jaune et du vert. Les autres couleurs étant peu éclairantes donnent des irisations peu intenses.

Quelquefois on emploie deux lentilles seulement, et alors on achromatise l'orangé et le bleu.

[illegible]. — Les systèmes disposés comme nous venons de l'indiquer sont réellement achromatiques : ils réunissent effectivement en un seul des faisceaux différents. Mais, par d'autres dispositions, on peut arriver à des résultats analogues pour des conditions données.

Soit par exemple une lentille L (fig. 194), qui donne des images réelles ; un objet AB fournira, en réalité, autant d'images à des distances différentes qu'il y a de radiations simples dans la lumière qu'il envoie. Supposons qu'il y en ait deux seulement, rouge et violet ; on aura deux images V et R inégalement distantes et d'inégale grandeur.

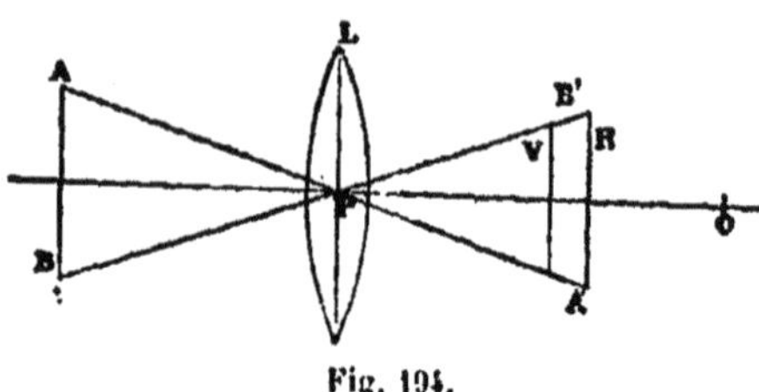

Fig. 194.

Si un observateur regarde ces images, le centre optique de son œil étant en O, il les superposera en partie, mais il n'y aura pas superposition absolue des points correspondants et, notamment, l'image sera colorée sur ses bords, en rouge dans le cas dont il s'agit.

Lorsqu'on regarde avec une loupe un objet A (fig. 195) qui

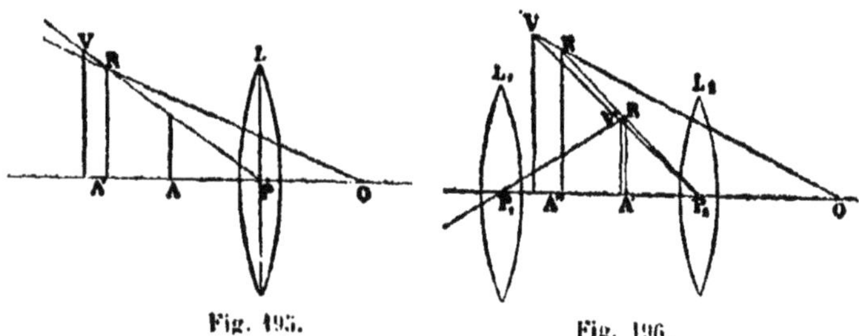
Fig. 195. Fig. 196.

émet deux lumières, rouge et violet, les images virtuelles sont à des distances différentes V,R et de grandeurs différentes ; elles se superposeraient pour un œil dont le centre optique coïnciderait avec celui P de la lentille. En réalité, le centre optique O de l'œil étant au delà, les images ne se superposent pas et il apparaît des irisations, l'image violette débordant l'image rouge.

On conçoit, sans que nous insistions, que, en choisissant convenablement une lentille L_1 (fig. 196), donnant une image réelle A′, et une autre lentille L_2 donnant de celle-ci une image virtuelle A″, on puisse arriver à corriger l'un par l'autre les défauts opposés de ces lentilles.

On peut arriver à détruire les irisations par un autre procédé (fig. 197) :

Avant que se forment en A′ (V,R) les images réelles produites par une lentille convergente L_1, interposons une autre lentille convergente L_2 qui donne naissance à d'autres images réelles plus petites et plus rapprochées A″ (V′,R′). On pourra s'arranger pour que l'image rouge R′ la plus éloignée soit la plus petite, de telle sorte qu'en plaçant le centre optique O de l'œil à l'intersection de l'axe et de la ligne qui passe par les extrémités V′,R′ de ces deux images celles-ci se superposent pour l'observateur, ce qui fait disparaître les irisations.

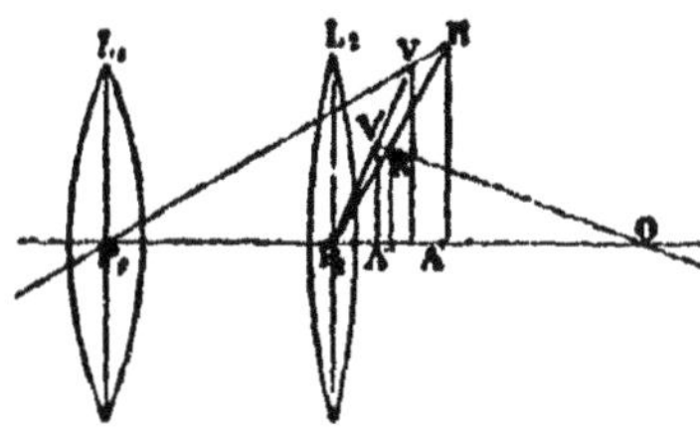

Fig. 197.

En réalité, dans les instruments d'optique, on emploie à la fois pour corriger l'aberration de réfrangibilité produite par une lentille appelée objectif, une seconde lentille convergente qu'on appelle lentille de champ et une troisième lentille, l'oculaire, donnant une image virtuelle ; on combine les effets, que nous venons d'indiquer sommairement, de telle manière que bien que chaque lentille présente une aberration de réfrangibilité, le système soit achromatique, au moins pour les couleurs principales.

330. Spectroscope. Analyse spectrale. — Le *spectroscope*, appareil spécialement destiné à examiner les spectres, à en mesurer les parties constitutives, peut être utilisé dans diverses circonstances.

Dans chaque cas, il y aurait possibilité de déterminer une radiation en mesurant son indice de réfraction pour une substance donnée ; mais il est plus commode de comparer les spectres que l'on obtient dans diverses circonstances avec un type bien étudié, le spectre solaire. Nous commencerons par nous occuper de celui-là.

Lorsqu'on examine un spectre pur (fig. 183) formé par un faisceau solaire, on observe que la lumière n'y est pas répandue d'une manière continue dans toute son étendue ; on y distingue des parties obscures sous forme de raies parallèles à l'arête du prisme. Ces raies sont désignées sous le nom de *Fraunhofer* qui, le premier, les a étudiées avec soin : il en est quelques-unes qui sont facilement discernables, même si le spectre n'est pas très étendu, d'autres au contraire ne peuvent être distinguées que si le spectre est obtenu dans des conditions particulières de pureté.

De ces raies, les plus faciles à distinguer, peuvent servir à séparer les couleurs principales ; ellesont été désignées par les premières lettres de l'alphabet. Chacune de ces raies, pour une même substance, correspond toujours au même indice de réfraction, ainsi qu'on peut s'en assurer à l'aide d'un goniomètre : il importe, en effet, de remarquer qu'avec cet appareil, si l'on fait usage de lumière blanche, on voit un spectre dans la lunette : on ne peut donc pas viser l'image de la fente du collimateur comme on le ferait avec de la lumière simple. On vise une des raies du spectre, raie qui occupe la position qu'aurait l'image de la fente faite par la radiation qui précisément manque dans le spectre.

Disons en passant qu'on peut mieux caractériser chaque raie par une donnée autre que l'indice de réfraction : c'est par la *longueur d'onde* que nous définirons plus tard, cet élément étant dépendant de la radiation seule, et non des milieux traversés.

331. — Les raies que l'on peut observer en se plaçant dans les meilleures conditions sont en très grand nombre. L'étude qu'on en a faite a montré que certaines d'entre elles conservent toujours la même intensité, tandis que d'autres présentent des intensités variables. L'étude spéciale de ces dernières conduisit à penser qu'elles sont dues à l'absorption des radiations correspondantes par la vapeur d'eau contenue dans l'atmosphère : M. Janssen, notamment, a vérifié que si l'on fait passer à travers de la vapeur d'eau un faisceau qui, directement, donnerait un spectre continu, on obtient un spectre présentant des raies qui coïncident exactement comme position avec les raies variables du spectre solaire. Ces raies sont, pour cette raison, désignées sous le nom de *raies telluriques*.

Quelle est l'origine des raies qui ne dépendent pas de l'atmosphère? On a indiqué l'hypothèse suivante qui, dans son ensemble au moins, paraît d'accord avec les observations.

Le soleil se composerait d'un noyau constitué par une masse incandescente solide, ou plutôt liquide, mais qui dans l'un et l'autre cas, émettrait des radiations susceptibles de donner un spectre continu. Ce noyau serait entouré par une atmosphère comprenant à l'état de vapeurs des corps dont au moins une partie se retrouverait dans le noyau. Nous savons que cette atmosphère gazeuse, incandescente, ne donnerait naissance qu'à un spectre discontinu, composé de raies lumineuses étroites séparées par des bandes obscures : mais cette masse gazeuse, traversée par un faisceau de radiations, en absorbe une partie et c'est à ces radiations qui font défaut dans le faisceau parvenant à la terre que correspondent les raies obscures du spectre.

Comme de plus on sait (310) qu'un gaz incandescent absorbe les radiations qu'il est susceptible d'émettre, les raies obscures nous font connaître les raies lumineuses que l'atmosphère solaire produirait comme spectre si elle était le seul corps lumineux. En comparant ces raies obscures aux raies lumineuses des vapeurs métalliques, on peut donc avoir une idée de la composition de l'atmosphère solaire.

On a trouvé ainsi que certains groupes de raies obscures coïncident absolument avec les spectres discontinus de divers métaux, dont on peut dès lors affirmer l'existence dans le soleil.

Quelques raies du spectre solaire n'ont pu être ainsi assimilées à des raies métalliques que nous connaissions : on peut expliquer ce fait de diverses manières entre lesquelles nous ne pouvons encore choisir :

On peut imaginer qu'il existe dans le soleil des corps qui ne se rencontrent pas dans la composition de notre globe ;

Ou bien que ces corps existent dans la croûte terrestre, mais qu'on ne les a pas encore isolés, soit parce qu'ils sont en trop minimes proportions, soit parce qu'ils existent seulement à des profondeurs encore inexplorées ;

Enfin les raies, qui caractérisent pour nous un métal, ont été déterminées dans certaines conditions de température et de pression ; elles sont alors invariables. Mais il est possible que des modifications de nombre et de position puissent correspondre à des conditions de température et de pression notablement autres que celles où elles ont été étudiées ; ces différences notables existent certainement dans l'atmosphère solaire et pourraient suffire à expliquer les différences observées.

Quoiqu'il en soit, l'hypothèse que nous avons indiquée explique bien la constitution spéciale du spectre solaire et fournit des renseignements importants sur la composition de notre soleil.

232. Des spectroscopes. — Les raies du spectre solaire sont des points de repère fort commodes et, pour déterminer une radiation, il n'est pas nécessaire de mesurer son indice de réfraction ; il suffit d'indiquer à quelle raie du spectre solaire elle correspond, ou entre quelles raies elle est comprise.

Le spectroscope (fig. 198) comprend un collimateur T présentant une fente verticale *e* placée dans le plan focal d'une lentille ; lorsque la fente est éclairée par une lumière B, le collimateur donne un faisceau parallèle. On peut avoir besoin de comparer deux spectres : chacun d'eux est fourni par l'une des moitiés de la fente, l'une des lumières pénètre directement dans celle-ci, l'autre n'y pénètre qu'après avoir subi une réflexion totale sur la face hypothénuse d'un petit prisme *p* que l'on peut appliquer sur une moitié de la fente.

Le faisceau de lumière sortant du collimateur pénètre dans un système dispersif P ; suivant l'importance de l'appareil, ce système consiste en un ou plusieurs prismes traversés dans la position du minimum de déviation : le nombre de prismes peut être de 3, 5, 7 ou même davantage, et les prismes peuvent subir de légers mouvements de rotation permettant d'explorer aisément toutes les parties du spectre.

Fig. 198.

La lumière qui émerge du système dispersif tombe sur une lunette L susceptible de se déplacer, parce que si l'appareil est un peu puissant, on ne peut avoir le spectre entier dans le champ de la lunette.

Pour faire des comparaisons on s'arrange comme nous l'avons indiqué pour examiner à la fois deux spectres qu'on voit l'un au-dessus de l'autre, de telle sorte qu'il est aisé de comparer les positions des raies brillantes ou obscures dans l'un et l'autre spectres.

Mais cette comparaison directe n'est pas indispensable ; on peut s'en passer par l'emploi d'un micromètre. Ce micromètre M est une échelle finement divisée, éclairée par transparence en O' et placée dans le plan focal d'une lentille convergente O ; les faisceaux qui émergent de cette lentille se réfléchissent sur la face par laquelle la lumière sort du système dispersif, dans une direction telle qu'ils pénètrent dans la lunette L; on voit donc simultanément le spectre et l'image du micromètre. Si la position de celui-ci a été repérée une fois pour toutes par rapport à des raies ou à des radiations bien déterminées, il suffit de comparer aux divisions du micromètre les raies que l'on veut étudier.

Le spectroscope, outre qu'il peut être utilisé pour étudier le spectre avec précision, peut également servir à reconnaître l'existence de certains corps, à faire en un mot l'analyse spectrale.

333. — L'analyse spectrale se fait dans deux conditions différentes :

On peut chercher à reconnaître l'existence de certaines substances en dissolution dans un liquide. A cet effet, on éclaire le collimateur par la flamme d'une bougie, d'une lampe à huile ou d'un bec de gaz : dans ces divers cas, la source de lumière est, à proprement parler, le carbone incandescent qui se trouve dans ces flammes; elle donne donc un spectre continu. Entre la source lumineuse et le collimateur, on place alors une auge à faces parallèles contenant la dissolution à étudier; il apparait en général dans le spectre des bandes obscures qui par leur position et leur largeur peuvent caractériser une substance déterminée. Souvent, sous l'influence de réactifs appropriés, ces bandes subissent des modifications qui peuvent également être caractéristiques.

On opère différemment lorsqu'il s'agit d'une dissolution saline dont on veut déterminer le métal : on place devant le collimateur une flamme chaude et peu éclairante comme celle d'une lampe à alcool ou d'un bec Bunsen : le champ de la lunette n'est pas sensiblement éclairé. On trempe un fil de platine dans une dissolution du sel en expérience et on l'introduit à la base de la flamme. Celle-ci prend alors souvent, au moins sur une partie de son étendue, une apparence particulière; mais en même temps, on voit apparaître dans le champ de la lunette une ou plusieurs raies brillantes présentant des colorations dépendant de la place à laquelle elles correspondraient dans le spectre. En se reportant alors aux tableaux qui sont maintenant dressés et qui font connaître les raies correspondant aux divers métaux, on peut préciser quel était le métal ou quels étaient les métaux qui existaient dans la dissolution étudiée.

Cette méthode présente une très grande sensibilité et permet de déceler des traces de certains métaux ; il suffit même que de très minimes particules de sels se trouvent dans l'atmosphère pour que, parvenant dans la flamme, elles fassent apparaître dans le spectre les raies brillantes correspondantes.

Ce procédé a permis de découvrir l'existence de certains métaux qui sont en très petites quantités, et que l'analyse chimique n'avait pu déterminer. On conçoit, en effet, que l'apparition d'une raie ou d'un groupe de raies encore inconnues lorsqu'on introduit une substance dans la flamme doit indiquer que cette substance contient un élément qui n'a pas encore été étudié spectroscopiquement. C'est ainsi qu'on a découvert le rubidium, le cæsium, le thallium, le gallium, l'indium; l'extraction qu'on a pu faire de certains de ces corps à l'état métallique est venue justifier les inductions de la théorie.

334. — Nous avons parlé, dans ce qui précède, des raies obscures qui apparaissent dans la partie moyenne du spectre solaire et qui correspondent à des radiations qui ont été absorbées ; des absorptions peuvent de même avoir lieu dans les régions infrà-rouge et ultrà-violette. Pour cette dernière, le fait est facile à mettre en évidence en la photographiant : on voit nettement, par les parties qui n'ont pas subi de décomposition, quelles sont les radiations qui font défaut.

En promenant une pile thermo-électrique très étroite dans la partie infrà rouge, on a reconnu l'existence de conditions analogues, M. H. Becquerel a repris cette étude en utilisant une action particulière de ces radiations sur certaines substances phosphorescentes.

335. Photographie. — Nous ne dirons que quelques mots du principe d'une très importante application des effets des radiations : la photographie. Le sujet ne peut être traité complètement ici ; mais, à cause de son emploi qui se répand de plus en plus, nous devons en dire quelques mots.

Lorsqu'une image réelle se fait sur un papier imprégné de certains sels métalliques et spécialement de certains sels d'argent, sur un papier *sensible* suivant l'expression consacrée, la substance qui y est incorporée subit une décomposition : le métal est réduit à l'état de poudre très divisée, qui donne une coloration foncée[1]. Cette coloration est d'autant plus vive que l'action chimique a été plus énergique, et celle-ci dépend de l'intensité actinique ; dans une certaine mesure, l'intensité actinique est liée à l'intensité lumineuse, de telle sorte que, sur le papier sensible, la coloration est d'autant plus foncée que la partie correspondante était plus lumineuse, plus éclairée et, d'autre part, la coloration est d'autant moins vive que la partie correspondante de l'image était plus obscure. On a donc sur le papier sensible une image matérielle ayant les mêmes contours que l'image réelle, mais pour laquelle il y a interversion des parties claires et des parties obscures. C'est ce que l'on appelle le *négatif*.

Dans la pratique cette image s'obtient dans une chambre noire munie d'un objectif ; au préalable l'opérateur a *mis au point* en recevant l'image réelle sur un écran de verre dépoli et faisant varier la position de celui-ci jusqu'à ce que l'image soit nette. Il enlève alors l'écran translucide et le remplace par la plaque sensible. Celle-ci peut être, comme nous l'avons dit, un papier ou un carton ; c'est très souvent une couche de collodion dans lequel on a incorporé la substance sensible et que l'on a étalée sur une plaque de verre.

La durée de la *pose*, le temps nécessaire pour que les radiations produisent une modification appréciable, dépend essentiellement de l'éclairement, d'une part, et d'autre part de la nature de la substance sensible employée. Suivant la nature

1. En réalité, l'action réductrice de la lumière n'est pas complète ; elle transforme seulement l'iodure ou le bromure en sous-iodure ou sous-bromure qui sont presque incolores. La plaque sensible est trempée alors dans un bain contenant des agents dits *révélateurs* (ac. gallique, ac. pyrogallique, sulfate ferreux), qui décomposent les sous-sels et mettent en liberté l'argent divisé et noir, mais qui n'agissent pas sur les sels non impressionnés par la lumière.

des images que l'on veut prendre, le temps de pose varie de quelques secondes à 0,001 de seconde ; exceptionnellement la photographie astronomique peut exiger un temps beaucoup plus long.

Lorsque l'action est produite, le papier sensible est transporté dans une pièce obscure et lavé à grande eau ou même avec des substances pouvant enlever la substance sensible non attaquée. Cette opération est nécessaire; sans elle, le papier sensible soumis ultérieurement à l'action de la lumière deviendrait noir dans toute son étendue. Après un lavage complet, cet effet ne peut se produire.

A l'aide du négatif qui, par lui-même, pourrait déjà fournir d'importants renseignements, on peut obtenir la représentation de l'image réelle qui avait été obtenue, avec la même distribution des parties claires et des parties obscures; on n'a pu encore arriver à une reproduction plus complète avec les couleurs de l'image réelle.

On applique le négatif sur un papier ou, plus généralement, sur une plaque sensible et l'on expose l'ensemble à l'action de la lumière, le négatif recevant d'abord cette action. On conçoit que les parties claires du négatif laisseront passer la lumière et que, au-dessous, la substance sensible décomposée donnera une teinte foncée; au contraire les parties foncées du négatif arrêteront la lumière, au-dessous il n'y aura pas de décomposition et la plaque sensible restera claire. Au bout d'un certain temps de pose, on interrompra l'action et l'on aura une image ayant le même contour que le négatif, mais dans laquelle les parties claires et les parties foncées seront distribuées d'une manière inverse. Cette nouvelle image reproduit donc, à la coloration près, l'image réelle qui avait été obtenue au début; c'est ce que l'on appelle une *épreuve positive* ou un *positif*.

Bien entendu, et pour les mêmes raisons que pour le négatif, cette épreuve doit être lavée avec soin.

Il est à remarquer que le négatif peut fournir successivement autant d'épreuves qu'on le veut et ce n'est pas là un des moindres avantages de cette méthode.

336. — Mais le tirage successif de ces épreuves est long et minutieux, par conséquent, il est cher. D'autre part, il est rare que les épreuves soient réellement indélébiles ; l'action de la lumière, même diffuse, les détruit peu à peu. On est arrivé, par des perfectionnements successifs, à obtenir ces épreuves par un tirage analogue à celui d'une gravure ou d'une lithographie, en employant des substances inaltérables à l'action de la lumière, ce qui assure leur conservation indéfinie.

Nous nous bornerons à indiquer le principe qui a servi de point de départ aux divers procédés actuellement employés.

On produit une image réelle sur une plaque bien dressée de gélatine contenant du bichromate de potassium ; comme nous l'avons dit (322), sous l'influence des radiations, la gélatine s'oxyde, le mélange subit une modification et cesse de se gonfler lorsqu'on vient à l'humecter, tandis que, avant l'action des radiations, il se gonflait en présence de l'eau.

Cette modification ne se produit pas également dans toutes les parties de la plaque : elle est complète aux points où l'image était très éclairée, nulle aux points où il y avait obscurité, et incomplète pour les parties situées dans la demi-teinte. Si, après l'action de la lumière, on vient à mouiller la plaque, il se produit des gonflements partiels et il y a des élévations plus ou moins grandes suivant qu'on observe des points qui étaient moins ou plus éclairés.

Si l'on passait un rouleau d'encre grasse sur la plaque, l'encre se déposerait en quantités plus ou moins grandes suivant la profondeur plus ou moins considérable des creux et on pourrait utiliser cette plaque encrée pour obtenir une image comme avec une planche gravée. Mais la plaque de gélatine ne pourrait résister au tirage ; elle n'est pas employée pas directement. A l'aide d'un métal mou, le plomb par exemple, on obtient par pression une contre-épreuve de la plaque : puis, à l'aide de la galvanoplastie, on reproduit, en un métal résistant au tirage, la disposition même que présentait la plaque primitive.

337. Achromatisme des objectifs photographiques.

— Nous avons eu en vue, dans ce qui précède (328), principalement les radiations moyennes qui donnent des sensations lumineuses ; mais les résultats doivent être étendus nécessairement à toutes les radiations.

Il résulte de là qu'un système de lentilles choisi de manière à être achromatique, à donner des images qui ne sont pas irisées, a pour les radiations ultra-violettes un foyer différent du foyer des rayons lumineux. Si donc on obtient sur un écran une image lumineuse nette, lorsque l'on remplacera l'écran par une feuille de papier sensible, les rayons actiniques, principalement actifs, auront leurs foyers en avant de l'écran, les faisceaux correspondants seront coupés suivant des cercles de diffusion et l'image photographique obtenue ne sera pas aussi nette que l'image lumineuse. En général, la différence est faible et on peut la négliger ; mais il n'en est pas toujours ainsi, notamment lorsque les images obtenues doivent être utilisées à donner des mesures précises.

Pour éviter cet inconvénient, plusieurs moyens se présentent :

1° Employer un système où le foyer des rayons chimiques coïncide avec celui des rayons jaunes, qui sont les plus éclairants ;

2° Placer la plaque sensible un peu plus près de l'objectif que l'écran sur lequel l'image lumineuse s'est produite.

3° Déplacer le système objectif, ou une des lentilles du système, de manière à changer la position du foyer et à l'amener sur la plaque sensible.

Ce dernier procédé, qui a été indiqué et employé par M. Cornu, a donné de bons résultats.

FIN DU PREMIER VOLUME

ERRATUM

Page 283. Rectifier ainsi qu'il suit le titre du Chapitre III.

OPTIQUE

§ 1. *Optique géométrique. Propagation de la lumière; Réflexion.* — § 2. *Réfraction. Diffusion.* — § 3. *Double réfraction.* — § 4. *Théorie générale des radiations.* — § 5. *Instruments d'optique.* — § 6. *Optique physique.*

§ 1.

GÉNÉRALITÉS. PROPAGATION. RÉFLEXION.

www.ingramcontent.com/pod-product-compliance
Ingram Content Group UK Ltd.
Pitfield, Milton Keynes, MK11 3LW, UK
UKHW020608230726
13926UKWH00005B/2271

9 782013 553988